U0201974

“十三五”国家重点图书出版规划项目

中国水稻品种志

万建民　总主编

黑龙江卷

潘国君　主　编

中国农业出版社
北京

内容简介

1949年以来，黑龙江省先后开展了系统选育、常规杂交育种、辐射诱变育种、花培育种、杂种优势利用育种、航天诱变育种、外源总DNA导入育种，伴随着细胞学、遗传学、分子生物学等领域的飞速发展，水稻育种取得了丰硕成果。1954—2014年黑龙江省共审定（认定）362个水稻品种，其中黑龙江省农作物品种审定委员会审定（认定）水稻品种325个，黑龙江省农垦总局农作物品种审定委员会审定（认定）37个。本书选录了在黑龙江省水稻生产中发挥了重大作用并通过审定（认定）的水稻品种313个，按照第一积温区、第二积温区、第三积温区、第四积温区图文并茂地加以详细介绍，另有44个早期选育的品种因年代久远，或早期审定资料匮乏等原因，只有文字介绍。全书还介绍了8位在黑龙江省乃至全国水稻育种中做出突出贡献的著名专家。

为便于读者查阅，各类品种均按汉语拼音顺序排列。同时为便于读者了解品种选育年代，书后还附有品种检索表，包括类型、审定编号和品种权号。

Abstract

Since 1949, system selection, conventional crossbreeding, mutation breeding, anther-culture breeding and heterosis utilization breeding, space mutation breeding, and transduction of exogenous DNA breeding has successively launched in Heilongjiang Province. With the rapid development of such fields as cytology, genetics and molecular biology, rice breeding has achieved fruitful results. From 1954 to 2014, a total of 362 rice varieties have been authorized in Heilongjiang Province, of which 325 and 37 rice varieties have been by Heilongjiang Crop Approval Committee and Crop Variety Approval Committee of the Heilongjiang Agricultural Reclamation Bureau, This book excerpt 313 rice varieties approved in Heilongjiang, which played a major role in rice production in Heilongjiang province, and illustrate in detail according to the first, second, third, fourth accumulated temperature zone. 48 rice varieties are introduced with simple words because of lack of such information as its old or authorized and no recent photos. This book also introducted 8 famous rice breeders in Heilongjiang Province.

For the convenience of readers' reference, all varieties were arranged according to the order of Chinese phonetic alphabet. At the same time, in order to facilitate readers to access simplified variety information, a variety index was attached at the end of the book, including category, approval number and variety right number etc.

《中国水稻品种志》
编辑委员会

黑龙江卷编委会

主　编　潘国君

副主编　刘乃生　柴永山　闫　平

编著者（以姓氏笔画为序）

于艳敏　王桂玲　王翔宇　刘乃生　闫　平
孙玉友　孙国宏　牟凤臣　宋成艳　宋丽娟
张书利　张淑华　陆文静　武洪涛　周劲松
周雪松　柴永山　徐振华　潘国君

审　校　潘国君　杨庆文　汤圣祥

前 言

水稻是中国和世界大部分地区栽培的最主要粮食作物，水稻的产量增加、品质改良和抗性提高对解决全球粮食问题、提高人们生活质量、减轻环境污染具有举足轻重的作用。历史证明，中国水稻生产的两次大突破均是品种选育的功劳，第一次是20世纪50年代末至60年代初开始的矮化育种，第二次是70年代中期开始的杂交稻育种。90年代中期，先后育成了超级稻两优培九、沈农265等一批超高产新品种，单产达到11 ～ 12t/hm^2。单产潜力超过16t/hm^{2}的超级稻品种目前正在选育过程中。水稻育种虽然取得了很大成绩，但面临的任务也越来越艰巨，对骨干亲本及其育种技术的要求也越来越高，因此，有必要编撰《中国水稻品种志》，以系统地总结65年来我国水稻育种的成绩和育种经验，提高我国新形势下的水稻育种水平，向第三次新的突破前进，进而为促进我国民族种业发展、保障我国和世界粮食安全做出新贡献。

《中国水稻品种志》主要内容分三部分：第一部分阐述了1949—2014年中国水稻品种的遗传改良成就，包括全国水稻生产情况、品种改良历程、育种技术和方法、新品种推广成就和效益分析，以及水稻育种的未来发展方向。第二部分展示中国不同时期育成的新品种（新组合）及其骨干亲本，包括常规籼稻、常规粳稻、杂交籼稻、杂交粳稻和陆稻的品种，并附有品种检索表，供进一步参考。第三部分介绍中国不同时期著名水稻育种专家的成就。全书分十八卷，分别为广东海南卷、广西卷、福建台湾卷、江西卷、安徽卷、湖北卷、四川重庆卷、云南卷、贵州卷、黑龙江卷、辽宁卷、吉林卷、浙江上海卷、江苏卷，以及湖南常规稻卷、湖南杂交稻卷、华北西北卷和旱稻卷。

《中国水稻品种志》根据行政区划和实际生产情况，把中国水稻生产区域分为华南、华中华东、西南、华北、东北及西北六大稻区，统计并重点介绍了自1978年以来我国育成年种植面积大于40万hm^{2}的常规水稻品种如湘矮早9号、原丰早、浙辐802、桂朝2号、珍珠矮11等共23个，杂交稻品种如D优63、冈优22、南优2号、汕优2号、汕优6号等32个，以及2005—2014年育成的超级稻品种如龙粳31、武运粳27、松粳15、中早39、合美占、中嘉早17、两优培九、准两优527、辽优1052和甬优12、徽两优6号等111个。

《中国水稻品种志》追溯了65年来中国育成的8 500余份水稻、陆稻和杂交水稻现代品种的亲源，发现一批极其重要的育种骨干亲本，它们对水稻品种的遗传改良贡献巨大。据不完全统计，常规籼稻最重要的核心育种骨干亲本有矮仔占、南特号、珍汕97、矮脚南特、珍珠矮、低脚乌尖等22个，它们衍生的品种数超过2 700个；常规粳稻最重要的核心育种骨干亲本有旭、笹锦、坊主、爱国、农垦57、农垦58、农虎6号、测21等20个，衍生的品种数超过2 400个。尤其是携带*sd1*矮秆基因的矮仔占质源自早期从南洋引进后就成为广西容县一带优良农家地方品种，利用该骨干亲本先后育成了11代超过405个品种，其中种植面积较大的育成品种有广场矮、珍珠矮、广陆矮4号、二九青、先锋1号、特青、桂朝2号、双桂1号、湘早籼7号、嘉育948等。

《中国水稻品种志》还总结了我国培育杂交稻的历程，至今最重要的杂交稻核心不育系有珍汕97A、Ⅱ－32A、V20A、协青早A、金23A、冈46A、谷丰A、农垦58S、安农S-1、培矮64S、Y58S、株1S等21个，衍生的不育系超过160个，配组的大面积种植品种数超过1 300个；已广泛应用的核心恢复系有17个，它们衍生的恢复系超过510个，配组的杂交品种数超过1 200个。20世纪70～90年代大部分强恢复系引自国外，包括IR24、IR26、IR30、密阳46等，它们均含有我国台湾地方品种低脚乌尖的血缘（*sd1*矮秆基因）。随着明恢63（IR30/圭630）的育成，我国杂交稻恢复系选育走上了自主创新的道路，育成的恢复系其遗传背景呈现多元化。

《中国水稻品种志》由中国农业科学院作物科学研究所主持编著，邀请国内著名水稻专家和育种家分卷主撰，凝聚了全国水稻育种者的心血和汗水。同时，在本志编著过程中，得到全国各水稻研究教学单位领导和相关专家的大力支持和帮助，在此一并表示诚挚的谢意。

《中国水稻品种志》集科学性、系统性、实用性、资料性于一体，是作物品种志方面的专著，内容丰富，图文并茂，可供从事作物育种和遗传资源研究者、高等院校师生参考。由于我国水稻品种的多样性和复杂性，育种者众多，资料难以收全，尽管在编著和统稿过程中注意了数据的补充、核实和编撰体例的一致性，但限于编著者水平，书中疏漏之处难免，敬请广大读者不吝指正。

编 者

2018年4月

目 录

第一章
中国稻作区划与水稻品种遗传改良概述

ZHONGGUO SHUIDAO PINZHONGZHI · HEILONGJIANG JUAN

水稻是中国最主要的粮食作物之一，稻米是中国一半以上人口的主粮。2014年，中国水稻种植面积3 031万hm^2，总产20 651万t，分别占中国粮食作物种植面积和总产量的26.89%和34.02%。毫无疑问，水稻在保障国家粮食安全、振兴乡村经济、提高人民生活质量方面，具有举足轻重的地位。

中国栽培稻属于亚洲栽培稻种（*Oryza sativa* L.），有两个亚种，即籼亚种（*O. sativa* L. subsp. *indica*）和粳亚种（*O. sativa* L. subsp. *japonica*）。中国不仅稻作栽培历史悠久，稻作环境多样，稻种资源丰富，而且育种技术先进，为高产、多抗、优质、广适、高效水稻新品种的选育和推广提供了丰富的物质基础和强大的技术支撑。

中华人民共和国成立以来，通过育种技术的不断改进，从常规育种（系统选择、杂交育种、诱变育种、航天育种）到杂种优势利用，再到生物技术育种（细胞工程育种、分子标记辅助选择育种、遗传转化育种等），至2014年先后育成8 500余份常规水稻、陆稻和杂交水稻现代品种，其中通过各级农作物品种审定委员会审（认）定的水稻品种有8 117份，包括常规水稻品种3 392份，三系杂交稻品种3 675份，两系杂交稻品种794份，不育系256份。在此基础上，实现了水稻优良品种的多次更新换代。水稻品种的遗传改良和优良新品种的推广，栽培技术的优化和病虫害的综合防治等一系列技术革新，使我国的水稻单产从1949年的1 892kg/hm^2提高到2014年的6 813.2kg/hm^2，增长了260.1%；总产从4 865万t提高到20 651万t，增长了324.5%；稻作面积从2 571万hm^2增加到3 031万hm^2，仅增加了17.9%。研究表明，新品种的不断育成和推广是水稻单产和总产不断提高的最重要贡献因子。

第一节　中国栽培稻区的划分

水稻是喜温喜水、适应性强、生育期较短的谷类作物，凡温度适宜、有水源的地方，均可种植水稻。中国稻作分布广泛，最北的稻作区位于黑龙江省的漠河（北纬53° 27′），为世界稻作区的北限；最高海拔的稻作区在云南省宁蒗县山区，海拔高度2 965m。在南方的山区、坡地以及北方缺水少雨的旱地，种植有较耐干旱的陆稻。从总体看，由于纬度、温度、季风、降水量、海拔高度、地形等的影响，中国水稻种植面积存在南方多北方少，东南集中西北分散的状况。

本书以我国行政区划（省、自治区、直辖市）为基础，结合全国水稻生产的光温生态、季节变化、耕作制度、品种演变等，参考《中国水稻种植区划》（1988）和《中国水稻生产发展问题研究》（2010），将全国分为华南、华中华东、西南、华北、东北和西北六大稻区。

一、华南稻区

本区位于中国南部，包括广东、广西、福建、海南等大陆4省（自治区）和台湾省。本区水热资源丰富，稻作生长季260 ～ 365d，≥10℃的积温5 800 ～ 9 300℃；稻作生长季日照时数1 000 ～ 1 800h，降水量700 ～ 2 000mm。稻作土壤多为红壤和黄壤。本区的籼稻面积占95%以上，其中杂交籼稻占65%左右，耕作制度以双季稻和中稻为主，也有部分单季晚稻，部分地区实行与甘蔗、花生、薯类、豆类等作物当年或隔年水旱轮作。

2014年本区稻作面积503.6万hm^2（不包括台湾），占全国稻作总面积的16.61%。稻谷单产5 778.7kg/hm^2，低于全国平均产量（6 813.2kg/hm^2）。

二、华中华东稻区

本区为中国水稻的主产区，包括江苏、上海、浙江、安徽、江西、湖南、湖北7省（直辖市），也称长江中下游稻作区。本区属亚热带温暖湿润季风气候，稻作生长季210～260d，≥10℃的积温4 500～6 500℃；稻作生长季日照时数700～1 500h，降水量700～1 600mm。本区平原地区稻作土壤多为冲积土、沉积土和鳝血土，丘陵山地多为红壤、黄壤和棕壤。本区双、单季稻并存，籼稻、粳稻均有。20世纪60～80年代，本区双季稻面积占全国双季稻面积的50%以上，其中，浙江、江西、湖南的双季稻面积占该三省稻作面积的80%～90%。20世纪80年代中期以来，由于种植结构和耕作制度的变革，杂交稻的兴起，以及双季早稻米质不佳等原因，双季早稻面积锐减，使本区的稻作面积从80年代初占全国稻作面积的54%下降到目前的49%左右。尽管如此，本区稻米生产的丰歉，对全国粮食形势仍然具有重要影响。太湖平原、里下河平原、皖中平原、鄱阳湖平原、洞庭湖平原、江汉平原历来都是中国著名的稻米产区。

2014年本区稻作面积1 501.6万hm^2，占全国稻作总面积的49.54%。稻谷单产6 905.6kg/hm^2，高于全国平均产量。

三、西南稻区

本区位于云贵高原和青藏高原，属亚热带高原型湿热季风气候，包括云南、贵州、四川、重庆、青海、西藏6省（自治区、直辖市）。本区具有地势高低悬殊、温度垂直差异明显、昼夜温差大的高原特点，稻作生长季180～260d，≥10℃的积温2 900～8 000℃；稻作生长季日照时数800～1 500h，降水量500～1 400mm。稻作土壤多为红壤、红棕壤、黄壤和黄棕壤等。本区籼稻、粳稻并存，以单季中稻为主，成都平原是我国著名的单季中稻区。云贵高原稻作垂直分布明显，低海拔（<1 400m）稻区多为籼稻，湿热坝区可种植双季籼稻，高海拔（>1 800m）稻区多为粳稻，中海拔（1 400～1 800m）稻区籼稻、粳稻并存。部分山区种植陆稻，部分低海拔又无灌溉水源的坡地筑有田埂，种植雨水稻。

2014年本区稻作面积450.9万hm^2，占全国稻作总面积的14.88%。稻谷单产6 873.4kg/hm^2，高于全国平均产量。

四、华北稻区

本区位于秦岭—淮河以北，长城以南，关中平原以东地区，包括北京、天津、山东、河北、河南、山西、内蒙古7省（自治区、直辖市）。本区属暖温带半湿润季风气候，夏季温度较高，但春、秋季温度较低，稻作生长季较短，无霜期170～200d，年≥10℃的积温4 000～5 000℃；年日照时数2 000～3 000h，年降水量580～1 000mm，但季节间分布不均。稻作土壤多为黄潮土、盐碱土、棕壤和黑黏土。本区以单季早、中粳稻为主，水源主要来自渠井和地下水。

2014年本区稻作面积95.3万hm^2，占全国稻作总面积的3.14%。稻谷单产7 863.9kg/hm^2，高于全国平均产量。

五、东北稻区

本区是我国纬度最高的稻作区，包括黑龙江、吉林和辽宁3省，属中温带—寒温带，年平均气温2 ～ 10℃，无霜期90 ～ 200d，年≥10℃的积温2 000 ～ 3 700℃；年日照时数2 200 ～ 3 100h，年降水量350 ～ 1 100mm。本区光照充足，但昼夜温差大，稻作生长期短，土壤多为肥沃、深厚的黑泥土、草甸土、棕壤以及盐碱土。稻作以早熟的单季粳稻为主，冷害和稻瘟病是本区稻作的主要问题。最北部的黑龙江省稻区，粳稻品质十分优良，近35年来由于大力发展灌溉设施，稻作面积不断扩大，从1979年的84.2万hm^2发展到2014年的320.5万hm^2，成为中国粳稻的主产省之一。

2014年本区稻作面积451.5万hm^2，占全国稻作总面积的14.90%。稻谷单产7 863.9kg/hm^2，高于全国平均产量。

六、西北稻区

本区包括陕西、甘肃、宁夏和新疆4省（自治区），幅员广阔，光热资源丰富，但干燥少雨，季节和昼夜气温变化大，无霜期150 ～ 200d，年≥10℃的积温3 450 ～ 3 700℃；年日照时数2 600 ～ 3 300h，年降水量150 ～ 200mm。稻田土壤较瘠薄，多为灰漠土、草甸土、粉沙土、灌淤土及盐碱土。稻作以单季粳稻为主，分布于河流两岸及有灌溉水源的地区。干燥少雨是本区发展水稻的制约因素。

2014年本区稻作面积28.2万hm^2，占全国稻作总面积的0.93%。稻谷单产8 251.4kg/hm^2，高于全国平均产量。

中华人民共和国成立65年来，六大稻区的水稻种植面积及占全国稻作面积的比例发生了一定变化。华南稻区的稻作面积波动较大，从1949年的811.7万hm^2，增加到1979年的875.3万hm^2，但2014年下降到503.6万hm^2。华中华东稻区是我国的主产稻区，基本维持在全国稻区面积的50%左右，其种植面积的高峰在20世纪的70 ～ 80年代，达到全国稻区面积的53% ～ 54%。西南和西北稻区稻作面积基本保持稳定，近35年来分别占全国稻区面积的14.9%和0.9%左右。华北和东北稻区种植面积和占比均有提高，特别是东北稻区，其稻作面积和占比近35年来提高较快，2014年达到了451.5万hm^2，全国占比达到14.9%，与1979年的84.2万hm^2相比，种植面积增加了367.3万hm^2。我国六大稻区2014年的稻作面积和占比见图1-1。

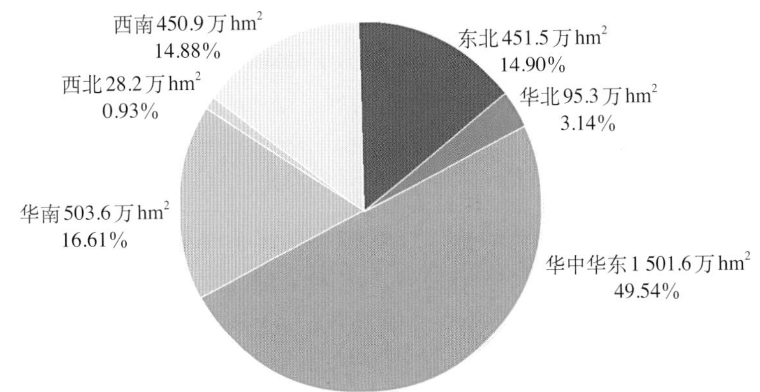

图1-1　中国六大稻区2014年的稻作面积和占比

第二节 中国栽培稻的分类

中国栽培稻的分类比较复杂，丁颖教授将其系统分为四大类：籼亚种和粳亚种，早稻、中稻和晚稻，水稻和陆稻，粘稻和糯稻。随着杂种优势的利用，又增加了一类，为常规稻和杂交稻。本节将根据这五大类分别进行介绍。

一、籼稻和粳稻

中国栽培稻籼亚种（*O. sativa* L. subsp. *indica*）和粳亚种（*O. sativa* L. subsp. *japonica*）的染色体数同为24（$2n$=24），但由于起源演化的差异和人为选择的结果，这两个亚种存在一定的形态和生理特性差异，并有一定程度的生殖隔离。据《辞海》（1989年版）记载，籼稻与粳稻比较：籼稻分蘖力较强；叶幅宽，叶色淡绿，叶面多毛；小穗多数短芒或无芒，易脱粒，颖果狭长扁圆；米质黏性较弱，膨性大；比较耐热和耐强光，主要分布于华南热带和淮河以南亚热带的低地。

按照现代分类学的观点，粳稻又可分为温带粳稻和热带粳稻（爪哇稻）。中国传统（农家/地方）粳稻品种均属温带粳稻类型。近年有的育种家为扩大遗传背景，在育种亲本中加入了热带粳稻材料，因而育成的水稻品种含有部分热带粳稻（爪哇稻）的血缘。

籼稻、粳稻的分布，主要受温度的制约，还受到种植季节、日照条件和病虫害的影响。目前，中国的籼稻品种主要分布在华南和长江流域各省份，以及西南的低海拔地区和北方的河南、陕西南部。湖南、贵州、广东、广西、海南、福建、江西、四川、重庆的籼稻面积占各省稻作面积的90%以上，湖北、安徽占80%～90%，浙江、云南在50%左右，江苏在25%左右。粳稻主要分布在东北、华北、长江下游太湖地区和西北，以及华南、西南的高海拔山区。东北的黑龙江、吉林、辽宁三省是全国著名的北方粳稻产区，江苏、浙江、安徽、湖北是南方粳稻主产区，云南的高海拔地区则以粳稻为主。

2014年，中国籼稻种植面积2 130.8万hm^2，约占稻作面积的70.3%；粳稻面积900.2万hm^2，占稻作面积的29.7%。据统计，2014年中国种植面积大于6 667hm^2的常规水稻品种有298个，其中籼稻品种104个，占34.9%；粳稻品种194个，占65.1%；2014年种植面积最大的前5位常规粳稻品种是：龙粳31（92.2万hm^2）、宁粳4号（35.8万hm^2）、绥粳14（29.1万hm^2）、龙粳26（28.1万hm^2）和连粳7号（22.0万hm^2）；种植面积最大的前5位常规籼稻品种是：中嘉早17（61.1万hm^2）、黄华占（30.6万hm^2）、湘早籼45（17.8万hm^2）、中早39（16.3万hm^2）和玉针香（11.2万hm^2）。

二、常规稻和杂交稻

常规稻是遗传纯合、可自交结实、性状稳定的水稻品种类型，杂交稻是利用杂种一代优势、目前必须年年制种的杂交水稻类型。中国是世界上第一个大面积、商品化应用杂交稻的国家，20世纪70年代后期开始大规模推广三系杂交稻，90年代初成功选育出两系杂交稻并应用于生产。目前，常规稻种植面积占全国稻作面积的46%左右，杂交稻占54%左右。

1991年我国年种植面积大于6 667hm^{2}的常规稻品种有193个，2014年增加到298个（图1-2）；杂交稻品种数从1991年的62个增加到2014年的571个。1991年以来，年种植面积大于6 667hm^{2}的常规稻品种数每年较为稳定，基本为200 ～ 300个品种，但杂交稻品种数增加较快，增加了8倍多。

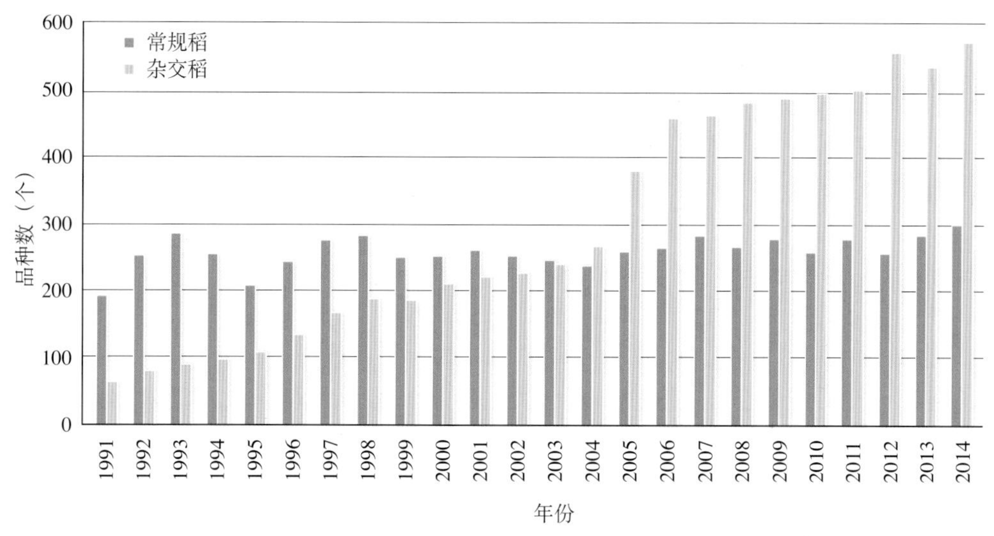

图1-2　1991—2014年年种植面积大于6 667hm^{2}的常规稻和杂交稻品种数

三、早稻、中稻和晚稻

在稻种向不同纬度、不同海拔高度传播的过程中，在日照和温度的强烈影响下，在自然选择和人为选择的综合作用下，栽培稻发生了一系列感光性和感温性的变异，出现了早稻、中稻和晚稻栽培类型。一般而言，早稻基本营养生长期短，感温性强，不感光或感光性极弱；中稻基本营养生长期较长，感温性中等，感光性弱；晚稻基本营养生长期短，感光性强，感温性中等或较强，但通常晚籼稻的感光性强于晚粳稻。

籼稻和粳稻、杂交稻和常规稻都有早、中、晚类型，每一类型根据生育期的长短有早熟、中熟和迟熟之分，从而形成了大量适应不同栽培季节、耕作制度和生育期要求的品种。在华南、华中的双季稻区，早籼和早粳品种对日长反应不敏感，生育期较短，一般3 ～ 4月播种，7 ～ 8月收获。在海南和广东南部，由于温度较高，早籼稻通常2月中、下旬播种，6月下旬收获。中稻一般作单季稻种植，生育期稳定，产量较高，华南稻区部分迟熟早籼稻品种在华中和华东地区可作中稻种植。晚籼稻和晚粳稻均可作双季晚稻和单季晚稻种植，以保证在秋季气温下降前抽穗授粉。

20世纪70年代后期以来，由于杂交水稻的兴起，种植结构的变化，中国早稻和晚稻的种植面积逐年减少，单季中稻的种植面积大幅增加。早、中、晚稻种植面积占全国稻作面积的比重，分别从1979年的33.7%、32.0%和34.3%，转变为1999年的24.2%、48.9%和26.9%，2014年进一步变化为19.1%、59.9%和21.0%（图1-3）。

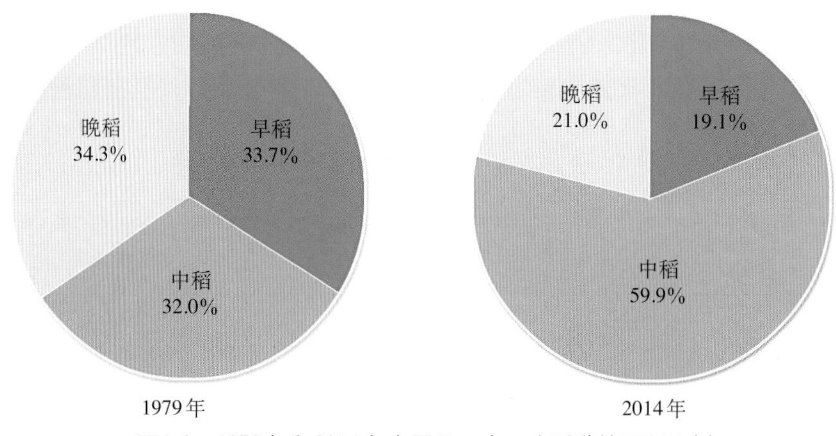

图1-3　1979年和2014年全国早、中、晚稻种植面积比例

四、水稻和陆稻

中国的栽培稻极大部分是水稻，占中国稻作面积的98%。陆稻（Upland rice）亦称旱稻，古代称棱稻，是适应较少水分环境（坡地、旱地）的一类稻作生态品种。陆稻的显著特点是耐干旱，表现为种子吸水力强，发芽快，幼苗对土壤中氯酸钾的耐毒力较强；根系发达，根粗而长；维管束和导管较粗，叶表皮较厚，气孔少，叶较光滑有蜡质；根细胞的渗透压和茎叶组织的汁液浓度也较高。与水稻比较，陆稻吸水力较强而蒸腾量较小，故有较强的耐旱能力。通常陆稻依靠雨水或地下水获得水分，稻田无田埂。虽然陆稻的生长发育对光、温要求与水稻相似，但一生需水量约是水稻的2/3或1/2。因而，陆稻适于水源不足或水源不均衡的稻区、多雨的山区和丘陵区的坡地或台田种植，还可与多种旱作物间作或套种。从目前的地理环境和种植水平看，陆稻的单产低于水稻。

陆稻也有籼稻、粳稻之别和生育期长短之分。全国陆稻面积约57万hm^2，仅占全国稻作总面积的2%左右，主要分布于云贵高原的西南山区、长江中游丘陵地区和华北平原区。云南西双版纳和思茅等地每年陆稻种植面积稳定在10万hm^2左右。近年，华北地区正在发展一种旱作稻（Aerobic rice），耐旱性较强，在整个生育期灌溉几次即可，产量较高。此外，广东、广西、海南等地的低洼地区，在20世纪50年代前曾有少量深水稻品种，中华人民共和国成立后，随着水利排灌设施的完善，现已绝迹。目前，种植面积较大的陆稻品种有中旱209、旱稻277、巴西陆稻、中旱3号、陆引46、丹旱稻1号、冀粳12、IRAT104等。

五、粘稻和糯稻

稻谷胚乳均有糯性与非糯性之分。糯稻和非糯稻的主要区别在于饭粒黏性的强弱，相对而言，粘稻（非糯稻）黏性弱，糯稻黏性强，其中粳糯稻的黏性大于籼糯稻。化学成分的分析指出，胚乳直链淀粉含量的多少是区别粘稻和糯稻的化学基础。通常，粳粘稻的直链淀粉含量占淀粉总量的8%～20%，籼粘稻为10%～30%，而糯稻胚乳基本为支链淀粉，不含或仅含极少量直链淀粉（≤2%）。从化学反应看，由于糯稻胚乳和花粉中的淀粉基本或完全为支链淀粉，因此吸碘量少，遇1%的碘-碘化钾溶液呈红褐色反应，而粘稻直链淀粉含量高，吸碘量大，呈蓝紫色反应，这是区分糯稻与非糯稻品种的主要方法之一。从外观看，糯稻胚乳在刚收获时因含水量较高而呈半透明，经充分干燥后呈乳白色，这是因为胚乳细胞快速失水，产生许多大小不一的空隙，导致光散射而引起的乳白色视觉。

云南、贵州、广西等省（自治区）的高海拔地区，人们喜食糯米，籼型糯稻品种丰富，而长江中下游地区以粳型糯稻品种居多，东北和华北地区则全部是粳型糯稻。从用途看，糯米通常用于酿制米酒，制作糕点。在云南的低海拔稻区，有一种低直链淀粉含量的籼粘稻，称为软米，其黏性介于籼粘稻和糯稻之间，适于制作饵块、米线。

第三节　水稻遗传资源

水稻育种的发展历程证明，品种改良每一阶段的重大突破均与水稻优异种质的发现和利用相关。20世纪50年代末，矮仔占、矮脚南特、台中本地1号（TN1，亦称台中在来1号）和广场矮等矮秆种质的发掘与利用，实现了60年代我国水稻品种的矮秆化；70～80年代野败型、矮败型、冈型、印水型、红莲型等不育资源的发现及二九南1号A、珍汕97A等水稻野败型不育系育成，实现了籼型杂交稻的“三系”配套和大面积推广利用；80年代农垦58S、安农S-1等光温敏核不育材料的发掘与利用，实现了“两系”杂交水稻的突破；90年代02428、培矮64、轮回422等广亲和种质的发掘与利用，基本克服了籼粳稻杂交的瓶颈；80～90年代沈农89366、沈农159、辽粳5号等新株型优异种质的创新与利用，实现了北方粳稻直立穗型与高产的结合，使北方粳稻产量有了较大的提高；90年代以来光温敏不育系培矮64S、Y58S、株1S以及中9A、甬粳2号A和恢复系9311、蜀恢527等的创新与利用，选育出一系列高产、优质的超级杂交稻品种。可见，水稻优异种质资源的收集、评价、创新和利用是水稻品种遗传改良的重要环节和基础。

一、栽培稻种质资源

中国具有丰富的多样化的水稻遗传资源。清代的《授时通考》（1742）记载了全国16省的3 429个水稻品种，它们是长期自然突变、人工选择和留种栽培的结果。中华人民共和国成立以来，全国进行了4次大规模的稻种资源考察和收集。20世纪50年代后期到60年代在广东、湖南、湖北、江苏、浙江、四川等14省（自治区、直辖市）进行了第一次全国性的水稻种质资源的考察，征集到各类水稻种质5.7万余份。70年代末至80年代初，进行了全国水稻种质资源的补充考察和征集，获得各类水稻种质万余份。国家“七五”（1986—1990）、“八五”（1991—1995）和“九五”（1996—2000）科技攻关期间，分别对神农架和三峡地区以及海南、湖北、四川、陕西、贵州、广西、云南、江西和广东等省（自治区）的部分地区再度进行了补充考察和收集，获得稻种3 500余份。“十五”（2001—2005）和“十一五”（2006—2010）期间，又收集到水稻种质6 996份。

通过对收集到的水稻种质进行整理、核对与编目，截至2010年，中国共编目水稻种质82 386份，其中70 669份是从中国国内收集的种质，占编目总数的85.8%（表1-1）。在此基础上，编辑和出版了《中国稻种资源目录》（8册）、《中国优异稻种资源》，编目内容包括基本信息、形态特征、生物学特性、品质特性、抗逆性、抗病虫性等。

截至2010年，在国家作物种质库［简称国家长期库（北京）］繁种保存的水稻种质资源共73 924份，其中各类型种质所占百分比大小顺序为：地方稻种（68.1%）＞国外引进稻种（13.9%）＞野生稻种（8.0%）＞选育稻种（7.8%）＞杂交稻“三系”资源（1.9%）＞遗传材料（0.3%）（表1-1）。在所保存的水稻地方品种中，保存数量较多的省份包括广西（8 537份）、云南（5 882份）、贵州（5 657份）、广东（5 512份）、湖南（4 789份）、四川（3 964份）、江西（2 974份）、江苏（2 801份）、浙江（2 079份）、福建（1 890份）、湖北（1 467份）和台湾（1 303份）。此外，在中国水稻研究所的国家水稻中期库（杭州）保存了稻属及近缘属种质资源7万余份，是我国单项作物保存规模最大的中期种质库，也是世界上最大的单项国家级水稻种质基因库之一。在入国家长期库（北京）的66 408份地方稻种、选育稻种、国外引进稻种等水稻种质中，籼稻和粳稻种质分别占63.3%和36.7%，水稻和陆稻种质分别占93.4%和6.6%，粘稻和糯稻种质分别占83.4%和16.6%。显然，籼稻、水稻和粘稻的种质数量分别显著多于粳稻、陆稻和糯稻。

表1-1　中国稻种资源的编目数和入库数

种质类型	编　目		繁殖入库	
	份数	占比（%）	份数	占比（%）
地方稻种	54 282	65.9	50 371	68.1
选育稻种	6 660	8.1	5 783	7.8
国外引进稻种	11 717	14.2	10 254	13.9
杂交稻“三系”资源	1 938	2.3	1 374	1.9
野生稻种	7 663	9.3	5 938	8.0
遗传材料	126	0.2	204	0.3
合计	82 386	100	73 924	100

截至2010年，完成了29 948份水稻种质资源的抗逆性鉴定，占入库种质的40.5%；完成了61 462份水稻种质资源的抗病虫性鉴定，占入库种质的83.1%；完成了34 652份水稻种质资源的品质特性鉴定，占入库种质的46.9%。种质评价表明：中国水稻种质资源中蕴藏着丰富的抗旱、耐盐、耐冷、抗白叶枯病、抗稻瘟病、抗纹枯病、抗褐飞虱、抗白背飞虱等优异种质（表1-2）。

表1-2　中国稻种资源中鉴定出的抗逆性和抗病虫性优异的种质份数

种质类型	抗旱		耐盐		耐冷		抗白叶枯病	
	极强	强	极强	强	极强	强	高抗	抗
地方稻种	132	493	17	40	142	—	12	165
国外引进稻种	3	152	22	11	7	30	3	39
选育稻种	2	65	2	11	—	50	6	67

（续）

种质类型	抗稻瘟病			抗纹枯病		抗褐飞虱			抗白背飞虱		
	免疫	高抗	抗	高抗	抗	免疫	高抗	抗	免疫	高抗	抗
地方稻种	—	816	1 380	0	11	—	111	324	—	122	329
国外引进稻种	—	5	148	5	14	—	0	218	—	1	127
选育稻种	—	63	145	3	7	—	24	205	—	13	32

注：数据来自2005年国家种质数据库。

2001—2010年，结合水稻优异种质资源的繁殖更新、精准鉴定与田间展示、网上公布等途径，国家粮食作物种质中期库［简称国家中期库（北京）］和国家水稻种质中期库（杭州）共向全国从事水稻育种、遗传及生理生化、基因定位、遗传多样性和水稻进化等研究的300余个科研及教学单位提供水稻种质资源47 849份次，其中国家中期库（北京）提供26 608份次，国家水稻种质中期库（杭州）提供21 241份次，平均每年提供4 785份次。稻种资源在全国范围的交换、评价和利用，大大促进了水稻育种及其相关基础理论研究的发展。

二、野生稻种质资源

野生稻是重要的水稻种质资源，在中国的水稻遗传改良中发挥了极其重要的作用。从海南岛普通野生稻中发现的细胞质雄性不育株，奠定了我国杂交水稻大面积推广应用的基础。从江西发现的矮败野生稻不育株中选育而成的协青早A和从海南发现的红芒野生稻不育株育成的红莲早A，是我国两个重要的不育系类型，先后转育了一大批杂交水稻品种。利用从广西普通野生稻中发现的高抗白叶枯病基因*Xa23*，转育成功了一系列高产、抗白叶枯病的栽培品种。从江西东乡野生稻中发现的耐冷材料，已经并继续在耐冷育种中发挥重要作用。

据1978—1982年全国野生稻资源普查、考察和收集的结果，参考1963年中国农业科学院原生态研究室的考察记录，以及历史上台湾发现野生稻的记载，现已明确，中国有3种野生稻：普通野生稻（*O. rufipogon* Griff.）、疣粒野生稻（*O. meyeriana* Baill.）和药用野生稻（*O. officinalis* Wall. ex Watt），分布于广东、海南、广西、云南、江西、福建、湖南、台湾等8个省（自治区）的143个县（市），其中广东53个县（市）、广西47个县（市）、云南19个县（市）、海南18个县（市）、湖南和台湾各2个县、江西和福建各1个县。

普通野生稻自然分布于广东、广西、海南、云南、江西、湖南、福建、台湾等8个省（自治区）的113个县（市），是我国野生稻分布最广、面积最大、资源最丰富的一种。普通野生稻大致可分为5个自然分布区：①海南岛区。该区气候炎热，雨量充沛，无霜期长，极有利于普通野生稻的生长与繁衍。海南省18个县（市）中就有14个县（市）分布有普通野生稻，而且密度较大。②两广大陆区。包括广东、广西和湖南的江永县及福建的漳浦县，为普通野生稻的主要分布区，主要集中分布于珠江水系的西江、北江和东江流域，特别是北回归线以南及广东、广西沿海地区分布最多。③云南区。据考察，在西双版纳傣族自治州的景洪镇、勐罕坝、大勐龙坝等地共发现26个分布点，后又在景洪和元江发现2个普通野生稻分布点，这两个县普通野生稻呈零星分布，覆盖面积小。历年发现的分布点都集中在流沙河和澜沧江流域，这两条河向南流入东南亚，注入南海。④湘赣区。包括湖南茶陵县及江西东乡县的普通野生稻。东乡县的普通野生稻分布于北纬28°14′，是目前中国乃至全球普通野生稻分布的最北限。⑤台湾区。20世纪50年代在桃园 、新竹两县发现过普通野生稻，但目前已消失。

药用野生稻分布于广东、海南、广西、云南4省（自治区）的38个县（市），可分为3个自然分布区：①海南岛区。主要分布在黎母山一带，集中分布在三亚市及陵水、保亭、乐东、白沙、屯昌5县。②两广大陆区。为主要分布区，共包括27个县（市），集中于桂东中南部，包括梧州、苍梧、岑溪、玉林、容县、贵港、武宣、横县、邕宁、灵山等县（市），以及广东省的封开、郁南、德庆、罗定、英德等县（市）。③云南区。主要分布于临沧地区的耿马、永德县及普洱市。

疣粒野生稻主要分布于海南、云南与台湾三省（台湾的疣粒野生稻于1978年消失）的27个县（市），海南省仅分布于中南部的9个县（市），尖峰岭至雅加大山、鹦哥岭至黎母山、大本山至五指山、吊罗山至七指岭的许多分支山脉均有分布，常常生长在背北向南的山坡上。云南省有18个县（市）存在疣粒野生稻，集中分布于哀牢山脉以西的滇西南，东至绿春、元江，而以澜沧江、怒江、红河、李仙江、南汀河等河流下游地区为主要分布区。台湾在历史上曾发现新竹县有疣粒野生稻分布，目前情况不明。

自2002年开始，中国农业科学院作物科学研究所组织江西、湖南、云南、海南、福建、广东和广西等省（自治区）的相关单位对我国野生稻资源状况进行再次全面调查和收集，至2013年底，已完成除广东省以外的所有已记载野生稻分布点的调查和部分生态环境相似地区的调查。调查结果表明，与1980年相比，江西、湖南、福建的野生稻分布点没有变化，但分布面积有所减少；海南发现现存的野生稻居群总数达154个，其中普通野生稻136个，疣粒野生稻11个，药用野生稻7个；广西原有的1 342个分布点中还有325个存在野生稻，且新发现野生稻分布点29个，其中普通野生稻13个，药用野生稻16个；云南在调查的98个野生稻分布点中，26个普通野生稻分布点仅剩1个，11个药用野生稻分布点仅剩2个，61个疣粒野生稻分布点还剩25个。除了已记载的分布点，还发现了1个普通野生稻和10个疣粒野生稻新分布点。值得注意的是，从目前对现存野生稻的调查情况看，与1980年相比，我国70%以上的普通野生稻分布点、50%以上的药用野生稻分布点和30%疣粒野生稻分布点已经消失，濒危状况十分严重。

2010年，国家长期库（北京）保存野生稻种质资源5 896份，其中国内普通野生稻种质资源4 602份，药用野生稻880份，疣粒野生稻29份，国外野生稻385份；进入国家中期库（北京）保存的野生稻种质资源3 200份。考虑到种茎保存能较好地保持野生稻原有的种性，为了保持野生稻的遗传稳定性，现已在广东省农业科学院水稻研究所（广州）和广西农业科学院作物品种资源研究所（南宁）建立了2个国家野生稻种质资源圃，收集野生稻种茎入圃保存，至2013年已入圃保存的野生稻种茎10 747份，其中广州圃保存5 037份，南宁圃保存5 710份。此外，新收集的12 800份野生稻种质资源尚未入编国家长期库（北京）或国家野生稻种质圃长期保存，临时保存于各省（自治区）临时圃或大田中。

近年来，对中国收集保存的野生稻种质资源开展了较为系统的抗病虫鉴定，至2013年底，共鉴定出抗白叶枯病种质资源130多份，抗稻瘟病种质资源200余份，抗纹枯病种质资源10份，抗褐飞虱种质资源200多份，抗白背飞虱种质资源180多份。但受试验条件限制，目前野生稻种质资源抗旱、耐寒、抗盐碱等的鉴定较少。

第四节　栽培稻品种的遗传改良

中华人民共和国成立以来，水稻品种的遗传改良获得了巨大成就，纯系选择育种、杂交育种、诱变育种、杂种优势利用、组织培养（花粉、花药、细胞）育种、分子标记辅助育种等先后成为卓有成效的育种方法。65年来，全国共育成并通过国家、省（自治区、直辖市）、地区（市）农作物品种审定委员会审定（认定）的常规和杂交水稻品种共8 117份，其中1991—2014年，每年种植面积大于6 667hm^{2}的品种已从1991年的255个增加到2014年的869个（图1-4）。20世纪50年代后期至70年代的矮化育种、70～90年代的杂交水稻育种，以及近20年的超级稻育种，在我国乃至世界水稻育种史上具有里程碑意义。

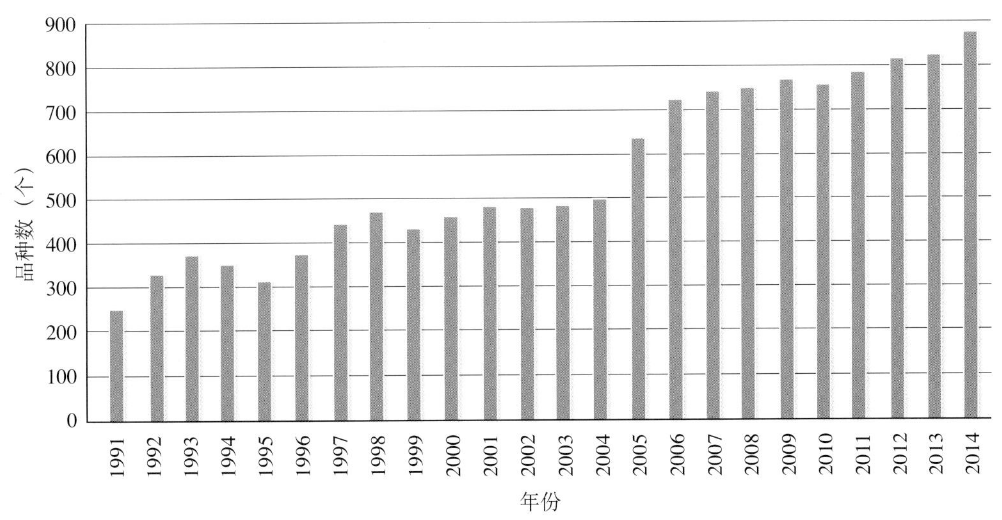

图1-4　1991—2014年年种植面积在6 667hm^{2}以上的品种数

一、常规品种的遗传改良

（一）地方农家品种改良（20世纪50年代）

20世纪50年代初期，全国以种植数以万计的高秆农家品种为主，以高秆（>150cm）、易倒伏为品种主要特征，主要品种有夏至白、马房籼、红脚早、湖北早、黑谷子、竹桠谷、油占子、西瓜红、老来青、霜降青、有芒早粳等。50年代中期，主要采用系统选择法对地方农家品种的某些农艺性状进行改良以提高防倒伏能力，增加产量，育成了一批改良农家品种。在全国范围内，早籼确定38个、中籼确定20个、晚粳确定41个改良农家品种予以大面积推广，连续多年种植面积较大的品种有早籼：南特号、雷火占；中籼：胜利籼、乌嘴川、长粒籼、万利籼；晚籼：红米冬占、浙场9号、粤油占、黄禾子；早粳：有芒早粳；中粳：桂花球、洋早十日、石稻；晚粳：新太湖青、猪毛簇、红须粳、四上裕等。与此同时，通过简单杂交和系统选育，育成了一批高秆改良品种。改良农家品种和新育成的高秆改良品种的产量一般为2 500 ~ 3 000kg/hm^2，比地方高秆农家品种的产量高5%～15%。

（二）矮化育种（20世纪50年代后期至70年代）

20世纪50年代后期，育种家先后发现籼稻品种矮仔占、矮脚南特和低脚乌尖，以及粳稻品种农垦58等，具有优良的矮秆特性：秆矮（<100cm），分蘖强，耐肥，抗倒伏，产量高。研究发现，这4个品种都具有半矮秆基因*Sd1*。矮仔占来自南洋，20世纪前期引入广西，是我国20世纪50年代后期至60年代前期种植的最主要的矮秆品种之一，也是60 ~ 90年代矮化育种最重要的矮源亲本之一。矮脚南特是广东农民由高秆品种南特16的矮秆变异株选得。低脚乌尖是我国台湾省的农家品种，是国内外矮化育种最重要的矮源亲本之一。农垦58则是50年代后期从日本引进的粳稻品种。

可利用的*Sd1*矮源发现后，立即开始了大规模的水稻矮化育种。如华南农业科学研究所从矮仔占中选育出矮仔占4号，随后以矮仔占4号与高秆品种广场13杂交育成矮秆品种广场矮。台湾台中农业改良场用矮秆的低脚乌尖与高秆地方品种菜园种杂交育成矮秆的台中本地1号（TN1）。南特号是双季早籼品种极其重要的育种亲源，以南特号为基础，衍生了大量品种，包括矮脚南特（南特号→南特16→矮脚南特）、广场13、莲塘早和陆财号等4个重要骨干品种。农垦58则迅速成为长江中下游地区中粳、晚粳稻的育种骨干亲本。广场矮、矮脚南特、台中本地1号和农垦58这4个具有划时代意义的矮秆品种的育成、引进和推广，标志中国步入了大规模的卓有成效的籼、粳稻矮化育种，成为水稻矮化育种的里程碑。

从20世纪60年代初期开始，全国主要稻区的农家地方品种均被新育成的矮秆、半矮秆品种所替代。这些品种以矮秆（80 ~ 85cm）、半矮秆（86 ~ 105cm）、强分蘖、耐肥、抗倒伏为基本特征，产量比当地主要高秆农家品种提高15%～30%。著名的籼稻矮秆品种有矮脚南特、珍珠矮、珍珠矮11、广场矮、广场13、莲塘早、陆财号等；著名的粳稻矮秆品种有农垦58、农垦57（从日本引进）、桂花黄（Balilla，从意大利引进）。60年代后期至70年代中期，年种植面积曾经超过30万hm^{2}的籼稻品种有广陆矮4号、广选3号、二九青、广二104、原丰早、湘矮早9号、先锋1号、矮南早1号、圭陆矮8号、桂朝2号、桂朝13、南京1号、窄叶青8号、红410、成都矮8号、泸双1011、包选2号、包胎矮、团结1号、广二选二、广秋矮、二白矮1号、竹系26、青二矮等；年种植面积超过20万hm^{2}的粳稻矮秆品种有农垦58、农垦57、农虎6号、吉粳60、武农早、沪选19、嘉湖4号、桂花糯、双糯4号等。

（三）优质多抗育种（20世纪80年代中期至90年代）

1978—1984年，由于杂交水稻的兴起和农村种植结构的变化，常规水稻的种植面积大大压缩，特别是常规早稻面积逐年减少，部分常规双季稻被杂交中籼稻和杂交晚籼稻取代。因此，常规品种的选育多以提高稻米产量和品质为主，主要的籼稻品种有广陆矮4号、二九青、先锋1号、原丰早、湘矮早9号、湘早籼13、红410、二九丰、浙733、浙辐802、湘早籼7号、嘉育948、舟903、广二104、桂朝2号、珍珠矮11、包选2号、国际稻8号（IR8）、南京11、754、团结1号、二白矮1号、窄叶青8号、粳籼89、湘晚籼11、双桂1号、桂朝13、七桂早25、鄂早6号、73-07、青秆黄、包选2号、754、汕二59、三二矮等；主要的粳稻品种有秋光、合江19、桂花黄、鄂晚5号、农虎6号、嘉湖4号、鄂宜105、秀水04、武育粳2号、秀水48、秀水11等。

自矮化育种以来，由于密植程度增加，病虫害逐渐加重。因此，90年代常规品种的选育重点在提高产量的同时，还须兼顾提高病虫抗性和改良品质，提高对非生物压力的耐性，因而育成的品种多数遗传背景较为复杂。突出的籼稻品种有早籼31、鄂早18、粤晶丝苗2号、嘉育948、籼小占、粤香占、特籼占25、中鉴100、赣晚籼30、湘晚籼13等；重要的粳稻品种有空育131、辽粳294、龙粳14、龙粳20、吉粳88、垦稻12、松粳6号、宁粳16、垦稻8号、合江19、武育粳3号、武育粳5号、早丰9号、武运粳7号、秀水63、秀水110、秀水128、嘉花1号、甬粳18、豫粳6号、徐稻3号、徐稻4号、武香粳14等。

1978—2014年，最大年种植面积超过40万hm^2的常规稻品种共23个，这些都是高产品种，产量高，适应性广，抗病虫力强（表1-3）。

表1-3　1978—2014年最大年种植面积超过40万hm^2的常规水稻品种

品种名称	品种类型	亲本/血缘	最大年种植面积（万hm^2）	累计种植面积（万hm^2）
广陆矮4号	早籼	广场矮3784/陆财号	495.3（1978）	1 879.2（1978—1992）
二九青	早籼	二九矮7号/青小金早	96.9（1978）	542.0（1978—1995）
先锋1号	早籼	广场矮6号/陆财号	97.1（1978）	492.5（1978—1990）
原丰早	早籼	IR8种子^{60}Co辐照	105.0（1980）	436.7（1980—1990）
湘矮早9号	早籼	IR8/湘矮早4号	121.3（1980）	431.8（1980—1989）
余赤231-8	晚籼	余晚6号/赤块矮3号	41.1（1982）	277.7（1981—1999）
桂朝13	早籼	桂阳矮49/朝阳早18，桂朝2号的姐妹系	68.1（1983）	241.8（1983—1990）
红410	早籼	珍龙410系选	55.7（1983）	209.3（1982—1990）
双桂1号	早籼	桂阳矮C17/桂朝2号	81.2（1985）	277.5（1982—1989）
二九丰	早籼	IR29/原丰早	66.5（1987）	256.5（1985—1994）
73-07	早籼	红梅早/7055	47.5（1988）	157.7（1985—1994）
浙辐802	早籼	四梅2号种子辐照	130.1（1990）	973.1（1983—2004）
中嘉早17	早籼	中选181/育嘉253	61.1（2014）	171.4（2010—2014）
珍珠矮11	中籼	矮仔占4号/惠阳珍珠早	204.9（1978）	568.2（1978—1996）
包选2号	中籼	包胎白系选	72.3（1979）	371.7（1979—1993）
桂朝2号	中籼	桂阳矮49/朝阳早18	208.8（1982）	721.2（1982—1995）
二白矮1号	晚籼	秋二矮/秋白矮	68.1（1979）	89.0（1979—1982）
龙粳25	早粳	佳禾早占/龙花97058	41.1（2011）	119.7（2010—2014）
空育131	早粳	道黄金/北明	86.7（2004）	938.5（1997—2014）
龙粳31	早粳	龙花96-1513/垦稻8号的F_1花药培养	112.8（2013）	256.9（2011—2014）
武育粳3号	中粳	中丹1号/79-51//中丹1号/扬粳1号	52.7（1997）	560.7（1992—2012）
秀水04	晚粳	C21///辐农709//辐农709/单209	41.4（1988）	166.9（1985—1993）
武运粳7号	晚粳	嘉40/香糯9121//丙815	61.4（1999）	332.3（1998—2014）

二、杂交水稻的兴起和遗传改良

20世纪70年代初，袁隆平等在海南三亚发现了含有胞质雄性不育基因*cms*的普通野生稻，这一发现对水稻杂种优势利用具有里程碑的意义。通过全国协作攻关，1973年实现不育系、保持系、恢复系三系配套，1976年中国开始大面积推广"三系"杂交水稻。1980年全国杂交水稻种植面积479万hm^2，1990年达到1 665万hm^2。70年代初期，中国最重要的不育系二九南1号A和珍汕97A,是来自携带*cms*基因的海南普通野生稻与中国矮秆品种二九南1号和珍汕97的连续回交后代；最重要的恢复系来自国际水稻研究所的IR24、IR661和IR26，它们配组的南优2号、南优3号和汕优6号成为20世纪70年代后期到80年代初期最重要的籼型杂交水稻品种。南优2号最大年（1978）种植面积298万hm^2，1976—1986年累计种植面积666.7万hm^2；汕优6号最大年（1984）种植面积173.9万hm^2，1981—1994年累计种植面积超过1 000万hm^2。

1973年10月，石明松在晚粳农垦58田间发现光敏雄性不育株，经过10多年的选育研究，1987年光敏核不育系农垦58S选育成功并正式命名，两系杂交水稻正式进入攻关阶段，两系杂交水稻优良品种两优培九通过江苏省（1999）和国家（2001）农作物品种审定委员会审定并大面积推广，2002年该品种年种植面积达到82.5万hm^2。

20世纪80 ～ 90年代，针对第一代中国杂交水稻稻瘟病抗性差的突出问题，开展抗稻瘟病育种，育成明恢63、测64、桂33等抗稻瘟病性较强的恢复系，形成第二代杂交水稻汕优63、汕优64、汕优桂33等一批新品种，从而中国杂交水稻又蓬勃发展，80年代湖北出现6 666.67hm^2汕优63产量超9 000kg/hm^2的记录。著名的杂交水稻品种包括：汕优46、汕优63、汕优64、汕优桂99、威优6号、威优64、协优46、D优63、冈优22、Ⅱ优501、金优207、四优6号、博优64、秀优57等。中国三系杂交水稻最重要的强恢复系为IR24、IR26、明恢63、密阳46（Miyang 46）、桂99、CDR22、辐恢838、扬稻6号等。

1978—2014年，最大年种植面积超过40万hm^2的杂交稻品种共32个，这些杂交稻品种产量高，抗病虫力强，适应性广，种植年限长，制种产量也高（表1-4）。

表1-4　1978—2014年最大年种植面积超过40万hm^2的杂交稻品种

杂交稻品种	类型	配组亲本	恢复系中的国外亲本	最大年种植面积（万hm^2）	累计种植面积（万hm^2）
南优2号	三系，籼	二九南1号A/IR24	IR24	298.0（1978）	＞666.7（1976—1986）
威优2号	三系，籼	V20A/IR24	IR24	74.7（1981）	203.8（1981—1992）
汕优2号	三系，籼	珍汕97A/IR24	IR24	278.3（1984）	1 264.8（1981—1988）
汕优6号	三系，籼	珍汕97A/IR26	IR26	173.9（1984）	999.9（1981—1994）
威优6号	三系，籼	V20A/IR26	IR26	155.3（1986）	821.7（1981—1992）
汕优桂34	三系，籼	珍汕97A/桂34	IR24、IR30	44.5（1988）	155.6（1986—1993）
威优49	三系，籼	V20A/测64-49	IR9761-19	45.4（1988）	163.8（1986—1995）
D优63	三系，籼	D汕A/明恢63	IR30	111.4（1990）	637.2（1986—2001）

（续）

杂交稻品种	类型	配组亲本	恢复系中的国外亲本	最大年种植面积（万 hm^2）	累计种植面积（万 hm^2）
博优64	三系，籼	博A/测64-7	IR9761-19-1	67.1（1990）	334.7（1989—2002）
汕优63	三系，籼	珍汕97A/明恢63	IR30	681.3（1990）	6 288.7（1983—2009）
汕优64	三系，籼	珍汕97A/测64-7	IR9761-19-1	190.5（1990）	1 271.5（1984—2006）
威优64	三系，籼	V20A/测64-7	IR9761-19-1	135.1（1990）	1 175.1（1984—2006）
汕优桂33	三系，籼	珍汕97A/桂33	IR24、IR36	76.7（1990）	466.9（1984—2001）
汕优桂99	三系，籼	珍汕97A/桂99	IR661、IR2061	57.5（1992）	384.0（1990—2008）
冈优12	三系，籼	冈46A/明恢63	IR30	54.4（1994）	187.7（1993—2008）
威优46	三系，籼	V20A/密阳46	密阳46	51.7（1995）	411.4（1990—2008）
汕优46*	三系，籼	珍汕97A/密阳46	密阳46	45.5（1996）	340.3（1991—2007）
汕优多系1号	三系，籼	珍汕97A/多系1号	IR30、Tetep	68.7（1996）	301.7（1995—2004）
汕优77	三系，籼	珍汕97A/明恢77	IR30	43.1（1997）	256.1（1992—2007）
特优63	三系，籼	龙特甫A/明恢63	IR30	43.1（1997）	439.3（1984—2009）
冈优22	三系，籼	冈46A/CDR22	IR30、IR50	161.3（1998）	922.7（1994—2011）
协优63	三系，籼	协青早A/明恢63	IR30	43.2（1998）	362.8（1989—2008）
Ⅱ优501	三系，籼	Ⅱ-32A/明恢501	泰引1号、IR26、IR30	63.5（1999）	244.9（1995—2007）
Ⅱ优838	三系，籼	Ⅱ-32A/辐恢838	泰引1号、IR30	79.1（2000）	663.0（1995—2014）
金优桂99	三系，籼	金23A/桂99	IR661、IR2061	40.4（2001）	236.2（1994—2009）
冈优527	三系，籼	冈46A/蜀恢527	古154、IR24、IR1544-28-2-3	44.6（2002）	246.4（1999—2013）
冈优725	三系，籼	冈46A/绵恢725	泰引1号、IR30、IR26	64.2（2002）	469.4（1998—2014）
金优207	三系，籼	金23A/先恢207	IR56、IR9761-19-1	71.9（2004）	508.7（2000—2014）
金优402	三系，籼	金23A/R402	古154、IR24、IR30、IR1544-28-2-3	53.5（2006）	428.6（1996—2014）
培两优288	两系，籼	培矮64S/288	IR30、IR36、IR2588	39.9（2001）	101.4（1996—2006）
两优培九	两系，籼	培矮64S/扬稻6号	IR30、IR36、IR2588、BG90-2	82.5（2002）	634.9（1999—2014）
丰两优1号	两系，籼	广占63S/扬稻6号	IR30、R36、IR2588、BG90-2	40.0（2006）	270.1（2002—2014）

* 汕优10号与汕优46的父、母本和育种方法相同，前期称为汕优10号，后期统称汕优46。

三、超级稻育种

国际水稻研究所从1989年起开始实施理想株型（Ideal plant type，俗称超级稻）育种计划，试图利用热带粳稻新种质和理想株型作为突破口，通过杂交和系统选育及分子育种方法育成新株型品种［New plant type（NPT），超级稻］供南亚和东南亚稻区应用，设计产量希望比当地品种增产20%～30%。但由于产量、抗病虫力和稻米品质不理想等原因，迄今还无突出的品种在亚洲各国大面积应用。

为实现在矮化育种和杂交育种基础上的产量再次突破，农业部于1996年启动中国超级稻研究项目，要求育成高产、优质、多抗的常规和杂交水稻新品种。广义要求，超级稻的主要性状如产量、米质、抗性等均应显著超过现有主栽品种的水平；狭义要求，应育成在抗性和米质与对照品种相仿的基础上，产量有大幅度提高的新品种。在育种技术路线上，超级稻品种采用理想株型塑造与杂种优势利用相结合的途径，核心是种质资源的有效利用或有利多基因的聚合，育成单产大幅提高、品质优良、抗性较强的新型水稻品种（表1-5）。

表1-5　超级稻品种的主要指标

项　目	长江流域早熟早稻	长江流域中迟熟早稻	长江流域中熟晚稻、华南感光性晚稻	华南早晚兼用稻、长江流域迟熟晚稻、东北早熟粳稻	长江流域一季稻、东北中熟粳稻	长江上游迟熟一季稻、东北迟熟粳稻
生育期（d）	≤105	≤115	≤125	≤132	≤158	≤170
产量（kg/hm^2）	≥8 250	≥9 000	≥9 900	≥10 800	≥11 700	≥12 750
品　质	北方粳稻达到部颁二级米以上（含）标准，南方晚籼稻达到部颁三级米以上（含）标准，南方早籼稻和一季稻达到部颁四级米以上（含）标准					
抗　性	抗当地1～2种主要病虫害					
生产应用面积	品种审定后2年内生产应用面积达到每年3 125hm^2以上					

近年有的育种家提出“绿色超级稻”或“广义超级稻”的概念，其基本思路是将品种资源研究、基因组研究和分子技术育种紧密结合，加强水稻重要性状的生物学基础研究和基因发掘，全面提高水稻的综合性状，培育出抗病、抗虫、抗逆、营养高效、高产、优质的新品种。2000年超级杂交稻第一期攻关目标大面积如期实现产量10.5t/hm^2，2004年第二期攻关目标大面积实现产量12.0t/hm^2。

2006年，农业部进一步启动推进超级稻发展的“6236工程”，要求用6年的时间，培育并形成20个超级稻主导品种，年推广面积占全国水稻总面积的30%，即900万hm^2，单产比目前主栽品种平均增产900kg/hm^2，以全面带动我国水稻的生产水平。2011年，湖南隆回县种植的超级杂交水稻品种Y两优2号在7.5hm^2的面积上平均产量13 899kg/hm^2；2011年宁波农业科学院选育的籼粳型超级杂交晚稻品种甬优12单产14 147kg/hm^2；2013年，湖南隆回县种植的超级杂交水稻Y两优900获得14 821kg/hm^2的产量，宣告超级杂交水稻第三期攻关目标大面积产量13.5t/hm^2的实现。据报道，2015年云南个旧市的“超级杂交水稻示范基地”百亩连片水稻攻关田，种植的超级稻品种超优千号，百亩片平均单产16 010kg/hm^2；2016年山东临沂市莒南县大店镇的百亩片攻关基地种植的超级杂交稻超优千号，实测单产15 200kg/hm^2，创造了杂交水稻高纬度单产的世界纪录，表明已稳定实现了超级杂交水稻第四期大面积产量潜力达到15t/hm^2的攻关目标。

截至2014年，农业部确认了111个超级稻品种，分别是：

常规超级籼稻7个：中早39、中早35、金农丝苗、中嘉早17、合美占、玉香油占、桂农占。

常规超级粳稻28个：武运粳27、南粳44、南粳45、南粳49、南粳5055、淮稻9号、长白25、莲稻1号、龙粳39、龙粳31、松粳15、镇稻11、扬粳4227、宁粳4号、楚粳28、连粳7号、沈农265、沈农9816、武运粳24、扬粳4038、宁粳3号、龙粳21、千重浪、辽星1号、楚粳27、松粳9号、吉粳83、吉粳88。

籼型三系超级杂交稻46个：F优498、荣优225、内5优8015、盛泰优722、五丰优615、天优3618、天优华占、中9优8012、H优518、金优785、德香4103、Q优8号、宜优673、深优9516、03优66、特优582、五优308、五丰优T025、天优3301、珞优8号、荣优3号、金优458、国稻6号、赣鑫688、Ⅱ优航2号、天优122、一丰8号、金优527、D优202、Q优6号、国稻1号、国稻3号、中浙优1号、丰优299、金优299、Ⅱ优明86、Ⅱ优航1号、特优航1号、D优527、协优527、Ⅱ优162、Ⅱ优7号、Ⅱ优602、天优998、Ⅱ优084、Ⅱ优7954。

粳型三系超级杂交稻1个：辽优1052。

籼型两系超级杂交稻26个：两优616、两优6号、广两优272、C两优华占、两优038、Y两优5867、Y两优2号、Y两优087、准两优608、深两优5814、广两优香66、陵两优268、徽两优6号、桂两优2号、扬两优6号、陆两优819、丰两优香1号、新两优6380、丰两优4号、Y优1号、株两优819、两优287、培杂泰丰、新两优6号、两优培九、准两优527。

籼粳交超级杂交稻3个：甬优15、甬优12、甬优6号。

超级杂交水稻育种正在继续推进，面临的挑战还有很多。从遗传角度看，目前真正能用于超级稻育种的有利基因及连锁分子标记还不多，水稻基因研究成果还不足以全面支撑超级稻分子育种，目前的超级稻育种仍以常规杂交技术和资源的综合利用为主。因此，需要进一步发掘高产、优质、抗病虫、抗逆基因，改进育种方法，将常规育种技术与分子育种技术相结合起来，培育出广适性的可大幅度减少农用化学品（无机肥料、杀虫剂、杀菌剂、除草剂）而又高产优质的超级稻品种。

第五节　核心育种骨干亲本

分析65年来我国育成并通过国家或省级农作物品种审定委员会审（认）定的8 117份水稻、陆稻和杂交水稻现代品种，追溯这些品种的亲源，可以发现一批极其重要的核心育种骨干亲本，它们对水稻品种的遗传改良贡献巨大。但是由于种质资源的不断创新与交流，尤其是育种材料的交流和国外种质的引进，育种技术的多样化，有的品种含有多个亲本的血缘，使得现代育成品种的亲缘关系十分复杂。特别是有些品种的亲缘关系没有文字记录，或者仅以代号留存，难以查考。另外，籼、粳稻品种的杂交和选择，出现了大量含有籼、粳血缘的中间品种，难以绝对划分它们的籼、粳类别。毫无疑问，品种遗传背景的多样性对于克服品种遗传脆弱性，保障粮食生产安全性极为重要。

考虑到这些相互交错的情况，本节品种的亲源一般按不同亲本在品种中所占的重要性和比率确定，可能会出现前后交叉和上下代均含数个重要骨干亲本的情况。

一、常规籼稻

据不完全统计，我国常规籼稻最重要的核心育种骨干亲本有22个，衍生的大面积种植（年种植面积>6 667hm^2）的品种数超过2 700个（表1-6）。其中，全国种植面积较大的常规籼稻品种是：浙辐802、桂朝2号、双桂1号、广陆矮4号、湘早籼45、中嘉早17等。

表1-6　籼稻核心育种骨干亲本及其主要衍生品种

品种名称	类型	衍生的品种数	主要衍生品种
矮仔占	早籼	>402	矮仔占4号、珍珠矮、浙辐802、广陆矮4号、桂朝2号、广场矮、二九青、特青、嘉育948、红410、泸红早1号、双桂36、湘早籼7号、广二104、珍汕97、七桂早25、特籼占13
南特号	早籼	>323	矮脚南特、广场13、莲塘早、陆财号、广场矮、广选3号、矮南早1号、广陆矮4号、先锋1号、青小金早、湘早籼3号、湘矮早3号、湘矮早7号、嘉育293、赣早籼26
珍汕97	早籼	>267	珍竹19、庆元2号、闽科早、珍汕97A、Ⅱ-32A、D汕A、博A、中A、29A、天丰A、枝A不育系及汕优63等大量杂交稻品种
矮脚南特	早籼	>184	矮南早1号、湘矮早7号、青小金早、广选3号、温选青
珍珠矮	早籼	>150	珍龙13、珍汕97、红梅早、红410、红突31、珍珠矮6号、珍珠矮11、7055、6044、赣早籼9号
湘早籼3号	早籼	>66	嘉育948、嘉育293、湘早籼10号、湘早籼13、湘早籼7号、中优早81、中86-44、赣早籼26
广场13	早籼	>59	湘早籼3号、中优早81、中86-44、嘉育293、嘉育948、早籼31、嘉兴香米、赣早籼26
红410	早籼	>43	红突31、8004、京红1号、赣早籼9号、湘早籼5号、舟优903、中优早3号、泸红早1号、辐8-1、佳禾早占、鄂早16、余红1号、湘晚籼9号、湘晚籼14
嘉育293	早籼	>25	嘉育948、中98-15、嘉兴香米、嘉早43、越糯2号、嘉育143、嘉早41、嘉早935、中嘉早17
浙辐802	早籼	>21	香早籼11、中516、浙9248、中组3号、皖稻45、鄂早10号、赣早籼50、金早47、赣早籼56、浙852、中选181
低脚乌尖	中籼	>251	台中本地1号（TN1）、IR8、IR24、IR26、IR29、IR30、IR36、IR661、原丰早、洞庭晚籼、二九丰、滇瑞306、中选8号
广场矮	中籼	>151	桂朝2号、双桂36、二九矮、广场矮5号、广场矮3784、湘矮早3号、先锋1号、泸南早1号
IR8	中籼	>120	IR24、IR26、原丰早、滇瑞306、洞庭晚籼、滇陇201、成矮597、科六早、滇屯502、滇瑞408
IR36	中籼	>108	赣早籼15、赣早籼37、赣早籼39、湘早籼3号
IR24	中籼	>79	四梅2号、浙辐802、浙852、中156，以及一批杂交稻恢复系和杂交稻品种南优2号、汕优2号
胜利籼	中籼	>76	广场13、南京1号、南京11、泸胜2号、广场矮系列品种
台中本地1号（TN1）	中籼	>38	IR8、IR26、IR30、BG90-2、原丰早、湘晚籼1号、滇瑞412、扬稻1号、扬稻3号、金陵57

（续）

品种名称	类型	衍生的品种数	主要衍生品种
特青	中晚籼	>107	特籼占13、特籼占25、盐稻5号、特三矮2号、鄂中4号、胜优2号、丰青矮、黄华占、茉莉新占、丰矮占1号、丰澳占，以及一批杂交稻恢复系镇恢084、蓉恢906、浙恢9516、广恢998
秋播了	晚籼	>60	516、澄秋5号、秋长3号、东秋播、白花
桂朝2号	中晚籼	>43	豫籼3号、镇籼96、扬稻5号、湘晚籼8号、七山占、七桂早25、双朝25、双桂36、早桂1号、陆青早1号、湘晚籼32
中山1号	晚籼	>30	包胎红、包胎白、包选2号、包胎矮、大灵矮、钢枝占
粳籼89	晚籼	>13	赣晚籼29、特籼占13、特籼占25、粤野软占、野黄占、粤野占26

矮仔占源自早期的南洋引进品种，后成为广西容县一带农家地方品种，携带*sd1*矮秆基因，全生育期约140d，株高82cm左右，节密，耐肥，有效穗多，千粒重26g左右，单产4 500 ～ 6 000kg/hm^2，比一般高秆品种增产20%～ 30%。1955年，华南农业科学研究所发现并引进矮仔占，经系选，于1956年育成矮仔占4号。采用矮仔占4号/广场13，1959年育成矮秆品种广场矮；采用矮仔占4号/惠阳珍珠早，1959年育成矮秆品种珍珠矮。广场矮和珍珠矮是矮仔占最重要的衍生品种，这2个品种不但推广面积大，而且衍生品种多，随后成为水稻矮化育种的重要骨干亲本，广场矮至少衍生了151个品种，珍珠矮至少衍生了150个品种。因此，矮仔占是我国20世纪50年代后期至60年代最重要的矮秆推广品种，也是60 ～ 80年代矮化育种最重要的矮源。至今，矮仔占至少衍生了402个品种，其中种植面积较大的衍生品种有广场矮、珍珠矮、广陆矮4号、二九青、先锋1号、特青、桂朝2号、双桂1号、湘早籼7号、嘉育948等。

南特号是20世纪40年代从江西农家品种鄱阳早的变异株中选得，50年代在我国南方稻区广泛作早稻种植。该品种株高100 ～ 130cm，根系发达，适应性广，全生育期105 ～ 115d，较耐肥，每穗约80粒，千粒重26 ～ 28g，单产3 750 ～ 4 500kg/hm^2，比一般高秆品种增产13%～ 34%。南特号1956年种植面积达333.3万hm^2，1958—1962年，年种植面积达到400万hm^{2}以上。南特号直接系选衍生出南特16、江南1224和陆财号。1956年，广东潮阳县农民从南特号发现矮秆变异株，经系选育成矮脚南特，具有早熟、秆矮、高产等优点，可比高秆品种增产20%～ 30%。经分析，矮脚南特也含有矮秆基因*sd1*，随后被迅速大面积推广并广泛用作矮化育种亲本。南特号是双季早籼品种极其重要的育种亲源，至少衍生了323个品种，其中种植面积较大的衍生品种有广场矮、广场13、矮南早1号、莲塘早、陆财号、广陆矮4号、先锋1号、青小金早、湘矮早2号、湘矮早7号、红410等。

低脚乌尖是我国台湾省的农家品种，携带*sd1*矮秆基因，20世纪50年代后期因用低脚乌尖为亲本（低脚乌尖/菜园种）在台湾育成台中本地1号（TN1）。国际水稻研究所利用Peta/低脚乌尖育成著名的IR8品种并向东南亚各国推广，引发了亚洲水稻的绿色革命。祖国大陆育种家利用含有低脚乌尖血缘的台中本地1号、IR8、IR24和IR30作为杂交亲本，至少衍生了251个常规水稻品种，其中IR8（又称科六或691）衍生了120个品种，台中本地1号衍生了38个品种。利用IR8和台中本地1号而衍生的、种植面积较大的品种有原丰早、科梅、双科1号、湘矮早9号、二九丰、扬稻2号、泸红早1号等。利用含有低脚乌尖血缘的IR24、IR26、IR30等，又育成了大量杂交水稻恢复系，有的恢复系可直接作为常规品种种植。

早籼品种珍汕97对推动杂交水稻的发展作用特殊、贡献巨大。该品种是浙江省温州农业科学研究所用珍珠矮11/汕矮选4号于1968年育成，含有矮仔占血缘，株高83cm，全生育期约120d，分蘖力强，千粒重27g左右，单产约5 500kg/hm^2。珍汕97除衍生了一批常规品种外，还被用于杂交稻不育系的选育。1973年，江西省萍乡市农业科学研究所以海南普通野生稻的野败材料为母本，用珍汕97为父本进行杂交并连续回交育成珍汕97A。该不育系早熟、配合力强，是我国使用范围最广、应用面积最大、时间最长、衍生品种最多的不育系。珍汕97A与不同恢复系配组，育成多种熟期类型的杂交水稻品种，如汕优6号、汕优46、汕优63、汕优64等供华南、长江流域作双季晚稻和单季中、晚稻大面积种植。以珍汕97A为母本直接配组的年种植面积超过6 667hm^{2}的杂交水稻品种有92个，36年来（1978—2014年）累计推广面积超过14 450万hm^2。

特青是广东省农业科学院用特矮/叶青伦于1984年育成的早、晚兼用的籼稻品种，茎秆粗壮，叶挺色浓，株叶形态好，耐肥，抗倒伏，抗白叶枯病，产量高，大田产量6 750 ～ 9 000kg/hm^2。特青被广泛用于南方稻区早、中、晚籼稻的育种亲本，主要衍生品种有特籼占13、特籼占25、盐稻5号、特三矮2号、鄂中4号、胜优2号、黄华占、丰矮占1号、丰澳占等。

嘉育293（浙辐802/科庆47//二九丰///早丰6号/水原287////HA79317-7）是浙江省嘉兴市农业科学研究所育成的常规早籼品种。全生育期约112d，株高76.8cm，苗期抗寒性强，株型紧凑，叶片长而挺，茎秆粗壮，生长旺盛，耐肥，抗倒伏，后期青秆黄熟，产量高，适于浙江、江西、安徽（皖南）等省作早稻种植，1993—2012年累计种植面积超过110万hm^2。嘉育293被广泛用于长江中下游稻区的早籼稻育种亲本，主要衍生品种有嘉育948、中98-15、嘉兴香米、嘉早43、越糯2号、嘉育143、嘉早41、嘉早935、中嘉早17等。

二、常规粳稻

我国常规粳稻最重要的核心育种骨干亲本有20个，衍生的种植面积较大（年种植面积＞6 667hm^2）的品种数超过2 400个（表1-7）。其中，全国种植面积较大的常规粳稻品种有：空育131、武育粳2号、武育粳3号、武运粳7号、鄂宜105、合江19、宁粳4号、龙粳31、农虎6号、鄂晚5号、秀水11、秀水04等。

旭是日本品种，从日本早期品种日之出选出。对旭进行系统选育，育成了京都旭以及关东43、金南风、下北、十和田、日本晴等日本品种。至20世纪末，我国由旭衍生的粳稻品种超过149个。如利用旭及其衍生品种进行早粳育种，育成了辽丰2号、松辽4号、合江20、合江21、早丰、吉粳53、吉粳88、冀粳1号、五优稻1号、龙粳3号、东农416等；利用京都旭及其衍生品种农垦57（原名金南风）进行中、晚粳育种，育成了金垦18、南粳11、徐稻2号、镇稻4号、盐粳4号、扬粳186、盐粳6号、镇稻6号、淮稻6号、南粳37、阳光200、远杂101、鲁香粳2号等。

表1-7 常规粳稻最重要核心育种骨干亲本及其主要衍生品种

品种名称	类型	衍生的品种数	主要衍生品种
旭	早粳	>149	农垦57、辽丰2号、松辽4号、合江20、合江21、早丰、吉粳53、吉粳88、冀粳1号、五优稻1号、龙粳3号、东农416、吉粳60、东农416
笹锦	早粳	>147	丰锦、辽粳5号、龙粳1号、秋光、吉粳69、龙粳1号、龙粳4号、龙粳14、垦稻8号、藤系138、京稻2号、辽盐2号、长白8号、吉粳83、青系96、秋丰、吉粳66
坊主	早粳	>105	石狩白毛、合江3号、合江11、合江22、龙粳2号、龙粳14、垦稻3号、垦稻8号、长白5号
爱国	早粳	>101	丰锦、宁粳6号、宁粳7号、辽粳5号、中花8号、临稻3号、冀粳6号、砦1号、辽盐2号、沈农265、松粳10号、沈农189
龟之尾	早粳	>95	宁粳4号、九稻1号、东农4号、松辽5号、虾夷、松辽5号、九稻1号、辽粳152
石狩白毛	早粳	>88	大雪、滇榆1号、合江12、合江22、龙粳1号、龙粳2号、龙粳14、垦稻8号、垦稻10号
辽粳5号	早粳	>61	辽粳68、辽粳288、辽粳326、沈农159、沈农189、沈农265、沈农604、松粳3号、松粳10号、辽星1号、中辽9052
合江20	早粳	>41	合江23、吉粳62、松粳3号、松粳9号、五优稻1号、五优稻3号、松粳21、龙粳3号、龙粳13、绥粳1号
吉粳53	早粳	>27	长白9号、九稻11、双丰8号、吉粳60、新稻2号、东农416、吉粳70、九稻44、丰选2号
红旗12	早粳	>26	宁粳9号、宁粳11、宁粳19、宁粳23、宁粳28、宁稻216
农垦57	中粳	>116	金垦18、双丰4号、南粳11、南粳23、徐稻2号、镇稻4号、盐粳4号、扬粳201、扬粳186、盐粳6号、南粳36、镇稻6号、淮稻6号、扬粳9538、南粳37、阳光200、远杂101、鲁香粳2号
桂花黄	中粳	>97	南粳32、矮粳23、秀水115、徐稻2号、浙粳66、双糯4号、临稻10号、宁粳9号、宁粳23、镇稻2号
西南175	中粳	>42	云粳3号、云粳7号、云粳9号、云粳134、靖粳10号、靖粳16、京黄126、新城糯、楚粳5号、楚粳22、合系41、滇靖8号
武育粳3号	中粳	>22	淮稻5号、淮稻6号、镇稻99、盐稻8号、武运粳11、华粳2号、广陵香粳、武育粳5号、武香粳9号
滇榆1号	中粳	>13	合系34、楚粳7号、楚粳8号、楚粳24、凤稻14、楚粳14、靖粳8号、靖粳优2号、靖粳优3号、云粳优1号
农垦58	晚粳	>506	沪选19、鄂宜105、农虎6号、辐农709、秀水48、农红73、矮粳23、秀水04、秀水11、秀水63、宁67、武运粳7号、武育粳3号、宁粳1号、甬粳18、徐稻3号、武香粳9号、鄂晚5号、嘉991、镇稻99、太湖糯
农虎6号	晚粳	>332	秀水664、嘉湖4号、祥湖47、秀水04、秀水11、秀水48、秀水63、桐青晚、宁67、太湖糯、武香粳9号、甬粳44、香血糯335、辐农709、武运粳7号
测21	晚粳	>254	秀水04、武香粳14、秀水11、宁粳1号、秀水664、武粳15、武运粳8号、秀水63、甬粳18、祥湖84、武香粳9号、武运粳21、宁67、嘉991、矮糯21、常农粳2号、春江026
秀水04	晚粳	>130	武香粳14、秀水122、武运粳23、秀水1067、武粳13、甬优6号、秀水17、太湖粳2号、甬优1号、宁粳3号、皖稻26、运9707、甬优9号、秀水59、秀水620
矮宁黄	晚粳	>31	老来青、沪晚23、八五三、矮粳23、农红73、苏粳7号、安庆晚2号、浙粳66、秀水115、苏稻1号、镇稻1号、航育1号、祥湖25

辽粳5号（丰锦////越路早生/矮脚南特//藤坂5号/BaDa///沈苏6号）是沈阳市浑河农场采用籼、粳稻杂交，后代用粳稻多次复交，于1981年育成的早粳矮秆高产品种。辽粳5号集中了籼、粳稻特点，株高80 ~ 90cm，叶片宽、厚、短、直立上举，色浓绿，分蘖力强，株型紧凑，受光姿态好，光能利用率高，适应性广，较抗稻瘟病，中抗白叶枯病，产量高。适宜在东北作早粳种植，1992年最大种植面积达到9.8万hm^2。用辽粳5号作亲本共衍生了61个品种，如辽粳326、沈农159、沈农189、松粳10号、辽星1号等。

合江20（早丰/合江16）是黑龙江省农业科学院水稻研究所于20世纪70年代育成的优良广适型早粳品种。合江20全生育期133 ~ 138d，叶色浓绿，直立上举，分蘖力较强，抗稻瘟病性较强，耐寒性较强，耐肥，抗倒伏，感光性较弱，感温性中等，株高90cm左右，千粒重23 ~ 24g。70年代末至80年代中期在黑龙江省大面积推广种植，特别是推广水稻旱育稀植以后，该品种成为黑龙江省的主栽品种。作为骨干亲本合江20衍生的品种包括松粳3号、合江21、合江23、黑粳5号、吉粳62等。

桂花黄是我国中、晚粳稻育种的一个主要亲源品种，原名Balilla（译名巴利拉、伯利拉、倍粒稻），1960年从意大利引进。桂花黄为1964年江苏省苏州地区农业科学研究所从Balilla变异单株中选育而成，亦名苏粳1号。桂花黄株高90cm左右，全生育期120 ~ 130d，对短日照反应中等偏弱，分蘖力弱，穗大，着粒紧密，半直立，千粒重26 ~ 27g，一般单产5 000 ~ 6 000kg/hm^2。桂花黄的显著特点是配合力好，能较好地与各类粳稻配组。据统计，40年来（1965—2004年）桂花黄共衍生了97个品种，种植面积较大的品种有南粳32、矮粳23、秀水115、徐稻2号、浙粳66、双糯4号、临稻10号等。

农垦58是我国最重要的晚粳稻骨干亲本之一。农垦58又名世界一（经考证应该为Sekai系列中的1个品系），1957年农垦部引自日本，全生育期单季晚稻160 ~ 165d，连作晚稻135d，株高约110cm，分蘖早而多，株型紧凑，感光，对短日照反应敏感，后期耐寒，抗稻瘟病，适应性广，千粒重26 ~ 27g，米质优，作单季晚稻单产一般6 000 ~ 6 750kg/hm^2。该品种20世纪60 ~ 80年代在长江流域稻区广泛种植，1975年种植面积达到345万hm^2，1960—1987年累计种植面积超过1 100万hm^2。50年来（1960—2010年）以农垦58为亲本衍生的品种超过506个，其中直接经系统选育而成的品种59个。具有农垦58血缘并大面积种植的品种有：鄂宜105、农虎6号、辐农709、农红73、秀水04、秀水11、秀水63、宁67、武运粳7号、武育粳3号、宁粳1号、甬粳18、徐稻3号等。从农垦58田间发现并命名的农垦58S，成为我国两系杂交稻光温敏核不育系的主要亲本之一，并衍生了多个光温敏核不育系如培矮64S等，配组了大量两系杂交稻如两优培九、两优培特、培两优288、培两优986、培两优特青、培杂山青、培杂双七、培杂泰丰、培杂茂三等。

农虎6号是我国著名的晚粳品种和育种骨干亲本，由浙江省嘉兴市农业科学研究所于1965年用农垦58与老虎稻杂交育成，具有高产、耐肥、抗倒伏、感光性较强的特点，仅1974年在浙江、江苏、上海的种植面积就达到72.2万hm^2。以农虎6号为亲本衍生的品种超过332个，包括大面积种植的秀水04、秀水63、祥湖84、武香粳14、辐农709、武运粳7号、宁粳1号、甬粳18等。

武育粳3号是江苏省武进稻麦育种场以中丹1号分别与79-51和扬粳1号的杂交后代经复交育成。全生育期150d左右，株高95cm，株型紧凑，叶片挺拔，分蘖力较强，抗倒伏性中等，单产大约8 700kg/hm^2，适宜沿江和沿海南部、丘陵稻区中等或中等偏上肥力条件下种植。1992—2008年累计推广面积549万hm^2，1997年最大推广面积达到52.7万hm^2。以武育粳3号为亲本，衍生了一批中粳新品种，如淮稻5号、镇稻99、香粳111、淮稻8号、盐稻8号、盐稻9号、扬粳9538、淮稻6号、南粳40、武运粳11、扬粳687、扬粳糯1号、广陵香粳、华粳2号、阳光200等。

测21是浙江省嘉兴市农业科学研究所用日本种质灵峰（丰沃/绫锦）为母本，与本地晚粳中间材料虎蕾选（金蕾440/农虎6号）为父本杂交育成。测21半矮生，叶姿挺拔，分蘖中等，株型挺，生育后期根系活力旺盛，成熟时穗弯于剑叶之下，米质优，配合力好。测21在浙江、江苏、上海、安徽、广西、湖北、河北、河南、贵州、天津、吉林、辽宁、新疆等省（自治区、直辖市）衍生并通过审定的常规粳稻新品种254个，包括秀水04、武香粳14、秀水11、宁粳1号、秀水664、武粳15、武运粳8号、秀水63、甬粳18、祥湖84、武香粳9号、武运粳21、宁67、嘉991、矮糯21等。1985—2012年以上衍生品种累计推广种植达2 300万hm^2。

秀水04是浙江省嘉兴市农业科学研究所以测21为母本，与辐农70-92/单209为父本杂交于1985年选育而成的中熟晚粳型常规水稻品种。秀水04茎秆矮而硬，耐寒性较强，连晚栽培株高80cm，单季稻95 ~ 100cm，叶片短而挺，分蘖力强，成穗率高，有效穗多。穗颈粗硬，着粒密，结实率高，千粒重26g，米质优，产量高，适宜在浙江北部、上海、江苏南部种植，1985—1994年累计推广面积180万hm^2。以秀水04为亲本衍生的品种超过130个，包括武香粳14、秀水122、祥湖84、武香粳9号、武运粳21、宁67、武粳13、甬优6号、秀水17、太湖粳2号、宁粳3号、皖稻26等。

西南175是西南农业科学研究所从台湾粳稻农家品种中经系统选择于1955年育成的中粳品种，产量较高，耐逆性强，在云贵高原持续种植了50多年。西南175不但是云贵地区的主要当家品种，而且是西南稻区中粳育种的主要亲本之一。

三、杂交水稻不育系

杂交水稻的不育系均由我国创新育成，包括野败型、矮败型、冈型、印水型、红莲型等三系不育系，以及两系杂交水稻的光敏和温敏不育系。最重要的杂交稻核心不育系有21个，衍生的不育系超过160个，配组的大面积种植（年种植面积＞6 667hm^2）的品种数超过1 300个。配组杂交稻品种最多的不育系是：珍汕97A、Ⅱ-32A、V20A、冈46A、龙特甫A、博A、协青早A、金23A、中9A、天丰A、谷丰A、农垦58S、培矮64S和Y58S等（表1-8）。

表1-8　杂交水稻核心不育系及其衍生的品种（截至2014年）

不育系	类　型	衍生的不育系数	配组的品种数	代表品种
珍汕97A	野败籼型	＞36	＞231	汕优2号、汕优22、汕优3号、汕优36、汕优36辐、汕优4480、汕优46、汕优559、汕优63、汕优64、汕优647、汕优6号、汕优70、汕优72、汕优77、汕优78、汕优8号、汕优多系1号、汕优桂30、汕优桂32、汕优桂33、汕优桂34、汕优桂99、汕优晚3、汕优直龙

（续）

不育系	类　型	衍生的不育系数	配组的品种数	代 表 品 种
Ⅱ-32A	印水籼型	＞5	＞237	Ⅱ优084、Ⅱ优128、Ⅱ优162、Ⅱ优46、Ⅱ优501、Ⅱ优58、Ⅱ优602、Ⅱ优63、Ⅱ优718、Ⅱ优725、Ⅱ优7号、Ⅱ优802、Ⅱ优838、Ⅱ优87、Ⅱ优多系1号、Ⅱ优辐819、优航1号、Ⅱ优明86
V20A	野败籼型	＞8	＞158	威优2号、威优35、威优402、威优46、威优48、威优49、威优6号、威优63、威优64、威优647、威优77、威优98、威优华联2号
冈46A	冈籼型	＞1	＞85	冈矮1号、冈优12、冈优188、冈优22、冈优151、冈优188、冈优527、冈优725、冈优827、冈优881、冈优多系1号
龙特甫A	野败籼型	＞2	＞45	特优175、特优18、特优524、特优559、特优63、特优70、特优838、特优898、特优桂99、特优多系1号
博A	野败籼型	＞2	＞107	博Ⅲ优273、博Ⅱ优15、博优175、博优210、博优253、博优258、博优3550、博优49、博优64、博优803、博优998、博优桂44、博优桂99、博优香1号、博优湛19
协青早A	矮败籼型	＞2	＞44	协优084、协优10号、协优46、协优49、协优57、协优63、协优64、协优华联2号
金23A	野败籼型	＞3	＞66	金优117、金优207、金优253、金优402、金优458、金优191、金优63、金优725、金优77、金优928、金优桂99、金优晚3
K17A	K籼型	＞2	＞39	K优047、K优402、K优5号、K优926、K优1号、K优3号、K优40、K优52、K优817、K优818、K优877、K优88、K优绿36
中9A	印水籼型	＞2	＞127	中9优288、中优207、中优402、中优974、中优桂99、国稻1号、国丰1号、先农20
D汕A	D籼型	＞2	＞17	D优49、D优78、D优162、D优361、D优1号、D优64、D汕优63、D优63
天丰A	野败籼型	＞2	＞18	天优116、天优122、天优1251、天优368、天优372、天优4118、天优428、天优8号、天优998、天优华占
谷丰A	野败籼型	＞2	＞32	谷优527、谷优航1号、谷优964、谷优航148、谷优明占、谷优3301
丛广41A	红莲籼型	＞3	＞12	广优4号、广优青、粤优8号、粤优938、红莲优6号
黎明A	滇粳型	＞11	＞16	黎优57、滇杂32、滇杂34
甬粳2A	滇粳型	＞1	＞11	甬优2号、甬优3号、甬优4号、甬优5号、甬优6号
农垦58S	光温敏	＞34	＞58	培矮64S、广占63S、广占63-4S、新安S、GD-1S、华201S、SE21S、7001S、261S、N5088S、4008S、HS-3、两优培九、培两优288、培两优特青、丰两优1号、扬两优6号、新两优6号、粤杂122、华两优103
培矮64S	光温敏	＞3	＞69	培两优210、两优培九、两优培特、培两优288、培两优3076、培两优981、培两优986、培两优特青、培杂山青、培杂双七、培杂桂99、培杂67、培杂泰丰、培杂茂三
安农S-1	光温敏	＞18	＞47	安两优25、安两优318、安两优402、安两优青占、八两优100、八两优96、田两优402、田两优4号、田两优66、田两优9号
Y58S	光温敏	＞7	＞120	Y两优1号、Y两优2号、Y两优6号、Y两优9981、Y两优7号、Y两优900、深两优5814
株1S	光温敏	＞20	＞60	株两优02、株两优08、株两优09、株两优176、株两优30、株两优58、株两优81、株两优839、株两优99

珍汕97A属野败胞质不育系，是江西省萍乡市农业科学研究所以海南普通野生稻的野败材料为母本，以迟熟早籼品种珍汕97为父本杂交并连续回交于1973年育成。该不育系配合力强，是我国使用范围最广、应用面积最大、时间最长、衍生品种最多的不育系。与不同恢复系配组，育成多种熟期类型的杂交水稻供华南早稻、华南晚稻、长江流域的双季早稻和双季晚稻及一季中稻利用。以珍汕97A为母本直接配组的年种植面积超过6 667hm^{2}的杂交水稻品种有92个，30年来（1978—2007年）累计推广面积13 372万hm^2。

V20A属野败胞质不育系，是湖南省贺家山原种场以野败/6044//71-72后代的不育株为母本，以早籼品种V20为父本杂交并连续回交于1973年育成。V20A一般配合力强，异交结实率高，配组的品种主要作双季晚稻使用，也可用作双季早稻。V20A是全国主要的不育系之一，配组的威优6号、威优63、威优64等系列品种在20世纪80～90年代曾经大面积种植，其中威优6号在1981—1992年的累计种植面积达到822万hm^2。

Ⅱ-32A属印水胞质不育系。为湖南杂交水稻研究中心从印尼水田谷6号中发现的不育株，其恢保关系与野败相同，遗传特性也属于孢子体不育。Ⅱ-32A是用珍汕97B与IR665杂交育成定型株系后，再与印水珍鼎（糯）A杂交、回交转育而成。全生育期130d，开花习性好，异交结实率高，一般制种产量可达3 000～4 500kg/hm^2，是我国主要三系不育系之一。Ⅱ-32A衍生了优ⅠA、振丰A、中9A、45A、渝5A等不育系，与多个恢复系配组的品种，包括Ⅱ优084、Ⅱ优46、Ⅱ优501、Ⅱ优63、Ⅱ优838、Ⅱ优多系1号、Ⅱ优辐819、Ⅱ优明86等，在我国南方稻区大面积种植。

冈型不育系是四川农学院水稻研究室以西非晚籼冈比亚卡（Gambiaka Kokum）为母本，与矮脚南特杂交，利用其后代分离的不育株杂交转育的一批不育系，其恢保关系、雄性不育的遗传特性与野败基本相似，但可恢复性比野败好，从而发现并命名为冈型细胞质不育系。冈46A是四川农业大学水稻研究所以冈二九矮7号A为母本，用“二九矮7号/V41//V20/雅矮早”的后代为父本杂交、回交转育成的冈型早籼不育系。冈46A在成都地区春播，播种至抽穗历期75d左右，株高75～80cm，叶片宽大，叶色淡绿，分蘖力中等偏弱，株型紧凑，生长繁茂。冈46A配合力强，与多个恢复系配组的74个品种在我国南方稻区大面积种植，其中冈优22、冈优12、冈优527、冈优151、冈优多系1号、冈优725、冈优188等曾是我国南方稻区的主推品种。

中9A是中国水稻研究所1992年以优ⅠA为母本，优ⅠB/L301B//菲改B的后代作父本，杂交、回交转育成的早籼不育系，属印尼水田谷6号质源型，2000年5月获得农业部新品种权保护。中9A株高约65cm，播种至抽穗60d左右，育性稳定，不育株率100%，感温，异交结实率高，配合力好，可配组早籼、中籼及晚籼3种栽培型杂交水稻，适用于所有籼型杂交稻种植区。以中9A配组的杂交品种产量高，米质好，抗白叶枯病，是我国当前较抗白叶枯病的不育系，与抗稻瘟病的恢复系配组，可育成双抗的杂交稻品种。配组的国稻1号、国丰1号、中优177、中优448、中优208等49个品种广泛应用于生产。

谷丰A是福建省农业科学院水稻研究所以地谷A为母本，以[龙特甫B/宙伊B（V41B/汕优菲一//IRs48B）]F_4作回交父本，经连续多代回交于2000年转育而成的野败型三系不育系。谷丰A株高85cm左右，不育性稳定，不育株率100%，花粉败育以典败为主，异交特性好，较抗稻瘟病，适宜配组中、晚籼类型杂交品种。谷优系列品种已在中国南方稻区大面积推广应用，成为稻瘟病重发区杂交水稻安全生产的重要支撑。利用谷丰A配组育成了谷优527、谷优964、谷优5138等32个品种通过省级以上农作物品种审定委员会审（认）定，其中4个品种通过国家农作物品种审定委员会审定。

甬粳2A是滇粳型不育系，是浙江省宁波市农业科学院以宁67A为母本，以甬粳2号为父本进行杂交，以甬粳2号为父本进行连续回交转育而成。甬粳2A株高90cm左右，感光性强，株型下紧上松，须根发达，分蘖力强，茎韧秆壮，剑叶挺直，中抗白叶枯病、稻瘟病、细菌性条纹病，耐肥，抗倒伏性好。采用粳不/籼恢三系法途径，甬粳2A配组育成了甬优2号、甬优4号、甬优6号等优质高产籼粳杂交稻。其中，甬优6号（甬粳2A/K4806）2006年在浙江省鄞州取得单季稻12 510kg/hm^{2}的高产，甬优12（甬粳2A/F5032）在2011年洞桥“单季百亩示范方”取得13 825kg/hm^{2}的高产。

培矮64S是籼型温敏核不育系，由湖南杂交水稻研究中心以农垦58S为母本，籼爪型品种培矮64（培迪/矮黄米//测64）为父本，通过杂交和回交选育而成。培矮64S株高65～70cm，分蘖力强，亲和谱广，配合力强，不育起点温度在13h光照条件下为23.5℃左右，海南短日照（12h）条件下不育起点温度超过24℃。目前已配组两优培九、两优培特、培两优288等30多个通过省级以上农作物品种审定委员会审定并大面积推广的两系杂交稻品种，是我国应用面积最大的两系核不育系。

安农S-1是湖南省安江农业学校从早籼品系超40/H285//6209-3群体中选育的温敏型两用核不育系。由于控制育性的遗传相对简单，用该不育系作不育基因供体，选育了一批实用的两用核不育系如香125S、安湘S、田丰S、田丰S-2、安农810S、准S360S等，配组的安两优25、安两优318、安两优402、安两优青占等品种在南方稻区广泛种植。

Y58S（安农S-1/常菲22B//安农S-1/Lemont///培矮64S）是光温敏不育系，实现了有利多基因累加，具有优质、高光效、抗病、抗逆、优良株叶形态和高配合力等优良性状。Y58S目前已选配Y两优系列强优势品种120多个，其中已通过国家、省级农作物品种审定委员会审（认）定的有45个。这些品种以广适性、优质、多抗、超高产等显著特性迅速在生产上大面积推广，代表性品种有Y两优1号、Y两优2号、Y两优9981等，2007—2014年累计推广面积已超过300万hm^2。2013年，在湖南隆回县，超级杂交水稻Y两优900获得14 821kg/hm^{2}的高产。

四、杂交水稻恢复系

我国极大部分强恢复系或强恢复源来自国外，包括IR24、IR26、IR30、密阳46等，它们均含有我国台湾省地方品种低脚乌尖的血缘（*sd1*矮秆基因）。20世纪70～80年代，IR24、IR26、IR30、IR36、IR58直接作恢复系利用，随着明恢63（IR30/圭630）的育成，我国的杂交稻恢复系走上了自主创新的道路，育成的恢复系其遗传背景呈现多元化。目前，主要的已广泛应用的核心恢复系17个，它们衍生的恢复系超过510个，配组的种植面积较大（年种植面积＞6 667hm^2）的杂交品种数超过1 200个（表1-9）。配组品种较多的恢复系有：明恢63、明恢86、IR24、IR26、多系1号、测64-7、蜀恢527、辐恢838、桂99、CDR22、密阳46、广恢3550、C57等。

表1-9 我国主要的骨干恢复系及配组的杂交稻品种（截至2014年）

骨干亲本名称	类型	衍生的恢复系数	配组的杂交品种数	代表品种
明恢63	籼型	>127	>325	D优63、Ⅱ优63、博优63、冈优12、金优63、马协优63、全优63、汕优63、特优63、威优63、协优63、优Ⅰ63、新香优63、八两优63
IR24	籼型	>31	>85	矮优2号、南优2号、汕优2号、四优2号、威优2号
多系1号	籼型	>56	>78	D优68、D优多系1号、Ⅱ优多系1号、K优5号、冈优多系1号、汕优多系1号、特优多系1号、优Ⅰ多系1号
辐恢838	籼型	>50	>69	辐优803、B优838、Ⅱ优838、长优838、川香838、辐优838、绵5优838、特优838、中优838、绵两优838、天优838
蜀恢527	籼型	>21	>45	D奇宝优527、D优13、D优527、Ⅱ优527、辐优527、冈优527、红优527、金优527、绵5优527、协优527
测64-7	籼型	>31	>43	博优49、威优49、协优49、汕优49、D优64、汕优64、威优64、博优64、常优64、协优64、优Ⅰ64、枝优64
密阳46	籼型	>23	>29	汕优46、D优46、Ⅱ优46、Ⅰ优46、金优46、汕优10、威优46、协优46、优I46
明恢86	籼型	>44	>76	Ⅱ优明86、华优86、两优2186、汕优明86、特优明86、福优86、D297优86、T优8086、Y两优86
明恢77	籼型	>24	>48	汕优77、威优77、金优77、优Ⅰ77、协优77、特优77、福优77、新香优77、K优877、K优77
CDR22	籼型	24	34	汕优22、冈优22、冈优3551、冈优363、绵5优3551、宜香3551、冈优1313、D优363、Ⅱ优936
桂99	籼型	>20	>17	汕优桂99、金优桂99、中优桂99、特优桂99、博优桂99（博优903）、华优桂99、秋优桂99、枝优桂99、美优桂99、优Ⅰ桂99、培两优桂99
广恢3550	籼型	>8	>21	Ⅱ优3550、博优3550、汕优3550、汕优桂3550、特优3550、天丰优3550、威优3550、协优3550、优优3550、枝优3550
IR26	籼型	>3	>17	南优6号、汕优6号、四优6号、威优6号、威优辐26
扬稻6号	籼型	>1	>11	红莲优6号、两优培九、扬两优6号、粤优938
C57	粳型	>20	>39	黎优57、丹粳1号、辽优3225、9优418、辽优5218、辽优5号、辽优3418、辽优4418、辽优1518、辽优3015、辽优1052、泗优422、皖稻22、皖稻70
皖恢9号	粳型	>1	>11	70优9号、培两优1025、双优3402、80优98、Ⅲ优98、80优9号、80优121、六优121

明恢63是我国最重要的育成恢复系，由福建省三明市农业科学研究所以IR30/圭630于1980年育成。圭630是从圭亚那引进的常规水稻品种，IR30来自国际水稻研究所，含有IR24、IR8的血缘。明恢63衍生了大量恢复系，其衍生的恢复系占我国选育恢复系的65%～70%，衍生的主要恢复系有CDR22、辐恢838、明恢77、多系1号、广恢128、恩恢58、明恢86、绵恢725、盐恢559、镇恢084、晚3等。明恢63配组育成了大量优良的杂交稻品种，包括汕优63、D优63、协优63、冈优12、特优63、金优63、汕优桂33、汕优多系1号等，这些杂交稻品种在我国稻区广泛种植，对水稻生产贡献巨大。直接以明恢63为恢复系配组的年种植面积超过6 667hm^{2}的杂交水稻品种29个，其中，汕优63（珍汕97A/

明恢63）1990年种植面积681万hm^2，累计推广面积（1983—2009年）6 289万hm^2；D优63（D珍汕97A/明恢63）1990年种植面积111万hm^2，累计推广面积（1983—2001年）637万hm^2。

密阳46（Miyang 46）原产韩国，20世纪80年代引自国际水稻研究所，其亲本为统一/IR24//IR1317/IR24，含有台中本地1号、IR8、IR24、IR1317（振兴/IR262//IR262/IR24）及韩国品种统一（IR8//蛦/台中本地1号）的血缘。全生育期110d左右，株高80cm左右，株型紧凑，茎秆细韧、挺直，结实率85%～90%，千粒重24g，抗稻瘟病力强，配合力强，是我国主要的恢复系之一。密阳46衍生的主要恢复系有蜀恢6326、蜀恢881、蜀恢202、蜀恢162、恩恢58、恩恢325、恩恢995、恩恢69、浙恢7954、浙恢203、Y111、R644、凯恢608、浙恢208等；配组的杂交品种汕优46（原名汕优10号）、协优46、威优46等是我国南方稻区中、晚稻的主栽品种。

IR24，其姐妹系为IR661，均引自国际水稻研究所（IRRI），其亲本为IR8/IR127。IR24是我国第一代恢复系，衍生的重要恢复系有广恢3550、广恢4480、广恢290、广恢128、广恢998、广恢372、广恢122、广恢308等；配组的矮优2号、南优2号、汕优2号、四优2号、威优2号等是我国20世纪70～80年代杂交中晚稻的主栽品种，IR24还是人工制恢的骨干亲本之一。

测64是湖南省安江农业学校从IR9761-19中系选测交选出。测64衍生出的恢复系有测64-49、测64-8、广恢4480（广恢3550/测64）、广恢128（七桂早25/测64）、广恢96（测64/518）、广恢452（七桂早25/测64//早特青）、广恢368（台中籼育10号/广恢452）、明恢77（明恢63/测64）、明恢07（泰宁本地/圭630//测64///777/CY85-43）、冈恢12（测64-7/明恢63）、冈恢152（测64-7/测64-48）等。与多个不育系配组的D优64、汕优64、威优64、博优64、常优64、协优64、优I64、枝优64等是我国20世纪80～90年代杂交稻的主栽品种。

CDR22（IR50/明恢63）系四川省农业科学院作物研究所育成的中籼迟熟恢复系。CDR22株高100cm左右，在四川成都春播，播种至抽穗历期110d左右，主茎总叶片数16～17叶，穗大粒多，千粒重29.8g，抗稻瘟病，且配合力高，花粉量大，花期长，制种产量高。CDR22衍生出了宜恢3551、宜恢1313、福恢936、蜀恢363等恢复系24个；配组的汕优22和冈优22强优势品种在生产中大面积推广。

辐恢838是四川省原子能应用技术研究所以226（糯）/明恢63辐射诱变株系r552育成的中籼中熟恢复系。辐恢838株高100～110cm，全生育期127～132d，茎秆粗壮，叶色青绿，剑叶硬立，叶鞘、节间和稃尖无色，配合力高，恢复力强。由辐恢838衍生出了辐恢838选、成恢157、冈恢38、绵恢3724等新恢复系50多个；用辐恢838配组的Ⅱ优838、辐优838、川香9838、天优838等20余个杂交品种在我国南方稻区广泛应用，其中Ⅱ优838是我国南方稻区中稻的主栽品种之一。

多系1号是四川省内江市农业科学研究所以明恢63为母本，Tetep为父本杂交，并用明恢63连续回交育成，同时育成的还有内恢99-14和内恢99-4。多系1号在四川内江春播，播种至抽穗历期110d左右，株高100cm左右，穗大粒多，千粒重28g，高抗稻瘟病，且配合力高，花粉量大，花期长，利于制种。由多系1号衍生出内恢182、绵恢2009、绵恢2040、明恢1273、明恢2155、联合2号、常恢117、泉恢131、亚恢671、亚恢627、航148、晚R-1、中恢8006、宜恢2308、宜恢2292等56个恢复系。多系1号先后配组育成了汕优多系1号、Ⅱ优多系1号、冈优多系1号、D优多系1号、D优68、K优5号、特优多系1号等品种，在我国南方稻区广泛作中稻栽培。

明恢77是福建省三明市农业科学研究所以明恢63为母本，测64作父本杂交，经多代选择于1988年育成的籼型早熟恢复系。到2010年，全国以明恢77为父本配组育成了11个组合通过省级以上农作物品种审定委员会审定，其中3个品种通过国家农作物品种审定委员会审定，从1991—2010年，用明恢77直接配组的品种累计推广面积达744.67万hm^2。到2010年，全国各育种单位利用明恢77作为骨干亲本选育的新恢复系有R2067、先恢9898、早恢9059、R7、蜀恢361等24个，这些新恢复系配组了34个品种通过省级以上农作物品种审定委员会审定。

明恢86是福建省三明市农业科学研究所以P18（IR54/明恢63//IR60/圭630）为母本，明恢75（粳187/IR30//明恢63）作父本杂交，经多代选择于1993年育成的中籼迟熟恢复系。到2010年，全国以明恢86为父本配组育成了11个品种通过省级以上农作物品种审定委员会品种审定，其中3个品种通过国家农作物品种审定委员会审定。从1997—2010年，用明恢86配组的所有品种累计推广面积达221.13万hm^2。到2011年止，全国各育种单位以明恢86为亲本选育的新恢复系有航1号、航2号、明恢1273、福恢673、明恢1259等44个，这些新恢复系配组了65个品种通过省级以上农作物品种审定委员会审定。

C57是辽宁省农业科学院利用“籼粳架桥”技术，通过籼（国际水稻研究所具有恢复基因的品种IR8）/籼粳中间材料（福建省具有籼稻血统的粳稻科情3号）//粳（从日本引进的粳稻品种京引35），从中筛选出的具有1/4籼核成分的粳稻恢复系。C57及其衍生恢复系的育成和应用推动了我国杂交粳稻的发展，据不完全统计，约有60%以上的粳稻恢复系具有C57的血缘，如皖恢9号、轮回422、C52、C418、C4115、徐恢201、MR19、陆恢3号等。C57是我国第一个大面积应用的杂交粳稻品种黎优57的父本。

参考文献

陈温福,徐正进,张龙步,等,2002.水稻超高产育种研究进展与前景[J].中国工程科学,4(1):31-35.

程式华,曹立勇,庄杰云,等,2009.关于超级稻品种培育的资源和基因利用问题[J].中国水稻科学,23(3):223-228.

程式华,2010.中国超级稻育种[M].北京:科学出版社:493.

方福平,2009.中国水稻生产发展问题研究[M].北京:中国农业出版社:19-41.

韩龙植,曹桂兰,2005.中国稻种资源收集、保存和更新现状[J].植物遗传资源学报,6(3):359-364.

林世成,闵绍楷,1991.中国水稻品种及其系谱[M].上海:上海科学技术出版社:411.

马良勇,李西民,2007.常规水稻育种[M]//程式华,李健.现代中国水稻.北京:金盾出版社:179-202.

闵捷,朱智伟,章林平,等,2014.中国超级杂交稻组合的稻米品质分析[J].中国水稻科学,28(2):212-216.

庞汉华,2000.中国野生稻资源考察、鉴定和保存概况[J].植物遗传资源科学,1(4):52-56.

汤圣祥,王秀东,刘旭,2012.中国常规水稻品种的更替趋势和核心骨干亲本研究[J].中国农业科学,5(8):1455-1464.

万建民,2010.中国水稻遗传育种与品种系谱[M].北京:中国农业出版社:742.

魏兴华，汤圣祥，余汉勇，等，2010. 中国水稻国外引种概况及效益分析[J]. 中国水稻科学，24(1): 5-11.

魏兴华，汤圣祥，2011. 中国常规稻品种图志[M]. 杭州：浙江科学技术出版社：418.

谢华安，2005. 汕优63选育理论与实践[M]. 北京：中国农业出版社：386.

杨庆文，陈大洲，2004. 中国野生稻研究与利用[M]. 北京：气象出版社.

杨庆文，黄娟，2013. 中国普通野生稻遗传多样性研究进展[J]. 作物学报，39(4): 580-588.

袁隆平，2008. 超级杂交水稻育种进展[J]. 中国稻米(1): 1-3.

Khush G S, Virk P S, 2005. IR varieties and their impact[M]. Malina, Philippines: IRRI: 163.

Tang S X, Ding L, Bonjean A P A, 2010. Rice production and genetic improvement in China[M]//Zhong H, Bonjean Alain A P A. Cereals in China. Mexico: CIMMYT.

Yuan L P, 2014. Development of hybrid rice to ensure food security[J]. Rice Science, 21(1): 1-2.

第二章

黑龙江省稻作区划与水稻品种遗传改良概述

黑龙江省位于我国东北部，欧亚大陆东部，属于高纬度大陆性季风气候，年平均气温由北向南分布在−5 ～ 4℃，土壤冻结时间长达半年之久，是全国气温最低的省份，也是世界上最寒冷的稻作区。该稻作区南北跨度大，北纬43° 25' ～ 53° 33'；无霜期100 ～ 150d，≥10℃活动积温2 000 ～ 2 800℃，昼夜温差平均为12℃ ；年日照时数2 300 ～ 2 800h，夏季日照长达15 ～ 16h；年太阳有效辐射量为218 ～ 230kJ/cm^2，4 ～ 9月平均为155kJ/cm^2；水资源丰富，年平均降水量约530mm，5 ～ 9月降水量占全年降水量的85%左右，省内有黑龙江、松花江、乌苏里江和绥芬河四大水系，有兴凯湖、镜泊湖、五大连池三大湖泊，有大、小河流1 918条，泡、沼、库、塘星罗棋布，年平均径流总量为655.8亿m^3，可供利用地表水262亿m^3，地下水总补给量281.8亿m^3。黑龙江省虽然年平均气温低、无霜期短、有效积温少，但夏季气温高、昼夜温差大、光照充足、雨热同季、日照时间长，且水资源充足、土质肥沃、地势平坦，适宜发展优质粳稻，是一个得天独厚的优质粳米生态区。2014年黑龙江省水稻面积320.5万hm^2，总产量2 251.1万t，为我国北方稻区第一水稻大省，被称为中国的“战略粮仓”。

第一节　黑龙江省水稻生产概况

黑龙江省是国家重要的商品粮基地，中华人民共和国成立以来已累计生产粮食12.0亿t，为国家提供商品粮5.9亿t；20世纪90年代后期以来，每年都向国家提供商品粮2 000万t以上，商品率70%以上，为保障国家粮食安全发挥了重要作用。黑龙江省还是我国北方稻区第一水稻大省，2014年种植面积320.5万hm^2，占北方稻区14省份的55.8%，占东北三省的71.0% ；稻谷总产量2 251.1万t，占北方稻区14省份的52.7%，占东北三省的68.4%，是北方稻区稻谷总产量最多的省份。从全国看，黑龙江省的稻作面积和稻谷总产量分别占全国的10.6%和10.9%，其稻作面积和稻谷总产量的变化将对北方稻区乃至全国的水稻生产产生重大影响。

一、黑龙江省水稻生产的发展

（一）寒地稻作起源与早期发展

水稻是喜温短日照作物，起源于我国南方。据考证，有文字记载以前水稻就由南方传到了北方，再由黄河流域向东北扩散。唐代初期（公元618年）至唐代中叶，以今黑龙江省宁安市为中心的唐代渤海国就已有水稻种植。近代由吉林省舒兰县扩种到黑龙江省五常（1895）、宁安（1897）等地，其后继续扩展北移，但发展缓慢，1911年为286.7hm^2，到1931年才发展到1.57万hm^2，20年间年递增仅770.7hm^2。

（二）中华人民共和国成立后寒地粳稻生产的发展

黑龙江省水稻生产的真正发展，还是在中华人民共和国成立以后，经历了大力发展期、生产徘徊期、快速发展期和高速发展期4个阶段，分析其发展过程，品种改良起到了关键性作用。

1. 大力发展期 1949—1960年，通过评选地方良种、开展系统育种和杂交育种等选育和推广了一批优良品种，对恢复水稻生产起到了重要作用，水稻面积由1949年的12.7万hm^2增加到1958年的33.3万hm^2，单产由1 773.0kg/hm^2提高到2 267.7kg/hm^2。这期间主要种植的是引入品种和系选品种，如石狩白毛、国主、兴国、青森5号、弥荣、合江1号等，采用的是粗放的直播栽培技术，不少地方水源不足，产量低而不稳。

2. 生产徘徊期 1961—1983年，前期受3年自然灾害的影响，农村生产力下降，水稻面积减少，1963年降至12.3万hm^2。此期间水稻面积徘徊在12.3万～24.5万hm^2，单产1 167.3～3 857.4kg/hm^2。育种手段由系统育种为主向杂交育种为主转变，进而又向常规杂交与生物技术相结合的综合技术育种方向发展。育成推广了合江10号、合江11、合江14、合江18、合江19、合江20、合江21、牡丹江4号、牡花1号、太阳3号、黑粳2号、普选10号等一批综合性状优良的品种。

3. 快速发展期 1984—1996年，只用12年的时间水稻面积超过100万hm^2，由1984年的27.8万hm^2增加到1996年的110.8万hm^2，年均增加6.9万hm^2，产量由1984年的4 467.9kg/hm^2提高到1996年的5 742.5kg/hm^2。实现了两个跨越，一是1986年面积突破50万hm^2，总产量达到220.8万t；二是1996年面积突破100万hm^2，总产量达到636万t。此期间育成一批产量潜力大、综合性状好、适宜插秧栽培的优良品种，如合江19、合江21、合江23、东农415、东农416、牡丹江17、牡丹江19、松粳2号、黑粳5号、普粘7号等，为黑龙江省水稻生产的快速发展做出了历史性贡献。

4. 高速发展期 1997—2014年，根据市场需求，以选育高产、优质、多抗、适应性广的新品种为目标，采用综合技术育种，加大选择压力，育成了一批综合性状优良的高产优质新品种。如龙粳12、龙粳14、龙粳21、龙粳25、龙粳26、龙粳29、龙粳31、龙粳39、松粳9号、垦稻10号、垦稻12、北稻2号、绥粳7号、绥粳9号、绥粳18、牡丹江28、龙稻5号、龙稻7号、东农425、东农428、垦粳2号、三江1号、五优稻4号等，并育成7个超级稻品种。

二、黑龙江省水稻技术的发展

黑龙江省水稻技术的发展主要是以品种演变和栽培方式变革为主要特征。在品种来源方面，由农家品种、引入品种向自育品种方向发展，在育种方法上由系统育种向常规育种，继而又向常规育种与生物技术育种相结合的综合技术育种方向发展。在栽培方式方面，由直播栽培向插秧栽培发展；在育苗方法方面，由水育苗向旱育苗发展；在秧苗密度方面，由合理密植向合理稀植发展；在群体结构方面，由主穗为主向主蘖穗并重方向发展。

（一）品种演变

品种演变是指随着时间的推移，在自然因素和人为选择的共同作用下，在生产过程中一些品种被另一些品种所取代的不可逆的、正向的改变。黑龙江省水稻育种目标的调整和品种演变进程标志着水稻科技的进步和生产的不断发展，新品种的选育和推广对水稻生产的发展起到了至关重要的作用（表2-1）。

表2-1 黑龙江省各年代品种演变情况

年代	生产上主要品种
早期	红毛、白毛、大红毛、小红毛、大白毛、二白毛、白头儿、光头稻、札幌白毛、早生京租、京租、北海道、津轻早生、小田代5号等
20世纪40年代	兴国、国主、北海、青森5号、京租、津轻早生、石狩白毛、富国、坊主6号、农林11、走坊主、早霜代、弥荣等
20世纪50年代	合江1号、合江3号、牡丹江2号、石狩白毛、国主、青森5号、兴国、弥荣、富国等
20世纪60年代	合江10号、合江14、牡丹江6号、爱辉1号、牡粘2号、老头稻、洪根稻、星火白毛、丰产4号、太阳3号等
20世纪70年代	合江11、合江15、合江16、合江18、合江19、合江20、北斗、下北、东农12、黑粳1号、嫩江2号、太阳3号、普选10号、普粘5号、合旺1号、城建6号等
20世纪80年代	合江19、合江20、合江21、合江23、牡丹江17、松粳1号、松粳2号、黑粳3号、黑粳4号、东农413、东农415等
20世纪90年代	合江19、合江23、龙粳3号、龙粳8号、牡丹江17、牡丹江19、松粳2号、绥粳1号、绥粳3号、黑粳5号、东农415、东农416、东农419、垦稻8号、普粘7号、空育131、富士光、藤系138等
2000—2010年	龙粳8号、龙粳12、龙粳14、龙粳20、龙粳21、龙粳25、龙粳26、松粳3号、松粳6号、松粳9号、垦稻8号、垦稻10号、垦稻12、北稻2号、绥粳3号、绥粳4号、绥粳7号、五优稻1号、牡丹江28、龙稻5号、龙稻7号、东农425、东农428、垦粳2号、三江1号、空育131、富士光等
2010年以后	龙粳27、龙粳29、龙粳30、龙粳31、龙粳36、龙粳39、龙粳43、龙庆稻3号、松粳12、松粳19、绥粳9号、绥粳10号、绥粳12、绥粳14、绥粳15、绥粳18、中龙香粳1号、五优稻4号等

注：早期品种中包括未正式审定推广的品种。

（二）栽培技术

1.种植方法 直播栽培是黑龙江省固有的水稻种植方法，在稻作发展史上具有重要的地位。最初全是撒播，以后逐渐采用点播、条播及旱直播，从而形成了水直播、旱直播及水稻旱种3种直播栽培体系。到20世纪40年代初开始有了育苗插秧栽培，50年代以后插秧面积逐渐扩大，逐步发展成直播与插秧并存的两大栽培技术。80年代以后，插秧面积迅速扩大，到90年代初以旱育苗稀植栽培为主体的插秧面积已扩大到水稻面积的2/3以上，从此基本结束了长期直播粗放低产的历史，走向了以育苗插秧为主的精耕细作高产栽培的新阶段，寒地水稻旱育稀植栽培技术的推广成为黑龙江省稻作划时代的重大变革。进入21世纪，大力推广大、中棚旱育苗技术，育苗质量有了明显提高，为水稻单产的提高奠定了良好基础。育苗方式主要是机插盘育苗、钵体盘育苗、隔离层育苗和新基质育苗等。近年来，三膜覆盖、两段式和隔离层增温等超早育苗高效利用积温的育苗方式也在部分地区推广应用。

2.栽培技术 20世纪50年代开始逐步采用机械耕翻整地，选用良种，改进播种方法，进行合理密植，使水稻产量有了明显提高。60年代推广水稻大垄栽培畜力中耕除草、塑料薄膜保温育苗和拖拉机水耙地3项新技术，同时使用化学药剂除草，综合措施防治稻瘟病，提高了稻作技术水平。70年代积极进行灌区整理和方田、条田建设，同时广泛应用化学除草、增加化肥施用量以及改进施肥方法和灌溉技术等，为恢复和发展水稻生产创造了条件。80年代积极示范和推广盘育苗机械插秧、旱育苗稀植栽培等技术，大幅度地提高了水稻产量，促进了水稻生产的发展。90年代以后插秧方式主要有机械插秧、人工手插秧、钵育摆栽和人工抛秧等，其中机械插秧具有操作方便、不误农时、省工省力且适合大面积种植的特点，面积迅速增加，目前已达到90%。在栽培方式上主要采用了旱育稀植三化栽培技术、超稀植栽培技术、叶龄诊断栽培技术、"三化一管"栽培技术、抗病保优栽培技术、稳健高产栽培技术、绿色稻米标准化生产技术、精确定量栽培技术等；在施肥方式上有较大幅度的转变，测土配方平衡施肥技术正逐渐取代常规施肥方法。在灌溉方式上主要采用淹水灌溉和浅湿干节水灌溉。在病虫草害防治上采用以化学药剂为主的综合防治，近年来生物防治技术研究也取得了一定进展。

第二节　黑龙江省水稻品种区划

20世纪80年代相关研究人员开始研究水稻品种种植区划，主要依据各地活动积温将黑龙江省划分为6个积温区，每个积温区相差200℃，即第一积温区≥10℃活动积温为2 700℃以上，第二积温区≥10℃活动积温为2 500 ~ 2 700℃，第三积温区≥10℃活动积温为2 300 ~ 2 500℃，第四积温区≥10℃活动积温为2 100 ~ 2 300℃，第五积温区≥10℃活动积温为1 900 ~ 2 100℃，第六积温区≥10℃活动积温为1 900℃以下。根据当时气候条件和品种熟期，寒地粳稻品种只能在第一、二、三、四积温区种植，进入21世纪以来各地气温普遍升高，现在的品种积温区和原来的品种积温区变化较大，提高0.5 ~ 1个积温区，因此寒地粳稻区（第五积温区）目前已大面积种植水稻。

一、第一积温区

该区位于寒地粳稻区南部，包括哈尔滨市、齐齐哈尔市、牡丹江市、绥化市、大庆市等的26个县（市、区）。区内有松花江、牡丹江、拉林河和绥芬河等水系，适于水稻生产，≥10℃活动积温2 700℃以上，无霜期150d，水资源丰富，年降水量500 ~ 600mm，干燥指数0.9 ~ 1.0。水稻生育关键期热量充足，冷害频率较低，障碍型冷害频率5%~ 10%，延迟型冷害频率≤30%，水稻单产明显高于其他作物，最适抽穗期为8月5 ~ 6日，可种植13 ~ 14片叶的中熟、晚熟品种。

唐朝中叶，以黑龙江省宁安为中心的渤海国与唐朝交好，往来频繁，当时著名农产品有卢城（吉林省桦甸东65km）之稻为主要交易商品。近代由吉林省扩种到黑龙江省的五常（1895）、宁安（1897）等地，并继续扩展北移。但发展不快，稻作面积由1911年的286.7hm^{2}扩大到1931年的1.57万hm^2，20年间每年递增770.7hm^2。中华人民共和国成立后，大力兴修水利，依靠科技兴稻，稻作得到快速发展，1949年该区稻作面积为2.56万hm^2，1985年为6.8万hm^2，占全省水稻面积的17.8%，平均产量4 236.6kg/hm^2；1995年稻作面积为14.4万hm^2，占全省稻作面积的16.9%，平均产量7 149.0kg/hm^2；2005年稻作面积为20.2万hm^2，占全省水稻面积的10.9%，平均产量7 454.3kg/hm^2；2010年稻作面积扩展到30.4万hm^2，与1949年相比增长了10.9倍，占黑龙江省水稻总面积的10.3%，平均产量8 722.2kg/hm^2。

该积温区包括：

①黑龙江省农垦总局哈尔滨分局的阎家岗农场、青年农场、红旗农场、香坊农场、阿城原种场、四方山农场；黑龙江省农垦总局绥化分局的肇源农场、安达牧场、和平种畜场；

黑龙江省农垦总局齐齐哈尔分局的泰来农场。

②哈尔滨市道里区、南岗区、道外区、平房区、香坊区、松北区、呼兰区、阿城区、双城区、宾县、五常市、巴彦县的松花江乡（部分）。齐齐哈尔市泰来县。牡丹江东宁县。大庆市龙凤区龙凤乡，让胡路区，红岗区杏树岗镇，大同区，肇源县，肇州县，林甸县红旗镇（部分）及花园镇（部分），杜尔伯特蒙古族自治县。绥化肇东市、兰西县。

二、第二积温区

第二积温区位于齐齐哈尔、安达、巴彦一线以北，富裕、林甸、望奎、绥化、庆安以南及三江平原和牡丹江河谷平原。第二积温区分布较广，主要包括哈尔滨市、齐齐哈尔市、牡丹江市、佳木斯市、大庆市、鸡西市、双鸭山市和七台河市的46个县（市、区）。该区可分为2个稻作区，一是中部平原稻作区，主要分布在松花江平原，包括绥化、庆安、呼兰、巴彦、宾县、木兰、通河、依兰、汤原、桦川、集贤、绥滨、富锦、宝清、佳木斯、勃利、桦南、双鸭山、鸡西、鸡东、密山等21个市（县）。中部平原稻作区内有松花江、乌苏里江、呼兰河、汤旺河、倭肯河等水系，水资源丰富，热量资源也较适宜，≥10℃活动积温2 500 ～ 2 700℃，年降水量550mm左右，干燥指数0.9左右。无霜期140 ～ 150d，以种植11 ～ 12片叶的早熟品种为宜。二是半山间稻作区，主要位于黑龙江省中部的张广才岭和老爷岭山间及半山间的山谷地带，包括方正、延寿、尚志、海林、林口、穆棱6个市（县）。半山间稻作区内有牡丹江、蚂蚁河、穆棱河等水系，水资源丰富，年降水量550 ～ 600mm，气候湿润，干燥指数为0.9左右，≥10℃活动积温2 600℃左右，无霜期135d，适宜种植11 ～ 12片叶的水稻中早熟品种。1985年该区稻作面积19.1万hm^2，占全省稻作面积的50.2%，平均产量4 744kg/hm^2；1995年稻作面积36.1万hm^2，占全省稻作面积的42.3%，平均产量7 058.0kg/hm^2；2005年稻作面积72.2万hm^2，占全省稻作面积的39.0%，平均产量7 159.3kg/hm^2；2010年稻作面积100.1万hm^2，占全省稻作面积的33.8%，平均产量8 394.4kg/hm^2。

该积温区包括：

①黑龙江省农垦总局哈尔滨分局的岔林河农场、松花江农场；黑龙江省农垦总局牡丹江分局的兴凯湖农场、八五七农场、八五一〇农场、双峰农场；黑龙江省农垦总局红兴隆分局的友谊农场、曙光农场、江川农场、二九一农场、双鸭山农场、五九七农场、宝山农场、北兴农场；黑龙江省农垦总局宝泉岭分局的汤原农场、依兰农场；黑龙江省农垦总局齐齐哈尔分局的哈拉海农场、富裕农场；黑龙江省农垦科学院的佳南农场。

②哈尔滨市呼兰区的部分乡镇、阿城区的平山镇（部分）、宾县的部分乡镇、五常市的部分乡镇、方正县、依兰县、木兰县、延寿县加信镇、巴彦县。齐齐哈尔市雅尔塞镇、达呼店镇、共和镇、卧牛吐达斡尔族镇、梅里斯乡、莽格吐达斡尔族乡，龙江县、甘南县、富裕县。牡丹江市郊区、海林市、宁安市、东宁县道河镇（部分）及大肚川镇（部分）、林口县。佳木斯市郊区、桦南县、桦川县、汤原县、富锦市。大庆市林甸县。绥化北林区、望奎县、兰西县、青冈县、庆安县、安达市。鸡西鸡冠区、恒山区、城子河区、滴道区、密山市、鸡东县及虎林市杨岗镇、宝东镇（部分）。双鸭山市尖山区、岭东区、四方台区、宝山区、集贤县、宝清县、友谊县。七台河市新兴区、茄子河区、勃利县。

三、第三积温区

第三积温区是黑龙江省的水稻主产区，幅员辽阔，地形复杂，地貌多样，该区主要包括哈尔滨市、齐齐哈尔市、牡丹江市、佳木斯市、绥化市、鸡西市、双鸭山市、七台河市、伊春市和鹤岗市的38个县（市、区）。该区可分为3个稻作区：一是东部湿润稻作区。主要分布在松花江平原和三江平原，区内有松花江、乌苏里江、汤旺河等水系。水资源丰富，年降水量500 ～ 600mm，干燥指数0.9，常年≥10℃活动积温2 300 ～ 2 500℃，无霜期125 ～ 135d，日照时数2 200 ～ 2 400h，生态环境适合水稻生长，安全播种期为4月10 ～ 25日，安全齐穗期从7月下旬至8月1日，稻作生长期125 ～ 130d。二是中部半湿润稻作区。位于松花江平原和张广才岭、老爷岭山间及半山间的山谷地带，区内有松花江、呼兰河等。年降水量550 ～ 600mm，常年≥10℃活动积温2 400 ～ 2 500℃，无霜期130 ～ 135d，生育季节日照时数1 100 ～ 1 250h，生态环境适合水稻生长，安全播种期为4月10 ～ 25日，安全齐穗期从7月下旬至8月上旬，稻作生长期125 ～ 135d。三是西部干旱稻作区。位于松嫩平原北部，区内有嫩江、乌裕尔河水系，土壤为淋溶黑钙土、黑土、草甸土。水资源偏少，年降水量400 ～ 500mm，干燥指数0.9 ～ 1.0，常年≥10℃活动积温2 400 ～ 2 500℃，无霜期125 ～ 135d，生育季节日照时数1 100 ～ 1 200h，生态环境比较适合水稻生长，安全播种期为4月10 ～ 25日，安全齐穗期从7月下旬至8月上旬，稻作生长期125 ～ 135d。

第三积温区适宜种植10 ～ 11片叶的水稻早熟品种。1985年稻作面积8.5万hm^2，占全省稻作面积的22.2%，平均产量4 942.1kg/hm^2；1995年稻作面积23.3万hm^2，占全省稻作面积的27.3%，平均产量6 502.6kg/hm^2；2005年稻作面积57.5 万hm^2，占全省稻作面积的31.0%，平均产量7 422.3kg/hm^2；2010年稻作面积89.9万hm^2，占全省稻作面积的30.3%，平均产量8 477.5kg/hm^2。

该积温区包括：

①黑龙江省农垦总局哈尔滨分局的庆阳农场；牡丹江分局的八五六农场、庆丰农场、八五四农场、云山农场、八五八农场、八五〇农场、八五一一农场、宁安农场；红兴隆分局的北兴农场、双鸭山农场、八五二农场、八五三农场；宝泉岭分局的宝泉岭农场、二九〇农场、军川农场、延军农场、江滨农场、共青农场、普阳农场、新华农场、绥滨农场、梧桐河农场；建三江分局的七星农场、大兴农场；绥化分局的铁力农场、柳河农场；齐齐哈尔分局的查哈阳农场、克山农场、依安农场。

②哈尔滨市依兰县迎兰朝鲜族乡（部分），五常市沙河子镇（部分），木兰县东兴镇、大贵镇、新民镇，通河县清河镇、凤山镇、祥顺镇、乌鸦泡镇、三站乡，延寿县，尚志市，巴彦县洼兴镇、黑山镇、山后乡。齐齐哈尔市富裕县二道弯镇、忠厚乡（部分），依安县、甘南县部分乡镇，拜泉县、讷河市、克山县、克东县乾丰镇。牡丹江市东宁县道河镇（部分）、大肚川镇（部分）、老黑山镇（部分），海林市横道河子镇、山市镇、新安朝鲜族镇，宁安市东京城镇（部分）、沙兰镇（部分）、镜泊乡（部分）、马河乡、三陵乡，绥芬河市绥芬河镇、阜宁镇，以及穆棱市、林口县。佳木斯市桦南县孟家岗镇、土龙山镇、明义乡、金沙乡、梨树乡，汤原县香兰镇、竹帘镇、汤旺朝鲜族乡，富锦市二龙山镇、向阳川镇、头林镇、宏胜镇、兴隆岗镇、砚山镇、大榆树镇以及同江市。绥化海伦市、望奎县、庆安

县、绥棱县。鸡西密山市兴凯镇、虎林市。双鸭山市宝清县朝阳乡。伊春铁力市双丰镇。七台河市茄子河区宏伟镇、铁山乡、中心河乡，桃山区万宝河镇。鹤岗市蔬园乡、红旗乡、东方红乡、新华镇及绥滨县。

四、第四积温区

第四积温区水稻种植区域主要包括哈尔滨市、齐齐哈尔市、牡丹江市、佳木斯市、绥化市、鸡西市、双鸭山市、伊春市、鹤岗市和黑河市的19个县（市、区），分布于黑龙江省的中东部和中北部的山区和半山区以及东部和北部的平原地带，气候较为严寒，≥10℃活动积温2 200 ~ 2 300℃，无霜期不足120d，冷害较重，只能种植9 ~ 10片叶超早熟、耐冷的水稻品种。1985年该区稻作面积3.6万hm^2，占全省稻作面积的9.3%，平均产量3 865.8kg/hm^2；1995年稻作面积10.0万hm^2，占全省稻作面积的11.7%，平均产量6 661.1kg/hm^2。2005年稻作面积30.0万hm^2，占全省稻作面积的16.2%，平均产量7 397.8kg/hm^2；2010年稻作面积50.4 万hm^2，占全省稻作面积的17.0%，平均产量8 862.8kg/hm^2。

该积温区包括：

①黑龙江省农垦总局牡丹江分局的海林农场；绥化分局的嘉荫农场、海伦农场、红光农场、绥棱农场；北安分局的逊克农场、赵光农场、红色边疆农场、格球山农场、二龙山农场、五大连池农场、锦河农场、襄河农场、尾山农场、建设农场、引龙河农场；宝泉岭分局的名山农场；九三分局的鹤山农场、大西江农场、尖山农场、荣军农场、红五月农场、七星泡农场（部分）、嫩江农场、山河农场（部分）；建三江分局的胜利农场、前进农场、青龙山农场、红卫农场、浓江农场、洪河农场、创业农场、鸭绿河农场；红兴隆分局的饶河农场、红旗岭农场。

②哈尔滨市延寿县六团镇（部分），尚志市苇河镇、亚布力镇、亮河镇、石头河子镇、黑龙宫镇、鱼池朝鲜族乡、珍珠山乡、老街基乡。齐齐哈尔市克山县北兴镇（部分），克东县克东镇、宝泉镇、玉岗镇、金城乡、昌盛乡、润建乡。牡丹江海林市长汀镇，宁安市沙兰镇（部分）、镜泊乡（部分），穆棱市穆棱镇（部分）、马桥河镇，东宁市老黑山镇（部分）、绥阳镇（部分）。佳木斯同江市金川乡、银川乡、临江镇、八岔赫哲族乡。绥化市海伦县，绥棱县四海店镇、双岔河镇、长山乡、绥中乡、阁山乡。密山市富源乡，虎林市迎春镇、虎头镇、东诚镇（部分）、东方红镇、珍宝岛乡、阿北乡、伟光乡。双鸭山市饶河县。伊春市南岔区浩良河镇、晨明镇、迎春乡，铁力市铁力镇、朗乡镇、桃山镇、王杨乡、工农乡、年丰朝鲜族乡及嘉荫县。鹤岗市萝北县。黑河五大连池市，以及爱辉区、北安市、逊克县、嫩江县等部分乡镇。

五、第五积温区

第五积温区位于黑龙江省的最北部和最东部，包括黑龙江畔的黑河（逊克）、嘉荫、萝北和小兴安岭南坡的嫩江的部分乡镇、小兴安岭山间的孙吴以及乌苏里江畔的抚远等市（县）。气候严寒，≥10℃活动积温2 100 ~ 2 200℃，无霜期不足115d，冷害严重，只能种植9 ~ 10片叶的极早熟耐冷的水稻品种。1985年此区稻作面积0.2 万hm^2，占全省稻作面积的0.4%，平均产量3 780.8kg/hm^2；1995年稻作面积1.5 万hm^2，占全省稻作面积的1.8%，平均产量6 804.2kg/hm^2；2005年稻作面积5.4 万hm^2，占全省稻作面积的2.9%，平均产量7 958.2kg/hm^2；2010年稻作面积25.5 万hm^2，占全省稻作面积的8.6%，平均产量8 674.4kg/hm^2。

该积温区在20世纪很少种植水稻，从21世纪开始，随着气候变暖，水稻种植面积增加较快，特别是抚远县、八五九农场、勤得利农场、二道河农场、前锋农场、前哨农场稻作面积增加较快，抚远县在未来2 ~ 3年内稻作面积将发展到66.7万hm^{2}以上。

该积温区主要包括：

①黑龙江省农垦总局牡丹江分局的八五五农场；建三江分局的八五九农场、勤得利农场、二道河农场、前锋农场、前哨农场；北安分局的龙镇农场、红星农场；九三分局的建边农场、嫩北农场、山河农场（部分）、七星泡农场（部分）。

②牡丹江东宁县绥阳镇（部分）、林口县朱家镇。佳木斯市抚远县抚远镇、浓桥镇、寒葱沟镇、乌苏镇、别拉洪乡、通江乡、浓江乡、鸭南乡。伊春市嘉荫县乌拉嘎镇、沪嘉乡、青山乡。鹤岗市萝北县太平沟乡。黑河市爱辉区爱辉镇、张地营子乡、上马厂乡、西峰山乡、四嘉子满族乡、坤河达斡尔族满族乡，逊克县逊河镇、克林乡、松树沟乡（部分）、新鄂鄂伦春族乡、宝山乡，嫩江县霍龙山乡，孙吴县孙吴镇、奋斗乡、腰屯乡、卧牛河乡、西兴乡、红旗乡、群山乡。

第三节 黑龙江省水稻品种遗传改良概述

黑龙江省水稻生产发展迅速，品种改良起到了关键性作用。新品种的选育和推广，使生产用种实现了多次更新换代，为全省水稻单产不断提高、总产持续增加、综合生产能力稳定提升做出了突出贡献。

1954—2014年，黑龙江省共审（认）定推广水稻品种362个，其中黑龙江省农作物品种审定委员会审（认）定325个，黑龙江省农垦总局农作物品种审定委员会审定37个。验收并通过确认的超级稻品种10个：龙粳14、松粳9号、龙稻5号、垦稻11、龙粳18、龙粳21、龙粳31、龙粳39、松粳15、莲稻1号。取得获奖成果81项，其中省部级以上奖励39项。合江19、东农416和五优稻1号获黑龙江省重大经济效益奖暨省长特别奖，合江19获国家科技发明三等奖，东农416、松粳6号、龙粳14、垦稻12、龙稻5号、龙粳21、龙粳25、龙粳31获黑龙江省科技进步一等奖。获得植物新品种保护权42项，其中审定品种33项。据统计，1988年以来，黑龙江省累计种植面积超过200万hm^{2}的品种有3个，合江19、空育131和龙粳31；黑龙江省累计种植面积超过66.7万hm^{2}的品种：合江23、东农416、绥粳3号、垦稻8号、垦稻12、垦鉴稻6号、龙粳14、龙粳21、龙粳26。合江19累计种植面积达到248.5万hm^2，连续8年占全省水稻面积20%以上；空育131连续9年年种植面积在66.7hm^{2}左右；龙粳31年最大种植面积112.8万hm^2，创全国粳稻年种植面积历史纪录；龙粳25最大种植面积达41.0hm^2，龙粳14年最大种植面积达到33.5万hm^2；龙粳8号全省优质米评选总分第一，在日本被评为优质粳米；超级稻龙粳14、松粳9号、龙稻5号高产攻关地块单产超过12 000kg/hm^2，成为寒地水稻育种的重大突破。与此同时，育种技术的不断改进和提高也为优良品种的选育奠定了坚实基础。

一、中华人民共和国成立前的水稻育种

中华人民共和国成立前水稻育种的主要内容是引种和试种，主要目标是早熟性和耐冷性。初期主要是从朝鲜半岛和日本北海道、青森县引进当地早熟品种进行试种。20世纪初，水稻品种仅有地方品种红毛稻和白毛稻等，20世纪10年代由朝鲜半岛引进了早生京租、黄金钩、北海红毛等；20年代由日本引进井越早生、小田代（又称田泰）、北海道、小田代5号和津轻早生等，从苏联引进了早光头，其中北海道面积较大；30年代先后引进改良北海道、龟尾稻（又称龟之尾）、老人稻、京租等，当时改良的品种北海道、津轻早生和小田代5号的栽培面积占主导地位；40年代引进早霜代、松本糯、青森5号、天落稻、石狩白毛、坊主、走坊主、富国、坊主6号等日本品种和原熊岳、公主岭等农事试验场育成的国主、弥荣和兴国等品种，其中青森5号、早霜代、兴国、国主、京租、津轻早生为当时的主栽品种。由日本引进的品种一般植株较矮、分蘖力强、较耐肥、不易落粒、产量较高，从而逐渐取代了地方品种和朝鲜品种。

二、中华人民共和国成立后的水稻育种

中华人民共和国成立后，黑龙江省先后成立了一些水稻科研机构，积极开展水稻品种改良和良种繁育，通过多途径育种、严格育种程序和鉴定方法，选育出一批与当时生产条件相适应的优良品种，推动了全省水稻生产的快速发展。可分为评选地方良种、系统选种、杂交育种和综合技术育种4个阶段。育种目标由注重品种的熟期性、耐冷性、抗病性、丰产性、优质性向高产、优质、多抗、适应性广转变。同时开展了品种资源的收集、保存、利用和创新研究，为育种奠定了坚实的种质基础。

（一）评选地方良种阶段（1949—1953）

该阶段基本沿用了东北沦陷时期留下的水稻品种，是水稻生产和种子工作的恢复时期。各级政府组织开展地方品种搜集整理和提纯复壮工作，提出纯化繁育原有良种、加强选育新品种的方针，全面开展了群众性评选地方良种活动，这是中华人民共和国成立后水稻品种工作的一项重要举措，为解决当时水稻品种混杂退化和恢复水稻生产起到了重要作用。通过评选先后肯定了弥荣、兴国、国主、早熟青森、富国及石狩白毛等品种，并进行提纯复壮，为黑龙江省水稻生产提供了优良种质。

（二）系统选种阶段（1954—1959）

该阶段在搜集整理地方良种的基础上，黑龙江省农业科学院水稻研究所、牡丹江分院、齐齐哈尔分院和查哈阳农场试验站等单位及个人先后开展了以系统选种为中心的水稻育种工作，目标是选育生育期110 ～ 120d的早熟、耐冷和适应性强的直播高产品种。1955年推广了早熟青森，其后又系选育成了国光、北海1号、合江1号、合江3号、禹申龙白毛等。同时引入了富国、国主、兴国等品种。推广应用的品种主要有石狩白毛、青森5号、弥荣、兴国、富国、国主、朴洪根稻、永植、禹申龙白毛等。20世纪50年代末黑龙江省石狩白毛和国主累计种植面积均超过6.7万hm^2，其次是兴国、青森5号和弥荣等，对提高单产、发展水稻生产起到积极作用。

（三）杂交育种阶段（1960—1969）

这个阶段是育种目标、育种技术和栽培方式具有根本性变革与发展的阶段。随着第一、二积温区保温湿润育苗插秧栽培技术的发展，需要生育期125 ~ 135d的中晚熟品种，株型从传统的穗重型变为中间型或穗数型。以选育穗大粒多、苗期耐冷、秆强抗倒伏、适于机械化直播栽培的早熟丰产品种为主攻目标，育种方法以品种间杂交为主。1962年育成了第一个杂交品种合江10号，又相继杂交育成了合江11、水陆稻1号。系统选育而成牡丹江1号、牡丹江2号、嫩江1号、太阳3号、丰产9号等。其中合江11和太阳3号种植面积较大。插秧用品种主要是由吉林省引入的公交8号、公交11、公交12和公交36等中晚熟品种。

（四）综合技术育种阶段（1970—2014）

20世纪70年代，各科研单位陆续开展了多途径育种，如系统育种、杂交育种、花药离体培养育种、杂种优势利用、辐射诱变育种等，但仍以品种间杂交为主。同时系统地开展了对品种资源的耐冷性、光温反应特性和抗稻瘟病性的鉴定和筛选，并开展了稻瘟病菌生理小种研究等基础性研究工作。育种目标仍然是坚持以水稻株型改良为中心的高产品种选育，突出了抗稻瘟病性、耐冷性、耐肥性、抗倒性等综合农艺性状的改良。此期间育成水稻品种的产量潜力已达到7 500kg/hm^2，但抗稻瘟病性不够稳定，主要品种有牡丹江5号、牡丹江6号、牡粘1号、牡花1号、嫩江2号、密山1号、密山2号、合旺1号、黑粳2号、单丰1号、东农12、普选10号、合江18、合江19、合江20等，其中牡花1号为我国第一个花药离体培养育成的水稻品种。此期间种植面积较大的品种为合江11、合江14、合江18、合江19、北斗、下北、黑粳2号、普选10号等。

20世纪80年代，随着旱育稀植栽培技术的推广应用，要求水稻品种具有8 000kg/hm^{2}以上的产量潜力，抗稻瘟病性强且抗性稳定、适应性广。各育种单位通过调整技术路线、改进鉴定方法，加强了对品种抗瘟性、耐冷性、抗倒性、适应性等性状的选择，育成一批产量潜力大、综合性状好的品种，如合江21、合江22、合江23、松粳2号、牡丹江17、牡丹江19、东农413和东农415等，使黑龙江省水稻生产登上了一个高产、稳产的新台阶。此期间种植面积较大的品种为合江19、合江23、松粳2号、牡丹江17和东农415等，年种植面积最大的（1990）合江19达到13.6万hm^2，占黑龙江省水稻种植面积的27.1%。

20世纪90年代，黑龙江省水稻生产迅速发展，10年间稻作面积翻了一番。低湿地、盐碱地、旱改水等稻田的开发利用和市场经济的发展，对水稻品种提出更高的要求，生产上需要集高产、优质、抗逆性强为一体的新品种。此期间培育出了一批适合旱育稀植的高产新品种，产量潜力已达到8 500kg/hm^{2}以上。主要有龙粳3号、龙粳8号、龙粳10号、松粳3号、牡丹江22、东农416、东农419、绥粳1号、绥粳3号、绥粳4号、五优稻1号、垦稻7号、垦稻8号、黑粳7号等。其中面积较大的有龙粳3号、龙粳8号、东农416、东农419、绥粳3号、绥粳4号、五优稻1号、垦稻8号、普粘7号等，1999年种植面积最大的绥粳3号达到29.4万hm^2，占黑龙江省水稻种植面积的19.9%。另外，还开展了外源总DNA导入育种、航天育种、胚培和幼穗培养育种技术研究。

进入21世纪，黑龙江省水稻生产又面临着新的问题：气候反常，低温冷害频发，稻瘟病发生严重，产量波动剧烈。生产上迫切需要高产、优质、多抗、适应性广的新品种，尤其需要整精米率高、食味好、田间综合抗性强、适宜机械化栽培、轻简栽培和直播栽培的品种。根据育种目标和市场需求，采用综合技术育种，加大选择压力，严格鉴定程序，育成了一批综合性状优良的高产优质新品种。主要有：龙粳12、龙粳13、龙粳14、龙粳16、龙粳20、龙粳21、龙粳24、龙粳25、龙粳26、龙粳27、龙粳29、龙粳31、龙粳36、龙粳39、松粳9号、松粳12、垦鉴稻6号、垦稻10号、垦稻12、北稻2号、绥粳7号、绥粳9号、绥粳10号、绥粳12、绥粳14、绥粳15、绥粳18、牡丹江28、龙稻5号、龙稻7号、东农425、东农428、垦粳2号、三江1号、中龙香粳1号、五优稻4号等。并育成10个超级稻品种：龙粳14、松粳15、龙稻5号、松粳9号、龙粳18、龙粳21、龙粳31、龙粳39、垦稻11、莲粳1号，验收产量10 500kg/hm^{2}以上。种植面积较大的有龙粳12、龙粳13、龙粳14、龙粳20、龙粳21、龙粳25、龙粳26、龙粳27、龙粳29、龙粳31、龙粳36、龙粳39、松粳6号、松粳9号、松粳12、垦鉴稻6号、垦稻10号、垦稻12、绥粳7号、绥粳9号、绥粳10号、绥粳14、龙稻5号、北稻2号、垦粳2号等，龙粳31年种植面积最大（2013）达112.8万hm^2，占黑龙江省水稻种植面积的29.2%；龙粳14、龙粳25、龙粳26年种植面积最高超过33.5万hm^2，龙粳21、龙粳29、龙粳39、垦稻12、绥粳10号、绥粳14年种植面积超过20万hm^2，龙粳12、龙粳20、绥粳7号、绥粳9号年种植面积超过13.3万hm^2。

第三章
品种介绍

第一节　黑龙江省第一积温区水稻品种

单丰1号（Danfeng 1）

品种来源：黑龙江省农业科学院作物育种研究所、中国科学院植物研究所、黑龙江省农业科学院五常水稻研究所，于1972年用初锦/6602-2的F_1代花药离体培养育成。1975年8月通过黑龙江省水稻单倍体品种鉴评会鉴定，1976年2月通过黑龙江省农作物品种审定委员会审定并推广。

形态特征和生物学特性：属粳型常规早稻。全生育期132～137d，幼苗深绿色，生长势强。叶片直立，株型收敛，分蘖力强，株高85cm左右，穗长15cm左右，每穗粒数75粒左右。颖壳秆黄色，无芒，千粒重26g左右。

品质特性：谷粒椭圆形，米白色。

抗性：抗稻瘟病性较强，耐肥，秆强抗倒伏。

产量及适宜地区：主茎13片叶，插秧栽培条件下，一般产量6 000kg/hm^2，高者达7 500kg/hm^{2}以上。适宜在黑龙江省五常、阿城、双城、呼兰等地的平原稻区种植。

栽培技术要点：一般4月中旬播种，5月末插秧，8月初抽穗，9月中旬成熟。在肥沃土地上栽培，应注意适时早播早插，以防贪青晚熟。

东富102（Dongfu 102）

品种来源：东北农业大学农学院、齐齐哈尔市富尔农艺有限公司以东农419/东农2128为杂交组合，采用系谱法选育而成，原品系代号东农9002。2014年通过黑龙江省农作物品种审定委员会审定，审定编号：黑审稻2014001。

形态特征和生物学特性：属粳型常规中熟早稻，基本营养生长期短。在适宜种植区出苗至成熟生育日数146d，需≥10℃活动积温2 750℃。主茎叶13片，株高95cm左右，穗长21cm左右，每穗粒数120粒左右，千粒重25.4g。

品质特性：糙米率79.6%～79.8%，整精米率64.3%～65.8%，垩白粒率1.0%～5.0%，垩白度0.1%～1.6%，直链淀粉含量17.2%～17.3%，胶稠度73.5～80.0mm，达到国家二级优质米标准。

抗性：高抗叶瘟、穗颈瘟。孕穗期耐冷性强。

产量及适宜地区：2011—2012年参加黑龙江省第一积温区区域试验平均产量8 920.5kg/hm^2，2013年生产试验平均产量8 044.5kg/hm^2。适宜在黑龙江省第一积温区上限种植。

栽培技术要点：4月10～20日播种，5月15～25日插秧。插秧规格为30cm×（13.3～16.7）cm，每穴栽插3～5苗。一般施纯氮150～200kg/hm^2，氮：磷：钾=4.5：2：2。氮肥比例为基肥：分蘖肥：穗肥：粒肥=5：3：1：1。基肥施纯氮54～60kg/hm^2，纯磷49.5～54kg/hm^2，纯钾27～30kg/hm^2；分蘖肥施纯氮33～36kg/hm^2；穗肥施纯氮11～12kg/hm^2，纯钾27～30kg/hm^2；粒肥施纯氮11～12kg/hm^2。分蘖期浅水灌溉，分蘖末期晒田，生育后期湿润灌溉。及时做好潜叶蝇、二化螟、稻瘟病及杂草的防治工作。9月25～30日适时收获。

东农12（Dongnong 12）

品种来源：东北农业大学以京引59为母本，公交12为父本杂交育成，原代号4009-3。1978年通过黑龙江省农作物品种审定委员会审定，审定编号：1978001。

形态特征和生物学特性：属粳型常规早稻，生育日数从出苗至成熟125 ~ 130d，需≥10℃活动积温2 350 ~ 2 400℃。苗期较耐冷，长势旺盛。株型紧凑，株高80 ~ 85cm，分蘖力中等，叶色较深，穗长14 ~ 15cm，每穗60粒，千粒重26 ~ 27g，着粒中等。无芒，颖尖黄色。

品质特性：米质中等。

抗性：耐肥性强，秆强不倒伏，抗稻瘟病中等。

产量及适宜地区：适于插秧栽培。插秧栽培一般产量5 250 ~ 5 625kg/hm^2。应适当增施农家肥料，防治稻瘟病。适宜在黑龙江省五常市平原及半山间，尚志、延寿、阿城等地的平原区种植。

东农4号（Dongnong 4）

品种来源：东北农业大学以虾夷为母本，东农578为父本杂交育成的早粳品种。1977年通过黑龙江省农作物品种审定委员会审定。

形态特征和生物学特性：属粳型常规早稻，生育期120d。株高80.0cm，分蘖力较弱，穗长15.0cm，每穗粒数中等，千粒重24.0g。

品质特性：谷粒椭圆形，米质中等。

抗性：抗倒伏性好，中抗稻瘟病。

产量及适宜地区：一般产量6 000.0kg/hm^2。1977—1978年黑龙江省累计种植面积0.27万hm^2。

东农423（Dongnong 423）

品种来源：东北农业大学农学院以东农419/牡86-2305为杂交组合，采用系谱法选育而成，原品系代号东农V7。2003年通过黑龙江省农作物品种审定委员会审定，审定编号：黑审稻2003002。

形态特征和生物学特性：属粳型常规中熟早稻，基本营养生长期短。谷粒长粒型，着粒稀，无芒，颖色黄。叶深绿，剑叶长而直立。叶下穗，穗弯曲，秆粗，活秆成熟。在适宜种植区出苗至成熟138 ~ 140d，需≥10℃活动积温2 600 ~ 2 650℃。株高86 ~ 95cm，穗长21 ~ 26cm，每穗粒数110 ~ 120粒，千粒重26 ~ 28g。

品质特性：糙米率82.9%，精米率74.6%，整精米率73.1%，糙米长宽比1.9，垩白粒率6.1%，垩白度0.5%，直链淀粉含量15.6%，胶稠度69.5mm，碱消值7.0级，蛋白质含量7.3%。

抗性：中抗苗瘟、叶瘟、穗颈瘟。

产量及适宜地区：2000—2002年参加黑龙江省第一积温区区域试验平均产量8 222.6kg/hm^2，2002年生产试验平均产量7 772.4kg/hm^2。2003—2009年黑龙江省累计种植面积1.3万hm^2。适宜在黑龙江省第一积温区种植。

栽培技术要点：旱育苗，4月上旬播种，5月中下旬移栽。插秧规格（33 ~ 36）cm×（13 ~ 16.5）cm，每穴栽插2 ~ 3苗。本田基肥施尿素100.5 ~ 150kg/hm^2，磷酸二铵75.0 ~ 100.5kg/hm^2，硫酸钾49.5kg/hm^2。追肥在返青后施用尿素100.5 ~ 150kg/hm^2。生育前期浅水灌溉，中后期间歇灌溉，97%以上籽粒呈成熟颜色收获。该品种穗大、粒多，分蘖性弱，须育壮苗浅插，株行距适当加宽，促进早期低节位分蘖，以保证每平方米400个以上有效穗，利于发挥大穗型品种的高产潜力。

东农425（Dongnong 425）

品种来源：东北农业大学农学院以五优稻1号/东农423为杂交组合，采用系谱法选育而成，原品系代号东农2011。2007年通过黑龙江省农作物品种审定委员会审定，审定编号：黑审稻2007005。

形态特征和生物学特性：属粳型常规中熟早稻，基本营养生长期短。在适宜种植区出苗至成熟140d，需≥10℃活动积温2 700℃。主茎叶13片，株高99cm左右，穗长20cm左右，每穗粒数145粒左右，千粒重25g左右。

品质特性：糙米率81.1%～83.0%，整精米率63.3%～69.9%，垩白粒率1.0%～9.0%，垩白度0.1%～1.6%，直链淀粉含量16.8%～18.8%，胶稠度71.0～71.3mm。食味评分77～83分。

抗性：中抗叶瘟，高抗穗颈瘟。

产量及适宜地区：2004—2005年黑龙江省第一积温区区域试验平均产量8 229.0kg/hm^2，2006年生产试验平均产量9 010.5kg/hm^2。2008—2014年黑龙江省累计种植面积19.1万hm^2，2010年最大种植面积3.7万hm^2。适宜黑龙江省第一积温区上限种植。

栽培技术要点：苗期耐寒性强、生长快，旱育稀植。4月上中旬播种，5月中下旬移栽。插秧规格为30cm×10cm，每穴栽插3苗为宜。加强管理，促使苗床分蘖。本田基肥施尿素100kg/hm^2，磷酸二铵80kg/hm^2，硫酸钾75kg/hm^2；分蘖肥施尿素100～150kg/hm^2；穗肥施尿素25kg/hm^2，硫酸钾25kg/hm^2。

东农426（Dongnong 426）

品种来源：东北农业大学农学院以东农423/五优稻1号为杂交组合，采用系谱法选育而成，原品系代号东农3418。2008年通过黑龙江省农作物品种审定委员会审定，审定编号：黑审稻2008001。

形态特征和生物学特性：属粳型常规中熟早稻，基本营养生长期短。在适宜种植区出苗至成熟139d，需≥10℃活动积温2 700℃。主茎叶13片，株高98.3cm，穗长23.2cm，每穗粒数130粒左右，千粒重26g左右。

品质特性：糙米率77.2%～82.3%，整精米率67.6%～68.3%，垩白粒率0～2.0%，垩白度0～0.2%，直链淀粉含量18.1%～19.1%，胶稠度74.0～81.0mm，食味评分81～85分。

抗性：高抗叶瘟，中抗穗颈瘟。孕穗期耐冷性较强。

产量及适宜地区：2005—2006年黑龙江省第一积温区区域试验平均产量8 103.0kg/hm^2，2007年生产试验平均产量8 085.0kg/hm^2。2008—2012年黑龙江省累计种植面积1.6万hm^2，2012年最大种植面积0.8万hm^2。适宜黑龙江省第一积温区上限种植。

栽培技术要点：4月10～20日播种，5月15～25日移栽。插秧规格为30cm×10cm，每穴栽插3苗。本田基肥施尿素100～150kg/hm^2；穗肥施尿素25kg/hm^2，硫酸钾25kg/hm^2。

东农427（Dongnong 427）

品种来源：东北农业大学农学院以五优稻1号/东农423为杂交组合，采用系谱法选育而成，原品系代号东农2108。2008年通过黑龙江省农作物品种审定委员会审定，审定编号：黑审稻2008002。

形态特征和生物学特性：属粳型常规中熟早稻，基本营养生长期短。在适宜种植区出苗至成熟生育日数138d，需≥10℃活动积温2 600℃。主茎叶13片，株高90cm左右。穗长21cm左右，每穗粒数103粒左右，千粒重27g左右。

品质特性：糙米率79.5%～82.3%，整精米率59.9%～68.7%，垩白粒率0～2.0%，垩白度0～0.5%，直链淀粉含量16.6%～18.0%，胶稠度67.5～76.0mm。食味评分79～82分。

抗性：中抗叶瘟、穗颈瘟。

产量及适宜地区：2005—2006年黑龙江省第一积温区区域试验平均产量7 353.0kg/hm^2，2007年生产试验平均产量8 820.0kg/hm^2。2008—2014年黑龙江省累计种植面积6.4万hm^2，2013年最大种植面积1.6万hm^2。适宜黑龙江省第一积温区种植。

栽培技术要点：4月10～20日播种，5月15～25日插秧。插秧规格为30cm×10cm，每穴栽插3苗。本田基肥施尿素150kg/hm^2，磷酸二铵100kg/hm^2，硫酸钾75kg/hm^2；分蘖肥施尿素100～150kg/hm^2；穗肥施尿素25kg/hm^2，硫酸钾25kg/hm^2。

东农429（Dongnong 429）

品种来源：东北农业大学农学院以五优稻1号/东农423为杂交组合，采用系谱法选育而成，原品系代号东农4203。2009年通过黑龙江省农作物品种审定委员会审定，审定编号：黑审稻2009001。

形态特征和生物学特性：属粳型常规中熟早稻，基本营养生长期短。生育日数145d左右，需≥10℃活动积温2 750℃左右。主茎叶13片，株高90.2cm左右，穗长19.8cm左右，每穗粒数113粒左右，千粒重26.1g左右。

品质特性：糙米率81.2%～83.2%，整精米率55.8%～69.7%，垩白粒率0～0.1%，直链淀粉含量18.0%～18.1%，胶稠度74.5～79.5mm。食味评分86～90分。

抗性：高抗叶瘟、穗颈瘟。

产量及适宜地区：2006—2007年黑龙江省第一积温区区域试验平均产量8 523kg/hm^2，2008年生产试验平均产量9 217.5kg/hm^2。2009—2014年黑龙江省累计种植面积2.0万hm^2，2014年最大种植面积1.3万hm^2。适宜黑龙江省第一积温区上限种植。

栽培技术要点：4月10～20日播种，5月15～25日插秧。插秧规格为30cm×10cm左右，每穴栽插3苗。底肥施尿素100kg/hm^2，磷酸二铵80kg/hm^2，硫酸钾75kg/hm^2；分蘖肥施尿素100～150kg/hm^2；穗肥施尿素25kg/hm^2，硫酸钾25kg/hm^2。加强田间管理，及时防除杂草，适时收获。

东农430（Dongnong 430）

品种来源：东北农业大学农学院以东农423/五优稻1号为杂交组合，采用系谱法选育而成，原品系代号东农4205。2009年通过黑龙江省农作物品种审定委员会审定，审定编号：黑审稻2009002。

形态特征和生物学特性：属粳型常规中熟早稻，基本营养生长期短。生育日数146d左右，需≥10℃活动积温2 770℃左右。主茎叶13片，株高89.8cm左右，穗长18.8cm左右，每穗粒数98粒左右，千粒重26.2g左右。

品质特性：糙米率79.9%～82.3%，整精米率60.8%～68.7%，垩白粒率0～2.0%，垩白度0～0.5%，直链淀粉含量16.7%～18.0%，胶稠度73.5～77.0mm。食味评分78～84分。

抗性：高抗叶瘟、穗颈瘟。

产量及适宜地区：2006—2007年黑龙江省第一积温区区域试验平均产量8 292kg/hm^2，2008年生产试验平均产量9 313.5kg/hm^2。2009—2014年黑龙江省累计种植面积2.3万hm^2，2014年最大种植面积1.3万hm^2。适宜黑龙江省第一积温区上限种植。

栽培技术要点：4月10～20日播种，5月15～25日插秧。插秧规格为30cm×10cm左右，每穴栽插3苗。底肥施尿素100kg/hm^2，磷酸二铵80kg/hm^2，硫酸钾75kg/hm^2；分蘖肥施尿素100～150kg/hm^2；穗肥施尿素25kg/hm^2，硫酸钾25kg/hm^2。加强田间管理，及时防除杂草，适时收获。

东农431（Dongnong 431）

品种来源：东北农业大学农学院以东农423/五优稻1号为杂交组合，采用系谱法选育而成，原品系代号东农8001。2012年通过黑龙江省农作物品种审定委员会审定，审定编号：黑审稻2012001。

形态特征和生物学特性：属粳型常规中熟早稻，基本营养生长期短。在适宜种植区出苗至成熟生育日数146d，需≥10℃活动积温2 750℃。主茎叶14片，株高100cm左右，穗长21cm左右，每穗粒数130粒左右，千粒重25g左右。

品质特性：糙米率78.1%～79.3%，整精米率64.4%～67.2%，垩白粒率0～1.0%，垩白度0～0.1%，直链淀粉含量17.3%～17.9%，胶稠度70.0mm。食味评分83～85分。

抗性：中抗叶瘟、穗颈瘟。耐冷性较强。

产量及适宜地区：2009—2010年黑龙江省第一积温区区域试验平均产量9 316.1kg/hm^2，2011年生产试验平均产量8 859.1kg/hm^2。适宜黑龙江省第一积温区上限种植。

栽培技术要点：适于旱育稀植，4月10～20日播种，5月10～20日插秧。插秧规格一般为30cm×10cm，每穴栽插3～4苗。一般基肥施用尿素100kg/hm^2，磷酸二铵100kg/hm^2，硫酸钾75kg/hm^2；分蘖肥施尿素100～150kg/hm^2；穗肥施尿素25～100kg/hm^2，硫酸钾25～100kg/hm^2。加强田间管理，及时防除杂草，适时收获。

哈粳稻1号（Hagengdao 1）

品种来源：哈尔滨市农业科学院从吉林省水稻品种春承中发现优良变异株，经系统选育而成，原品系代号哈稻0959。2014年通过黑龙江省农作物品种审定委员会审定，审定编号：黑审稻2014006。

形态特征和生物学特性：属粳型常规中熟早稻，基本营养生长期短。在适宜种植区出苗至成熟生育日数142d，需≥10℃活动积温2 650℃。主茎叶13片，谷粒椭圆形，株高100cm左右，穗长21.8cm，每穗粒数130粒左右，千粒重24.4g。

品质特性：糙米率80.4%～81.4%，整精米率69.4%～71.3%，垩白粒率2.0%～3.5%，垩白度0.4%～0.5%，直链淀粉含量17.1%～18.7%，胶稠度71.0～80.0mm。达到国家二级优质米标准。

抗性：中抗叶瘟和穗颈瘟。孕穗期抗冷性较强。

产量及适宜地区：2011—2012年黑龙江省第一积温区区域试验平均产量8 811.0kg/hm^2，2013年生产试验平均产量8 356.5kg/hm^2。适宜在黑龙江省第一积温区种植。

栽培技术要点：4月15～25日播种，5月20～25日插秧，秧龄35d左右，插秧规格30cm×（13.3～16.7）cm，每穴栽插3～5苗。一般施纯氮120kg/hm^2，氮：磷：钾=2：1：1。氮肥比例，基肥：分蘖肥：穗肥：粒肥=5：3：1：1。基肥施纯氮60kg/hm^2，纯磷60kg/hm^2，纯钾36kg/hm^2；分蘖肥施纯氮36kg/hm^2；穗肥施纯氮12kg/hm^2，纯钾24kg/hm^2；粒肥施纯氮12kg/hm^2。旱育稀植，人工插秧或机械插秧。采用浅、晒、深、湿相结合的灌溉方式。按照病虫草害的发生规律，及时做好潜叶蝇、二化螟、稻瘟病及杂草的防治工作。成熟后及时收获。

哈粳稻2号（Hagengdao 2）

品种来源：哈尔滨市农业科学院从五优A中发现优良变异株，经系统选育而成，原品系代号哈香稻-02。2014年通过黑龙江省农作物品种审定委员会审定，审定编号：黑审稻2014017。

形态特征和生物学特性：属粳型常规中熟早香稻，基本营养生长期短。在适宜种植区出苗至成熟生育日数142d，需≥10℃活动积温2 650℃。主茎叶13片，谷粒长粒型，株高110cm左右，穗长22cm左右，每穗粒数135粒左右，千粒重26.5g。

品质特性：糙米率80.8%～81.1%，整精米率63.8%～67.0%，垩白粒率1.0%～2.0%，垩白度0.2%～0.3%，直链淀粉含量17.2%～17.3%，胶稠度73.0～80.0mm。达到国家二级优质米标准。

抗性：中抗叶瘟和穗颈瘟。孕穗期抗冷性较强。

产量及适宜地区：2011—2012年黑龙江省第一积温区区域试验平均产量8 353.5kg/hm^2，2013年生产试验平均产量7 779.0kg/hm^2。适宜在黑龙江省第一积温区种植。

栽培技术要点：4月15～25日播种，5月20～25日插秧，秧龄35d左右。插秧规格为30cm×13.3cm，每穴栽插3～4苗。一般施纯氮120kg/hm^2，氮：磷：钾=2：1：1。氮肥比例，基肥：分蘖肥：穗肥：粒肥=5：3：1：1。基肥量施纯氮60kg/hm^2，纯磷60kg/hm^2，纯钾36kg/hm^2；分蘖肥施纯氮36kg/hm^2；穗肥施纯氮12kg/hm^2，纯钾24kg/hm^2；粒肥施纯氮12kg/hm^2。旱育稀植，人工插秧或机械插秧。采用浅、晒、深、湿（干干湿湿）相结合的灌溉方式。预防稻瘟病、二化螟。成熟后及时收获。

利元5号（Liyuan 5）

品种来源：五常市利元种子有限公司以五优稻3号/滕系138为杂交组合，采用系谱法选育而成，原品系代号五优06-1。2012年通过黑龙江省农作物品种审定委员会审定，审定编号：黑审稻2012003。

形态特征和生物学特性：属粳型常规中熟早稻，基本营养生长期短。在适宜种植区出苗至成熟生育日数148d，需≥10℃活动积温2 800℃。主茎叶14片，株高100cm左右，穗长20cm左右，每穗粒数130粒左右，千粒重25g左右。

品质特性：糙米率79.2%～80.2%，整精米率68.8%～69.0%，垩白粒率2.0%～3.0%，垩白度0.3%～0.5%，直链淀粉含量17.6%～18.1%，胶稠度67.5～70.0mm。食味评分83～86分。

抗性：中抗叶瘟和穗颈瘟。耐冷性强。

产量及适宜地区：2009—2010年黑龙江省第一积温区区域试验平均产量9 133.5kg/hm^2，2011年生产试验平均产量8 812.3kg/hm^2。适宜黑龙江省第一积温区上限种植。

栽培技术要点：4月10～20日播种，5月10～20日插秧。适于旱育稀植，插秧规格一般为30cm×18.5cm，每穴栽插3～4苗。一般施纯氮95～100kg/hm^2，氮：磷：钾=4：2：3。用复合肥作底肥，插秧后结合田间除草追施速效氮肥，促进分蘖，注意田间水层管理，干湿交替进行，孕穗期深水灌溉。成熟后及时收获。

龙稻10号（Longdao 10）

品种来源：黑龙江省农业科学院耕作栽培研究所以富士光/垦系104为杂交组合，采用系谱法选育而成，原品系代号哈05-113。2010年通过黑龙江省农作物品种审定委员会审定，审定编号：黑审稻2010002。

形态特征和生物学特性：属粳型常规中熟早稻，基本营养生长期短。在适宜种植区出苗至成熟生育日数142d，需≥10℃活动积温2 650℃。主茎叶13片，株高92cm左右，穗长21cm左右，每穗粒数120粒左右，千粒重26.5g。

品质特性：糙米率80.8%～81.0%，整精米率63.5%～68.5%，垩白粒率2.5%～9.5%，垩白度0.2%～1.0%，直链淀粉含量16.5%～17.7%，胶稠度72.0～83.5mm。食味评分81～84分。

抗性：高抗叶瘟，中抗穗颈瘟。孕穗期抗冷性较强。

产量及适宜地区：2007—2008年黑龙江省第一积温区区域试验平均产量8 797.5kg/hm^2，2009年生产试验平均产量9 708.0kg/hm^2。2010—2014年黑龙江省累计种植面积1.7万hm^2，2011年最大种植面积1.0万hm^2。适宜在黑龙江省第一积温区下限种植。

栽培技术要点：4月10～20日播种，5月15～25日移栽。插秧规格为30cm×14cm。在培育壮苗的基础上，增施农家肥，氮磷钾配合施用。本田施纯氮120kg/hm^2，纯磷70kg/hm^2，纯钾50kg/hm^2，氮肥的一半、磷肥的全部、钾肥一半作底肥施入，其余作追肥施用。施足底肥，提早追肥。浅灌水，抢前施药除草。

龙稻11（Longdao 11）

品种来源：黑龙江省农业科学院耕作栽培研究所以九稻16/空育131为杂交组合，采用系谱法选育而成，原品系代号哈04-13。2010年通过黑龙江省农作物品种审定委员会审定，审定编号：黑审稻2010003。

形态特征和生物学特性：属粳型常规中熟早稻，基本营养生长期短。在适宜种植区出苗至成熟生育日数142d，需≥10℃活动积温2 650℃。主茎叶13片，株高107.4cm，穗长19.6cm，每穗粒数111粒左右，千粒重25.5g。

品质特性：糙米率80.2%～81.7%，整精米率67.8%～68.4%，垩白粒率0～1.0%，垩白度0～0.1%，直链淀粉含量17.96%～18.6%，胶稠度70.5～72.5mm。食味评分77～80分。

抗性：中抗叶瘟和穗颈瘟。孕穗期耐冷性较强。

产量及适宜地区：2007—2008年黑龙江省第一积温区区域试验平均产量8 914.5kg/hm^2，2009年生产试验平均产量9 870.6kg/hm^2。2010—2014年黑龙江省累计种植面积12.1万hm^2，2012年最大种植面积4.7万hm^2。适宜黑龙江省第一积温区下限种植。

栽培技术要点：4月10～20日播种，5月15～25日插秧。插秧规格为30cm×13cm或26cm×13cm。本田施纯氮120kg/hm^2，纯磷70kg/hm^2，纯钾50kg/hm^2，氮肥的一半、磷肥的全部、钾肥的一半作底肥施入，其余作追肥施用。施足底肥，提早追肥，浅湿干间歇灌溉。9月20～30日收获，适合机械化收割。

龙稻13（Longdao 13）

品种来源：黑龙江省农业科学院耕作栽培研究所以龙稻3号/松98-133为杂交组合，采用系谱法选育而成，原品系代号哈07-408。2012年通过黑龙江省农作物品种审定委员会审定，审定编号：黑审稻2012005。

形态特征和生物学特性：属粳型常规中熟早稻，基本营养生长期短。在适宜种植区出苗至成熟生育日数139d，需≥10℃活动积温2 580℃。主茎叶13片，株高105cm左右，穗长20.5cm，每穗粒数125粒左右，千粒重25.5g。

品质特性：糙米率80.1%～81.7%，整精米率65.6%～69.8%，垩白粒率0，垩白度0，直链淀粉含量16.9%～18.8%，胶稠度66.5～80.0mm。食味评分84分。

抗性：中抗叶瘟和穗颈瘟。耐冷性强。

产量及适宜地区：2009—2010年黑龙江省第一积温区区域试验平均产量9 312.1kg/hm^2，2011年生产试验平均产量8 934.9kg/hm^2。适宜黑龙江省第一积温区种植。

栽培技术要点：适于旱育稀植，4月10～20日播种，5月10～20日插秧。插秧规格一般为30cm×13cm，每穴栽插2～3苗。本田一般施用纯氮120kg/hm^2，纯磷70kg/hm^2，纯钾50kg/hm^2，氮肥的一半、磷肥的全部、钾肥一半作底肥施入，其余作追肥施用。浅灌水，抢前施药除草。9月20～30日收获。

龙稻14（Longdao 14）

品种来源：黑龙江省农业科学院耕作栽培研究所以五优稻1号/哈00-217为杂交组合，采用系谱法选育而成，原品系代号哈05-306。2012年通过黑龙江省农作物品种审定委员会审定，审定编号：黑审稻2012006。

形态特征和生物学特性：属粳型常规中熟早稻，基本营养生长期短。在适宜种植区出苗至成熟生育日数142d，需≥10℃活动积温2 650℃。主茎叶13片，株高105cm左右，穗长20cm左右，每穗粒数124粒左右，千粒重25g左右。

品质特性：糙米率80.6%～81.8%，整精米率67.5%～69.7%，垩白粒率0～1.0%，垩白度0～0.2%，直链淀粉含量17.4%～18.2%，胶稠度65.0～80.0mm。食味评分84分。

抗性：中抗叶瘟和穗颈瘟。耐冷性强。

产量及适宜地区：2009—2010年黑龙江省第一积温区区域试验平均产量8 973.1kg/hm^2，2011年生产试验平均产量8 983.0kg/hm^2。2013年黑龙江省种植面积0.5万hm^2。适宜黑龙江省第一积温区种植。

栽培技术要点：适于旱育稀植。4月10～20日播种，5月10～20日插秧。插秧规格一般为30cm×13cm，每穴栽插2～3苗。本田一般施用纯氮120kg/hm^2，纯磷70kg/hm^2，纯钾50kg/hm^2，氮肥的一半、磷肥的全部、钾肥的一半作底肥施入，其余作追肥施用。施足底肥，提早追肥。浅灌水，抢前施药除草。9月25～30日收获。

龙稻15（Longdao 15）

品种来源：黑龙江省农业科学院耕作栽培研究所和黑龙江省龙科种业集团有限公司以哈93-4/松粳6号为杂交组合，采用系谱法选育而成，原品系代号哈09-8。2013年通过黑龙江省农作物品种审定委员会审定，审定编号：黑审稻2013015。

形态特征和生物学特性：属粳型常规中熟早糯稻，基本营养生长期短。在适宜种植区出苗至成熟生育日数142d，需≥10℃活动积温2 650℃。主茎叶13片，株高95cm左右，穗长21cm左右，每穗粒数120粒左右，千粒重25g左右。

品质特性：糙米率81.0%～81.3%，整精米率64.0%～67.6%，直链淀粉含量0.3%～0.5%，胶稠度100.0mm。

抗性：高抗叶瘟和穗颈瘟。孕穗期耐冷性强。

产量及适宜地区：2010—2011年黑龙江省第一积温区区域试验平均产量8 491kg/hm^2，2012年生产试验平均产量8 748.8kg/hm^2。2014年黑龙江省种植面积0.2万hm^2。适宜黑龙江省第一积温区种植。

栽培技术要点：4月15～25日播种，5月15～25日插秧。插秧规格为30cm×13cm，每穴栽插2～3苗。施肥量：施纯氮120kg/hm^2，纯磷70kg/hm^2，纯钾50kg/hm^2；氮肥的一半、磷肥的全部、钾肥的一半作底肥施入，其余作追肥施用。在培育壮苗的基础上，增施农家肥，氮、磷、钾配合施用，勿单一过量施用氮肥。浅灌水，抢前施药除草。按照病虫草害的发生规律，及时做好潜叶蝇、二化螟、稻瘟病及杂草的防治工作。成熟后适时收获。

龙稻16（Longdao 16）

品种来源：黑龙江省农业科学院耕作栽培研究所以五优稻1号/绥粳4号为杂交组合，采用系谱法选育而成，原品系代号哈09-808。2013年通过黑龙江省农作物品种审定委员会审定，审定编号：黑审稻2013013。

形态特征和生物学特性：属粳型常规中熟早香稻，基本营养生长期短。在适宜种植区出苗至成熟生育日数146d，需≥10℃活动积温2 750℃。主茎叶14片，株高95cm左右。穗长22cm左右，每穗粒数140粒左右，千粒重25.5g。

品质特性：糙米率81.0%，整精米率66.0%～68.4%，垩白粒率1.0%～5.5%，垩白度0.1%～0.6%，直链淀粉含量17.8%～17.9%，胶稠度70.0～81.5mm。食味评分82～83分。

抗性：中抗叶瘟，高抗穗颈瘟。孕穗期耐冷性强。

产量及适宜地区：2010—2011年黑龙江省第一积温区区域试验平均产量8 314.3kg/hm^2，2012年生产试验平均产量8 896.0kg/hm^2。2014年黑龙江省种植面积0.5万hm^2，适宜黑龙江省第一积温区上限种植。

栽培技术要点：4月10～20日播种，5月10～20日插秧。插秧规格为30cm×13cm，每穴栽插2～3苗。本田施纯氮120kg/hm^2，纯磷70kg/hm^2，纯钾50kg/hm^2；氮肥的一半、磷肥的全部、钾肥的一半作底肥施入，其余作追肥施用。在培育壮苗的基础上，增施农家肥，氮、磷、钾配合施用，勿单一过量施用氮肥。浅灌水，抢前施药除草。按照病虫草害的发生规律，及时做好潜叶蝇、二化螟、稻瘟病及杂草的防治工作。成熟后适时收获。

龙稻17（Longdao 17）

品种来源：黑龙江省农业科学院耕作栽培研究所以哈04-308/莎莎妮为杂交组合，采用系谱法选育而成，原品系代号哈05309。2014年通过黑龙江省农作物品种审定委员会审定，审定编号：黑审稻2014004。

形态特征和生物学特性：属粳型常规中熟早稻，基本营养生长期短。在适宜种植区出苗至成熟生育日数142d左右，需≥10℃活动积温2 650℃。主茎叶13片，谷粒长粒型，株高98cm左右，穗长19.7cm，每穗粒数110粒左右，千粒重26.3g。

品质特性：糙米率81.2%～81.9%，整精米率66.0%～67.3%，垩白粒率3.5%～6.5%，垩白度0.4%～0.6%，直链淀粉含量17.8%～17.9%，胶稠度80.0～81.5mm。达到国家二级优质米标准。

抗性：中抗叶瘟和穗颈瘟。孕穗期耐冷性强。

产量及适宜地区：2011—2012年黑龙江省第一积温区区域试验平均产量8 587.8kg/hm^2，2013年生产试验平均产量8 433.7kg/hm^2。适宜黑龙江省第一积温区种植。

栽培技术要点：4月10～20日播种。5月15～25日插秧，秧龄35d左右。插秧规格为30cm×13cm，每穴栽插3～4苗。一般施纯氮120kg/hm^2，氮：磷：钾=5：3：3。氮肥比例，基肥：分蘖肥：穗肥：粒肥=5：3：1：1。基肥施纯氮60kg/hm^2，纯磷70kg/hm^2，纯钾30～35kg/hm^2；分蘖肥施纯氮36kg/hm^2；穗肥施纯氮12kg/hm^2，纯钾30～35kg/hm^2；粒肥施纯氮12kg/hm^2。水层管理采取浅湿交替灌溉。预防稻瘟病，预防潜叶蝇、二化螟。9月25～30日收获。

龙稻18（Longdao 18）

品种来源：黑龙江省农业科学院耕作栽培研究所以东农423/龙稻3号为杂交组合，采用系谱法选育而成，原品系代号哈09-05。2014年通过黑龙江省农作物品种审定委员会审定，审定编号：黑审稻2014005。

形态特征和生物学特性：属粳型常规中熟早稻，基本营养生长期短。在适宜种植区出苗至成熟生育日数140d，需≥10℃活动积温2 600℃。主茎叶13片，谷粒长粒型，株高98cm左右。穗长22cm左右，每穗粒数140粒左右，千粒重27g左右。

品质特性：糙米率81.3%，整精米率70.5%～70.6%，垩白粒率2.0%～7.0%，垩白度0.2%～0.9%，直链淀粉含量17.12%～17.23%，胶稠度80.5～81.0mm。食味评分9.0。达到国家一级优质米标准。

抗性：高抗叶瘟和穗颈瘟。孕穗期耐冷性强。

产量及适宜地区：2011—2012年黑龙江省第一积温区区域试验平均产量8 782.3kg/hm^2，2013年生产试验平均产量8 490.6kg/hm^2。适宜黑龙江省第一积温区种植。

栽培技术要点：4月20日左右播种，5月20日左右插秧，秧龄30d左右。插秧规格为30cm×13.3cm，每穴栽插2～3苗。一般施纯氮120kg/hm^2，氮：磷：钾=2：1：1。氮肥比例为基肥：分蘖肥：穗肥：粒肥=5：2.5：1.25：1.25。基肥施纯氮60kg/hm^2，纯磷60kg/hm^2，纯钾30kg/hm^2；分蘖肥施纯氮30kg/hm^2；穗肥施纯氮15kg/hm^2，纯钾30kg/hm^2；粒肥施纯氮15kg/hm^2。水层管理采取浅湿交替灌溉。注意预防稻瘟病、二化螟、潜叶蝇。成熟后及时收获。

龙稻19（Longdao 19）

品种来源：黑龙江省农业科学院耕作栽培研究所以牡96-1/上育397为杂交组合，采用系谱法选育而成，原品系代号哈09-32。2014年通过黑龙江省农作物品种审定委员会审定，审定编号：黑审稻2014003。

形态特征和生物学特性：属粳型常规中熟早稻，基本营养生长期短。在适宜种植区出苗至成熟生育日数144d，需≥10℃活动积温2 700℃。主茎叶14片，谷粒椭圆形，株高98cm左右。穗长20cm左右，每穗粒数130粒左右，千粒重26g左右。

品质特性：糙米率81.4%～82.4%，整精米率67.2%～70.8%，垩白粒率1.0%～6.0%，垩白度0.3%～0.9%，直链淀粉含量17.3%～17.68%，胶稠度80.0～81.0mm。达到国家二级优质米标准。

抗性：高抗叶瘟和穗颈瘟。孕穗期耐冷性强。

产量及适宜地区：2011—2012年黑龙江省第一积温区区域试验平均产量8 965.2kg/hm^2，2013年生产试验平均产量8 376.4kg/hm^2。适宜黑龙江省第一积温区上限种植。

栽培技术要点：4月20日播种。5月20日插秧，秧龄30d左右。插秧规格为30cm×13.3cm，每穴栽插2～3苗。一般施纯氮120kg/hm^2，氮：磷：钾=2：1：1。氮肥比例为基肥：分蘖肥：穗肥：粒肥=5：2.5：1.25：1.25。基肥施纯氮60kg/hm^2，纯磷60kg/hm^2，纯钾30kg/hm^2；分蘖肥施纯氮30kg/hm^2；穗肥施纯氮15kg/hm^2，纯钾30kg/hm^2；粒肥施纯氮15kg/hm^2。水层管理采取浅湿交替灌溉。注意预防稻瘟病、二化螟、潜叶蝇。成熟后及时收获。

龙稻9号（Longdao 9）

品种来源：黑龙江省农业科学院耕作栽培研究所以东青241/牡粘3号为杂交组合，采用系谱法选育而成，原品系代号哈05-42。2009年通过黑龙江省农作物品种审定委员会审定，审定编号：黑审稻2009014。

形态特征和生物学特性：属粳型常规中熟早糯稻，基本营养生长期短。在适宜种植区出苗至成熟生育日数144d，需≥10℃活动积温2 740℃。主茎叶14片，株高95cm左右，穗长18.6cm，每穗粒数103粒左右，千粒重26g左右。

品质特性：糙米率80.2%～81.3%，整精米率64.1%～69.3%，垩白粒率100%，垩白度100%，直链淀粉含量0～1.7%，胶稠度100mm。

抗性：中抗叶瘟和穗颈瘟。

产量及适宜地区：2006—2008年黑龙江省第一积温区区域试验平均产量8 299.5kg/hm^2，2007—2008年生产试验平均产量8 527.5kg/hm^2。适宜黑龙江省第一积温区上限种植。

栽培技术要点：4月10～20日播种，5月15～25日移栽。插秧规格为30cm×14cm。在培育壮苗的基础上，增施农家肥，氮、磷、钾配合施用。本田施纯氮120kg/hm^2，纯磷70kg/hm^2，纯钾50kg/hm^2，氮肥的一半、磷肥的全部、钾肥一半作底肥施入，其余作追肥施用。施足底肥，提早追肥。浅灌水，抢前施药除草。

龙香稻1号（Longxiangdao 1）

品种来源：黑龙江省农业科学院耕作栽培研究所以龙青4号/746为杂交组合，采用系谱法选育而成，原品系代号白香粳。2003年通过黑龙江省农作物品种审定委员会审定，审定编号：黑审稻2003001。

形态特征和生物学特性：属粳型常规中熟早稻，基本营养生长期短。在适宜种植区出苗至成熟生育日数136d，需≥10℃活动积温2 605℃。谷粒椭圆形，有紫色稃尖，植株较繁茂，分蘖力中等偏上，空秕率低。株高92cm左右，穗长16.5cm，每穗粒数91粒左右，千粒重25.3g。

品质特性：糙米率80.7%，精米率72.1%，整精米率68.3%，糙米粒长5.2cm，糙米粒宽3cm，糙米长宽比1.7，垩白大小9.2%，垩白粒率12.2%，垩白度1.1%，碱消值7.0级，胶稠度82.5mm，直链淀粉含量16.1%，蛋白质含量7.5%。

抗性：易感苗瘟、叶瘟、穗颈瘟。抗倒伏能力强。

产量及适宜地区：2000—2001年黑龙江省第一积温区区域试验平均产量7 822.5kg/hm^2，2002年生产试验平均产量7 572.0kg/hm^2。2014年黑龙江省种植面积0.1万hm^2。适宜黑龙江省第一积温区种植。

栽培技术要点：育苗插秧栽培，4月10～20日播种，5月15～25日移栽。插秧规格为30cm×（13～16.5）cm。本田施尿素100kg/hm^2，磷酸二铵80kg/hm^2，硫酸钾75kg/hm^2，氮肥的一半、磷肥的全部、硫酸钾一半作底肥施入，其余作追肥施用。田间应注意预防稻瘟病。

龙香稻2号（Longxiangdao 2）

品种来源：黑龙江省农业科学院耕作栽培研究所以稻花香2号/五优稻1号为杂交组合，采用系谱法选育而成，原品系代号哈05-63。2010年通过黑龙江省农作物品种审定委员会审定，审定编号：黑审稻2010014。

形态特征和生物学特性：属粳型常规中熟早香稻，基本营养生长期短。在适宜种植区出苗至成熟生育日数146d，需≥10℃活动积温2 750℃。主茎叶14片，株高110cm左右，穗长21.7cm，每穗粒数108粒左右，千粒重26g左右。

品质特性：糙米率80.5%～81.8%，整精米率66.2%～69.2%，垩白粒率1%，垩白度0.1%～0.2%，直链淀粉含量16.2%～17.7%，胶稠度73.5～76.5mm。食味评分82～84分。

抗性：高抗叶瘟和穗颈瘟。孕穗期耐冷性强。

产量及适宜地区：2007—2008年黑龙江省第一积温区区域试验平均产量9 132.0kg/hm^2，2009年生产试验平均产量9 360.0kg/hm^2。2010—2011年黑龙江省累计种植面积4.15万hm^2，2010年最大种植面积3.7万hm^2。适宜黑龙江省第一积温区上限种植。

栽培技术要点：4月10～20日播种，5月15～25日移栽。插秧规格为30cm×13cm或26cm×13cm，每穴栽插2～3苗。在培育壮苗的基础上，增施农家肥，氮、磷、钾配合施用。本田施尿素100kg/hm^2，磷酸二铵80kg/hm^2，硫酸钾75kg/hm^2，氮肥的一半、磷肥的全部、钾肥一半作底肥施入，其余作为追肥施用。施足底肥，提早追肥。浅灌水，抢前施药除草。9月20～30日收获。

龙洋1号（Longyang 1）

品种来源：五常市龙洋种子有限公司以五优稻1号/龙洋长粒为杂交组合，采用系谱法选育而成，原品系代号龙洋03-4。2010年通过黑龙江省农作物品种审定委员会审定，审定编号：黑审稻2010001。

形态特征和生物学特性：属粳型常规中熟早稻，基本营养生长期短。在适宜种植区出苗至成熟生育日数146d，需≥10℃活动积温2 750℃。主茎叶14片，株高105cm左右。穗长22cm左右，每穗粒数135粒左右，千粒重27g左右。

品质特性：糙米率78.1%～81.2%，整精米率66.2%～67.0%，垩白粒率0～1.5%，垩白度0～0.1%，直链淀粉含量16.5%～19.2%，胶稠度78.0～84.0mm。食味评分83～89分。

抗性：中抗叶瘟，高抗穗颈瘟。孕穗期抗冷性较强。

产量及适宜地区：2007—2008年黑龙江省第一积温区区域试验平均产量8 739.0kg/hm^2，2009年生产试验平均产量10 285.5kg/hm^2。2010—2014年黑龙江省累计种植面积11.8万hm^2，2014年最大种植面积4.0万hm^2。适宜黑龙江省第一积温区上限种植。

栽培技术要点：4月1～10日播种，5月5～15日移栽。插秧规格为30cm×16.7cm，每穴栽插3～4苗。本田施纯氮肥140～150kg/hm^2，氮：磷：钾=3：2：2。氮肥施用方法为底肥45%，返青肥15%，分蘖肥30%，穗粒肥10%；磷肥作底肥一次性施入；钾肥50%作底肥，50%孕穗期施入。灭草期、孕穗期要保证深水层，其他时期干湿交替进行，收获前半个月撤水，成熟后及时收获。

绿珠1号（Lüzhu 1）

品种来源：五常市绿珠水稻原种场以五优稻1号/9918-1为杂交组合，采用系谱法选育而成，原品系代号绿珠0659。2012年通过黑龙江省农作物品种审定委员会审定，审定编号：黑审稻2012004。

形态特征和生物学特性：属粳型常规中熟早稻，基本营养生长期短。在适宜种植区出苗至成熟生育日数147d，需≥10℃活动积温2 780℃。主茎叶14片，株高92cm左右，穗长19cm左右，每穗粒数135粒左右，千粒重25.5g。

品质特性：糙米率80.5%～80.6%，整精米率64.3%～66.1%，垩白粒率1.0%～4.5%，垩白度0.2%～1.4%，直链淀粉含量18.6%～19.9%，胶稠度72.5～72.5mm。食味评分79～80分。

抗性：中抗叶瘟和穗颈瘟。耐冷性较强。

产量及适宜地区：2009—2010年黑龙江省第一积温区区域试验平均产量9 289.6kg/hm^2，2011年生产试验平均产量8 942.6kg/hm^2。2014年黑龙江省种植面积0.3万hm^2。适宜黑龙江省第一积温区上限种植。

栽培技术要点：适于旱育稀植，4月10～20日播种，5月10～20日插秧。插秧规格一般为30cm×15cm，每穴栽插3～4苗。一般施用纯氮130～140kg/hm^2，氮：磷：钾=3：2：2。施用方法为氮肥作底肥45%，返青肥15%，分蘖肥30%，穗粒肥10%；磷肥作底肥一次性施入；钾肥50%作底肥，50%孕穗期施入。对病虫草害进行综合防治，插秧后结合田间除草，追施速效氮肥，促进分蘖。田间水层管理浅水间歇灌溉，孕穗期深水灌溉防冷害。灌浆期成熟后适时收获。

绿珠2号（Lüzhu 2）

品种来源：五常市绿珠水稻原种场以五优稻1号/9918-2为杂交组合，采用系谱法选育而成，原品系代号绿珠0618。2013年通过黑龙江省农作物品种审定委员会审定，审定编号：黑审稻2013002。

形态特征和生物学特性：属粳型常规中熟早稻，基本营养生长期短。在适宜种植区出苗至成熟生育日数143d，需≥10℃活动积温2 675℃。主茎叶13片，株高95cm左右，穗长19.5cm，每穗粒数110粒左右，千粒重25.6g。

品质特性：糙米率79.0%～79.6%，整精米率62.3%～66.3%，垩白粒率1.0%，垩白度0.2%～0.3%，直链淀粉含量17.7%～18.3%，胶稠度70.0～82.5mm。食味评分81～82分。

抗性：中抗叶瘟和穗颈瘟。孕穗期耐冷性较强。

产量及适宜地区：2010—2011年黑龙江省第一积温区区域试验平均产量9 016.6kg/hm^2，2012年生产试验平均产量9 352.3kg/hm^2。适宜黑龙江省第一积温区种植。

栽培技术要点：4月10～15日播种，5月10～20日插秧。插秧规格为30cm×15cm，每穴栽插2～4苗。地要整平，插秧不要过深，要均匀一致。施肥量为施纯氮130～140kg/hm^2，氮：磷：钾=3：2：2。氮肥比例底肥45%、返青肥15%、分蘖肥30%、穗粒肥10%；磷肥作底肥一次性施入；钾肥50%作底肥，50%孕穗期施入。对病虫草害进行综合防治，插秧后结合田间除草，追施速效氮肥，促进分蘖。田间水层管理浅水间歇灌溉，孕穗期深水灌溉防冷害。成熟后及时收获。

绿珠3号（Lüzhu 3）

品种来源：五常市绿珠水稻原种场以五优稻4号/松粳9号为杂交组合，采用系谱法选育而成，原品系代号绿香稻005。2014年通过黑龙江省农作物品种审定委员会审定，审定编号：黑审稻2014016。

形态特征和生物学特性：属粳型常规中熟早香稻，基本营养生长期短。有芒。在适宜种植区出苗至成熟生育日数146d左右，需≥10℃活动积温2 750℃。主茎叶14片，谷粒长粒型，株高110cm左右，穗长24.7cm，每穗粒数210粒左右，千粒重26.0g。

品质特性：糙米率78.8%～81.0%，整精米率63.5%～64.6%，垩白粒率5.5%～8.0%，垩白度0.9%～1.1%，直链淀粉含量16.8%～18.4%，胶稠度70.0～71.5mm。达到国家二级优质米标准。

抗性：中抗叶瘟和穗颈瘟。孕穗期耐冷性较强。

产量及适宜地区：2011—2012年黑龙江省第一积温区区域试验平均产量8 108.9kg/hm^2，2013年生产试验平均产量7 745.7kg/hm^2。适宜黑龙江省第一积温区上限种植。

栽培技术要点：4月10～15日播种，5月15～20日插秧。插秧规格为30cm×16.7cm，每穴栽插3～5苗。一般施纯氮130～140kg/hm^2，氮：磷：钾=2：1：1。氮肥比例：基肥：分蘖肥：穗肥：粒肥=5：3：1：1。基肥施纯氮70kg/hm^2，纯磷69kg/hm^2，纯钾50kg/hm^2；分蘖肥施纯氮42kg/hm^2；穗肥施纯氮14kg/hm^2，纯钾50kg/hm^2；粒肥施纯氮14kg/hm^2。适时早育苗、早插秧。除田间作业用水外，采用浅水灌溉。预防稻瘟病、二化螟。成熟后及时收获。

苗香粳1号（Miaoxianggeng 1）

品种来源：黑龙江省苗氏种业有限责任公司以绥粳4号/超长粒为杂交组合，采用系谱法选育而成，原品系代号苗系918-4。2010年通过黑龙江省农作物品种审定委员会审定，审定编号：黑审稻2010013。

形态特征和生物学特性：属粳型常规中熟早香稻，感光性弱，感温性弱，基本营养生长期短。生育日数142d左右，需≥10℃活动积温2 650℃左右。主茎13片叶，株高104cm左右，穗长19.6cm左右，每穗粒数113粒左右，千粒重26g左右。

品质特性：糙米率79.9%～80.6%，整精米率62.3%～68.3%，垩白粒率0，垩白度0，直链淀粉含量17.1%～18.6%，胶稠度68.5～75.0mm。食味评分85分。

抗性：中抗叶瘟，高抗穗颈瘟。孕穗期耐冷性强。

产量及适宜地区：2007—2008年黑龙江省第一积温区区域试验平均产量7 504.5kg/hm^2，2009年生产试验平均产量9 433.5kg/hm^2。适宜黑龙江省第一积温区下限种植。

栽培技术要点：4月10～20日播种，5月15～25日插秧。适于旱育稀植，插秧规格一般为30cm×13cm或26cm×13cm，每穴栽插2～3株。施纯氮120kg/hm^2，氮：磷：钾=3：2：2，选择地势平坦的肥沃地块种植。适时早育苗，早插秧。底肥施入氮肥的一半、磷肥的全部、钾肥的一半，其余氮、钾肥作追肥。除作业用水外，采用浅水灌溉。及时施药除草。9月25～30日收获。

牡丹江20（Mudanjiang 20）

品种来源：黑龙江省农业科学院牡丹江分院以石狩/福锦//中作87为母本，牡80-341[合江20（合交752）/岩锦]为父本复交选育出的早粳常规稻，原代号牡87-1896。1994年通过黑龙江省农作物品种审定委员会审定，审定编号：黑审稻1994003。

形态特征和生物学特性：属粳型常规中晚熟早稻。全生育期142d，需≥10℃活动积温2 700℃。分蘖力中等，有效分蘖率高。株高88cm，结实率95.6%，千粒重28.5g。

品质特性：米粒长4.9mm，糙米长宽比1.7，糙米率82.0%，精米率73.8%，整精米率68.5%，直链淀粉含量17.9%，蛋白质含量6.9%。

抗性：苗期较耐寒，秆强抗倒伏，抗叶瘟及穗颈瘟。

产量及适宜地区：1991—1992年黑龙江省第一积温区区域试验平均产量8 643.5kg/hm^2；1993年生产试验平均产量8 429.65kg/hm^2。1990—1996年黑龙江省累计种植面积0.2万hm^2，1996年最大种植面积0.1万hm^2。适宜黑龙江省第一积温区下限种植。

栽培技术要点：4月上中旬播种，采用大棚旱育秧，播种量催芽种子350g/m^2。5月中下旬移栽，株行距30.0cm×（10～12）cm，每穴栽插3～4苗。氮、磷、钾配方施肥，施纯氮150.0～187.5kg/hm^2，分4～5次均施，五氧化二磷60～75kg/hm^2（作底肥），氧化钾90.0～112.5kg/hm^2（作底肥和拔节期追肥）。应采取分蘖期浅、孕穗期深、籽粒灌浆期浅的方法进行灌溉。7月上中旬注意防治二化螟，抽穗前及时防治稻瘟病等病虫害。

牡丹江26（Mudanjiang 26）

品种来源：黑龙江省农业科学院牡丹江分院以龙粳9号为母本，通育35为父本杂交育成的早粳中熟常规稻，原代号牡98-594。2004年通过黑龙江省农作物品种审定委员会审定，审定编号：黑审稻2004002。

形态特征和生物学特性：属粳型常规中熟早稻。全生育期139d，需≥10℃活动积温2 600℃。苗势强，叶色浓绿，叶片宽厚，分蘖率高，剑叶上举。株高90cm，穗长21cm，每穗粒数143粒，结实率93%，千粒重25.1g。

品质特性：糙米率81.9%～82.2%，精米率73.7%～74%，整精米率69%～71.9%，垩白大小6.0%，垩白粒率2.5%～6.5%，垩白度0.1%，糙米粒长5.4～5.8mm，糙米粒宽2.8～3.2mm，糙米长宽比1.9，直链淀粉含量17.54%～19.6%，蛋白质含量6.9%～8.1%，胶稠度74～81.5mm，碱消值7.0级。

抗性：耐冷性强，抗稻瘟病，喜肥，抗倒伏能力较强。

产量及适宜地区：2001—2002年黑龙江省第一积温区区域试验平均产量8 302.3kg/hm^2，2003年生产试验平均产量8 302.3kg/hm^2。2013年黑龙江省种植面积0.2万hm^2，适宜黑龙江省第一积温区种植。

栽培技术要点：4月上中旬播种，采用大棚旱育秧，播种量催芽种子350 g/m^2。5月中下旬移栽，株行距30.0cm×（12～14）cm，每穴栽插3～4苗。氮、磷、钾配方施肥，施纯氮150.0～187.5kg/hm^2,分4～5次均施，五氧化二磷60～75kg/hm^2（作底肥），氧化钾90.0～112.5kg/hm^2（作底肥和拔节期追肥）。应采取分蘖期浅、孕穗期深、籽粒灌浆期浅的方法进行灌溉。7月上中旬注意防治二化螟，抽穗前及时防治稻瘟病等病虫害。

牡丹江27（Mudanjiang 27）

品种来源：黑龙江省农业科学院牡丹江分院以越华为母本，彩为父本杂交育成的早粳常规稻，原代号牡99-881。2005年通过黑龙江省农作物品种审定委员会审定，审定编号：黑审稻2005006。

形态特征和生物学特性：属粳型常规中晚熟早稻。生育日数142d，需≥10℃活动积温2 630℃。茎秆强韧，分蘖力较强，成穗率高，米质清亮透明，谷粒细长，食味好，是优质高产的品种。株高97.6cm，穗长18.8cm，穗粒数115粒，结实率高，千粒重27g。

品质特性：糙米率77.4%～82.9%，精米率69.6%～74.6%，整精米率62.2%～73.6%，垩白大小4.2%～9.5%，垩白粒率3%～3.5%，垩白度0.1%～0.3%，糙米长宽比1.8～1.9，直链淀粉含量16.2%～18.9%，蛋白质含量6.9%～8.5%，胶稠度66～75mm。食味评分80～81分。

抗性：耐冷性强，抗稻瘟病性强，抗倒伏能力较强。

产量及适宜地区：2002—2003年黑龙江省第一积温区区域试验平均产量8 023.0kg/hm^2，2004年生产试验平均产量8 023.0kg/hm^2。2011—2014年黑龙江省累计种植面积0.4万hm^2，2014年最大种植面积0.1万hm^2。适宜黑龙江省第一积温区种植。

栽培技术要点：4月上中旬播种，采用大棚旱育秧，播种量催芽种子350g/m^2。5月中下旬移栽，株行距30.0cm×（12～14）cm，每穴栽插3～4苗。氮、磷、钾配方施肥，施纯氮150.0～187.5kg/hm^2，分4～5次均施，五氧化二磷60～75kg/hm^2（作底肥），氧化钾90.0～112.5kg/hm^2（作底肥和拔节期追肥）。应采取分蘖期浅、孕穗期深、籽粒灌浆期浅的方法进行灌溉。7月上中旬注意防治二化螟，抽穗前及时防治稻瘟病等病虫害。

牡丹江29（Mudanjiang 29）

品种来源：黑龙江省农业科学院牡丹江分院以牡90-1333（吉粳60/松前）为母本，藤系144为父本，杂交后代经系谱法选育而成的早粳常规稻，原代号牡98-1130。2006年通过黑龙江省农作物品种审定委员会审定，审定编号：黑审稻2006007。

形态特征和生物学特性：属粳型常规中熟早稻。颖壳淡黄，叶色浓绿，分蘖力强，剑叶较宽，活秆成熟，结实率高。生育日数139d，需≥10℃活动积温2 579.6℃。株高96.4cm，穗长17.0cm，每穗粒数113.7粒，千粒重24.9g。

品质特性：糙米率81.1%～83.0%，精米率73.0%～75.7%，整精米率为62.2%～70.3%，糙米长宽比1.7，垩白大小4.4%～7.1%，垩白粒率2.0%～9.0%，垩白度0.1%～0.4%，碱消值7.0级，胶稠度72.5～82.8mm，直链淀粉含量16.7%～18.6%，蛋白质含量6.5%～7.5%。食味评分77～86分。

抗性：耐冷，较喜肥，抗倒伏，抗稻瘟病性较强。

产量及适宜地区：2003—2005年黑龙江省第一积温区区域试验平均产量7 695.5kg/hm^2，2005年生产试验平均产量7 640.7kg/hm^2。2013—2014年黑龙江省累计种植面积1.3万hm^2，2014年最大种植面积1.2万hm^2。适宜黑龙江省第一积温区种植。

栽培技术要点：4月上中旬播种，采用大棚旱育秧，播种量催芽种子350g/m^2。5月中下旬移栽，株行距30.0cm×（12～14）cm，每穴栽插3～4苗。氮、磷、钾配方施肥，施纯氮150.0～187.5kg/hm^2，分4～5次均施，五氧化二磷60～75kg/hm^2（作底肥），氧化钾90.0～112.5kg/hm^2（作底肥和拔节期追肥）。应采取分蘖期浅、孕穗期深、籽粒灌浆期浅的方法进行灌溉。7月上中旬注意防治二化螟，抽穗前及时防治稻瘟病等病虫害。

牡丹江30（Mudanjiang 30）

品种来源：黑龙江省农业科学院牡丹江分院以上育397为母本，牡92-746（吉81-61/龙粳1号）为父本杂交选育出的早粳常规稻，原代号牡2001-1063。2009年通过黑龙江省农作物品种审定委员会审定，审定编号：黑审稻2009003。

形态特征和生物学特性：属粳型常规中晚熟早稻。生育日数为141d，需≥10℃活动积温2 700℃。颖壳淡黄，叶色浓绿，分蘖力强，剑叶较宽，活秆成熟，结实率高。株高96.2cm，穗长16.2cm，每穗粒数95.2粒，千粒重26.7g。

品质特性：糙米率79.7%～82.6%，整精米率64.3%～73.3%，垩白粒率0～5.5%，垩白度0～0.4%，直链淀粉含量16.6%～17.0%，胶稠度66.5～77.5mm。食味评分79～87分。

抗性：苗期长势强，耐冷。较喜肥，抗倒伏，较抗稻瘟病。

产量及适宜地区：2006—2008年黑龙江省第一积温区上限区域试验平均产量8 146.1kg/hm^2，2007—2008年生产试验平均产量8 866.5kg/hm^2。2014年黑龙江省种植面积0.2万hm^2。适宜黑龙江省第一积温区上限种植。

栽培技术要点：4月上中旬播种，采用大棚旱育秧，播种量催芽种子350g/m^2。5月中下旬移栽，株行距30.0cm×（12～14）cm，每穴栽插3～4苗。氮、磷、钾配方施肥，施纯氮150.0～187.5kg/hm^2，分4～5次均施，五氧化二磷60～75kg/hm^2（作底肥），氧化钾90.0～112.5kg/hm^2（作底肥和拔节期追肥）。应采取分蘖期浅、孕穗期深、籽粒灌浆期浅的方法进行灌溉。7月上中旬注意防治二化螟，抽穗前及时防治稻瘟病等病虫害。

牡丹江31（Mudanjiang 31）

品种来源：黑龙江省农业科学院牡丹江分院1996年以优质水稻品种牡98-1492为母本，以高产品系牡95-1211（铁粳2号系选）为父本杂交，后代经系谱法选择而育成的早粳常规稻，原代号牡2004-1325。2010年通过黑龙江省农作物品种审定委员会审定，审定编号：黑审稻2010004。

形态特征和生物学特性：属粳型常规中熟早稻。生育日数为142d，需≥10℃活动积温2 650℃。颖壳淡黄，叶色浓绿，分蘖力强。株高100.4cm左右，穗长17.7cm左右，每穗粒数113.1粒左右，千粒重25.5g左右。

品质特性：糙米率82.5%～83.5%，整精米率63.7%～72.1%，垩白粒率0～2.5%，垩白度0～0.2%，直链淀粉含量16.5%～18.9%，胶稠度73～81mm。食味评分73～81分。

抗性：耐冷，抗倒伏，较抗稻瘟病。

产量及适宜地区：2007—2008年黑龙江省第一积温区区域试验平均产量8 914.1kg/hm^2，2009年生产试验平均产量10 095.2kg/hm^2。2011—2014年黑龙江省累计种植面积0.6万hm^2，2014年最大种植面积0.5万hm^2。适宜黑龙江省第一积温区下限种植。

栽培技术要点：4月上中旬播种，采用大棚旱育秧，播种量催芽种子350g/m^2。5月中下旬移栽，株行距30.0cm×（12～14）cm，每穴栽插3～4苗。氮、磷、钾配方施肥，施纯氮150.0～187.5kg/hm^2，分4～5次均施，五氧化二磷60～75kg/hm^2（作底肥），氧化钾90.0～112.5kg/hm^2（作底肥和拔节期追肥）。应采取分蘖期浅、孕穗期深、籽粒灌浆期浅的方法进行灌溉。7月上中旬注意防治二化螟，抽穗前及时防治稻瘟病等病虫害。

松粳1号（Songgeng 1）

品种来源：黑龙江省农业科学院五常水稻研究所以吉粳60为母本，延粳6号为父本杂交选育出的早粳常规稻，原代号松78-17。1985年通过黑龙江省农作物品种审定委员会审定，审定编号：黑审稻1985003。

形态特征和生物学特性：属粳型常规中熟早稻。该品种生育日数120d，需≥10℃活动积温2 500℃。株高95cm，株型收敛。叶色深绿，剑叶上举。分蘖力中等。穗长15cm左右，每穗粒数100粒，结实率高，谷粒圆形，千粒重26.0g。

抗性：抗寒能力强，中抗稻瘟病。

产量及适宜地区：平均产量一般7 500kg /hm^{2}左右。1984—2010年黑龙江省累计种植面积4.24万hm^2，1991年最大种植面积0.78万hm^2。适宜黑龙江省第一积温区种植。

栽培技术要点：采用大棚旱育秧，播种量催芽种子350g/m^2。4月上中旬播种，5月中下旬移栽，株行距30.0cm×13.2cm，每穴栽插2～3苗。氮、磷、钾配方施肥，本田施纯氮120～135kg/hm^2，分4～5次均施，五氧化二磷60～75kg/hm^2（作底肥），氧化钾90～120kg/hm^2（作底肥和拔节期追肥）。应采取分蘖期浅、孕穗期深、籽粒灌浆期浅的方法进行灌溉。7月上中旬注意防治二化螟，抽穗前及时防治稻瘟病等病虫害。

松粳11（Songgeng 11）

品种来源：黑龙江省农业科学院五常水稻研究所以龙锦1号/C261为杂交组合，采用系谱法选育而成，原品系代号松5119。2007年通过黑龙江省农作物品种审定委员会审定，审定编号：黑审稻2007006。

形态特征和生物学特性：粳型常规中熟早稻，基本营养生长期短。在适宜种植区出苗至成熟生育日数140d，需≥10℃活动积温2 720℃。株型紧凑，叶片坚挺上举，茎叶深绿，散穗型，主蘖穗整齐，谷粒种皮白色。株高90.7cm。主茎叶14片，穗长18.6cm，每穗粒数105.1粒，结实率98.0%，千粒重26.8g。

品质特性：糙米率79.6%～81.5%，整精米率59.9%～66.6%，糙米粒长6.1mm，糙米长宽比2.0，垩白粒率8.5%～25.0%，垩白度0.5%～4.8%，直链淀粉含量17.1%～18.4%，胶稠度67.5～72mm。食味评分77～83分。

抗性：中抗叶瘟和穗颈瘟。孕穗期耐冷性较强。

产量及适宜地区：2004年黑龙江省第一积温区晚熟组区域试验平均产量8 199.0kg/hm^2，2005年继续试验平均产量7 851.0kg/hm^2，两年区域试验平均产量8 028.0kg/hm^2，2006年生产试验平均产量9 915.0kg/hm^2。2007—2013年黑龙江省累计种植面积1.3万hm^2，2007年最大种植面积0.7万hm^2。适宜黑龙江省第一积温区上限种植。

栽培技术要点：采用大棚旱育秧，播种量催芽种子0.35kg/m^2。4月上中旬播种，5月中下旬移栽，株行距30cm×13.2cm，每穴栽插3～4苗。氮、磷、钾配方施肥，施纯氮135～150kg/hm^2，分4～5次均施，五氧化二磷60～75kg/hm^2（作底肥），氧化钾90～120kg/hm^2（作底肥和拔节期追肥）。灌溉应采取分蘖期浅、孕穗期深、籽粒灌浆期浅的灌溉方法。7月上中旬注意防治二化螟，抽穗前及时防治稻瘟病等病虫害。

松粳12（Songgeng 12）

品种来源：黑龙江省农业科学院五常水稻研究所以松93-8（五优稻1号）/通306为杂交组合，采用系谱法选育而成，原品系代号松01-173。2008年通过黑龙江省农作物品种审定委员会审定，审定编号：黑审稻2008003。

形态特征和生物学特性：粳型常规中熟早稻，基本营养生长期短。在适宜种植区出苗至成熟生育日数137d，与对照品种藤系138同熟期，需≥10℃活动积温2 666℃。株高95cm左右，穗长18cm左右，每穗粒数115粒左右，千粒重25g左右。

品质特性：糙米率79.2%～82.7%，整精米率66.7%～73.3%，糙米粒长6.0mm，糙米长宽比2.61，垩白粒率0，垩白度0，直链淀粉含量17.5%～17.8%，胶稠度68.0～80.0mm。食味评分82～89分。

抗性：中抗叶瘟和穗颈瘟。孕穗期耐冷性较强。

产量及适宜地区：2004年黑龙江省第一积温区区域试验平均产量7 984.5kg/hm^2，2005年继续试验平均产量7 392.0kg/hm^2，两年区域试验平均产量7 687.5kg/hm^2，2010年生产试验平均产量8 566.5kg/hm^2。2008—2014年黑龙江省累计种植面积32.1万hm^2，2010年最大种植面积6.7万hm^2。适宜黑龙江省第一积温区种植。

栽培技术要点：4月10～20日播种，5月15～20日移栽。插秧规格为30cm×16.7cm或33cm×16.7cm，每穴栽插2～4苗。一般施纯氮120～140kg/hm^2，氮：磷：钾＝2：1：1。耙地前施入氮肥的50%、钾肥的50%、磷肥的全部作基肥，插秧后7d左右施入氮肥的20%作分蘖肥，于6月30日左右施入氮肥的20%作调节肥，于7月15日左右施入氮肥的10%和钾肥的50%作穗肥。除作业用水外，采用浅水灌溉，及时预防病虫草害。9月25～30日收获。

松粳14（Songgeng 14）

品种来源：黑龙江省农业科学院五常水稻研究所以松粳6号/东农V4为杂交组合，采用系谱法选育而成，原品系代号松05-274。2011年通过黑龙江省农作物品种审定委员会审定，审定编号：黑审稻2011002。

形态特征和生物学特性：属粳型常规中熟早稻，基本营养生长期短。在适宜种植区出苗至成熟生育日数138d，需≥10℃活动积温2 650℃。株型收敛，剑叶上举，叶色深绿，分蘖力中上，活秆成熟。主茎叶13片，株高100cm左右。穗长21cm左右，每穗粒数120粒左右，千粒重25.2g。

品质特性：糙米率79.1%～80.0%，整精米率62.6%～70.4%，糙米粒长5.6mm，糙米长宽比2.2，垩白粒率0，垩白度0，直链淀粉含量17.6%～18.3%，胶稠度70.0～74.0mm。食味评分82～84分。

抗性：中抗叶瘟和穗颈瘟。孕穗期耐冷性强。抗倒伏能力强。

产量及适宜地区：2008年黑龙江省第一积温区区域试验平均产量9 889.5kg/hm^2，2009年继续试验平均产量8 952.0kg/hm^2，两年区域试验平均产量9 420.0kg/hm^2，2010年生产试验平均产量9 448.5kg/hm^2。2011—2014年黑龙江省累计种植面积0.9万hm^2，2011年最大种植面积0.7万hm^2。适宜黑龙江省第一积温区种植。

栽培技术要点：4月10～20日播种，5月15～20日移栽。插秧规格为30.0cm×16.7cm或33.3cm×16.7cm，每穴栽插2～4苗。一般施纯氮120～140kg/hm^2，氮：磷：钾=2：1：1。耙地前施入氮肥的50%、钾肥的50%、磷肥的全部作基肥，插秧后7d左右施入氮肥的20%作分蘖肥，于6月20日左右施入氮肥的20%作调节肥，于7月10日左右施入氮肥的10%和钾肥的50%作穗肥。应采取分蘖期浅、孕穗期深、籽粒灌浆期浅的方法进行灌溉。7月上中旬注意防治二化螟，抽穗前及时防治稻瘟病等病虫害。9月28～30日收获。

松粳15（Songgeng 15）

品种来源：黑龙江省农业科学院五常水稻研究所以松粳6号/东农V4为杂交组合，采用系谱法选育而成，原品系代号松06 -308。2011年通过黑龙江省农作物品种审定委员会审定，审定编号：黑审稻2011001，2013年被农业部确定为超级稻品种。

形态特征和生物学特性：属粳型常规中熟早稻，基本营养生长期短。在适宜种植区出苗至成熟生育日数146d，需≥10℃活动积温2 750℃。主茎叶14片，株高95.0cm，穗长15.5cm，每穗粒数150粒左右，千粒重24g左右 。

品质特性：糙米率77.1%～77.8%，整精米率62.0%～66.2%，垩白粒率1.0%～3.0%，垩白度0.1%～0.4%，直链淀粉含量18.27%～18.76%，胶稠度72.5～85.0mm。食味评分80～83分。

抗性：中抗叶瘟和穗颈瘟。孕穗期耐冷性较强。

产量及适宜地区：2008年黑龙江省第一积温区区域试验平均产量9 384.0kg/hm^2，2009年继续试验平均产量9 745.5kg/hm^2，两年区域试验平均产量9 565.5kg/hm^2，2010年生产试验平均产量9 990.8kg/hm^2。2010—2014年黑龙江省累计种植面积4.8万hm^2，2014年最大种植面积1.7万hm^2。适宜黑龙江省第一积温区上限种植。

栽培技术要点：4月10～15日播种，5月15～20日移栽。插秧规格为30.0cm×16.7cm，每穴栽插2～4苗。一般施纯氮150～200kg/hm^2，氮：磷：钾=2：1：1。耙地前施入氮肥的50%、钾肥的50%、磷肥的全部作基肥，插秧后7d左右施入氮肥的20%作分蘖肥，于6月20日左右施入氮肥的20%作调节肥，于7月10日左右施入氮肥的10%和钾肥的50%作穗肥。应采取分蘖期浅、孕穗期深、籽粒灌浆期浅的方法进行灌溉。7月上中旬注意防治二化螟，抽穗前及时防治稻瘟病等病虫害。9月28～30日收获。

松粳16（Songgeng 16）

品种来源：黑龙江省农业科学院五常水稻研究所以通31/五优稻1号为杂交组合，采用系谱法选育而成，原品系代号松07-318。2012年通过黑龙江省农作物品种审定委员会审定，审定编号：黑审稻2012002。

形态特征和生物学特性：属粳型常规中熟早稻，基本营养生长期短。在适宜种植区出苗至成熟生育日数143d左右，需≥10℃活动积温2 700℃。主茎叶14片，株高102cm左右，穗长21.5cm，每穗粒数125粒左右，千粒重25g左右。

品质特性：糙米率79.7%～81.2%，整精米率67.2%～68.9%，垩白粒率1.0%～5.0%，垩白度0.1%～0.8%，直链淀粉含量17.3%～19.0%，胶稠度70.0～75.0mm。食味品质83～84分。

抗性：中抗叶瘟和穗颈瘟。孕穗期耐冷性较强。

产量及适宜地区：2009—2010年黑龙江省第一积温区区域试验平均产量9 354.0kg/hm^2，2011年生产试验平均产量9 178.5kg/hm^2。2013—2014年黑龙江省累计种植面积1.7万hm^2，2014年最大种植面积1.2万hm^2。适宜黑龙江省第一积温区上限种植。

栽培技术要点：4月10～15日播种，5月15～20日插秧。插秧规格为30.0cm×16.7cm，每穴栽插2～4苗。一般施纯氮120～140kg/hm^2，氮：磷：钾=2：1：1。耙地前施入氮肥的50%、钾肥的50%、磷肥的全部作基肥，插秧后7d左右施入氮肥的20%作分蘖肥，于6月20日左右施入氮肥的20%作调节肥，于7月10日左右施入氮肥的10%和钾肥的50%作穗肥。除作业用水外，采用浅水灌溉，及时防治病虫草害。9月28～30日收获。

松粳17（Songgeng 17）

品种来源：黑龙江省农业科学院五常水稻研究所以松98-131/通211为杂交组合，采用系谱法选育而成，原品系代号松07-330。2013年通过黑龙江省农作物品种审定委员会审定，审定编号：黑审稻2013001。

形态特征和生物学特性：属粳型常规中熟早稻，基本营养生长期短。在适宜种植区出苗至成熟生育日数142d，需≥10℃活动积温2 650℃。主茎叶13片，株高104cm左右，穗长21cm左右，每穗粒数127粒左右，千粒重25g左右。

品质特性：糙米率80.5%～80.6%，整精米率64.0%～70.6%，垩白粒率2.0%～3.0%，垩白度0.4%～0.6%，直链淀粉含量16.3%～17.3%，胶稠度77.0～77.5mm。食味评分84～86分。

抗性：中抗叶瘟和穗颈瘟。孕穗期耐冷性强。

产量及适宜地区：2010—2011年黑龙江省第一积温区区域试验平均产量8 957.7kg/hm^2，2012年生产试验平均产量9 453.9kg/hm^2。2013年黑龙江省种植面积0.1万hm^2。适宜黑龙江省第一积温区种植。

栽培技术要点：4月10～15日播种，5月15～20日插秧。插秧规格为30.0cm×16.7cm，每穴栽插2～4苗。一般施纯氮120～140kg/hm^2，氮：磷：钾=2：1：1。耙地前施入氮肥的50%、钾肥的50%、磷肥的全部作基肥，插秧后7d左右施入氮肥的20%作分蘖肥，于6月20日左右施入氮肥的20%作调节肥，于7月10日左右施入氮肥的10%和钾肥的50%作穗肥。除作业用水外，采用浅水灌溉，及时防治病虫草害。成熟后及时收获。

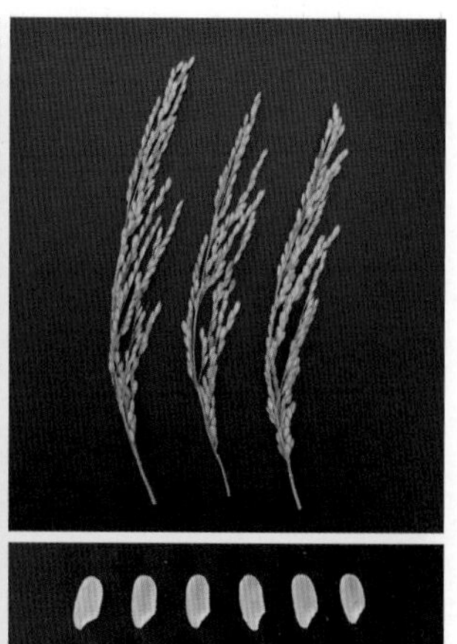
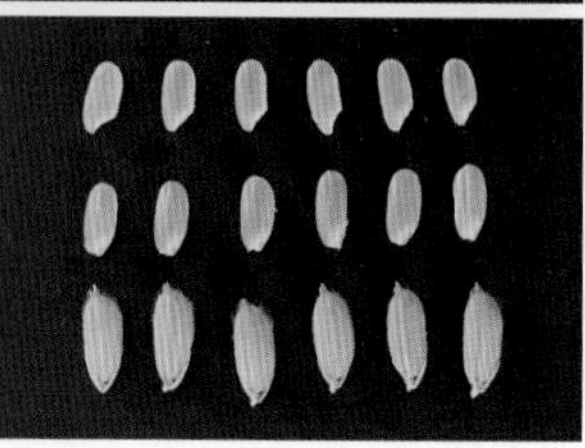

松粳18（Songgeng 18）

品种来源：黑龙江省农业科学院五常水稻研究所以松93-8/通育120为杂交组合，采用系谱法选育而成，原品系代号松07-340。2013年通过黑龙江省农作物品种审定委员会审定，审定编号：黑审稻2013004。

形态特征和生物学特性：属粳型常规中熟早稻，基本营养生长期短。在适宜种植区出苗至成熟生育日数142d，需≥10℃活动积温2 650℃。主茎叶13片，株高103cm左右，穗长20cm左右，每穗粒数150粒左右，千粒重24g左右。

品质特性：糙米率79.6%～80.5%，整精米率64.2%～68.5%，垩白粒率3.5%～9.0%，垩白度0.8%～1.6%，直链淀粉含量16.25%～16.91%，胶稠度70.0～77.5mm。食味评分84～86分。

抗性：中抗叶瘟和穗颈瘟。孕穗期耐冷性强。

产量及适宜地区：2010—2011年黑龙江省第一积温区区域试验平均产量8 784.4kg/hm^2，2012年生产试验平均产量9 431.4kg/hm^2。2013—2014年黑龙江省累计种植面积3.4万hm^2，2014年最大种植面积2.7万hm^2。适宜黑龙江省第一积温区种植。

栽培技术要点：4月10～15日播种，5月15～20日插秧。插秧规格为30.0cm×16.7cm，每穴栽插2～4苗。一般施用纯氮120～140kg/hm^2，氮：磷：钾=2：1：1，耙地前施入氮肥的50%、钾肥的50%、磷肥的全部作基肥，插秧后7d左右施入氮肥的20%作分蘖肥，于6月20日左右施入氮肥的20%作调节肥，于7月10日左右施入氮肥的10%和钾肥的50%作穗肥。除作业用水外，采用浅水灌溉，及时预防病虫草害。成熟后及时收获。

松粳19（Songgeng 19）

品种来源：黑龙江省农业科学院五常水稻研究所以五优A/松98-131为杂交组合，采用系谱法选育而成，原品系代号松香08-398。2013年通过黑龙江省农作物品种审定委员会审定，审定编号：黑审稻2013014。

形态特征和生物学特性：属粳型常规中熟早香稻，基本营养生长期短。在适宜种植区出苗至成熟生育日数146d，需≥10℃活动积温2 750℃。主茎叶14片，株高110cm左右，穗长20cm左右，每穗粒数105粒左右，千粒重26g左右。

品质特性：糙米率80.0%～80.5%，整精米率66.0%～69.6%，垩白粒率1.0%，垩白度0.1%～0.2%，直链淀粉含量17.55%～17.82%，胶稠度70.0～72.5mm。食味评分82～84分。

抗性：中抗叶瘟和穗颈瘟。孕穗期耐冷性强。

产量及适宜地区：2010—2011年黑龙江省第一积温区区域试验平均产量8 249.7kg/hm^2，2012年生产试验平均产量8 798.5kg/hm^2。2014年黑龙江省种植面积5.0万hm^2。适宜黑龙江省第一积温区上限种植。

栽培技术要点：4月10～15日播种，5月15～20日插秧。插秧规格为30.0cm×16.7cm，每穴栽插2～4苗。一般施纯氮90～120kg/hm^2，氮：磷：钾=2：1：1。耙地前施入氮肥的50%、钾肥的50%、磷肥的全部作基肥，插秧后7d左右施入氮肥的20%作分蘖肥，于6月20日左右施入氮肥的30%作调节肥，于7月10日左右施入钾肥的50%作穗肥。除作业用水外，采用浅水灌溉，及时预防病虫草害。成熟后及时收获。

松粳2号（Songgeng 2）

品种来源：黑龙江省农业科学院五常水稻研究所以国光/云358//66V36/V38-8///C57/BL-2为杂交组合，采用系谱法选育而成，原品系代号C-19。1988年通过黑龙江省农作物品种审定委员会审定，审定编号：黑审稻1988004。

形态特征和生物学特性：属粳型常规中熟早稻，基本营养生长期短。在适宜种植区出苗至成熟生育日数142d，与对照下北同熟期，需≥10℃活动积温2 750℃。株型收敛，叶片坚挺上举，茎叶浅淡绿，散穗型，主蘖穗整齐。颖壳及颖尖均呈黄色，谷粒种皮白色。株高90cm左右，穗长15cm左右，每穗粒数110粒左右，结实率93.0%，千粒重25.2g。

品质特性：糙米率83.1%，精米率76.7%，整精米率76.3%，糙米粒长4.8mm，糙米长宽比1.7，垩白粒率3.8%，垩白度0.2%，胶稠度49.0mm，直链淀粉含量18.7%，蛋白质含量8.9%。

抗性：高抗苗瘟、叶瘟、穗颈瘟。孕穗期耐冷性强。耐肥性强。

产量及适宜地区：1985年黑龙江省第一积温区晚熟组区域试验平均产量8 437.5kg/hm^2，1986年继续试验平均产量9 037.5kg/hm^2，1987年生产试验平均产量8 814.0kg/hm^2，1988年继续生产试验平均产量9 189.0kg/hm^2。1988—2002年黑龙江省累计种植面积15.5万hm^2，1996年最大种植面积2.2万hm^2。适宜黑龙江省第一积温区上限，吉林省中熟稻区，辽宁省东北部，宁夏引黄灌区，内蒙古赤峰、通辽南部，甘肃中北部稻区种植。

栽培技术要点：采用大棚旱育秧，播种量催芽种子350g/m^2。4月上中旬播种，5月中下旬移栽，株行距30.0cm×13.2cm，每穴栽插2～3苗。氮、磷、钾配方施肥，本田施纯氮120～135kg/hm^2，分4～5次均施，五氧化二磷60～75kg/hm^2（作底肥），氧化钾90～120kg/hm^2（作底肥和拔节期追肥）。应采取分蘖期浅、孕穗期深、籽粒灌浆期浅的方法进行灌溉。7月上中旬注意防治二化螟，抽穗前及时防治稻瘟病等病虫害。

松粳20（Songgeng 20）

品种来源：黑龙江省农业科学院五常水稻研究所以松98-131/松804为杂交组合，采用系谱法选育而成，原品系代号松820。2014年通过黑龙江省农作物品种审定委员会审定，审定编号：黑审稻2014002。

形态特征和生物学特性：属粳型常规中熟早稻，基本营养生长期短。在适宜种植区出苗至成熟生育日数146d，需≥10℃活动积温2 750℃。主茎叶14片，株高95cm左右，穗长16.7cm，每穗粒数149粒左右，谷粒长粒型，千粒重24.5g。

品质特性：糙米率79.1%～81.0%，整精米率63.0%～69.3%，垩白粒率2.5%～11.0%，垩白度0.3%～3.7%，直链淀粉含量17.0%～17.5%，胶稠度76.5～81.0mm。达到国家二级优质米标准。

抗性：中抗叶瘟和穗颈瘟。孕穗期耐冷性强。

产量及适宜地区：2011—2012年黑龙江省第一积温区区域试验平均产量8 992.0kg/hm^2，2013年生产试验平均产量8 510.0kg/hm^2。适宜黑龙江省第一积温区上限种植。

栽培技术要点：4月15日左右播种，5月20日左右插秧，秧龄35d左右，插秧规格为30cm×16.7cm，每穴栽插2～4苗。一般施纯氮150kg/hm^2，氮：磷：钾=2：1：1。氮肥比例：基肥：分蘖肥：穗肥：粒肥=4：3：2：1。基肥施纯氮60kg/hm^2，纯磷75kg/hm^2，纯钾37.5kg/hm^2；分蘖肥施纯氮45kg/hm^2；穗肥施纯氮30kg/hm^2，纯钾37.5kg/hm^2；粒肥施纯氮15kg/hm^2。水层管理采取浅、干湿交替灌溉。预防潜叶蝇、二化螟。成熟后及时收获。

松粳3号（Songgeng 3）

品种来源：黑龙江省农业科学院五常水稻研究所以辽粳5号/合江20为杂交组合，采用系谱法选育而成，原品系代号松88-11。1994年通过黑龙江省农作物品种审定委员会审定，审定编号：黑审稻1994006。

形态特征和生物学特性：属粳型常规中熟早稻，基本营养生长期短。在适宜种植区出苗至成熟生育日数142d，需≥10℃活动积温2 650 ～ 2 700℃。株型收敛，穗叶直立，分蘖力中等。主茎叶14片，株高85cm左右，穗长14cm左右，每穗90粒左右，千粒重25g左右。

品质特性：糙米率83%，精米率74.7%，整精米率71%，垩白粒率1.0%，胶稠度70.0mm，直链淀粉含量16.8%，蛋白质含量8.9%。

抗性：耐冷性强，耐肥，抗倒伏能力强，高抗稻瘟病。

产量及适宜地区：1991—1992年黑龙江省第一积温区区域试验平均产量8 920.5kg/hm^2，1993年生产试验平均产量8 688.0kg/hm^2。1994—2011年黑龙江省累计种植面积9.7万hm^2，2005年最大种植面积1.5万hm^2。适宜黑龙江省第一积温区上限种植。

栽培技术要点：可选择肥力较好的地块种植。4月中旬播种，5月15 ～ 25日移栽，株行距30cm×10cm，每穴栽插3 ～ 4苗。一般施用纯氮150 ～ 200kg/hm^2，氮：磷：钾=3：1：1。耙地前施入氮肥的50%、钾肥的50%、磷肥的全部作基肥，插秧后7d左右施入氮肥的20%作分蘖肥，于6月20日左右施入氮肥的20%作调节肥，于7月10日左右施入氮肥的10%和钾肥的50%作穗肥。除作业用水外，采用浅水灌溉，并及时晒田。按照病虫草害的发生规律，及时做好潜叶蝇、二化螟、稻瘟病及杂草的防治工作。9月25 ～ 30日收获。

松粳5号（Songgeng 5）

品种来源：黑龙江省农业科学院五常水稻研究所以辽粳87-675/通5307为杂交组合，采用系谱法选育而成，原品系代号松96-2。2002年通过黑龙江省农作物品种审定委员会审定，审定编号：黑审稻2002001。

形态特征和生物学特性：属粳型常规中熟早稻，基本营养生长期短。在适宜种植区出苗至成熟生育日数140d，需≥10℃活动积温2 650 ～ 2 750℃。分蘖力强。株高92.3cm，穗长14.8cm，每穗粒数117.9粒，千粒重25.8g。

品质特性：糙米率81.4%，精米率73.3%，整精米率70.1%，谷粒长宽比1.5，垩白大小7.2%，垩白粒率10.1%，垩白度1.5%，胶稠度73.3mm，碱消值3.7级，直链淀粉含量15.9%，蛋白质含量8.1%。

抗性：中抗苗瘟、叶瘟、穗颈瘟。耐盐碱能力强。抗倒伏能力强。

产量及适宜地区：1999年黑龙江省第一积温区区域试验平均产量8 461.5kg/hm^2，2000年继续试验平均产量9 216.0kg/hm^2，两年区域试验平均产量8 868.0kg/hm^2，2001年生产试验平均产量8 671.5kg/hm^2。2004—2009年黑龙江省累计种植面积0.7万hm^2，2004年最大种植面积0.4万hm^2。适宜黑龙江省第一积温区上限种植。

栽培技术要点：适时早育苗，早移栽，一般4月10日育苗，5月10 ～ 20日移栽。插秧规格一般为33cm×17cm或33cm×20cm，每穴栽插2 ～ 3苗。该品种秆强抗倒伏，适于中上等肥力或低洼地块种植。一般施用纯氮150 ～ 200kg/hm^2，氮：磷：钾=3 ：1 ：1。耙地前施入氮肥的50%、钾肥的50%、磷肥的全部作基肥，插秧后7d左右施入氮肥的20%作分蘖肥，于6月20日左右施入氮肥的20%作调节肥，于7月10日左右施入氮肥的10%和钾肥的50%作穗肥。除作业用水外，采用浅水灌溉，并及时晒田。按照病虫草害的发生规律，及时做好潜叶蝇、二化螟、稻瘟病及杂草的防治工作。9月25 ～ 30日收获。

松粳7号（Songgeng 7）

品种来源：黑龙江省农业科学院五常水稻研究所以松93-8（五优稻1号）/通306为杂交组合，采用系谱法选育而成，原品系代号松98-124。2003年通过黑龙江省农作物品种审定委员会审定，审定编号：黑审稻2003003。

形态特征和生物学特性：属粳型常规中熟早稻，基本营养生长期短。在适宜种植区出苗至成熟生育日数140d，需≥10℃活动积温2 650 ～ 2 700℃。株型收敛，叶色淡绿，分蘖力强，谷粒细长，苗齐，苗壮，活秆成熟。主茎叶14片，株高93cm左右，穗长17.5cm，每穗粒数105粒左右，不实率8%，千粒重25.5g。

品质特性：糙米率82.9%，精米率74.4%，整精米率70.9%，糙米粒长5.4mm，糙米粒宽2.8mm，糙米长宽比1.9，垩白大小5.1%，垩白粒率5.7%，垩白度0.2%，胶稠度72.2mm，碱消值6.8级，直链淀粉含量17.6%，蛋白质含量7.3%。食味评分90分。

抗性：易感苗瘟、叶瘟、穗颈瘟。抗倒伏能力强。

产量及适宜地区：2001年黑龙江省第一积温区区域试验平均产量8 193.0kg/hm^2，2002年继续试验平均产量8 568.0kg/hm^2，两年区域试验平均产量8 380.5kg/hm^2，2003年生产试验平均产量8 278.5kg/hm^2。2003—2009年黑龙江省累计种植面积8.0万hm^2，2003年最大种植面积1.6万hm^2。适宜黑龙江省第一积温区上限种植。

栽培技术要点：4月10 ～ 20日育苗，5月10 ～ 20日移栽。插秧规格为30cm×16.5cm，每穴栽插2 ～ 3苗。一般施用纯氮120kg/hm^2，氮：磷：钾=3：2：2，耙地前施入氮肥的50%、钾肥的50%、磷肥的全部作基肥，插秧后7d左右施入氮肥的20%作分蘖肥，于6月20日左右施入氮肥的20%作调节肥，于7月10日左右施入氮肥的10%和钾肥的50%作穗肥。除作业用水外，采用浅水灌溉，并及时晒田。按照病虫草害的发生规律，及时做好潜叶蝇、二化螟、稻瘟病及杂草的防治工作。9月25 ～ 30日收获。

松粳8号（Songgeng 8）

品种来源：黑龙江省农业科学院五常水稻研究所以松93-8（五优稻1号）/ 通306 为杂交组合，采用系谱法选育而成，原品系代号松98-128。2004年通过黑龙江省农作物品种审定委员会审定，审定编号：黑审稻2004001。

形态特征和生物学特性：属粳型常规中熟早稻，基本营养生长期短。在适宜种植区出苗至成熟生育日数138d，需≥10℃活动积温2 600℃。株型收敛，叶色淡绿，分蘖力强。谷粒细长，稀有芒，活秆成熟。株高90.3cm，穗长17.5cm，每穗粒数103.0粒左右，千粒重25g左右。

品质特性：糙米率82.3%～82.7%，精米率74.0%～74.4%，整精米率71.0%～73.5%，糙米粒长5.3～5.7mm，糙米粒宽2.9mm，糙米长宽比1.8～2.0，垩白大小4.2%～6.4%，垩白粒率3.5%～6.5%，垩白度0.1%～0.3%，直链淀粉含量17.7%～20.3%，胶稠度71.8～80mm，碱消值6.6～7级，蛋白质含量6.8%～7.8%。食味评分80～88分。

抗性：易感苗瘟、穗颈瘟，中抗叶瘟。耐瘠薄。抗倒伏能力较强。

产量及适宜地区：2001年黑龙江省第一积温区区域试验平均产量8 319.0kg/hm^2，2003年继续试验平均产量8 466.0kg/hm^2，两年区域试验平均产量8 386.5kg/hm^2，2003年生产试验平均产量7 801.5kg/hm^2。2004—2009年黑龙江省累计种植面积6.6万hm^2，2004年最大种植面积4.0万hm^2。适宜黑龙江省第一积温区种植。

栽培技术要点：4月10～15日播种，5月15～25日移栽。插秧规格为30cm×20cm或33cm×20cm，每穴栽插2～3苗。选择地势平坦的中等肥力地块种植，一般施用纯氮120kg/hm^2，氮：磷：钾=3：2：2。除作业用水外，水层管理采用干湿交替，并及时晒田。9月20～25日收获。

松粳9号（Songgeng 9）

品种来源：黑龙江省农业科学院五常水稻研究所以松93-8（五优稻1号）/ 通306 为杂交组合，采用系谱法选育而成，原品系代号松98-122。2005年通过黑龙江省农作物品种审定委员会审定，审定编号：黑审稻2005004，2006年被农业部确定为超级稻品种。

形态特征和生物学特性：属粳型常规中熟早稻，基本营养生长期短。在适宜种植区出苗至成熟生育日数138 ~ 140d，需≥10℃活动积温2 650℃。株型收敛，株高98cm。主茎叶14片，剑叶上举，叶色深绿。分蘖力中上等，活秆成熟。穗长20cm左右，每穗粒数120粒左右，千粒重25g左右。

品质特性：糙米率82.8% ~ 84.4%，精米率74.5% ~ 76.7%，整精米率71.3% ~ 73.5%，糙米粒长5.0 ~ 5.5mm，糙米粒宽2.6 ~ 2.8mm，糙米长宽比1.9 ~ 2.0，垩白大小4.2% ~ 11.9%，垩白粒率3% ~ 5%，垩白度0.1% ~ 0.4%，直链淀粉含量18.2% ~ 20.5%，胶稠度70.3 ~ 79mm，碱消值7级，蛋白质含量7.7% ~ 8.3%。食味评分82 ~ 85分。

抗性：高抗苗瘟，中抗叶瘟、穗颈瘟。耐冷性强。抗倒伏能力强。

产量及适宜地区：2002年黑龙江省第一积温区区域试验平均产量8 119.5kg/hm^2，2003年继续试验平均产量7 780.5kg/hm^2，两年区域试验平均产量7 966.5kg/hm^2，2010年生产试验平均产量8 136.0kg/hm^2。2005—2014年黑龙江省累计种植面积61.7万hm^2，2007年最大种植面积10.0万hm^2。适宜黑龙江省第一积温区种植。

栽培技术要点：4月10 ~ 20日播种，5月10 ~ 20日移栽。插秧规格为30cm × 16.5cm，每穴栽插2 ~ 3苗。一般施用纯氮150 ~ 200kg/hm^2，氮：磷：钾=3：2：2，耙地前施入氮肥的50%、钾肥的50%、磷肥的全部作基肥，插秧后7天左右施入氮肥的20%作分蘖肥，于6月20日左右施入氮肥的20%作调节肥，于7月10日左右施入氮肥的10%和钾肥的50%作穗肥。除作业用水外，采用浅水灌溉，并及时晒田。按照病虫草害的发生规律，及时做好潜叶蝇、二化螟、稻瘟病及杂草的防治工作。9月25 ~ 30日收获。

松粳香1号（Songgengxiang 1）

品种来源：黑龙江省农业科学院五常水稻研究所以五优稻1号/五优A为杂交组合，采用系谱法选育而成，原品系代号松04-11。2009年通过黑龙江省农作物品种审定委员会审定，审定编号：黑审稻2009004。

形态特征和生物学特性：属粳型常规中熟早香稻，基本营养生长期短。在适宜种植区出苗至成熟生育日数145d，需≥10℃活动积温2 750℃左右。株型收敛，叶色深绿，活秆成熟，秆较强，分蘖力中等。谷粒细长，香味浓，食味好。主茎叶14片，株高113cm左右。穗长19.4cm，每穗粒数110粒左右，千粒重24.9g。

品质特性：糙米率80.8%～82.6%，整精米率64.4%～69.5%，糙米粒长6.5mm，糙米长宽比2.6，垩白粒率0，垩白度0，直链淀粉含量17.0%～18.8%，胶稠度75.5～81.0mm。食味评分78～83分。

抗性：中抗叶瘟，高抗穗颈瘟。孕穗期耐冷性较强。

产量及适宜地区：2005年黑龙江省第一积温区品种比较试验平均产量8 868.0kg/hm^2，2006年区域试验平均产量7 806.0kg/hm^2，2007年继续试验平均产量8 092.5kg/hm^2，2008年生产试验平均产量8 257.5kg/hm^2。2014年黑龙江省种植面积0.7万hm^2。适宜黑龙江省第一积温区上限种植。

栽培技术要点：4月5～15日播种，5月5～15日移栽。插秧规格为30cm×16.7cm，每穴栽插3～4苗。在中上等肥力地块，一般施纯氮130～140kg/hm^2，氮：磷：钾＝3：2：2。氮肥施用方法为底肥50%，返青肥10%，分蘖肥20%，穗肥、粒肥各10%；磷肥底肥一次性施入；钾肥50%作底肥，其余50%在孕穗期施入。翻地要达到20cm耕层，地要整平，插秧深浅株距一致。田间水层管理，施药期保证3～5cm的水层，孕穗期深水灌溉，其他时期干湿交替灌溉，收获前撤水不宜过早。成熟后及时收获。

松粳香2号（Songgengxiang 2）

品种来源：黑龙江省农业科学院五常水稻研究所以五优A/松98-131为杂交组合，采用系谱法选育而成，原品系代号松香06-317。2011年通过黑龙江省农作物品种审定委员会审定，审定编号：黑审稻2011008。

形态特征和生物学特性：属粳型常规中熟早稻，基本营养生长期短。在适宜种植区出苗至成熟生育日数146d，需≥10℃活动积温2 750℃。主茎叶14片，株高110cm左右，穗长20cm左右，每穗粒数110粒左右，千粒重25.5g 。

品质特性：糙米率79.5%～81.6%，整精米率60.2%～66.4%，糙米粒长6.4mm，糙米长宽比2.56，垩白粒率0 ～ 2.0%，垩白度0 ～ 0.1%，直链淀粉含量18.60%～18.86%，胶稠度70.0 ～ 80.0mm。食味评分84 ～ 87分。

抗性：中抗叶瘟和穗颈瘟。孕穗期耐冷性较强。

产量及适宜地区：2008年黑龙江省第一积温区区域试验平均产量7 843.5kg/hm^2，2009年继续试验平均产量8 725.5kg/hm^2，两年区域试验平均产量8 284.5kg/hm^2，2010年生产试验平均产量9 075.0kg/hm^2。2011—2014年黑龙江省累计种植面积15.1万hm^2，2012年最大种植面积5.0万hm^2。适宜黑龙江省第一积温区上限种植。

栽培技术要点：4月10 ～ 20日播种，5月15 ～ 20日移栽。插秧规格为30cm×16.7cm或33.3cm×16.7cm，每穴栽插2～4苗。一般施纯氮120 ～ 140kg/hm^2，氮：磷：钾=2 ：1 ：1。耙地前施入氮肥的50%、钾肥的50%、磷肥的全部作基肥，插秧后7d左右施入氮肥的20%作分蘖肥，于6月20日左右施入氮肥的30%作调节肥，于7月10日左右施入钾肥的50%作穗肥。除作业用水外，采用浅水灌溉，及时预防病虫草害。9月25 ～ 30日收获。

松粘1号（Songzhan 1）

品种来源：黑龙江省农业科学院五常水稻研究所以日粘152/吉粘2号为杂交组合，采用系谱法选育而成，原品系代号松粘90-1。1997年通过黑龙江省农作物品种审定委员会审定，审定编号：黑审稻1997003。

形态特征和生物学特性：属粳型常规中熟早糯稻，基本营养生长期短。在适宜种植区出苗至成熟生育日数142d，需≥10℃活动积温2 600 ～ 2 700℃。株型紧凑，叶片坚挺上举，苗期长势旺，分蘖力中上等，叶色深绿，颖尖褐色，稀短芒，活秆成熟。株高90cm左右，穗长16.1cm，每穗粒数95粒左右，不实率12%，千粒重25g左右。

品质特性：糙米率80.4%，整精米率69.8%，糙米粒长4.5mm，糙米长宽比1.59，垩白粒率86.0%，垩白度79.1%，碱消值7级，直链淀粉含量0，胶稠度97.7mm，蛋白质含量8.7%。

抗性：抗稻瘟病强。抗倒伏能力强。

产量及适宜地区：1993—1994年黑龙江省第一积温区区域试验平均产量8 290.5kg/hm^2，1995—1996年生产试验平均产量8 550.0kg/hm^2。2006—2011年黑龙江省累计种植面积0.4万hm^2，2008年最大种植面积0.1万hm^2。适宜黑龙江省第一积温区种植。

栽培技术要点：早育早插，一般4月中旬播种，5月10 ～ 20日移栽。株行距30cm × 13cm或30cm × 20cm，每穴栽插3 ～ 4苗。一般施用纯氮130 ～ 150kg/hm^2，氮：磷：钾=3 ：2 ：2。耙地前施入氮肥的50%、钾肥的50%、磷肥的全部作基肥，插秧后7d左右施入氮肥的20%作分蘖肥，于6月20日左右施入氮肥的20%作调节肥，于7月10日左右施入氮肥的10%和钾肥的50%作穗肥。除作业用水外，采用浅水灌溉，并及时晒田。按照病虫草害的发生规律，及时做好潜叶蝇、二化螟、稻瘟病及杂草的防治工作。9月25 ～ 30日收获。

五稻3号（Wudao 3）

品种来源：黑龙江省五常市水稻良种场以丰田/下北//富士光为杂交组合，采用系谱法选育而成，原品系代号五86-14。1994年通过黑龙江省农作物品种审定委员会审定，审定编号：黑审稻1994001。

形态特征和生物学特性：属粳型常规中熟早稻，基本营养生长期短。在适宜种植区出苗至成熟生育日数140d，需≥10℃活动积温2 605℃。分蘖力强。株高90cm左右，穗长15.5cm，每穗粒数95粒左右，千粒重26.4g。

品质特性：糙米率84.0%，精米率75.6%，直链淀粉含量19.7%，胶稠度59.8mm，蛋白质含量8.0%。

抗性：苗期和后期耐寒性强。抗倒伏能力强。抗稻瘟病能力强。

产量及适宜地区：1991—1992年黑龙江省第一积温区区域试验平均产量8 596.7kg/hm^2，1993年生产试验平均产量8 625.7kg/hm^2。1995—2006年黑龙江省累计种植面积11.4万hm^2，2006年最大种植面积3.2万hm^2。适宜黑龙江省第一积温区种植。

栽培技术要点：适于旱育稀植。4月中上旬播种，播种量0.3kg/m^2，5月20 ～ 30日插秧。插秧规格为30cm×13cm或30cm×20cm，每穴栽插2 ～ 3苗。本田底肥用尿素100 ～ 175kg/hm^2，磷酸二铵100 ～ 125kg/hm^2，硫酸钾50 ～ 75kg/hm^2，追肥施用尿素50 ～ 75kg/hm^2。除作业用水外，采用浅水灌溉，并及时晒田。按照病虫草害的发生规律，及时做好潜叶蝇、二化螟、稻瘟病及杂草的防治工作。9月25 ～ 30日收获。

五工稻1号（Wugongdao 1）

品种来源：黑龙江省五常市种子公司和哈尔滨工业大学生命科学工程研究所合作，利用航天卫星搭载五优稻1号，经航天卫星搭载辐射诱变选育而成，原代号航稻97-5。2003年通过黑龙江省农作物品种审定委员会审定，审定编号：黑审稻2003005。

形态特征和生物学特性：属粳型常规中熟早稻。生育日数133～136d，需≥10℃活动积温2 600℃。株高85.4cm，叶色深绿，叶片直立，主蘖穗部位整齐，活秆成熟。穗长16.3cm，平均穗粒数85～98粒，着粒较密，粒大而饱满，主穗顶粒有小短芒，颖尖黄褐色，稃尖黄色，结实率97%以上，千粒重26.3～27.6g。

品质特性：糙米率82.1%，精米率73.9%，整精米率72.2%，垩白粒率9.1%，直链淀粉含量17.2%，胶稠度74.5mm，碱消值7.0级，粗蛋白质含量9.0%。

抗性：人工接种苗瘟5级，叶瘟5～7级，穗颈瘟3～5级；自然感病苗瘟5级，叶瘟3～6级，穗颈瘟3级。

产量及适宜地区：2000—2001年黑龙江省第一积温区区域试验平均产量7 976.2kg/hm^2，2002年生产试验平均产量7 805.9kg/hm^2。2004年黑龙江省种植面积0.3万hm^2。适宜黑龙江省第一积温区下限、第二积温区上限种植。

栽培技术要点：旱育苗4月上中旬播种，播种量干籽250g/m^2，用种量45kg/hm^2，5月中旬移植。旱育稀植育壮秧，人工插秧30cm×16.5cm，每穴栽插2～3株健苗，机械插秧30cm×16.5cm，每穴栽插4～5苗。底肥施磷酸二铵90kg/hm^2、35%水稻专用肥300kg/hm^2；分蘖肥施硫酸铵50kg/hm^2。移栽以后到有效分蘖终止期以浅水灌溉为主，中后期间歇灌溉。籽粒97%呈成熟色时及时收割。该品种植株较矮、分蘖强，生育前期管理要注意合理施肥，避免因长势过旺造成无效分蘖过多。

五优稻1号（Wuyoudao 1）

品种来源：黑龙江省五常市种子公司、黑龙江省农业科学院五常水稻研究所从松88-11（松粳3号）品系变异个体中选出，采用系谱法选育而成，原品系代号为五龙93-8。1999年通过黑龙江省农作物品种审定委员会审定，审定编号：黑审稻1999001；2001年通过吉林省农作物品种审定委员会审定，审定编号：吉审稻2001006。

形态特征和生物学特性：属粳型常规中熟早稻，基本营养生长期短。在适宜种植区出苗至成熟生育日数143d，需≥10℃活动积温2 750℃。颖壳淡黄，粒形较长，偶有淡黄色芒，抽穗集中，后熟快，活秆成熟。株高97cm左右，穗长22cm左右，每穗粒数120粒左右，千粒重25g左右。

品质特性：糙米率73.3%，整精米率68.2%，糙米粒长5.5mm，糙米长宽比2.1，垩白大小12.0%，垩白粒率2.8%，垩白度0.3%，碱消值6.8级，胶稠度61.3mm，直链淀粉含量17.2%，蛋白质含量7.6%。达到国家一级优质米标准。

抗性：高抗稻瘟病。苗期耐冷性强。耐肥，抗倒伏能力强。

产量及适宜地区：1995—1996年黑龙江省第一积温区区域试验平均产量7 663.5kg/hm^2，1997—1998年生产试验平均产量8 895.9kg/hm^2。1999—2011年黑龙江省累计种植面积40.1万hm^2，2002年最大种植面积8.4万hm^2。适宜黑龙江省第一积温区上限种植。

栽培技术要点：适宜旱育稀植栽培。一般于4月上旬播种，5月中旬移栽。插秧规格为30cm×20cm，每穴栽插3～4苗。施用30%三元素复合肥，翻地前施入100.5kg/hm^2，结合耙地再施入100kg/hm^2。插秧7～10d后，追施硫酸铵100kg/hm^2；插秧后19d左右，再施硫酸铵100kg/hm^2；第三次追肥于7月15日左右，追施硫酸钾75kg/hm^2，以促进籽粒饱满，提高糙米率。

五优稻2号（Wuyoudao 2）

品种来源：黑龙江省五常市种子公司在新潟37品种繁殖田中选择变异株，经系谱法选育而成，原代号五962。2001年通过黑龙江省农作物品种审定委员会审定，审定编号：黑审稻2001001。

形态特征和生物学特性：属粳型常规中熟早稻。生育日数135～137d，需≥10℃活动积温2 778.6℃。株高85.1cm，穗长17.3cm，平均穗粒数96粒，千粒重25.1g，分蘖力中等偏上水平。

品质特性：糙米率82.6%，精米率74.2%，整精米率73.1%，糙米长宽比1.7，垩白大小6.7%，垩白粒率4.5%，垩白度0.3%，直链淀粉含量15.8%，胶稠度77.5mm，碱消值7级，粗蛋白质含量7.7%。米质食味好。

抗性：1999—2000年人工接种，苗瘟5～8级、叶瘟5～6级、穗颈瘟3级；自然感病，苗瘟5～8级、叶瘟4～6级、穗颈瘟3级，抗性强于对照松粳2号。

产量及适宜地区：1998—1999年黑龙江省第一积温区区域试验平均产量8 063.0kg/hm^2，2000年生产试验平均产量9 563.8kg/hm^2。2002—2007年黑龙江省累计种植面积1.4万hm^2，2002年最大种植面积1.2万hm^2。适宜黑龙江省第一积温区种植。

栽培技术要点：播前晒种2～3d，然后用咪鲜胺或浸种灵浸种5～7d，直接催芽或播种，采用大棚盘育苗，播种量250～300g/m^2，在4月15日以前播完，5月20日前移栽。插秧规格为30cm×（13～20）cm，每穴栽插2～3株。在农家肥不充足条件下，施用水稻专用肥375～400kg/hm^{2}作底肥；6月7日以前施硫酸铵100～125kg/hm^2，在7月10日以前追施硫酸钾50～75kg/hm^2、尿素30～45kg/hm^2，同时用20%三环唑可湿性粉剂1.5kg/hm^{2}加水500倍液喷雾防治稻瘟病。

五优稻4号（Wuyoudao 4）

品种来源：黑龙江省五常市利元种子有限公司从五优稻1号优良变异株中选出，采用系统选育而成，原品系代号稻花香2号。2009年通过黑龙江省农作物品种审定委员会审定，审定编号：黑审稻2009005。

形态特征和生物学特性：属粳型常规中熟早香稻，基本营养生长期短。在适宜种植区出苗至成熟生育日数147d，需≥10℃活动积温2 800℃。主茎叶15片，株高105cm左右，穗长21.6cm，每穗粒数120粒左右，千粒重26.8g。

品质特性：糙米率83.4%～84.1%，整精米率67.1%～67.9%，垩白粒率0，垩白度0，直链淀粉含量17.3%～17.6%，胶稠度76.0～79.0mm。食味评分87～88分。

抗性：中抗稻瘟病。抗冷性不强，孕穗期容易发生障碍性冷害。

产量及适宜地区：2006—2007年黑龙江省第一积温区区域试验平均产量7 687.5kg/hm^2，2008年生产试验平均产量8 044.5kg/hm^2。2009—2014年黑龙江省累计种植面积31.9万hm^2，2013年最大种植面积6.8万hm^2。适宜黑龙江省第一积温区上限种植。

栽培技术要点：4月1～15日播种，5月5～20日移栽。插秧规格为33cm×18.5cm，每穴栽插2～3苗。中上等肥力地块，底肥、返青肥、分蘖肥施纯氮85～90kg/hm^2，氮：磷：钾＝2：1：1.5。插秧后，结合田间除草追施速效氮肥，促进分蘖。田间水层管理采用干湿交替进行，孕穗期深水灌溉。成熟后及时收获。

中龙稻1号（Zhonglongdao 1）

品种来源：中国农业科学院作物科学研究所、黑龙江省农业科学院耕作栽培研究所以五优稻1号/牡丹江19为杂交组合，采用系谱法选育而成，原品系代号哈2000-17。2008年通过黑龙江省农作物品种审定委员会审定，审定编号：黑审稻2008004。

形态特征和生物学特性：属粳型常规中熟早稻，基本营养生长期短。在适宜种植区出苗至成熟生育日数137d，需≥10℃活动积温2 684℃。主茎叶13片，株高97cm左右，穗长18cm左右，每穗粒数103粒左右，千粒重26g左右。

品质特性：糙米率78.4%～82.5%，整精米率51.7%～66.0%，垩白粒率1.0%～4.5%，垩白度0.1%～0.2%，直链淀粉含量18.0%～19.0%，胶稠度67.5～77.8mm。食味评分70～89分。

抗性：高抗叶瘟，中抗穗颈瘟。孕穗期耐冷性强。

产量及适宜地区：2004—2005年黑龙江省第一积温区区域试验平均产量7 351.5kg/hm^2，2006年生产试验平均产量8 484.0kg/hm^2。2014年黑龙江省种植面积1.4万hm^2。适宜黑龙江省第一积温区种植。

栽培技术要点：4月10～20日播种，5月15～25日插秧。插秧规格为30cm×13cm。在培育壮苗的基础上，增施农家肥，氮、磷、钾配合施用；施用纯氮120kg/hm^2，纯磷70kg/hm^2，纯钾50kg/hm^2；氮肥的一半、磷肥的全部、钾肥一半作底肥施入，其余作追肥施用。浅灌水，抢前施药除草。9月20～30日收获。

中龙粳2号（Zhonglonggeng 2）

品种来源：中国科学院北方粳稻分子育种联合研究中心以松粳9号/五优稻4号为杂交组合，采用系谱法选育而成，原品系代号哈04-1638。2013年通过黑龙江省农作物品种审定委员会审定，审定编号：黑审稻2013003。

形态特征和生物学特性：属粳型常规中熟早稻，基本营养生长期短。在适宜种植区出苗至成熟生育日数142d，需≥10℃活动积温2 650℃。主茎叶13片，株高110cm左右，穗长19.5cm，每穗粒数150粒左右，千粒重24.0g。

品质特性：糙米率81.0%～81.1%，整精米率66.0%～67.4%，垩白粒率2%～3.5%，垩白度0.4%～0.8%，直链淀粉含量16.9%～17.7%，胶稠度70.0～81.5mm。食味评分82分。

抗性：中抗叶瘟和穗颈瘟。孕穗期耐冷性强。

产量及适宜地区：2010—2011年黑龙江省第一积温区区域试验平均产量8 807.1kg/hm^2，2012年生产试验平均产量9 282.3kg/hm^2。2013—2014年黑龙江省累计种植面积0.4万hm^2，2013年最大种植面积0.3万hm^2。适宜黑龙江省第一积温区种植。

栽培技术要点：4月10～20日播种，5月15～25日插秧。插秧规格为30cm×13cm，每穴栽插2～3苗。本田施纯氮120kg/hm^2，纯磷70kg/hm^2，纯钾50kg/hm^2；氮肥的一半、磷肥的全部、钾肥一半作底肥施入，其余作追肥施用。除作业用水外，采用浅水灌溉，并及时晒田。按照病虫草害的发生规律，及时做好潜叶蝇、二化螟、稻瘟病及杂草的防治工作。成熟后适时收获。

第二节　黑龙江省第二积温区水稻品种

北稻1号（Beidao 1）

品种来源：黑龙江省北方稻作研究所以吉85良36/藤系138为杂交组合，采用系谱法选育而成，原品系代号北949。2000年通过黑龙江省农作物品种审定委员会审定，审定编号：黑审稻2000002。

形态特征和生物学特性：属粳型常规早熟早稻，基本营养生长期短。在适宜种植区出苗至成熟生育日数131d，需≥10℃活动积温2 506.8℃。分蘖力中等，活秆成熟，喜肥水。主茎叶12片，株高89cm左右，穗长17.4cm，每穗粒数101粒左右，千粒重26g左右。

品质特性：糙米率82%，精米率73.8%，整精米率70.8%，糙米长宽比1.6，垩白大小18.2%，垩白粒率7.5%，垩白度1.5%，胶稠度67.1mm，碱消值7.0级，直链淀粉含量17.81%，蛋白质含量8%。米质达到国家二级优质米标准。

抗性：易感苗瘟、穗颈瘟，中抗叶瘟。苗期耐寒性强。秆强抗倒伏。

产量及适宜地区：1997—1998年黑龙江省第二积温区区域试验平均产量8 311.5kg/hm^2，1999年生产试验平均产量7 692.0kg/hm^2。2002—2013年黑龙江省累计种植面积5.1万hm^2，2013年最大种植面积1.7万hm^2。适宜黑龙江省第二积温区种植。

栽培技术要点：旱育稀植插秧。播种期4月15～20日，插秧期5月20～25日。株行距为30cm×13cm，每穴栽插3苗为宜。一般施尿素250～300kg/hm^2，磷酸二铵100～150kg/hm^2，硫酸钾100kg/hm^2。

北稻2号（Beidao 2）

品种来源：黑龙江省北方稻作研究所以龙花83-079/富士光//藤系138为杂交组合，采用系谱法选育而成，原品系代号北969。2002年通过黑龙江省农作物品种审定委员会审定，审定编号：黑审稻2002004。

形态特征和生物学特性：属粳型常规早熟早稻，基本营养生长期短。在适宜种植区出苗至成熟生育日数131d，需≥10℃活动积温2 450℃。分蘖力强，较喜肥水，活秆成熟。主茎叶12片，株高90cm左右，穗长19cm左右，每穗粒数102.5粒，千粒重26.5g。

品质特性：糙米率81.7%，精米率73.5%，整精米率70.1%，糙米长宽比1.8，垩白大小8.1%，垩白粒率9.0%，垩白度0.8%，胶稠度75.6mm，碱消值7.0级，直链淀粉含量17.1%，蛋白质含量6.8%。米质达到国家二级优质米标准。

抗性：中抗苗瘟、叶瘟、穗颈瘟。苗期耐寒性强。

产量及适宜地区：1999—2000年黑龙江省第二积温区区域试验平均产量7 345.5kg/hm^2，2001年生产试验平均产量8 146.5kg/hm^2。2005—2014年黑龙江省累计种植面积36.4万hm^2，2009年最大种植面积9.5万hm^2。适宜黑龙江省第二积温区种植。

栽培技术要点：播种期4月上中旬，插秧期5月上中旬。株行距为30cm × 13cm，每穴栽插3 ～ 4苗。一般施尿素200 ～ 250kg/hm^2，磷酸二铵100kg/hm^2，硫酸钾100kg/hm^2。浸种时要严格进行种子消毒，防止恶苗病的发生。

北稻3号（Beidao 3）

品种来源：黑龙江省北方稻作研究所以龙花84-106//双系8709/富士光为杂交组合，采用系谱法选育而成，原品系代号北01-09。2006年通过黑龙江省农作物品种审定委员会审定，审定编号：黑审稻2006010。

形态特征和生物学特性：属粳型常规早熟早稻，基本营养生长期短。在适宜种植区出苗至成熟生育日数134d，需≥10℃活动积温2 480℃。谷粒椭圆形，无芒，偶有褐色斑点，颖尖浅褐色，主茎叶12片，株高95cm左右，穗长17.3cm，每穗粒数109.2粒，千粒重24.5g。

品质特性：糙米率80.9%～83.2%，精米率72.8%～74.9%，整精米率62.1%～71.6%，糙米长宽比为1.8～1.9，垩白大小4.3%～7.1%，垩白粒率1.0%～5.0%，垩白度0.1%～0.2%，碱消值7.0级，胶稠度71.8～75mm，直链淀粉含量17.4%～19.8%，蛋白质含量6.7%～8.57%。食味评分82～84分。

抗性：中抗苗瘟、穗颈瘟，高抗叶瘟。耐冷性较强。

产量及适宜地区：2003—2004年黑龙江省第二积温区区域试验平均产量7 659.0kg/hm^2，2005年生产试验平均产量7 791.0kg/hm^2。2008—2014年黑龙江省累计种植面积14.7万hm^2，2010年最大种植面积6.4万hm^2。适宜黑龙江省第二积温区种植。

栽培技术要点：4月上中旬播种，5月中旬插秧。插秧规格为30cm×13cm，每穴栽插4～5苗。一般施尿素200kg/hm^2，磷酸二铵200kg/hm^2，硫酸钾150kg/hm^2。用水以浅湿浅和间歇灌溉相结合的方法，施肥应采用以底肥为主，前重、中提、后补的方式确保高产、稳产。9月中下旬成熟，及时收获确保品质。

北稻4号（Beidao 4）

品种来源：黑龙江省北方稻作研究所以富士光//藤系138/白芒///上育397为杂交组合，采用系谱法选育而成，原品系代号北01-03。2009年通过黑龙江省农作物品种审定委员会审定，审定编号：黑审稻2009006。

形态特征和生物学特性：属粳型常规早熟早稻，基本营养生长期短。在适宜种植区出苗至成熟生育日数134d，需≥10℃活动积温2 547℃。主茎叶12片，株高98cm左右，穗长16.8cm，每穗粒数108.4粒，千粒重26g左右。

品质特性：糙米率79.8%～81.9%，整精米率59.7%～69.9%，垩白粒率0～1.0%，垩白度0～0.1%，直链淀粉含量17.1%～17.6%，胶稠度67.5～77.3mm。食味评分81～89分。

抗性：中抗叶瘟，高抗穗颈瘟。耐冷性强。

产量及适宜地区：2005—2006年黑龙江省第二积温区区域试验平均产量7 794.0kg/hm^2，2007—2008年生产试验平均产量8 662.5kg/hm^2。2010—2014年黑龙江省累计种植面积8.1万hm^2，2010年最大种植面积2.7万hm^2。适宜黑龙江省第二积温区上限种植。

栽培技术要点：4月10～20日播种，5月15～25日插秧。插秧规格为30cm×13cm，每穴栽插3～5苗。中等肥力地块施纯氮125～150kg/hm^2，氮：磷：钾＝3：2：2。插秧后，结合田间除草，追施速效氮肥，促进分蘖，田间水层管理干湿交替进行，孕穗期深水灌溉。成熟后适时收获。

北稻5号（Beidao 5）

品种来源：黑龙江省北方稻作研究所以五优稻1号/吉粳60为杂交组合，采用系谱法选育而成，原品系代号北04-20。2010年通过黑龙江省农作物品种审定委员会审定，审定编号：黑审稻2010006。

形态特征和生物学特性：属粳型常规早熟早稻，基本营养生长期短。在适宜种植区出苗至成熟生育日数138d，需≥10℃活动积温2 550℃。主茎叶12片，株高108cm左右，穗长21cm左右，每穗粒数147粒左右，千粒重26.5g。

品质特性：糙米率78.4%～80.8%，整精米率62.9%～65.4%，垩白粒率0，垩白度0，直链淀粉含量17.3%～18.6%，胶稠度71.5～73.0mm。食味评分85～87分。

抗性：高抗叶瘟，中抗穗颈瘟。苗期耐寒性较强。

产量及适宜地区：2007—2008年黑龙江省第二积温区区域试验平均产量8 436.0kg/hm^2，2009年生产试验平均产量8 397.0kg/hm^2。2010—2014年黑龙江省累计种植面积5.7万hm^2，2010年最大种植面积2.3万hm^2。适宜黑龙江省第二积温区上限种植。

栽培技术要点：4月10～20日播种，5月15～25日插秧。插秧规格为30cm×10cm，每穴栽插4～6苗。中等地力施纯氮125～150kg/hm^2，氮、磷、钾比例为3∶2∶2。最好重施底肥，早施分蘖肥，巧施穗粒肥。插秧后结合田间除草，追施速效氮肥，促进分蘖，田间水层管理浅水与间歇灌溉，孕穗期深水灌溉防冷害。成熟后适时收获。

北稻6号（Beidao 6）

品种来源：黑龙江省北方稻作研究所以上育397/垦稻10//绥粳4号为杂交组合，采用系谱法选育而成，原品系代号北0903。2014年通过黑龙江省农作物品种审定委员会审定，审定编号：黑审稻2014022。

形态特征和生物学特性：属粳型常规香稻，基本营养生长期短，早粳早熟。在适宜种植区出苗至成熟生育日数134d，需≥10℃活动积温2 450℃。主茎叶12片，株高103cm左右，穗长18.4cm，每穗粒数107粒左右，千粒重25.6g。

品质特性：糙米率80.0%～82.0%，整精米率65.1%～72.1%，垩白粒率2.0%～6.5%，垩白度0.3%～1.1%，直链淀粉含量18.0%～19.4%，胶稠度65.0～76.5mm。达到国家二级优质米标准。

抗性：中抗叶瘟、穗颈瘟。孕穗期耐冷性较强。

产量及适宜地区：2010—2011年黑龙江省第二积温区区域试验平均产量8 185.5kg/hm^2，2012—2013年生产试验平均产量8 334.0kg/hm^2。适宜黑龙江省第二积温区种植。

栽培技术要点：4月20日左右播种，5月20日左右插秧，秧龄30d左右。插秧规格为30cm×13.3cm，每穴栽插5～6苗。一般施纯氮110kg/hm^2，氮：磷：钾=2.4：1：1.6。氮肥比例：基肥：分蘖肥：穗肥：粒肥=4：4：1：1。基肥施纯氮44kg/hm^2，纯磷46kg/hm^2，纯钾40kg/hm^2；分蘖肥施纯氮44kg/hm^2；穗肥施纯氮11kg/hm^2，纯钾35kg/hm^2；粒肥施纯氮11kg/hm^2。花达水插秧，分蘖期浅水灌溉，分蘖末期晒田，后期浅水与间歇灌溉。按照病虫草害的发生规律，及时做好潜叶蝇、二化螟、稻瘟病及杂草的防治工作。成熟后及时收获。

北斗（Beidou）

品种来源：日本北海道道立农业试验场上川支场1942年以功糯为母本，共和为父本杂交育成，原品种代号北海127。1957年引入黑龙江省，1958年开始在合江水稻研究所试验，并在绥化、牡丹江等地试种，1966年黑龙江省确定推广。

形态特征和生物学特性：属粳型常规早熟早稻。直播栽培生育日数从出苗到成熟105 ~ 110d，插秧栽培125 ~ 130d，需≥10℃活动积温2 100 ~ 2 250℃。出苗早，易抓苗，适应性强。叶色较深。分蘖力强。颖壳与颖尖秆黄色。籽粒椭圆形，有黄褐色短芒，米白色。株高85cm左右，穗长14cm左右，每穗55 ~ 60粒，千粒重26g左右。

品质特性：米质中下等。

抗性：易感叶瘟，节瘟较轻，抗穗颈瘟。耐肥，抗倒。苗期抗寒性强，耐低温冷水。

产量及适宜地区：一般产量4 500 ~ 6 000kg/hm^2。适宜黑龙江省中部和北部地区低洼肥力强的地块及半山间冷凉地区种植。

栽培技术要点：选择肥力强的地块，以及半山区冷凉地区种植，但不宜在瘠薄地上种植。适于密植。应适期早播，保苗数480万～ 525万苗/hm^2，有效穗数525万～ 600万穗/hm^2。

北糯1号（Beinuo 1）

品种来源：黑龙江省北方稻作研究所以普粘6号为母本，藤系138为父本杂交育成，原代号北糯931。2000年通过黑龙江省农作物品种审定委员会审定，审定编号：黑审稻2000003。

形态特征和生物学特性：属粳型常规早熟糯稻。生育日数135d，需≥10℃活动积温2 621.8℃。苗壮，分蘖力中等。株高95cm，主茎叶12片。穗长16～17cm，每穗粒数109粒，千粒重24.1g。

品质特性：糙米率81.5%，精米率73.4%，整精米率71.3%，糙米长宽比1.6，垩白大小100.0%，垩白粒率100.0%，垩白度100.0%，胶稠度100.0mm，碱消值7.0级，直链淀粉0，蛋白质含量7.3%。米质优，米粒乳白色。

抗性：秆强抗倒伏，活秆成熟。1998年人工接种，苗瘟9级、叶瘟9级、穗颈瘟9级；自然感病，苗瘟9级、叶瘟9级、穗颈瘟9级，抗性与对照普粘6号相当。耐冷。

产量及适宜地区：1997—1998年黑龙江省第二积温区区域试验平均产量7 957.5kg/hm^2，1999年生产试验平均产量7 373.2kg/hm^2。适宜黑龙江省第二积温区种植。

栽培技术要点：旱育稀植栽培。播种期4月15～20日，播干种250g/m^{2}左右。插秧期5月20～25日，株行距为30cm×13cm，每穴栽插3苗为宜。一般施尿素250～300kg/hm^2，磷酸二铵100～150kg/hm^2，硫酸钾100kg/hm^2。

长白9号（Changbai 9）

品种来源：黑龙江省延寿县种子公司于1992年由吉林省农业科学院水稻研究所引入，该品种以吉粳60/东北125为杂交组合，采用系谱法选育而成，原代号吉89-45。1994年通过吉林省农作物品种审定委员会审定，审定编号：吉审稻1994002。1994年通过国家农作物品种审定委员会审定，审定编号：GS01009—1994。1999年通过黑龙江省农作物品种审定委员会审定，审定编号：黑审稻1999002。

形态特征和生物学特性：属粳型常规中熟早稻，基本营养生长期短。在适宜种植区出苗至成熟生育日数137d，需≥10℃活动积温2 580.3℃。株型紧凑，分蘖力较强，主蘖穗整齐。谷粒椭圆形，粒大，饱满充实，色泽好。前期幼苗生长旺盛，不早衰，茎秆粗壮。株高98.1cm，穗长16.8cm，每穗粒数88.8粒，千粒重26.8g。

品质特性：糙米率83.7%，精米率75.0%，整精米率70.2%，胶稠度57.0mm，直链淀粉含量16.6%，蛋白质含量7.7%。

抗性：抗稻瘟病性强。较抗纹枯病。抗倒伏能力强。

产量及适宜地区：1991—1993年吉林省区域试验平均产量7 500.0kg/hm^2，1992—1993年生产试验平均产量7 875.0kg/hm^2。1995—1996年黑龙江省第二积温区区域试验平均产量7 732.5kg/hm^2，1997年生产试验平均产量7 842.0kg/hm^2。1994年以来累计种植57.2万hm^2，其中黑龙江省1995—2003年累计种植面积7.3万hm^2，2015年最大种植面积1.7万hm^2。适宜吉林省中西部的白城、松原、长春、四平等中早熟区和东部半山区、盐碱地和小井稻区以及黑龙江省第二积温区种植。

栽培技术要点：选择中上等肥力地块插秧栽培。4月15 ~ 20日播种，5月15 ~ 25日插秧。插秧规格为30cm×10cm，每穴栽插3苗。一般施用尿素200 ~ 250kg/hm^2，磷酸二铵100 ~ 125kg/hm^2，硫酸钾50 ~ 75kg/hm^2。

东富101（Dongfu 101）

品种来源：东北农业大学农学院、齐齐哈尔市富尔农艺有限公司、黑龙江省粮食产能提升协同创新中心以东农418//红糯/松粳7号为杂交组合，采用系谱法选育而成，原品系代号东农9006。2013年通过黑龙江省农作物品种审定委员会审定，审定编号：黑审稻2013016。

形态特征和生物学特性：属粳型常规中熟早糯稻，基本营养生长期短。在适宜种植区出苗至成熟生育日数138d，需≥10℃活动积温2 550℃左右。主茎叶13片，株高95cm左右，穗长16.5cm，每穗粒数100粒左右，千粒重26g左右。

品质特性：糙米率81.0%～82.4%，整精米率67.7%～71.1%，直链淀粉含量0.2%～0.7%，胶稠度100.0mm。

抗性：中抗叶瘟、穗颈瘟。孕穗期耐冷性强。

产量及适宜地区：2010—2011年黑龙江省第二积温区区域试验平均产量8 520.0kg/hm^2，2012年参加生产试验平均产量8 860.5kg/hm^2。适宜黑龙江省第二积温区上限种植。

栽培技术要点：4月10～20日播种，5月15～25日插秧。插秧规格一般为30.0cm×10.0cm，每穴栽插3～5苗。底肥施尿素100kg/hm^2，磷酸二铵80kg/hm^2，硫酸钾75kg/hm^2；分蘖肥施尿素100～150kg/hm^2；穗肥施尿素25kg/hm^2，硫酸钾25kg/hm^2。加强田间管理，及时防除杂草，适时收获。

东富103（Dongfu 103）

品种来源：东北农业大学农学院、齐齐哈尔市富尔农艺有限公司以东农424/垦99004为杂交组合，采用系谱法选育而成，原品系代号东农8006。2014年通过黑龙江省农作物品种审定委员会审定，审定编号：黑审稻2014007。

形态特征和生物学特性：属粳型常规早熟早稻，基本营养生长期短。在适宜种植区出苗至成熟生育日数138d左右，需≥10℃活动积温2 550℃。主茎叶12片，株高100cm左右，穗长20cm左右，每穗粒数110粒左右，千粒重25.4g。

品质特性：糙米率78.1%～80.0%，整精米率62.5%～64.7%，垩白粒率1.0%～3.0%，垩白度0.1%～0.6%，直链淀粉含量16.9%～17.7%，胶稠度72.5～78.0mm。达到国家二级优质米标准。

抗性：高抗叶瘟、穗颈瘟。孕穗期耐冷性强。

产量及适宜地区：2010—2011年黑龙江省第二积温区区域试验平均产量8 683.5kg/hm^2，2013年生产试验平均产量8 875.5kg/hm^2。适宜黑龙江省第二积温区上限种植。

栽培技术要点：4月10～20日播种，5月15～25日插秧，秧龄35～40d。插秧规格为30cm×13.3cm或30cm×16.7cm，每穴栽插3～5苗。一般施纯氮110～120kg/hm^2，氮：磷：钾=4.5：2：2。氮肥比例：基肥：分蘖肥：穗肥：粒肥=5：3：1：1。基肥施纯氮55～60kg/hm^2，纯磷50～55kg/hm^2，纯钾25～27.5kg/hm^2；分蘖肥施纯氮33～36kg/hm^2；穗肥施纯氮11～12kg/hm^2，纯钾25～27.5kg/hm^2；粒肥施纯氮11～12kg/hm^2。分蘖期浅水灌溉，分蘖末期晒田，生育后期湿润灌溉。预防稻瘟病、二化螟。成熟后及时收获。

东农415（Dongnong 415）

品种来源：东北农业大学农学院以东农320/城建6号为杂交组合，采用系谱法选育而成，原品系代号东农8415。1989年通过黑龙江省农作物品种审定委员会审定，审定编号：黑审稻1989001。

形态特征和生物学特性：属粳型常规早熟早稻，基本营养生长期短。在适宜种植区出苗至成熟生育日数130～135d，需≥10℃活动积温2 350～2 450℃。株高87cm左右，株型收敛。苗期生长旺盛，叶色浓绿，分蘖力中等，有效分蘖率高，活秆成熟。主茎叶12片。穗棒状密穗型，无芒，稃尖无色。穗长16.5cm，每穗粒数95～120粒，千粒重26.5g。

品质特性：糙米率81.5%，精米率73.75%，蛋白质含量8.3%，直链淀粉含量14.9%，胶稠度56.0mm。

抗性：抗稻瘟病性强。抗倒伏能力强。苗期耐寒性强。耐盐碱能力强。

产量及适宜地区：1980—1987年黑龙江省第二积温区区域试验平均产量7 215.0kg/hm^2，1988年生产试验平均产量7 368.0kg/hm^2。1988—2001年黑龙江省累计种植面积52.5万hm^2，1992年最大种植面积10.7万hm^2。适宜黑龙江省第二积温区、第三积温区上限种植。

栽培技术要点：4月15～20日播种，5月20～30日插秧。插秧规格为30cm×16.5cm，每穴栽插2～3苗，每公顷保苗25万～30万苗。一般施尿素150～200kg/hm^2，磷酸二铵100kg/hm^2，硫酸钾50kg/hm^2。

东农416（Dongnong 416）

品种来源：东北农业大学农学院以京引126//东农363/吉粳60为杂交组合，采用系谱法选育而成，原品系代号东农8613。1992年通过黑龙江省农作物品种审定委员会审定，审定编号：黑审稻1992001。

形态特征和生物学特性：属粳型常规早熟早稻，基本营养生长期短。在适宜种植区出苗至成熟生育日数130d，需≥10℃活动积温2 466℃。分蘖力强，有效分蘖率、结实率高。主茎叶12片，株高87.6cm。每穗粒数81.5粒，千粒重26.3g。

品质特性：米适口性好，糙米率84.0%，直链淀粉含量18.2%，蛋白质含量10.6%。

抗性：抗稻瘟病性强。抗倒伏能力弱。苗期耐寒性强。

产量及适宜地区：1989—1990年黑龙江省第二积温区区域试验平均产量7 526.4kg/hm^2，1991年生产试验平均产量7 678.1kg/hm^2。1990—2004年黑龙江省累计种植面积106.6万hm^2，1997年最大种植面积21.4万hm^2。适宜黑龙江省第二积温区种植。

栽培技术要点：适当早播，旱育苗。4月10～20日播种，5月20～30日插秧。插秧规格为30cm×16.5cm，每穴栽插3苗为宜。浅水灌溉，促进早期分蘖。本田施底肥尿素100～150kg/hm^2，磷酸二铵75～100kg/hm^2，硫酸钾50～75kg/hm^2；追肥施尿素50～75kg/hm^2。避免过量施氮肥，以防倒伏。

东农419（Dongnong 419）

品种来源：东北农业大学农学院以秋光// 庄内32/ 东农363为杂交组合，采用系谱法选育而成，原品系代号东农9103。1996年通过黑龙江省农作物品种审定委员会审定，审定编号：黑审稻1996001。

形态特征和生物学特性：属粳型常规早熟早稻，基本营养生长期短。在适宜种植区出苗至成熟生育日数130 ～ 132d，需≥ 10℃活动积温2 481℃。颖色淡黄，无芒，叶色淡绿，分蘖力强。主茎叶12片，株高88.5cm，穗长15.8cm，每穗粒数87.2粒，不实率6.8%。千粒重25.9g。

品质特性：糙米率80.4%，精米率72.3%，整精米率67.4%，垩白粒率2.0%，垩白度0.1%，碱消值7级，胶稠度60.0mm，直链淀粉含量16.6%，蛋白质含量8.1%。米粒透明，腹白少，外观品质优良。

抗性：抗稻瘟病性强。抗倒伏能力强。

产量及适宜地区：1993—1994年黑龙江省第二积温区区域试验平均产量7 726.5kg/hm^2，1995年生产试验平均产量8 335.5kg/hm^2。1995—2003年黑龙江省累计种植面积40.9万hm^2，1999年最大种植面积11.6万hm^2。适宜黑龙江省第二积温区、第三积温区上限种植。

栽培技术要点：旱育稀植栽培。4月15 ～ 20日播种，5月20 ～ 30日移栽。插秧规格为30cm × 13cm，每穴栽插3苗。基肥：水耙前施用尿素100 ～ 150kg/hm^2，磷酸二铵75 ～ 100kg/hm^2，硫酸钾50kg/hm^2；追肥：返青后施用尿素100 ～ 150kg/hm^2。

东农420（Dongnong 420）

品种来源：东北农业大学农学院以松粳2号/东农415为杂交组合，采用系谱法选育而成，原品系代号东农9208。1998年通过黑龙江省农作物品种审定委员会审定，审定编号：黑审稻1998001。

形态特征和生物学特性：属粳型常规早熟早稻，基本营养生长期短。在适宜种植区出苗至成熟生育日数130～133d，需≥10℃活动积温2 403.7℃。无芒，叶色深绿，分蘖力强。主茎叶12片，株高82.5cm，穗长15.7cm，每穗粒数85.2粒，千粒重24.8g。

品质特性：糙米率84.8%，精米率76.3%，整精米率74.6%，垩白粒率8.0%，垩白度0.9%，碱消值7.0级，胶稠度51.2mm，直链淀粉含量15.3%，蛋白质含量8.4%。

抗性：抗稻瘟病性强。抗倒伏能力强。

产量及适宜地区：1995—1996年黑龙江省第二积温区区域试验平均产量7 719.0kg/hm^2，1997年生产试验平均产量7 918.5kg/hm^2。1997—2002年黑龙江省累计种植面积4.8万hm^2，1998年最大种植面积2.3万hm^2。适宜黑龙江省第二积温区、第三积温区上限种植。

栽培技术要点：旱育稀植栽培。4月15日左右播种，5月20日左右移栽。插秧规格为30cm×13cm，每穴栽插3苗为宜。基肥：翻地同时或水耙地前施用尿素100～150kg/hm^2，磷酸二铵75～100kg/hm^2，硫酸钾50kg/hm^2；追肥：返青后施用尿素100～150kg/hm^2。

东农421（Dongnong 421）

品种来源：东北农业大学农学院以笹锦/ 东农415 为杂交组合，采用系谱法选育而成，原品系代号东农93-16。2000年通过黑龙江省农作物品种审定委员会审定，审定编号：黑审稻2000001。

形态特征和生物学特性：属粳型常规中熟早稻，基本营养生长期短。在适宜种植区出苗至成熟生育日数137d，需≥10℃活动积温2 550 ～ 2 650℃。分蘖力强。主茎叶13片，株高92.5cm，穗长16.5cm，每穗粒数85.0粒，千粒重26.8g。

品质特性：糙米率81.4%，精米率73.3%，整精米率71.5%，糙米长宽比1.6，垩白大小7.0%，垩白粒率13.4%，垩白度0.9%，碱消值7.0级，胶稠度80.0mm，直链淀粉含量17.6%，蛋白质含量8.0%。

抗性：易感苗瘟，中抗叶瘟，中抗穗颈瘟。抗倒伏能力中等。苗期耐寒性较强。

产量及适宜地区：1997—1998年黑龙江省第二积温区区域试验平均产量8 181.0kg/hm^2，1999年生产试验平均产量7 636.5kg/hm^2。适宜黑龙江省第二积温区种植。

栽培技术要点：旱育稀植育苗可在4月10 ～ 20日播种，5月20 ～ 30日移栽。插秧规格为30cm×13cm，每穴栽插2 ～ 3苗。本田基肥施尿素100 ～ 150kg/hm^2，磷酸二铵75 ～ 100kg/hm^2，硫酸钾50kg/hm^2；追肥：返青后施用尿素100 ～ 150kg/hm^2。

东农422（Dongnong 422）

品种来源：东北农业大学农学院以富士光///珍味稻/东农415//牡86-2305为杂交组合，采用系谱法选育而成，原品系代号东农97-88。2002年通过黑龙江省农作物品种审定委员会审定，审定编号：黑审稻2002003。

形态特征和生物学特性：属粳型常规早熟早稻，基本营养生长期短。在适宜种植区出苗至成熟生育日数132d，需≥10℃活动积温2 592℃。主茎叶12片，株高86.5cm，穗长19.5cm，每穗粒数90 ~ 100粒，千粒重26 ~ 28g。

品质特性：糙米率81.9%，精米率73.7%，整精米率69.5%，糙米长宽比1.8，垩白粒率6.0%，碱消值7.0级，胶稠度82.5mm，直链淀粉含量16.8%，蛋白质含量8.0%。

抗性：易感苗瘟、叶瘟、穗颈瘟。耐寒性较强，抗倒伏能力强。

产量及适宜地区：2000—2001年黑龙江省第二积温区区域试验平均产量7 816.5kg/hm^2，2001年生产试验平均产量7 976.9kg/hm^2。2002—2005年黑龙江省累计种植面积2.0万hm^2，2002年最大种植面积0.7万hm^2。适宜黑龙江省第二积温区下限种植。

栽培技术要点：旱育稀植育苗可在4月上中旬播种，5月中下旬移栽。插秧规格为30cm × 10cm或30cm × 13cm，每穴栽插2 ~ 3苗。本田基肥施尿素100 ~ 150kg/hm^2，磷酸二铵75.0 ~ 100kg/hm^2，硫酸钾50kg/hm^2；追肥：返青后施用尿素100 ~ 150kg/hm^2。该品种叶色淡绿，不要误认为缺肥追加过量氮肥，以防稻瘟病发生。

东农424（Dongnong 424）

品种来源：东北农业大学农学院以东农419/东农4046为杂交组合，采用系谱法选育而成，原品系代号东农9921。2005年通过黑龙江省农作物品种审定委员会审定，审定编号：黑审稻2005002。

形态特征和生物学特性：生育日数135d，从出苗到成熟需≥10℃活动积温2 405℃。株高86.9cm，主茎叶11～12片。谷粒较长，无芒，颖壳黄褐色，稃尖浅紫色或紫色。穗长16.8cm，平均每穗粒数89.3粒，千粒重24.6g。

品质特性：糙米率82.5%～83.8%，精米率74.3%～76.6%，整精米率69.9%～74.1%，糙米粒长5.0～5.5mm，糙米粒宽2.7～3.3mm，糙米长宽比1.5～1.9，垩白大小6.3%～10.0%，垩白粒率1.0%～9.0%，垩白度0.3%～1.0%，直链淀粉含量18.8%～20.0%，胶稠度71.3～82.5mm，碱消值7级，蛋白质含量6.9%～9.3%。食味评分78～89分。

抗性：人工接种鉴定苗瘟1～3级，叶瘟1级，穗颈瘟3～5级；自然感病苗瘟0级，叶瘟0～1级，穗颈瘟1级。耐冷性鉴定处理空壳率24.07%，自然空壳率4.21%。

产量及适宜地区：2002—2003年黑龙江省第二积温区区域试验平均产量7 261.0kg/hm^2，2004年生产试验平均产量8 020.2kg/hm^2。2004—2014年黑龙江省累计种植面积4.5万hm^2，2014年最大种植面积1.3万hm^2。适宜黑龙江省第二积温区种植。

栽培技术要点：4月15～23日播种，旱育苗播种量250g/m^2，5月20～30日移栽。株行距30cm×（10～13.3）cm，每穴栽插2～3苗。底肥施尿素150kg/hm^2，磷酸二铵75kg/hm^2，硫酸钾50kg/hm^2；追肥施尿素75～100kg/hm^2，硫酸钾25kg/hm^2。

东农428（Dongnong 428）

品种来源：东北农业大学农学院以五优稻1号/东农423为杂交组合，采用系谱法选育而成，原品系代号东农3489。2009年通过黑龙江省农作物品种审定委员会审定，审定编号：黑审稻2009007。

形态特征和生物学特性：属粳型常规早熟早稻，基本营养生长期短。在适宜种植区出苗至成熟生育日数136d，需≥10℃活动积温2 520℃。主茎叶12片，株高95.2cm，穗长19.8cm，每穗粒数115粒左右，千粒重26.5g。

品质特性：糙米率80.9%～83.2%，整精米率64.4%～70.0%，垩白粒率0～1.5%，垩白度0～0.1%，直链淀粉含量17.1%～17.2%，胶稠度71.5～79.5mm。食味评分86～90分。

抗性：高抗叶瘟、穗颈瘟。

产量及适宜地区：2006—2007年黑龙江省第二积温区区域试验平均产量7 846.5kg/hm^2，2008年生产试验平均产量8 431.5kg/hm^2。2009—2014年黑龙江省累计种植面积22.6万hm^2，2011年最大种植面积4.7万hm^2。适宜黑龙江省第二积温区上限种植。

栽培技术要点：4月10～20日播种，5月15～25日移栽。插秧规格为30cm×10cm，每穴栽插3苗。本田基肥施尿素100kg/hm^2，磷酸二铵80kg/hm^2，硫酸钾75kg/hm^2；分蘖肥施尿素100～150kg/hm^2；穗肥施尿素25kg/hm^2，硫酸钾25kg/hm^2。加强田间管理，及时防除杂草。适时收获。

东农糯418（Dongnongnuo 418）

品种来源：东北农业大学农学院以合江23/秋光// 吉粘2号为杂交组合，采用系谱法选育而成，原品系代号东农8803。1994年通过黑龙江省农作物品种审定委员会审定，审定编号：黑审稻1994002。

形态特征和生物学特性：属粳型常规中熟早糯稻，基本营养生长期短。在适宜种植区出苗至成熟生育日数138 ～ 141d，需≥10℃活动积温2 581℃。分蘖力中等。主茎叶13片，株高83.1cm，穗长15.5cm，每穗粒数93.5粒，千粒重24.5g。

品质特性：糙米率84%，精米率75.6%，直链淀粉含量1.3%，胶稠度93.3mm，蛋白质含量9.4%。

抗性：抗稻瘟病性较强，抗倒伏能力强。苗期和生育后期耐寒性较强。

产量及适宜地区：1991—1992年黑龙江省第二积温区区域试验平均产量7 762.5kg/hm^2，1993年生产试验平均产量8 101.5kg/hm^2。2003—2009年黑龙江省累计种植面积0.5万hm^2，2004年最大种植面积0.3万hm^2。适宜黑龙江省第二积温区上限种植。

栽培技术要点：旱育稀植栽培。4月中下旬播种，5月下旬移栽。株行距30cm × 10cm，每穴栽插2 ～ 3苗。插后浅灌，促进早分蘖。本田基肥施尿素100 ～ 175kg/hm^2，磷酸二铵100 ～ 125kg/hm^2，硫酸钾50 ～ 75kg/hm^2；追肥施尿素50 ～ 75kg/hm^2。防止单施过量氮肥，磷钾应配合施用，以防稻瘟病发生。

富士光（Fushiguang）

品种来源：富士光是日本中国农业试验场1965年以R151为母本，越光///越光//藤系71/藤系67为父本杂交，原品种代号中国63，农林编号农林246。1977年通过日本农林水产省品种审定，经黑龙江省农业科学院牡丹江分院从吉林省农业科学院引入黑龙江省，2001年通过黑龙江省农作物品种审定委员会审定，审定编号：黑审稻2001004。

形态特征和生物学特性：属粳型常规中熟早稻。生育日数132～134d，需≥10℃活动积温2 500℃。幼苗长势强，叶色浓绿，谷粒圆形，颖壳淡黄色。株高90cm，穗长18cm，每穗粒数80粒，千粒重25.5g。

品质特性：糙米率83.5%，精米率75.2%，整精米率73.4%，糙米长宽比1.8，垩白大小8.8%，垩白粒率3.3%，垩白度0.8%，胶稠度65.1mm，碱消值6.8级，直链淀粉16.3%，蛋白质含量7.2%。

抗性：耐冷，较抗稻瘟病。

产量及适宜地区：1995—1996年黑龙江省第二积温区区域试验平均产量8 132.6kg/hm^2，1996年生产试验平均产量8 073.9kg/hm^2。1994—2009年黑龙江省累计种植面积43.4万hm^2，2001年黑龙江省最大种植面积8.2万hm^2。适宜黑龙江省第二积温区种植。

栽培技术要点：4月上中旬播种，采用大棚旱育秧，播种量催芽种子350g/m^2。5月中下旬移栽，株行距30.0cm×（10～12）cm，每穴栽插3～4苗。氮、磷、钾配方施肥，施纯氮150.0～187.5kg/hm^2，分4～5次均施，五氧化二磷60～75kg/hm^2（作底肥），氧化钾90.0～112.5kg/hm^2（作底肥和拔节期追肥）。应采取分蘖期浅、孕穗期深、籽粒灌浆期浅的方法进行灌溉。7月上中旬注意防治二化螟，抽穗前及时防治稻瘟病等病虫害。

合粳1号（Hegeng 1）

品种来源：黑龙江省农业科学院佳木斯分院以绥粳3号为母本，上育397为父本杂交育成，原代号合选03-13。2008年通过黑龙江省农作物品种审定委员会审定，审定编号：黑审稻2008007。

形态特征和生物学特性：属粳型常规早熟早稻。在适宜种植区出苗至成熟生育日数132d左右，与对照品种东农416同熟期，需≥10℃活动积温2 450℃左右。株高86.7cm左右，主茎叶12片，穗长18.6cm左右，每穗粒数90粒左右，千粒重27.4g左右。

品质特性：糙米率81.2%～83.2%，整精米率54.6%～62.1%，垩白粒率1.0%～22.5%，垩白度0.1%～0.8%，直链淀粉含量16.3%～19.4%，胶稠度68.8～72.0mm。食味评分74～86分。

抗性：人工接种鉴定叶瘟1级，穗颈瘟0～3级。耐冷性鉴定处理空壳率5.6%～13.4%。

产量及适宜地区：2005—2007年黑龙江省第二积温区区域试验平均产量8 007.3kg/hm^2，2007年生产试验平均产量8 325.9kg/hm^2。2008—2014年黑龙江省累计种植面积2.3万hm^2，2014年最大种植面积1.3万hm^2。适宜黑龙江省第二积温区种植。

栽培技术要点：适宜在4月15～25日播种，5月15～25日插秧。插秧规格为30cm×13cm，每穴栽插3～4苗。一般中等肥力地块，本田施磷酸二铵100kg/hm^2，作底肥一次施入；尿素260kg/hm^2：底肥80kg/hm^2，返青肥70kg/hm^2，追肥2次，60kg/hm^{2}和50kg/hm^2；硫酸钾70kg/hm^2，作底肥一次施入。按时追肥，及时消灭杂草，注意防治稻瘟病。9月中下旬黄熟时及时收获。

合江11（Hejiang 11）

品种来源：黑龙江省农业科学院水稻研究所以富国为母本，紫色稻为父本杂交育成，原代号合交5608-1-1-2。1966年通过黑龙江省农作物品种审定委员会审定。

形态特征和生物学特性：属粳型常规早熟早稻，感光性中等，感温性弱。直播栽培生育期113～118d，插秧栽培133～138d，直播栽培需≥10℃活动积温2 000～2 200℃。分蘖力较弱。谷粒椭圆形，颖壳颖尖秆黄色，短芒。株高85cm左右，穗长14～15cm，每穗80～90粒，千粒重27～28g。

品质特性：米白色。

抗性：易感叶瘟，较抗穗颈瘟。苗期耐冷性较强。

产量及适宜地区：直播栽培一般产量3 750～5 250kg/hm^2，插秧栽培产量4 125～5 625kg/hm^2。适宜黑龙江省佳木斯地区南部、牡丹江、哈尔滨、绥化等平原地区种植。

栽培技术要点：直播插秧兼用。应适期早播、早插，促进早熟。佳木斯地区插秧栽培4月下旬播种，5月初出苗，6月初移栽，8月上旬抽穗，9月中旬成熟。1988—1989年黑龙江省累计种植面积为0.36万hm^2，1988年最大种植面积0.32万hm^2。

合江13（Hejiang 13）

品种来源：黑龙江省农业科学院水稻研究所以合江1号为母本，合江6号为父本杂交育成，原代号合交594。1970年通过黑龙江省农作物品种审定委员会审定。

形态特征和生物学特性：属粳型常规早熟早稻，感光性和感温性中等。直播栽培生育期115 ~ 120d，插秧栽培135 ~ 140d，直播栽培需≥10℃活动积温2 250 ~ 2 450℃。叶较宽，株型较紧凑，分蘖力较弱。颖壳秆黄色，颖尖红褐色，谷粒椭圆形，红褐色中芒。株高95cm左右，穗长15cm，每穗90 ~ 100粒。千粒重25g。

品质特性：糙米率83.0%，蛋白质含量7.5%，直链淀粉含量67.4%，脂肪含量2.6%。

抗性：易感叶瘟，较抗穗颈瘟。抗倒伏。

产量及适宜地区：插秧栽培一般产量5 250kg/hm^2。适宜黑龙江省佳木斯地区南部、牡丹江、哈尔滨、绥化等平原地区种植。

栽培技术要点：佳木斯地区插秧栽培4月下旬播种，5月初出苗，6月初移栽，8月上旬抽穗，9月中旬成熟。

合江15（Hejiang 15）

品种来源：黑龙江省农业科学院水稻研究所以丰光为母本，4N8号为父本杂交育成，原代号合交615。1970年通过黑龙江省农作物品种审定委员会审定。

形态特征和生物学特性：属粳型常规早熟早稻，感光性弱，感温性中等。直播栽培生育期110～115d，需≥10℃活动积温2 000～2 200℃。插秧栽培生育期130～135d。分蘖力较弱，株型较紧凑，谷粒椭圆形，无芒，颖尖紫褐色，颖壳褐斑秆黄色。株高90cm，穗长15～16cm，每穗80～90粒，千粒重26g左右。

品质特性：米白色，蛋白质含量8.2%，直链淀粉含量67.4%，脂肪含量2.4%，糙米率83.0%。

抗性：苗期耐冷。易感叶瘟，较抗穗颈瘟。

产量及适宜地区：直播栽培一般产量4 500～5 250kg/hm^2。黑龙江省适宜佳木斯地区中、南部和牡丹江、哈尔滨、绥化、嫩江等地区种植。

栽培技术要点：5月上旬播种，5月下旬出苗，7月底抽穗，9月上旬成熟。直播栽培可采用30cm行距、20cm播幅，保苗405万～495万苗/hm^2，生育期注意防治稻瘟病。

合江18（Hejiang 18）

品种来源：黑龙江省农业科学院水稻研究所以牡丹江1号为母本，公交5706-3为父本杂交选育而成，原代号合交705。1971年通过黑龙江省农作物品种审定委员会审定。

形态特征和生物学特性：属粳型常规早熟早稻。叶深绿色，叶片较宽。直播栽培生育期110～115d，插秧栽培130～135d，直播栽培需≥10℃活动积温2 000～2 200℃。株高85cm左右，株型紧凑，分蘖力强。谷粒椭圆形，稀有短芒。颖壳和颖尖均为秆黄色。穗长14～16cm，每穗70～80粒，千粒重26g左右。

品质特性：蛋白质含量7.4%，淀粉含量67.4%，脂肪含量2.5%，糙米率83.5%。

抗性：耐冷性强，中抗稻瘟病，耐肥性中等，秆强抗倒伏。

产量及适宜地区：一般产量5 250～6 750kg/hm^2。适宜地区为黑龙江省佳木斯、绥化、齐齐哈尔地区，以及牡丹江、哈尔滨山间冷凉地区种植。1979年种植面积2万hm^2。

栽培技术要点：旱直播栽培或水直播栽培，可采用30cm行距、20cm播幅，保苗405万～495万苗/hm^2。

合江20（Hejiang 20）

品种来源：黑龙江省农业科学院水稻研究所以日本品种早丰为母本，合江16为父本杂交育成的优良广适型品种，原代号合交752。1978年通过黑龙江省农作物品种审定委员会审定。

形态特征和生物学特性：属粳型常规早熟早稻，感光性较弱，感温性中等。主茎叶12片，叶色浓绿，较窄，直立上举。株高90cm，株型收敛，分蘖力较强。生育期133 ～ 138d。穗长13.0cm左右，每穗平均实粒数50 ～ 60粒，千粒重23 ～ 24g。

品质特性：米质好。

抗性：抗稻瘟病性较强，耐冷性较强，耐肥，抗倒伏。

产量及适宜地区：一般产量水平为6 000kg/hm^2。1988—1998年黑龙江省累计种植面积4.9万hm^2，1992年最大种植面积1.3万hm^2。适宜黑龙江省三江平原中南部、松花江、牡丹江、绥化等平原地区种植。

栽培技术要点：直播栽培与插秧栽培兼用品种。直播在气温稳定在9℃开始播种，5月5日播完。插秧规格为30cm × 10cm，每穴栽插5 ～ 8苗。5月底前插完。对施肥要求较高。全生育期施硝酸铵262.5 ～ 337.5kg/hm^2，必须实行浅水灌溉。

合江21（Hejiang 21）

品种来源：黑龙江省农业科学院水稻研究所以合江20为母本，普选10号为父本杂交，1976年经花药培育而成的粳型常规水稻，原代号合单76-085。1983年通过黑龙江省农作物品种审定委员会审定，审定编号：1983001。

形态特征和生物学特性：属粳型常规早熟早稻，感光性和感温性中等。生育日数从出苗至成熟115d，需≥10℃活动积温2 303℃。株高85cm左右，株型收敛，苗期生长势强，易抓苗。叶片较软，生长整齐。主穗与蘖穗差异小，成穗率高，可达95%以上。穗长13～14cm，每穗55粒，千粒重27g，

品质特性：糙米率80.5%，腹白小，米质中上等。

抗性：苗期耐低温，孕穗期对障碍性冷害抗御力较强。抗稻瘟病，自然条件下不发病。耐肥性差。

产量及适宜地区：1980—1981年黑龙江省第二积温区区域试验平均产量7 090.5kg/hm^2，1981—1982年生产试验平均产量6 366.8kg/hm^2。1988—2001年黑龙江省累计种植面积为18.9万hm^2，1988年最大种植面积2.8万hm^2。直播栽培、插秧栽培兼用品种。适宜黑龙江省第二、三积温区种植。

栽培技术要点：适于老稻田或瘠薄土壤种植，施尿素150kg/hm^{2}为宜，施氮过多易倒伏。在黑龙江省第二积温区种植，直播栽培保苗450万苗/hm^2，插秧栽培300万苗/hm^{2}左右。在第三积温区应选择地势高、排水良好的地块，同时注意适期早播，早灌浅灌，控制施肥量，以防止贪青晚熟。

合江23（Hejiang 23）

品种来源：黑龙江省农业科学院水稻研究以合江20为母本，松前为父本杂交育成的粳型常规水稻，原代号合交7514-5-3，1986年通过黑龙江省农作物品种审定委员会审定，审定编号：黑审稻1986001。

形态特征和生物学特性：属粳型常规早熟早稻，感光性较弱，感温性中等。插秧栽培生育日数125d，需≥10℃活动积温2 500℃。株高85cm，株型收敛，叶色淡绿，分蘖力强。穗长15cm，每穗粒数65粒，千粒重26g。

品质特性：米粒半透明，腹白小，糙米率83.0%，精米率79.5%，整精米率78.3%，蛋白质含量8.9%，直链淀粉含量19.0%。

抗性：抗病性较强。耐肥，秆强抗倒伏。

产量及适宜地区：一般产量7 125kg/hm^2。1988—2009年黑龙江省累计种植面积72.1万hm^2，1991年最大种植面积12.1万hm^2。适宜黑龙江省第二积温区上限种植。

栽培技术要点：旱育稀植。施用纯氮120kg/hm^2。

合旺1号（Hewang 1）

品种来源：黑龙江省农业科学院水稻研究所和汤原县汤旺公社太阳大队科研组以合江1号为母本，合江6号为父本杂交选育而成，原代号合交592。1975年通过黑龙江省农作物品种审定委员会审定。

形态特征和生物学特性：属粳型常规早熟早稻。株型较集中，叶较宽，分蘖力较弱。谷粒椭圆形，稀有短芒。颖壳褐斑秆黄色，颖尖红褐色。直播栽培生育期107～112d，插秧栽培130～135d。株高95cm左右，穗长14～15cm，每穗70～80粒，千粒重26～27g。

品质特性：米白色。

抗性：耐冷性中等。抗稻瘟病性弱。

产量及适宜地区：直播栽培一般产量3 750～5 250kg/hm^2。适宜黑龙江省佳木斯、牡丹江、哈尔滨、绥化、齐齐哈尔等地区种植。

栽培技术要点：佳木斯地区直播栽培5月上旬播种，5月下旬出苗，7月末抽穗，9月中旬成熟。

金禾1号（Jinhe 1）

品种来源：绥化市金禾种子有限公司以93-179/ 9552-1为杂交组合，采用系谱法选育而成，原品系代号金禾香9028。2013年通过黑龙江省农作物品种审定委员会审定，审定编号：黑审稻2013017。

形态特征和生物学特性：属粳型常规中熟早香稻，基本营养生长期短。在适宜种植区出苗至成熟生育日数138d左右，需≥10℃活动积温2 550℃。主茎叶13片，株高92cm左右，穗长17.8cm，每穗粒数90粒左右，千粒重26.5g。

品质特性：糙米率81.6%～82.2%，整精米率64.9%～70.6%，垩白粒率4.5%～8.0%，垩白度0.9%，直链淀粉含量18.0%，胶稠度72.5～82.5mm。食味评分82～89分。

抗性：中抗叶瘟，高抗穗颈瘟。孕穗期耐冷性强。

产量及适宜地区：2010—2011年黑龙江省第二积温区区域试验平均产量8 421.3kg/hm^2，2012年生产试验平均产量9 019.4kg/hm^2。2014年种植面积1.4万hm^2，适宜黑龙江省第二积温区上限种植。

栽培技术要点：4月12～22日播种，5月15～25日插秧。插秧规格为30cm×(14～17)cm，每穴栽插3～4苗。一般施肥量：底肥施尿素75kg/hm^2，磷酸二铵100kg/hm^2，硫酸钾50kg/hm^2；返青肥施尿素55kg/hm^2；分蘖肥施尿素70kg/hm^2；最后一次施氮肥要在6月15日前结束；6月末施硫酸钾100kg/hm^2。合理控制水层，生长前期采取间歇灌溉、后期干干湿湿的灌水方法，适时晒田，壮秆防倒伏。及时预防潜叶蝇和二化螟。适时收获，减少田间损失，减少惊纹粒率，提高整精米率。

金禾2号（Jinhe 2）

品种来源：绥化市金禾种子有限公司以合江19/ 金禾香0126为杂交组合，采用系谱法选育而成，原品系代号金禾香6812。2014年通过黑龙江省农作物品种审定委员会审定，审定编号：黑审稻2014019。

形态特征和生物学特性：属粳型常规早熟早香稻，基本营养生长期短。在适宜种植区出苗至成熟生育日数136d，需≥10℃活动积温2 500℃。主茎叶12片，谷粒长粒型，株高95cm左右，穗长17.5cm，每穗粒数108粒左右，千粒重26.1g。

品质特性：糙米率78.7%～80.6%，整精米率64.8%～66.1%，垩白粒率2.0%～13.5%，垩白度0.2%～4.2%，直链淀粉含量17.9%～18.0%，胶稠度71.0～76.5mm，达到国家二级优质米标准。

抗性：中抗叶瘟，高抗穗颈瘟。孕穗期耐冷性强。

产量及适宜地区：2011—2012年黑龙江省第二积温区区域试验平均产量8 244.9kg/hm^2，2013年生产试验平均产量8 314.4kg/hm^2。适宜黑龙江省第二积温区上限种植。

栽培技术要点：4月15日左右播种，5月15日左右插秧，秧龄30d左右。插秧规格为30cm×13.3cm，每穴栽插4苗左右。一般施纯氮103kg/hm^2，氮：磷：钾=1.8：1：1.3。氮肥比例：基肥：分蘖肥：穗肥：粒肥=1.3：1：0.4：0.2。基肥施纯氮45kg/hm^2，纯磷58kg/hm^2，纯钾40kg/hm^2；分蘖肥施纯氮35kg/hm^2；穗肥施纯氮14kg/hm^2，纯钾35kg/hm^2；粒肥施纯氮7.5kg/hm^2。采取浅—晒—深—湿的方法进行灌溉，分蘖末期适度晒田。出穗后采取浅水间歇灌，蜡熟停灌，黄熟排干。浸种时用咪鲜胺消毒，预防恶苗病。齐穗前后喷施富士1号，预防穗颈瘟。结实期遇到多雨高湿年份齐穗后7～10d，再喷施1次富士1号，预防枝梗瘟。分别在6月下旬及7月上旬施药预防二化螟。9月25～30日收获。

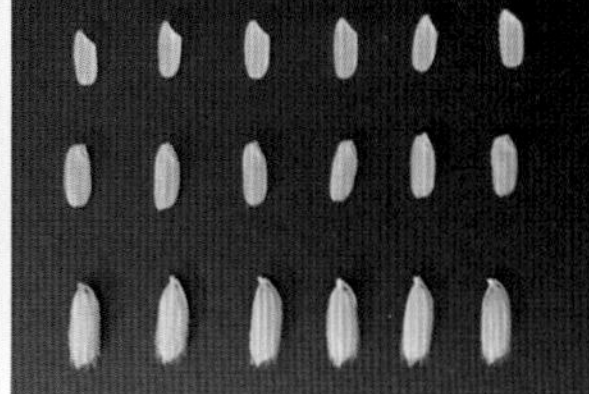

京引58（Jingyin 58）

品种来源：京引58（手稻）是日本北海道立农业试验场于1953年以关东53为母本，荣光为父本杂交，原品种代号北海180，1962年育成推广，农林编号为农林137，中国引进编号为京引58。1968年通过黑龙江省农作物品种审定委员会审定。

形态特征和生物学特性：属粳型常规早熟早稻，分蘖力较强。株高85cm左右，穗长13cm左右，每穗60～70粒。谷粒椭圆形，无芒，米白色，千粒重25g左右。颖壳、颖尖秆黄色。

抗性：较耐肥，秆强抗倒伏，抗稻瘟病性中等。

产量及适宜地区：插秧栽培一般产量4 500kg/hm^2。在黑龙江省佳木斯地区直播栽培，生育期112～117d。适宜黑龙江省佳木斯以南平原稻区种植。

九稻7号（Jiudao 7）

品种来源：吉林省吉林市农业科学院以（黄皮糯/下北）F_3为母本，以（黄皮糯/福锦）F_3为父本复交育成，原代号双82。1985年通过吉林省农作物品种审定委员会审定，审定编号：吉审稻1985001。黑龙江省宁安县种子公司从吉林市农业科学院引入，1987年通过黑龙江省农作物品种审定委员会审定，审定编号：黑审稻1987002。

形态特征和生物学特性：属粳型常规早熟早稻。生育期139d，叶色短而窄，分蘖力中等，株高92.9cm左右，每穗平均粒数75粒，千粒重27.2g。

品质特性：糙米率82%。

抗性：抗稻瘟病性较强，耐冷性较强。

产量及适宜地区：适宜吉林、黑龙江等地种植。一般产量7 500kg/hm^2。1988—1991年黑龙江省累计种植面积1.4万hm^2，1988年最大种植面积1.1万hm^2。

垦稻10号（Kendao 10）

品种来源：黑龙江省农垦科学院水稻研究所以富士光为母本，龙粳2号（合交7811-2）为父本杂交育成的粳稻，原代号垦92-509。2002年通过黑龙江省农作物品种审定委员会审定，审定编号：黑审稻2002008。

形态特征和生物学特性：属粳型常规早熟早稻。生育日数136d，需≥10℃活动积温2 550℃。株高93.9cm，分蘖力强，株型收敛，主茎叶12～13片，穗长17.2cm，每穗粒数76.9粒，千粒重26.2g。

品质特性：糙米率82.4%，精米率74.2%，整精米率71.5%，垩白大小7.3%，垩白粒率5.7%，垩白度0.5%，碱消值6.9级，胶稠度73.2mm，直链淀粉含量16.9%，蛋白质含量6.9%。米质达到国家二级优质米标准，食味好。

抗性：2000—2001年人工接种鉴定苗瘟6～8级，叶瘟5～6级，穗颈瘟5级；自然感病苗瘟5～7级，叶瘟3～5级，穗颈瘟3～5级。

产量及适宜地区：1995—1996年黑龙江省农垦科学院水稻研究所小区试验平均产量7 041.6kg/hm^2，2001年黑龙江省生产示范田平均产量7 675.1kg/hm^2。2002—2014年黑龙江省累计种植面积为34.2万hm^2，2002年最大种植面积6.7万hm^2。适宜黑龙江省第二积温区上限种植。

栽培技术要点：4月中旬播种，5月20日插秧。插秧规格为30cm×（12～16）cm，每穴栽插3～4苗。中等肥力地块施尿素200kg/hm^2，磷酸二铵100kg/hm^2，硫酸钾100kg/hm^2。磷肥全部作基肥；钾肥70%作基肥，30%作穗肥；尿素按基肥：分蘖肥：调节肥：穗肥：粒肥为3：3：1：2：1比例施用。应避免高肥攻高产。

垦稻12（Kendao 12）

品种来源：黑龙江省农垦科学院水稻研究所以垦稻10号为母本，以垦稻8号为父本杂交，经系谱法选育而成的粳稻。原代号99-34。2006年通过黑龙江省农作物品种审定委员会审定，审定编号：黑审稻2006009。

形态特征和生物学特性：属粳型常规早熟早稻。生育日数133d，较对照品种东农416早1d。从出苗到成熟需≥10℃活动积温2 400℃。株高96.2cm，穗长18.6cm，每穗粒数84.5粒，千粒重26.9g。

品质特性：糙米率81.9%～82.9%，整精米率69.2%～73.8%，垩白粒率0～8.0%，直链淀粉含量18.1%～19.7%，胶稠度72.0～79.2mm，蛋白质含量6.3%～8.7%。食味评分80～86分。

抗性：接种鉴定苗瘟5级，叶瘟1级，穗颈瘟5级；自然感病苗瘟1级，叶瘟3级，穗颈瘟3级。耐冷性鉴定处理空壳率7.5%，自然空壳率1.8%。

产量及适宜地区：2005年黑龙江省第二积温区生产试验平均产量7 764.2kg/hm^2。2006—2014年黑龙江省累计种植面积193.5万hm^2，2013年最大种植面积30.1万hm^2。适宜黑龙江省第二积温区种植。

栽培技术要点：4月15～25日播种，5月15～25日插秧。适宜旱育稀植栽培，插秧规格为30cm×13cm，每穴栽插3～4苗。多施磷钾肥，水层管理前期浅水灌溉，后期间歇灌溉。

垦稻14（Kendao 14）

品种来源：黑龙江省农垦科学院水稻研究所1996年以垦鉴稻3号为母本，垦稻10号/垦94-1043（藤系138/绥粳3号）为父本复交育成，原代号垦02-704。2007年通过黑龙江省农垦总局农作物品种审定委员会审定，审定编号：黑垦审稻2007003。

形态特征和生物学特性：属粳型常规早熟早稻。生育日数137d，需≥10℃活动积温2 429℃，与对照东农416基本持平。出苗快，苗期叶色较绿，分蘖力中等。株高95.6cm，株型收敛，主茎叶12片，茎秆较粗，半直立穗，颖尖秆黄色。穗长18.7cm左右，每穗粒数116.6粒左右，千粒重25.4g左右。

品质特性：外观米质优，适口性好，糙米率82.7%，整精米率65.3%，垩白粒率4.0%，垩白度0.3%，直链淀粉含量17.0%，胶稠度76.5mm。食味评分82.5分。

抗性：人工接种鉴定叶瘟1～3级，穗颈瘟1～3级；自然感病叶瘟1级，穗颈瘟1～3级。2005—2006年进行抗冷性鉴定，处理空壳率7.6%～10.7%，自然空壳率1.3%。

产量及适宜地区：2004—2005年黑龙江垦区第二积温区区域试验，平均产量8 976.0kg/hm^2，2006年生产试验平均产量8 650.6kg/hm^2。2008—2009年黑龙江省累计种植面积1.3万hm^2，2009年最大种植面积1.1万hm^2。适宜黑龙江省第二积温区种植。

栽培技术要点：4月15～25日播种，5月15～25日插秧。插秧规格为30cm×12cm左右，每穴栽插3～4苗。中等肥力地块施尿素230kg/hm^2，磷酸二铵100kg/hm^2，硫酸钾150kg/hm^2。磷肥全部作基肥，钾肥按基肥：穗肥为5：5比例施用；尿素按基肥：分蘖肥：调节肥：穗肥为4：3：1：2比例施用。

垦稻15（Kendao 15）

品种来源：黑龙江省农垦科学院水稻研究所1998年以垦94-1043（藤系138/绥粳3号）为母本，垦稻10号/垦94-1043（藤系138/绥粳3号）为父本杂交育成，原代号垦03-111。2008年通过黑龙江省农垦总局农作物品种审定委员会审定，审定编号：黑垦审稻2008002。

形态特征和生物学特性：属粳型常规早熟早稻。出苗至成熟生育日数138d左右，需≥10℃活动积温2 448℃左右，比对照东农416晚1d。苗期出苗快，叶色较绿，分蘖力强，茎秆较粗，颖尖秆黄色。株高100cm左右，主茎叶12片，穗长19cm左右，每穗粒数112粒左右，千粒重26g左右。

品质特性：外观米质优，适口性好，糙米率83.3%，整精米率66.0%，垩白粒率2.2%，垩白度0.2%，直链淀粉含量17.5%，胶稠度70.7mm。食味评分84.3分。

抗性：2006—2007年进行抗稻瘟病接种鉴定，叶瘟1～3级，穗颈瘟1～5级。耐冷性鉴定处理空壳率20.6%～20.8%。

产量及适宜地区：2005—2006年黑龙江垦区第二积温区区域试验，平均产量为7 935.9kg/hm^2，2007年生产试验平均产量9 127.1kg/hm^2。适宜黑龙江省第二积温区种植。

栽培技术要点：4月15～25日播种，5月15～25日插秧。插秧规格为30cm×12cm左右，每穴栽插3～4苗。中等肥力地块施尿素230kg/hm^2，磷酸二铵100kg/hm^2，硫酸钾150kg/hm^2。磷肥全部作基肥，钾肥按基肥：穗肥为5：5比例施用，尿素按基肥：分蘖肥：调节肥：穗肥为4：3：1：2比例施用。

垦稻23（Kendao 23）

品种来源：北大荒垦丰种业股份有限公司以垦03-659为母本，垦系103为父本杂交，经系谱法选育而成，原代号垦育10001。2013年通过黑龙江省农垦总局农作物品种审定委员会审定推广，审定编号：黑垦审稻2013001。

形态特征和生物学特性：属粳型常规早熟早稻。出苗至成熟生育日数134d左右，与对照品种同熟期。需≥10℃活动积温2 450 ℃左右。主茎叶12片，株高88.1cm左右，穗长16.3cm左右，每穗粒数88粒左右，千粒重27.1g左右。

品质特性：糙米率82.5%～82.6%，整精米率71.1%～72.6%，垩白粒率9.0%～14.0%，垩白度1.7%～3.5%，直链淀粉含量16.17%～17.23%，胶稠度72.5～73.0mm。食味评分76～80分。

抗性：接种鉴定叶瘟1～3级，穗颈瘟1～5级。耐冷性鉴定处理空壳率14.6%～17.8%。

产量及适宜地区：2010—2011年黑龙江垦区第二积温区区域试验平均产量9 856.3kg/hm^2，2012年生产试验平均产量9 906.2kg/hm^2。2014年种植面积为1.3万hm^2。适宜黑龙江垦区第二积温区种植。

栽培技术要点：4月15～25日播种，5月15～25日插秧。插秧规格为30cm×12cm左右，每穴栽插3～4苗。中等肥力地块施尿素230kg/hm^2、磷酸二铵100kg/hm^2、硫酸钾150kg/hm^2，控制氮肥施用量，增施磷、钾肥。水层管理前期采用浅水灌溉，后期采用间歇灌溉。

垦稻24（Kendao 24）

品种来源：北大荒垦丰种业股份有限公司以垦03-94为母本，松97-98为父本，经系谱法选育而成，原代号垦08-196。2013年通过黑龙江省农垦总局农作物品种审定委员会审定推广，审定编号：黑垦审稻2013002。

形态特征和生物学特性：属粳型常规早熟早稻。在适宜区域出苗至成熟生育日数135d左右。需≥10℃活动积温2 475℃左右。主茎叶12片，株高94.1cm左右，穗长18.2cm左右，每穗粒数105粒左右，千粒重25.9g左右。

品质特性：两年品质分析结果，糙米率81.6%～82.3%，整精米率68.6%～71.9%，垩白粒率7.5%～12.5%，垩白度2.7%～3.8%，直链淀粉含量17.1%～18.3%，胶稠度69.0～77.5mm。食味评分74～77分。

抗性：3年接种鉴定叶瘟1～5级，穗颈瘟1～5级。3年耐冷性鉴定处理空壳率12.2%～18.3%。

产量及适宜地区：2010—2011年黑龙江垦区第二积温区区域试验平均产量9 716.3kg/hm^2，2012年生产试验平均产量9 830.5kg/hm^2。适宜黑龙江垦区第二积温区下限种植。

栽培技术要点：4月10～20日播种，5月15～20日插秧。插秧规格为30cm×10cm左右，每穴栽插3～5苗。注意事项：增施磷、钾肥。

垦稻25（Kendao 25）

品种来源：北大荒垦丰种业股份有限公司以松97-319为母本，垦D02-388为父本有性杂交选育而成，原代号垦稻08-2551。2013年通过黑龙江省农垦总局农作物品种审定委员会审定，审定编号：黑垦审稻2013003。

形态特征和生物学特性：属粳型常规早熟早稻。出苗至成熟生育日数134d左右。需≥10℃活动积温2 450℃左右。主茎叶12片，株高85cm左右。穗长19cm左右，每穗粒数90粒左右，千粒重26g左右。

品质特性：品质分析结果，糙米率80.5％，整精米率67.1％～71.3％，垩白粒率6.5％～7.5％，垩白度2.4％～2.5％，直链淀粉含量15.5％～17.6％，胶稠度71.0～77.5mm。食味评分72～73分。

抗性：接种鉴定叶瘟3～5级，穗颈瘟3～5级。耐冷性鉴定处理空壳率14.9％～24.9％。

产量及适宜地区：2010—2011年黑龙江垦区第二积温区区域试验平均产量9 797.1kg/hm^2，2012年黑龙江垦区第二积温区生产试验平均产量9 880.7kg/hm^2。2014年黑龙江垦区种植面积为1.4万hm^2。适宜黑龙江垦区第二积温区下限种植。

栽培技术要点：在适宜区4月10～20日播种，5月10～20日插秧。插秧规格为30cm×13cm左右，每穴栽插3～4苗。中等肥力地块施尿素230～260kg/hm^2，磷酸二铵100kg/hm^2，硫酸钾100～150kg/hm^2。花达水插秧，分蘖期浅水灌溉，6月末若水稻长势过旺，晒田5～7d，孕穗期加深水层10～15cm，灌浆期浅水灌溉至8月末停灌。9月末至10月上旬收获，在稻瘟病发生年份注意防病。

垦稻7号（Kendao 7）

品种来源：黑龙江省农垦科学院水稻研究所以藤系138为母本，藤系138/垦82-575（普选10号///矮脚南特/无芒早沙粳//大雪）为父本杂交育成，原代号垦92-91。1998年通过黑龙江省农作物品种审定委员会审定，审定编号：黑审稻1998005。

形态特征和生物学特性：属粳型常规早熟早稻。生育日数135d，需≥10℃活动积温2 450 ~ 2 500℃。出苗早，长势强，分蘖力中等，秆高、穗大，株高95 ~ 100cm，剑叶直立，株型收敛。穗长18.5cm，每穗粒数100粒左右，千粒重26.5g。

品质特性：糙米率82.6%，精米率74.3%，整精米率64.8%，蛋白质含量7.8%，直链淀粉含量17.8%，胶稠度49.2mm，碱消值6.6级。米质较好，食味良。

抗性：抗稻瘟病性强。对障碍型冷害抗性强。抗倒伏性强。

产量及适宜地区：1995—1996年黑龙江第二积温区区域试验平均产量7 973.5kg/hm^2，1997年生产试验平均产量7 584.6kg/hm^2。1998—2006年黑龙江省累计种植面积2.8万hm^2，2001年黑龙江省最大种植面积0.9万hm^2。适宜黑龙江省第二积温区种植，不宜在第二积温区下限井灌种植。

栽培技术要点：该品种属于中晚熟品种，不宜在黑龙江省第二积温区下限区域井灌栽培，以河塘水灌溉也应注意早育早插，插秧规格以30cm×（12 ~ 16）cm为宜，并注意采用壮苗早插和其他促进分蘖的措施。该品种可适当增施氮肥。

垦稻8号（Kendao 8）

品种来源：黑龙江省农垦科学院水稻研究所以藤系138为母本，龙粳2号为父本杂交育成的早粳品种，原代号垦93-341。1999年通过黑龙江省农作物品种审定委员会审定，审定编号：黑审稻1999005。

形态特征和生物学特性：属粳型常规早熟早稻。生育日数130d左右，需≥10℃活动积温2 380 ~ 2 400℃。苗期出苗早，长势强，分蘖力稍强于东农416，后期株型收敛，剑叶上举，主茎叶12片，活秆成熟。谷粒无芒，颖尖黄白色，短圆形。株高85cm，穗长16.5cm，每穗粒数90粒左右，千粒重26g左右。

抗性：抗稻瘟病能力较强。对不育性冷害耐性较强。秆强抗倒伏。

品质特性：糙米率83.4%，精米率75.1%，整精米率67.1%，碱消值6.9级，直链淀粉18.9%，蛋白质含量7.7%，胶稠度61.9mm，垩白大小5.5%，垩白粒率9.9%，垩白度0.5%。外观米质优，基本无垩白，食味好。

产量及适宜地区：1995—1996年黑龙江省第二积温区区域试验产量7 637.9kg/hm^2，1997年生产试验产量7 688.0kg/hm^2。1997—2007年黑龙江省累计种植面积80.9万hm^2，1999年最大种植面积21.9万hm^2。适宜黑龙江省第二积温区种植。

栽培技术要点：中上等肥力地块栽培，可超稀植栽培；正常肥力条件下移栽，插秧规格为30cm×（12 ~ 16）cm。

垦粳4号（Kengeng 4）

品种来源：黑龙江八一农垦大学水稻研究中心以垦鉴稻3号//东津稻/合江19为母本，富士光为父本杂交选育而成的粳稻，原代号农大06092。2010年通过黑龙江省农垦总局农作物品种审定委员会审定，审定编号：黑垦审稻2010002。

形态特征和生物学特性：属粳型常规早熟早稻。出苗至成熟生育日数140d左右，需≥10℃活动积温2 500℃左右。株高88cm左右，主茎叶12片，穗长19cm左右，每穗粒数91粒左右，千粒重25g左右。

品质特性：糙米率80.3%～82.4%，整精米率67.9%～71.1%，垩白粒率5.5%～8.5%，垩白度0.3%～1.0%，直链淀粉含量17.4%～17.5%，胶稠度76.5～79.5mm。

抗性：接种鉴定叶瘟1～5级、穗颈瘟3～5级。耐冷性鉴定处理空壳率3.5%～15.2%。

产量及适宜地区：2007—2008年黑龙江垦区第二积温区区域试验平均产量为9 520.9kg/hm^2，2009年生产试验平均产量8 693kg/hm^2。适宜黑龙江垦区第二积温区种植。

栽培技术要点：4月15～25日播种，5月15～25日插秧。插秧规格为30cm×12cm左右，每穴栽插3～4苗。中等肥力地块施尿素230kg/hm^2，磷酸二铵100kg/hm^2，硫酸钾150kg/hm^2。磷肥全部作基肥，钾肥按基肥：穗肥为5：5施用，尿素按基肥：分蘖肥：调节肥：穗肥为4：3：1：2施用。

垦粳5号（Kengeng 5）

品种来源：黑龙江八一农垦大学以垦鉴稻10号为母本，系选1号为父本杂交，系谱方法选育而成，原代号农大9129。2013年通过黑龙江省农垦总局农作物品种审定委员会审定，审定编号：黑垦审稻2013004。

形态特征和生物学特性：属粳型常规早熟早稻。出苗至成熟生育日数134d左右，与对照品种龙粳21同熟期。需≥10℃活动积温2 450℃左右。主茎叶12片，株高87cm左右，穗长15.5cm左右，每穗粒数92粒左右，千粒重27g左右。

品质特性：品质分析结果，糙米率82.1%～83.0%，整精米率67.3%～72.0%，垩白粒率14.0%，垩白度2.5%～4.0%，直链淀粉含量18.1%～18.5%，胶稠度71.0～76.5mm。食味评分77分～82分。

抗性：接种鉴定叶瘟3级，穗颈瘟3～5级。耐冷性鉴定处理空壳率17.6%～26.3%。

产量及适宜地区：2010—2011年黑龙江垦区第二积温区区域试验平均产量9 932.7kg/hm^2，2012年生产试验平均产量10 129.1kg/hm^2。适宜黑龙江垦区第二积温区种植。

栽培技术要点：4月15～25日播种，5月15～25日插秧。插秧规格为30cm×12cm左右，每穴栽插4～5苗。注意氮肥量不宜过大，稻瘟病大发生年份注意防病。

垦鉴稻12（Kenjiandao 12）

品种来源：黑龙江八一农垦大学以空育131为受体，用玉米总DNA提取液浸胚处理后产生变异株选育而成的早粳品种，原代号农大99D065。2006年通过黑龙江省农垦总局农作物品种审定委员会审定，审定编号：垦鉴稻2006001。

形态特征和生物学特性：属粳型常规早熟早稻。生育日数130d，需≥10℃活动积温2 400℃。前期较抗冷，出苗早，分蘖力中上等；后期株型收敛，活秆成熟，剑叶上举。谷粒无芒，颖尖黄白色。株高85～90cm，主茎叶12片，穗长20cm，每穗82粒，千粒重24.7g，粒椭圆形。

品质特性：糙米率83.9%，精米率75.5%，整精米率69.8%，糙米长宽比1.7，垩白粒率3.5%，直链淀粉含量19.9%，胶稠度76.3mm，碱消值7级。食味评分79.5分。

抗性：接种鉴定，苗瘟、叶瘟、穗颈瘟分别为3、4、5级。抗病性较好。

产量及适宜地区：2003—2004年黑龙江垦区第二积温区区域试验平均产量9 197.4kg/hm^2，2005年生产试验平均产量8 468.7kg/hm^2。适宜黑龙江垦区第二积温区种植。

栽培技术要点：4月15～25日播种，5月15～25日插秧。插秧规格为30cm×12cm左右，每穴栽插3～4苗。中等肥力地块施尿素230kg/hm^2，磷酸二铵100kg/hm^2，硫酸钾150kg/hm^2。

垦鉴稻2号（Kenjiandao 2）

品种来源：黑龙江省农垦科学院水稻研究所从藤系137中系选育成的早粳品种，原代号垦系104。1999年通过黑龙江省农垦总局农作物品种审定委员会审定，审定编号：垦鉴稻1999001。

形态特征和生物学特性：属粳型常规早熟早稻。生育日数132d左右，需≥10℃活动积温2 420 ～ 2 460℃，比东农416晚2d左右。苗期出苗早，生长快，长势强，叶色较淡，分蘖力中等，后期剑叶上举，株型收敛。株高90cm，主茎叶12片，穗长20cm，每穗粒数95粒左右，千粒重30g。

品质特性：外观米质优良。糙米率82.5%，精米率73.2%，整精米率70.6%，直链淀粉含量18.8%，蛋白质含量7.6%，胶稠度63.0mm，垩白粒率8.9%，垩白大小10.2%，食味评分20.8分。

抗性：秆较强，抗倒性较好。抗稻瘟病性较强。对障碍型冷害抗性中等。

产量及适宜地区：1996—1997年黑龙江垦区第二积温区区域试验平均产量8 758.5kg/hm^2，1998年生产试验平均产量8 632.9kg/hm^2。适宜黑龙江垦区第二积温区种植。

垦鉴稻5号（Kenjiandao 5）

品种来源：黑龙江八一农垦大学植物科学院技学以延粳14为母本，藤系144为父本杂交育成的早粳品种，原代号农大96-288。2002年通过黑龙江省农垦总局农作物品种审定委员会审定，审定编号：垦鉴稻2002001。

形态特征和生物学特性：属粳型常规早熟早稻。生育日数132d左右，需≥10℃活动积温2 450 ～ 2 500℃。苗期发苗早，长势强，分蘖力略强于对照品种东农416，后期株型收敛，活秆成熟，剑叶上举。谷粒无芒、椭圆形，颖尖黄白色。株高87 ～ 90cm，主茎叶12片，穗长16.9cm，每穗粒数90粒左右，千粒重27 ～ 28g。

品质特性：糙米率83.1%，精米率74.8，整精米率72.7%，蛋白质含量7.3%，直链淀粉含量17.7%，胶稠度72.6mm，垩白大小8.2%，垩白粒率10.3%，垩白度0.9%。食味评分72.5分。

抗性：中抗稻瘟病。秆强抗倒伏。耐肥，耐低温。

产量及适宜地区：1998—1999年黑龙江垦区第二积温区区域试验平均产量8 798.9kg/hm^2，2000年黑龙江垦区生产试验平均产量8 878.2kg/hm^2。适宜黑龙江垦区第二积温区种植。

栽培技术要点：4月15 ～ 25日播种，5月15 ～ 25日插秧。插秧规格为30cm × 12cm左右，每穴栽插3 ～ 4苗。中等肥力地块施尿素230kg/hm^2，磷酸二铵100kg/hm^2，硫酸钾150kg/hm^2。

垦鉴稻6号（Kenjiandao 6）

品种来源：黑龙江省农垦科学院水稻研究所1990年以藤系138为母本，上育394为父本杂交育成，原代号垦95-295。2002年通过黑龙江省农垦总局农作物品种审定委员会审定，审定编号：垦鉴稻2002002。

形态特征和生物学特性：属粳型常规早熟早稻。生育日数131d，需≥10℃活动积温2 450℃左右。活秆成熟。出苗早，叶色较绿，分蘖力较强，后期株型较收敛，剑叶上举。株高82.4cm，主茎叶12片，穗长15.8cm，每穗粒数85.6粒，千粒重27.2g。

品质特性：外观米质优良，食味好，糙米率83.2%，精米率74.8%，整精米率67.6%，直链淀粉含量19.0%，蛋白质含量7.5%，胶稠度71.1mm，垩白粒率2.5%，垩白大小6.4%。最高食味评分79分。

抗性：中抗稻瘟病。秆强抗倒伏。耐冷性较强。

产量及适宜地区：1998—1999年黑龙江垦区第二、三积温区区域试验，第二积温区平均产量8 701.4kg /hm^2，第三积温区平均产量7 958.3kg/hm^2；2000年生产试验，第二积温区平均产量8 667.7kg/hm^2，第三积温区平均产量8 340.0kg/hm^2。2003—2014年黑龙江省累计种植面积95.1万hm^2，2009年最大种植面积15.2万hm^2。适宜黑龙江省第二、三积温区种植。

栽培技术要点：4月15 ~ 25日播种，手插旱育中苗播种300 ~ 360g/m^2,盘育机插中苗110 ~ 130g/盘。5月15 ~ 25日插秧，一般插秧规格为30cm×（12 ~ 16）cm，每穴栽插3 ~ 4苗。该品种耐肥力中等，适宜中上等肥力条件下栽培，避免高肥条件栽培。中等肥力地块施尿素200 ~ 220kg/hm^2，磷酸二铵100kg/hm^2，硫酸钾100 ~ 150kg/hm^2，有条件的施硅肥500kg/hm^2。遇到稻瘟病大发生年份，注意防病。正常田间管理，后期灌溉应以湿润灌溉为主。

垦鉴稻9号（Kenjiandao 9）

品种来源：黑龙江省查哈阳农场科研所以AB001为母本，龙粳2号/查稻1号为父本杂交育成早粳品种，原代号查94-43。2003年通过黑龙江省农垦总局农作物品种审定委员会审定，审定编号：垦鉴稻2003003。

形态特征和生物学特性：属粳型常规早熟早稻。生育日数130d左右，需≥10℃活动积温2 400℃，出苗早而整齐，叶色较绿，分蘖力强，插后返青快，活秆成熟。株高90cm，主茎叶12片，穗长20cm，平均每穗97粒，千粒重26.4g。

品质特性：外观米质优良，适口性好。糙米率82.5%，精米率74.2%，整精米率66.3%，垩白大小6.5%，垩白粒率3.5%，胶稠度72.2mm，直链淀粉含量18.8%，蛋白质含量7.2%。食味评分81分。

抗性：中抗稻瘟病。耐冷性强。

产量及适宜地区：2000—2002年黑龙江垦区第二积温区区域试验，平均产量8 547.9kg/hm^2，2002年生产试验平均产量7 262kg/hm^2。2004—2014年黑龙江省累计种植面积为1.3万hm^2，2014年最大种植面积0.8万hm^2。适宜黑龙江垦区第二积温区种植。

栽培技术要点：4月15～25日播种，5月15～25日插秧。插秧规格为30cm×12cm左右，每穴栽插3～5苗。施尿素120～180kg/hm^2，磷肥75～105kg/hm^2，硫酸钾75～105kg/hm^2，基肥全层施，插秧后的追肥以表施为主。田间管理按旱育稀植管理栽培技术进行。穗部95%达到黄化时收获。

垦鉴香粳1号（Kenjianxianggeng 1）

品种来源：黑龙江省农垦科学院水稻研究所以藤系138为母本，垦84-55（普选10/D28）/涟香1号为父本杂交育成的早粳香稻品种，原代号垦香粳93-117。1998年通过黑龙江省农垦总局农作物品种审定委员会审定，审定编号：垦鉴稻1998001。

形态特征和生物学特性：属粳型常规早熟早稻。生育日数131d，需≥10℃活动积温2 400～2 420℃。出苗早，长势强，叶色较淡，生长较为繁茂，分蘖力中等，后期株型收敛。株高87cm，主茎叶12片，穗长17.5cm左右，每穗粒数100粒左右，千粒重29g左右。颖壳黄白色，颖尖有白色稀短芒。

品质特性：外观米质优，香味怡人，香味与泰国香米香味相同，属糊香型。糙米率83.3%，精米率74.7%，整精米率66.4%，蛋白质含量8.4%，直链淀粉含量18.1%，胶稠度52.7mm。

抗性：秆较强，抗倒伏。抗稻瘟病性强。耐障碍型冷害中等。

产量及适宜地区：1995—1996年黑龙江垦区第二积温区区域试验平均产量为7 781.4kg/hm^2，1997年生产试验平均产量为8 046.1kg/hm^2。适宜黑龙江垦区第二积温区种植。

垦糯1号（Kennuo 1）

品种来源：黑龙江省农垦科学院水稻研究所以垦94-1043为母本，秋田小町为父本采用外源DNA方法育成的早粳糯稻品种，原代号垦糯04-160。2009年通过黑龙江省农垦总局农作物品种审定委员会审定，黑垦审稻2009001。

形态特征和生物学特性：属粳型常规早熟糯稻。生育日数140d，比对照品种垦稻12晚2d，需≥10℃活动积温2 483.9℃。出苗早，前期生长快，苗势强。茎秆较粗壮，出穗整齐一致。前期叶色较绿，叶片中长，后期株型收敛，叶片较上举，分蘖力中等。株高96.4cm，主茎叶12片，穗长17.2cm左右，散穗型，每穗粒数85.7粒，千粒重26.4g。

品质特性：糙米率80.9%～83.3%，整精米率64.5%～67.9%，直链淀粉含量0～1.2%，胶稠度100.0mm，垩白粒率100.0%，垩白度100.0%。

抗性：抗稻瘟病鉴定叶瘟1～5级，穗颈瘟1～3级。耐冷性鉴定处理空壳率14.0%～22.5%，自然空壳率10.5%～12.7%。

产量及适宜地区：2006—2007年黑龙江垦区第二积温区区域试验平均产量为8 516.8kg/hm^2，2009年生产试验平均产量为9 664.6kg/hm^2。适宜黑龙江垦区第二积温区上限区种植。

栽培技术要点：在适宜种植区4月10～25日播种，5月15～25日插秧。插秧规格为30cm×10cm左右，每穴栽插4～5苗。耐肥力中等，适宜中上等肥力条件下栽培。中等肥力地块施尿素200～220kg/hm^2，磷酸二铵100kg/hm^{2}左右，硫酸钾100～150kg/hm^2。有条件的情况下施硅肥500kg/hm^2。插秧后，结合田间除草，追施速效氮肥，促进分蘖，田间水层管理，前期浅水层，后期浅湿交替进行，孕穗期深水灌溉。成熟后及时收获。

龙稻1号（Longdao 1）

品种来源：黑龙江省农业科学院耕作栽培研究所以道北52 / 藤系144为杂交组合，采用系谱法选育而成，原品系代号哈93-64。2000年通过黑龙江省农作物品种审定委员会审定，审定编号：黑审稻2000005。

形态特征和生物学特性：属粳型常规早熟早稻，基本营养生长期短。在适宜种植区出苗至成熟生育日数133d，需≥10℃活动积温2 450 ~ 2 500℃。分蘖力强。主茎叶12片，株高92cm左右。穗长17cm左右，每穗粒数85粒左右，千粒重28g左右。

品质特性：糙米率83.2%，精米率74.9%，整精米率70.1%，垩白大小11.1%，垩白粒率6.8%，垩白度0.8%，碱消值6.7级，胶稠度68.5mm，直链淀粉含量10.9%，蛋白质含量8.3%。米质达到国家一级优质米标准。

抗性：易感苗瘟，中抗叶瘟、穗颈瘟。孕穗期耐冷性中等。耐盐碱性中等。抗倒伏能力中等。

产量及适宜地区：1997—1998年黑龙江省第二积温区区域试验平均产量8 107.5kg/hm^2，1999年生产试验平均产量7 242.0kg/hm^2。2002年种植面积1.0万hm^2，适宜黑龙江省第二积温区种植。

栽培技术要点：中等肥力地块栽培。一般插秧规格为30cm × 14cm，每穴栽插2 ~ 3苗，也适于超稀植栽培。本田施尿素200kg/hm^2，磷酸二铵150kg/hm^2，硫酸钾100kg/hm^2。

龙稻12（Longdao 12）

品种来源：黑龙江省农业科学院耕作栽培研究所以东农418/上育397//龙香稻1号为杂交组合，采用系谱法选育而成，原品系代号哈07-301。2011年通过黑龙江省农作物品种审定委员会审定，审定编号：黑审稻2011009。

形态特征和生物学特性：属粳型常规早熟早稻，基本营养生长期短。软米品种。在适宜种植区出苗至成熟生育日数134d，需≥10℃活动积温2 450℃。主茎叶12片，株高90cm左右。穗长17cm左右，每穗粒数90粒左右，千粒重26g左右。

品质特性：糙米率80.6%～81.8%，整精米率66.7%～66.9%，垩白粒率1.0%～4.5%，垩白度0.1%～0.3%，直链淀粉含量9.8%～15.5%，胶稠度73.0～88.0mm。食味评分81～82分。

抗性：中抗叶瘟，高抗穗颈瘟。孕穗期抗冷性较强。

产量及适宜地区：2008—2009年黑龙江省第二积温区区域试验平均产量7 903.5kg/hm^2，2010年生产试验平均产量7 572.0kg/hm^2。2013—2014年黑龙江省累计种植面积为0.4万hm^2，2013年最大种植面积0.3万hm^2。适宜黑龙江省第二积温区种植。

栽培技术要点：4月15～20日播种，5月20～25日移栽。插秧规格为30cm×13cm，每穴栽插2～3苗。在培育壮苗的基础上，本田施纯氮120kg/hm^2，纯磷70kg/hm^2，纯钾50kg/hm^2，氮肥的一半、磷肥的全部、钾肥一半作底肥施入，其余作追肥施用。浅灌水，抢前施药除草。9月20～30日收获。

龙稻3号（Longdao 3）

品种来源：黑龙江省农业科学院耕作栽培研究所以上育397//牡丹江19/中国91为杂交组合，采用系谱法选育而成，原品系代号哈99-88。2004年通过黑龙江省农作物品种审定委员会审定，审定编号：黑审稻2004003。

形态特征和生物学特性：属粳型常规中熟早稻，基本营养生长期短。在适宜种植区出苗至成熟生育日数132d，需≥10℃活动积温2 511℃。分蘖力强。主茎叶13片，株高95cm左右，穗长18cm左右，每穗粒数87粒左右，千粒重26.5g。

品质特性：糙米率79.1%～82.1%，精米率71.2%～73.9%，整精米率68.9%～71.5%，糙米粒长5.2～5.6mm，糙米粒宽2.8mm，糙米长宽比1.9～2.0，垩白大小4.8%～7.1%，垩白粒率3%～4.5%，垩白度0.2%，直链淀粉含量15.8%～19.0%，胶稠度74.5～76.3mm，碱消值6.6～7.0级，蛋白质含量7.91%～8.87%。

抗性：易感苗瘟，中抗叶瘟、穗颈瘟。孕穗期抗冷性强。抗倒伏能力强。

产量及适宜地区：2001—2002年黑龙江省第二积温区区域试验平均产量7 476.0kg/hm^2，2003年生产试验平均产量7 086.0kg/hm^2。2005—2009年黑龙江省累计种植面积4.4万hm^2，2008年最大种植面积1.2万hm^2。适宜黑龙江省第二积温区种植。

栽培技术要点：4月10～20日播种，5月15～25日移栽。插秧规格为30cm×13cm、30cm×20cm、30cm×16.5cm。本田施纯氮120kg/hm^2，纯磷70kg/hm^2，纯钾50kg/hm^2。氮肥的一半、磷肥的全部、钾肥的一半作底肥施入，其余作追肥施用。在培育壮苗的基础上，增施农家肥，氮、磷、钾配合施用。施足底肥，提早追肥，浅灌水，抢前施药除草。9月20～30日收获。注意不要单一和过量地施用氮肥。

龙稻4号（Longdao 4）

品种来源：黑龙江省农业科学院耕作栽培研究所以上育397//牡丹江19/中国91为杂交组合，采用系谱法选育而成，原品系代号哈99-85。2005年通过黑龙江省农作物品种审定委员会审定，审定编号：黑审稻2005003。

形态特征和生物学特性：属粳型常规早熟早稻，基本营养生长期短。在适宜种植区出苗至成熟生育日数138d，需≥10℃活动积温2 520℃。散穗，着粒密度稀，分蘖力强。主茎叶12片，株高91.4cm。穗长17.2cm，每穗粒数83粒左右，千粒重26.1g。

品质特性：糙米率80.9%～82.7%，精米率72.8%～74.9%，整精米率67.4%～73.1%，糙米粒长5.～5.6mm，糙米粒宽2.8～3.1mm，糙米长宽比1.7～2.0，垩白大小6.0%～10.2%，垩白粒率1.0%～4.0%，垩白度0.1%～0.3%，直链淀粉含量15.5%～18.9%，胶稠度68.5～83.5mm，碱消值6.7～7.0级，蛋白质含量7.1%～8.3%。食味评分76～88分。

抗性：中抗苗瘟、穗颈瘟，高抗叶瘟。孕穗期抗冷性强。抗倒伏能力强。

产量及适宜地区：2002—2004年黑龙江省第二积温区区域试验平均产量7 152.0kg/hm^2，2004年生产试验平均产量7 656.0kg/hm^2。2006—2014年黑龙江省累计种植面积2.7万hm^2，2014年最大种植面积1.1万hm^2。适宜黑龙江省第二积温区种植。

栽培技术要点：4月10～20日播种，5月15～25日移栽。插秧规格为30cm×13cm或26cm×13cm。在培育壮苗的基础上，增施农家肥，氮、磷、钾配合施用。本田施纯氮120kg/hm^2，纯磷70kg/hm^2，纯钾50kg/hm^2；氮肥的一半、磷肥的全部、钾肥的一半作底肥施入，其余作追肥施用。浅灌水，抢前施药除草。9月20～30日收获。

龙稻5号（Longdao 5）

品种来源：黑龙江省农业科学院耕作栽培研究所以牡丹江22/龙粳8号为杂交组合，采用系谱法选育而成，原品系代号哈99-774。2006年通过黑龙江省农作物品种审定委员会审定，审定编号：黑审稻2006003。

形态特征和生物学特性：属粳型常规中熟早稻，基本营养生长期短。在适宜种植区出苗至成熟生育日数140d，需≥10℃活动积温2 500℃。株高94cm左右，主茎叶13片，棒状穗，株型收敛，剑叶上举。穗长15.7cm，每穗粒数95粒左右，千粒重26g左右。

品质特性：糙米率81.8%～82.9%，精米率74.4%～75.1%，整精米率69.3%～72.6%，糙米粒长4.6～5.2mm，糙米粒宽2.9～3.1mm，糙米长宽比1.5～1.7，垩白大小4.3%～7.1%，垩白粒率1.0%～6.0%，垩白度0.1%～0.4%，碱消值7.0级，胶稠度69.0～80.3mm，直链淀粉含量17.6%～18.69%，蛋白质含量6.9%～7.5%。食味评分81～85分。

抗性：中抗苗瘟、穗颈瘟，高抗叶瘟。孕穗期抗冷性较强。

产量及适宜地区：2003—2005年黑龙江省第二积温区区域试验平均产量7 477.5kg/hm^2，2005年生产试验平均产量7 918.5kg/hm^2。2007—2011年黑龙江省累计种植面积9.5万hm^2，2009年最大种植面积7.2万hm^2。适宜黑龙江省第二积温区上限种植。

栽培技术要点：4月10～20日播种，5月15～25日移栽。插秧规格为30cm×13cm或26cm×13cm。在培育壮苗基础上，增施农家肥，氮、磷、钾配合施用。本田施纯氮120kg/hm^2，纯磷70kg/hm^2，纯钾50kg/hm^2，氮肥的一半、磷肥的全部、钾肥的一半作底肥施入，其余作追肥施用。施足底肥，提早追肥，浅灌水，抢前施药除草。9月20～30日收获。

龙稻6号（Longdao 6）

品种来源：黑龙江省农业科学院耕作栽培研究所以牡交96-1/上育397为杂交组合，采用系谱法选育而成，原品系代号哈99-245。2006年通过黑龙江省农作物品种审定委员会审定，审定编号：黑审稻2006004。

形态特征和生物学特性：属粳型常规早熟早稻，基本营养生长期短。在适宜种植区出苗至成熟生育日数134d，需≥10℃活动积温2 470℃。株高93cm左右，主茎叶12片，半棒状穗，株型收敛，剑叶上举。穗长16cm左右，每穗粒数92粒左右，千粒重26.5g。

品质特性：糙米率81.1%～85.1%，精米率73.8%～76.6%，整精米率57.5%～68.5%，糙米粒长4.9～5.4mm，糙米粒宽2.7～3.0mm，糙米长宽比1.7～1.8，垩白大小4.8%～7.1%，垩白粒率1.0%～7.5%，垩白度0.1%～0.4%，碱消值7.0级，胶稠度71.3～81.3mm，直链淀粉含量17.6%～19.5%，蛋白质含量6.6%～8.4%。食味评分79～88分。

抗性：中抗苗瘟、叶瘟、穗颈瘟。孕穗期抗冷性较强。

产量及适宜地区：2003—2004年黑龙江省第二积温区区域试验平均产量6 712.5kg/hm^2，2005年生产试验平均产量7 521.0kg/hm^2。2010—2014年黑龙江省累计种植面积0.8万hm^2，2009年最大种植面积0.6万hm^2。适宜黑龙江省第二积温区种植。

栽培技术要点：4月10～20日播种期，5月15～25日移栽。插秧规格为30cm×13cm或26cm×13cm。在培育壮苗基础上，增施农家肥，氮、磷、钾配合施用。本田施纯氮120kg/hm^2，纯磷70kg/hm^2，纯钾50kg/hm^2，氮肥的一半、磷肥的全部、钾肥的一半作底肥施入，其余作追肥施用。施足底肥，提早追肥，浅灌水，抢前施药除草。9月20～30日收获。

龙稻7号（Longdao 7）

品种来源：黑龙江省农业科学院耕作栽培研究所从五优稻1号优良变异株中选出，经系谱法选育而成，原品系代号哈02-220。2006年通过黑龙江省农作物品种审定委员会审定，审定编号：黑审稻2006005。

形态特征和生物学特性：属粳型常规早熟早稻，基本营养生长期短。在适宜种植区出苗至成熟生育日数137d，需≥10℃活动积温2 500℃。株高95cm左右。穗长18cm左右，每穗粒数95粒左右，千粒重26.5g。

品质特性：糙米率81.3%～83.2%，精米率73.2%～74.9%，整精米率69.8%～72.5%，糙米粒长5.0～5.5mm，糙米粒宽2.7～2.9mm，糙米长宽比1.9，垩白大小7.1%～11.4%，垩白粒率1.0%～5.0%，垩白度0.1%～1.5%，碱消值7级，胶稠度71～82.8mm，直链淀粉含量16.4%～18.5%，蛋白质含量6.2%～7.1%。食味评分77～90分。

抗性：中抗苗瘟、穗颈瘟，高抗叶瘟。孕穗期抗冷性强。

产量及适宜地区：2003—2004年黑龙江省第二积温区区域试验平均产量7 585.5kg/hm^2，2005年生产试验平均产量8 100.0kg/hm^2。2006—2014年黑龙江省累计种植面积11.6万hm^2，2008年最大种植面积2.8万hm^2。适宜黑龙江省第二积温区上限种植。

栽培技术要点：4月10～20日播种，5月15～25日移栽。插秧规格为30cm×13cm或26cm×13cm。在培育壮苗基础上，增施农家肥，氮、磷、钾配合施用。本田施纯氮120kg/hm^2，纯磷70kg/hm^2，纯钾50kg/hm^2，氮肥的一半、磷肥的全部、钾肥一半作底肥施入，其余作追肥施用。施足底肥，提早追肥，浅灌水，抢前施药除草。9月20～30日收获。注意一定不要单一或过量施用氮肥。

龙稻8号（Longdao 8）

品种来源：黑龙江省农业科学院耕作栽培研究所以牡粘3号/东青241为杂交组合，采用系谱法选育而成，原品系代号哈02-4。2008年通过黑龙江省农作物品种审定委员会审定，审定编号：黑审稻2008019。

形态特征和生物学特性：属粳型常规早熟早糯稻，基本营养生长期短。在适宜种植区出苗至成熟生育日数135d，需≥10℃活动积温2 502℃。主茎叶12片，株高90cm左右。穗长16cm左右，每穗粒数90粒左右，千粒重27g左右。

品质特性：糙米率78.6%～82.9%，整精米率61.5%～68.2%，垩白粒率76.0%～100.0%，垩白度100.0%，直链淀粉含量0～1.2%，胶稠度100.0mm。

抗性：高抗叶瘟，中抗穗颈瘟。孕穗期抗冷性强。

产量及适宜地区：2005—2006年黑龙江省第二积温区区域试验平均产量7 486.5kg/hm^2，2007年生产试验平均产量7 951.5kg/hm^2。适宜黑龙江省第二积温区上限种植。

栽培技术要点：4月15～20日播种，5月20～25日移栽。插秧规格为30cm×13cm，每穴栽插3～4苗。在培育壮苗的基础上，本田施纯氮120kg/hm^2，纯磷70kg/hm^2，纯钾50kg/hm^2。氮肥50%、磷肥100%、钾肥50%作底肥施入，其余作追肥施用。施足底肥，提早追肥。浅灌水，抢前施药除草。9月20～30日收获。

龙盾101（Longdun 101）

品种来源：黑龙江省监狱管理局农业科学研究所从富士光中系选的早粳品种，原代号龙盾90-547。1996年通过黑龙江省农作物品种审定委员会审定，审定编号：黑审稻1996002。

形态特征和生物学特性：属粳型常规早熟早稻。生育日数130d左右，需≥10℃活动积温2 500℃左右。叶色浅绿，生育期发苗快，叶长而披散，后期收敛直立，发育快，长势旺，灌浆快。蘖穗大于主茎穗，秆粗、穗大。颖尖黄白色，无芒，属偏大穗型品种。株高95cm，千粒重30g。

品质特性：糙米率81.6%，精米率73.4%，整精米率68.6%，垩白粒率5.3%，垩白大小24.5%，胶稠度65mm，碱消值6.5级，直链淀粉含量15.5%，蛋白质含量8.05%。米质优良。

抗性：耐冷性强，抗稻瘟病。

产量及适宜地区：1993—1994年黑龙江省第二积温区区域试验平均产量7 851.5kg/hm^2，1994年生产试验平均产量7 983.1kg/hm^2。1997年黑龙江省种植面积1.1万hm^2。适宜黑龙江省第二积温区种植。

栽培技术要点：4月17～30日育苗，5月19～30日插秧。机插秧规格为30cm×13cm，人工手插秧30cm×20cm，每穴栽插3～5苗。宜种在中等肥力稻田，施肥重点是重施基肥、分蘖肥，控制拔节肥，补施粒肥。年总施肥量氮肥折成尿素，肥力较高稻田100～150kg/hm^2，中等肥力稻田200kg/hm^{2}左右，肥力过高引起倒伏减产。

龙盾102（Longdun 102）

品种来源：黑龙江省监狱管理局农业科学研究所以牡86-2342（926/红光//通交17///6914）为母本，牡86-2355（农林11/牡丹江1号//福锦///合江20/4/石狩）为父本，杂交后代经系谱法育成的粳型常规水稻，原代号龙盾95-620。2001年通过黑龙江省农作物品种审定委员会审定，审定编号：黑审稻2001002。

形态特征和生物学特性：属粳型常规早熟早稻。生育日数130d，需≥10℃活动积温2 450 ～ 2 500℃，株高84cm，分蘖力中等，穗长17.5cm，每穗粒数100粒，千粒重26.3g。

品质特性：糙米率83.1%，精米率74.8%，整精米率72.6%，糙米长宽比1.8，垩白大小2%，垩白粒率6.5%，垩白度1.5%，胶稠度58.5mm，碱消值7.0级，直链淀粉含量17.5%，蛋白质含量8.2%。

抗性：1998—2000年人工接种鉴定苗瘟6 ～ 7级，叶瘟6 ～ 8级，穗颈瘟9级；自然感病苗瘟5 ～ 7级，叶瘟6 ～ 7级，穗颈瘟5 ～ 9级。

产量及适宜地区：1998—2000年黑龙江省第二积温区区域试验平均产量7 669.4kg/hm^2，2000年生产试验平均产量7 719.2kg/hm^2。1999—2010年黑龙江省累计种植面积为0.4万hm^2，2002年最大种植面积0.2万hm^2。适宜黑龙江省第二积温区种植。

栽培技术要点：4月15 ～ 20日播种，5月18 ～ 28日移栽，旱育稀植。结合水耙地施底肥，施磷酸二铵100kg/hm^2，尿素50kg/hm^2，硫酸钾80kg/hm^2；返青后追施尿素70kg/hm^2；分蘖肥追施尿素60kg/hm^2；保花肥追尿素50kg/hm^2。

龙盾104（Longdun 104）

品种来源：黑龙江省监狱管理局农业科学研究所以空育131（垦鉴90-31）为母本，绥88-22为父本杂交育成，原代号龙盾97-1。2004年通过黑龙江省农作物品种审定委员会审定，审定编号：黑审稻2004005。

形态特征和生物学特性：属粳型常规早熟早稻。生育日数131d，从出苗到成熟需活动积温2 520.9℃。分蘖力强。颖色黄，无芒，颖尖秆黄色。叶上举，散穗型，叶下穗，活秆成熟。株高90.5cm，穗长16.8cm，平均每穗粒数113粒，千粒重26.6g，结实率85.75%。

品质特性：糙米率82.8%～83.7%，精米率74.5%～75.3%，整精米率67.4%～73.3%，糙米粒长4.7～5.0mm，糙米粒宽3.1～3.2mm，糙米长宽比1.5～1.6，垩白大小4.4%～6.4%，垩白粒率4%～21%，垩白度0.2%～0.9%，直链淀粉含量18.1%～19.9%，胶稠度71.0～72.2mm，碱消值7级，蛋白质含量7.0%～8.8%。

抗性：接种鉴定苗瘟4～5级，叶瘟3级，穗颈瘟5级；自然感病苗瘟0～4级，叶瘟3级，穗颈瘟3级。

产量及适宜地区：2001—2002年黑龙江省第二积温区区域试验平均产量7 950.9kg/hm^2，2003年生产试验平均产量7 347.0kg/hm^2。2002—2009年黑龙江省累计种植面积为4.3万hm^2，2007年最大种植面积1.5万hm^2。适宜黑龙江省第二积温区种植。

栽培技术要点：旱育稀植。中等肥力条件下，本田施底肥磷酸二铵100kg/hm^2，尿素50kg/hm^2，硫酸钾50kg/hm^2；追肥：返青肥、分蘖肥、保花肥、穗肥共计施尿素230kg/hm^2，施保花肥同时施硫酸钾50kg/hm^2。该品种适于低洼地、高肥力水平下插秧栽培。

龙盾105（Longdun 105）

品种来源：黑龙江省监狱管理局农业科学研究所以玉米黑301为供体，水稻品系哈95-116为受体，以总体DNA导入手段育成粳型常规水稻，原代号龙盾D904。2007年通过黑龙江省农作物品种审定委员会审定，审定编号：黑审稻2007008。

形态特征和生物学特性：属粳型常规早熟早稻。出苗至成熟生育日数137d左右，比对照品种东农416晚2d，需≥10℃活动积温2 500℃左右。株高80cm左右，主茎叶12片，穗长17cm左右，每穗粒数80粒左右，千粒重27g左右。

品质特性：糙米率81.6%～81.9%，整精米率62.5%～73.3%，垩白粒率1.0%～8.5%，垩白度0.1%～0.3%，直链淀粉含量18.0%～20.9%，胶稠度68.3～82.2mm。食味评分80～88分。

抗性：接种鉴定叶瘟1～3级，穗颈瘟3～3级；自然感病叶瘟0～3级，穗颈瘟3～4级。耐冷性鉴定处理空壳率20.9%～21.0%，自然空壳率0.8%～21.0%。

产量及适宜地区：2002—2004年黑龙江省第二积温区区域试验平均产量7 373.0kg/hm^2，2004年生产试验平均产量7 909.8kg/hm^2。2007—2014年黑龙江省累计种植面积2.0万hm^2，2013年最大种植面积0.7万hm^2。适宜黑龙江省第二积温区下限种植。

栽培技术要点：4月15～25日播种，5月15～25日插秧。插秧规格为30cm×13cm，每穴栽插3～4苗。一般中等肥力地块，本田施磷酸二铵100kg/hm^2，作底肥一次施入；尿素260kg/hm^2：底肥80kg/hm^2，返青肥70kg/hm^2，追肥2次，60kg/hm^{2}和50kg/hm^2；硫酸钾70kg/hm^{2}作底肥一次施入。8月末排干水。9月中下旬黄熟时收获。

龙粳10号（Longgeng 10）

品种来源：黑龙江省农业科学院水稻研究所以龙交89032（合江21/红星2号//藤系138）为母本，雪光为父本杂交，接种其F_1代花药离体培养育成的粳型常规水稻，原代号龙花91-340。2000年通过黑龙江省农作物品种审定委员会审定，审定编号：黑审稻2000004。

形态特征和生物学特性：属粳型常规早熟早稻。生育日数130d左右，需≥10℃活动积温2 400℃。主茎叶11～12片，分蘖力中等，后熟快，结实率高。株高90～95cm，穗长16～17cm，每穗粒数80粒左右，千粒重24g。

品质特性：糙米率83.1%，精米率74.7%，整精米率66.6%，糙米长宽比2.0，垩白大小9.9%，垩白粒率2.0%，垩白度0.2%，碱消值7.0级，胶稠度61.6mm，直链淀粉含量17.9%，蛋白质含量7.9%。米质达到部颁一级优质米标准，食味好。

抗性：1999年人工接种苗瘟3级，叶瘟5级，穗颈瘟5级；自然感病苗瘟3级，叶瘟5级，穗颈瘟3级。

产量及适宜地区：1997—1998年黑龙江省第二积温区区域试验平均产量8 125.8kg/hm^2，1999年生产试验平均产量7 330.5kg/hm^2。1997—2007年黑龙江省累计种植面积1.4万hm^2，1997年最大种植面积0.5万hm^2。适宜黑龙江省第二积温区种植。

栽培技术要点：适于旱育稀植中等肥力栽培，秧龄30～35d。一般4月10～15日播种，5月15～20日插秧，行距30cm，穴距13.3cm，每穴栽插2～4苗。一般施尿素200kg/hm^2，磷酸二铵100kg/hm^2，硫酸钾200kg/hm^2。

龙粳17（Longgeng 17）

品种来源：黑龙江省农业科学院水稻研究所以龙交82203（合江21/中作87//滨旭）为母本，龙粳8号为父本有性杂交选育而成，原代号龙育99-390。2007年通过黑龙江省农作物品种审定委员会审定，审定编号：黑审稻2007001。

形态特征和生物学特性：属粳型常规早熟早稻。出苗至成熟生育日数132d左右，与对照品种东农416同熟期，需≥10℃活动积温2 380℃左右。株高87cm左右，主茎叶12片，穗长16cm左右，每穗粒数80粒左右，千粒重25g左右。

品质特性：糙米率80.8%～82.9%，整精米率62.3%～72.5%，垩白粒率1%～4%，垩白度0.1%～0.2%，直链淀粉含量16.6%～19.0%，胶稠度67.8～73.8mm。食味评分76～89分。

抗性：接种鉴定叶瘟1～3级，穗颈瘟5级；自然感病叶瘟0～5级，穗颈瘟0～5级。耐冷性鉴定处理空壳率11.4%～23.1%，自然空壳率1.4%。

产量及适宜地区：2003—2004年黑龙江省第二积温区区域试验平均产量7 499.7kg/hm^2，2005年生产试验平均产量7 850.2kg/hm^2。2007—2009年黑龙江省累计种植面积为4.5万hm^2，2007年最大种植面积4.4万hm^2。适宜黑龙江省第二积温区种植。

栽培技术要点：一般4月10～20日播种，5月10～20日插秧。插秧规格为30cm×13cm左右，每穴栽插2～4苗。中等肥力地块，施磷酸二铵、尿素、硫酸钾分别为100kg/hm^2、250kg/hm^2、100kg/hm^2。常规管理，花达水插秧，分蘖期浅水灌溉，孕穗期加深水层10～15cm，灌浆期浅水灌溉，8月末排干水，9月下旬到10月上旬及时收获。

龙粳18（Longgeng 18）

品种来源：黑龙江省农业科学院水稻研究所以龙粳7号为母本，龙粳10号为父本杂交选育而成的粳型常规水稻，原代号龙交01B-1330。2007年通过黑龙江省农作物品种审定委员会审定，审定编号：黑审稻2007002。

形态特征和生物学特性：属粳型常规早熟早稻。出苗至成熟生育日数129d左右，比对照品种东农416早2d，需≥10℃活动积温2 380℃左右。株高85cm左右，主茎叶12片，穗长17cm，每穗粒数100粒左右，千粒重26.6g左右。

品质特性：糙米率81.3%～83.4%，整精米率66.0%～70.3%，垩白粒率0～2.0%，垩白度0～0.2%，直链淀粉含量16.7%～20.0%，胶稠度70.3～83.0mm。食味评分81～85分。

抗性：接种鉴定叶瘟1～3级，穗颈瘟5级；自然感病叶瘟2～3级，穗颈瘟3级。耐冷性鉴定处理空壳率4.9%～7.6%，自然空壳率3.3%。

产量及适宜地区：2004—2005年黑龙江省第二积温区区域试验平均产量8 168.9kg/hm^2，2006年生产试验平均产量7 995.1kg/hm^2。2007—2013年黑龙江省累计种植面积8.7万hm^2，2009年最大种植面积4.6万hm^2。适宜黑龙江省第二积温区种植。

栽培技术要点：该品种适宜旱育稀植插秧栽培，一般4月15～25日播种，5月15～25日插秧。插秧规格为30cm×13cm左右，每穴栽插2～4苗。中等肥力地块，施磷酸二铵、尿素、硫酸钾分别为100kg/hm^2、200～300kg/hm^2、100～150kg/hm^2。常规管理，花达水插秧，分蘖期浅水灌溉，7月初晒田，复水后间歇灌溉，8月末排干。

龙粳19（Longgeng 19）

品种来源：黑龙江省农业科学院水稻研究所以富士光为母本，龙粳2号为父本杂交选育而成的粳稻，原代号龙选99-196。2007年通过黑龙江省农作物品种审定委员会审定，审定编号：黑审稻2007003。

形态特征和生物学特性：属粳型常规早熟早稻。出苗至成熟生育日数131d左右，与对照品种东农416同熟期，需≥10℃活动积温2 390℃左右。株高97cm左右，主茎叶12片，穗长18cm左右，每穗粒数88粒左右，千粒重25.0g左右。

品质特性：糙米率81.4%～81.7%，整精米率64.8%～70.5%，垩白粒率0～4.0%，垩白度0～0.3%，直链淀粉含量16.6%～18.5%，胶稠度70.0～79.8mm。食味评分80～90分。

抗性：接种鉴定叶瘟1级，穗颈瘟1～3级；自然感病叶瘟2～3级，穗颈瘟5级。耐冷性鉴定处理空壳率12.6%～19.8%，自然空壳率7.1%。

产量及适宜地区：2003—2004年黑龙江省第二积温区区域试验平均产量7 289.2kg/hm^2，2005年生产试验平均产量7 863.3kg/hm^2。2007—2009年黑龙江省累计种植面积3.0万hm^2，2007年最大种植面积1.5万hm^2。适宜黑龙江省第二积温区种植。

栽培技术要点：适宜旱育稀植插秧栽培，一般4月15～25日播种，5月15～25日插秧。插秧规格为30cm×13cm左右，每穴栽插3～4苗。中等肥力地块，施磷酸二铵、尿素、硫酸钾分别为100kg/hm^2、200～250kg/hm^2、100～150kg/hm^2。常规管理，前期浅水，中期晒田，后期间歇灌溉，8月末停灌。为确保高产稳产，注意及时防治病虫草害。

龙粳21（Longgeng 21）

品种来源：黑龙江省农业科学院水稻研究所以龙交91036-1（C9050/牡86-2342//藤系144）为母本，龙花95361（东农419/龙粳8号）/龙粳10号为父本杂交，F_1代花药离体培养的粳型常规水稻，原代号龙花99-454。2008年通过黑龙江省农作物品种审定委员会审定，审定编号：黑审稻2008008。

形态特征和生物学特性：属粳型常规早熟早稻。在适宜种植区出苗至成熟生育日数133d左右，与对照品种东农416同熟期，需≥10℃活动积温2 516℃左右。株高88cm左右，主茎叶12片，穗长16cm左右，每穗粒数96粒左右，千粒重26.2g左右。

品质特性：糙米率81.2%～83.7%，整精米率63.5%～71.8%，垩白粒率0～7.0%，垩白度0～0.3%，直链淀粉含量17.0%～18.2%，胶稠度73.5～80.0mm。食味评分76～90分。

抗性：接种鉴定叶瘟1级，穗颈瘟0～3级。耐冷性鉴定处理空壳率7.69%～12.04%。

产量及适宜地区：2006—2007年黑龙江省第二积温区区域试验平均产量8 080.3kg/hm^2，2007年生产试验平均产量8 302.2kg/hm^2。2008—2014年黑龙江省累计种植面积87.8万hm^2，2011年最大种植面积28.9万hm^2。适宜黑龙江省第二积温区种植。

栽培技术要点：一般4月15～25日播种，5月15～25日插秧。插秧规格为30cm×10cm左右，每穴栽插4～5苗。中等肥力地块，基肥施尿素125kg/hm^2，磷酸二铵100kg/hm^2，硫酸钾100kg/hm^2，分蘖肥施尿素75kg/hm^2，穗肥施尿素50kg/hm^2、硫酸钾50kg/hm^2。插秧后，结合田间除草，追施速效氮肥，促进分蘖。田间水层管理为前期浅水，分蘖末期晒田，后期湿润灌溉，8月末停灌。成熟后及时收获。

龙粳30（Longgeng 30）

品种来源：黑龙江省农业科学院水稻研究所以龙花97122为母本，龙花961253为父本杂交，接种其F_1代花药经离体培养育成，原代号龙花01-558。2011年通过黑龙江省农作物品种审定委员会审定，审定编号：黑审稻2011003。

形态特征和生物学特性：属粳型常规早熟早稻。出苗至成熟生育日数134d左右，与对照品种垦稻12同熟期。需≥10℃活动积温2 450℃左右。活秆成熟。株高87.1cm左右，主茎叶12片。穗长17.7cm左右，每穗粒数116粒左右，千粒重25.1g左右。

品质特性：糙米率80.4%～81.6%，整精米率65.0%左右，垩白粒率3.5%～7.0%，垩白度0.3%～1.0%，直链淀粉含量16.48%～18.5%，胶稠度71～79mm。食味评分80～81分。

抗性：接种鉴定叶瘟0～5级，穗颈瘟0～3级。耐冷性鉴定处理空壳率7.9%～12.7%。秆强抗倒伏。

产量及适宜地区：2008—2009年黑龙江省第二积温区区域试验平均产量8 431.8kg/hm^2，2010年生产试验平均产量9 074.9kg/hm^2。2011—2014年黑龙江省累计种植面积7.1万hm^2，2014年最大种植面积2.7万hm^2。适宜黑龙江省第二积温区下限种植。

栽培技术要点：4月15～25日播种，5月15～25日插秧。插秧规格为30cm×13.3cm左右，每穴栽插4～6苗。中等肥力地块参考施肥量，尿素200kg/hm^2、磷酸二铵100kg/hm^2、硫酸钾100kg/hm^2。尿素分基肥、分蘖肥、穗肥、粒肥施入，磷酸二铵全部作基肥施入，钾肥分基肥、穗肥施入。花达水插秧，分蘖期浅水灌溉，分蘖末期晒田，后期湿润灌溉。成熟后及时收获。注意氮、磷、钾肥配合施用，及时预防和控制病虫草害的发生。

龙粳33（Longgeng 33）

品种来源：黑龙江省农业科学院水稻研究所、黑龙江省龙粳高科有限责任公司、黑龙江省龙科种业集团有限公司以空育131为母本，松99-135为父本杂交，采用系谱方法选育而成，原代号龙交06-2110。2012年通过黑龙江省农作物品种审定委员会审定，审定编号：黑审稻2012007。

形态特征和生物学特性：属粳型常规早熟早稻。在适宜种植区出苗至成熟生育日数134d左右，需≥10℃活动积温2 450℃左右。主茎叶12片，株高94cm左右。穗长15.7cm左右，每穗粒数105粒左右，千粒重26.5g左右。

品质特性：2年品质分析结果，糙米率81.8%～83.1%，整精米率69.1%～69.3%，垩白粒率2.0%～11.0%，垩白度0.1%～1.6%，直链淀粉含量16.1%～16.3%，胶稠度70.0～71.5mm。食味品质86分。

抗性：3年抗病接种鉴定叶瘟0～1级，穗颈瘟1～3级。3年耐冷性鉴定处理空壳率2.4%～13.3%。

产量及适宜地区：2009—2010年黑龙江省第二积温区区域试验平均产量8 585.6kg/hm^2，2011年生产试验平均产量8 674.9kg/hm^2。2012—2013年黑龙江省累计种植面积1.7万hm^2，2012年最大种植面积1.5万hm^2。适宜黑龙江省第二积温区种植。

栽培技术要点：在适宜种植区4月10～20日播种，5月15～25日插秧。插秧规格为30cm×13.3cm左右，每穴栽插4～5苗。施尿素200kg/hm^2，磷酸二铵100kg/hm^2，硫酸钾100kg/hm^2，其中40%氮肥、全部磷肥、50%钾肥作基肥；尿素30%作分蘖肥；尿素30%、钾肥50%作穗肥。注意：氮、磷、钾肥配合施用，及时预防和控制病虫草害的发生。

龙粳34（Longgeng 34）

品种来源：黑龙江省农业科学院水稻研究所、黑龙江省龙粳高科有限责任公司、黑龙江省龙科种业集团有限公司以垦稻8号为母本，龙粳13为父本杂交，采用系谱方法选育而成，原代号龙交04-908。2012年通过黑龙江省农作物品种审定委员会审定，审定编号：黑审稻2012008。

形态特征和生物学特性：属粳型常规早熟早稻。在适宜种植区出苗至成熟生育日数134d左右，需≥10℃活动积温2 450℃左右。主茎叶12片，株高92cm左右。穗长16.5cm左右，每穗粒数104粒左右，千粒重26g左右。

品质特性：3年品质分析结果：糙米率80.8%～81.4%，整精米率64.0%～68.8%，垩白粒率2.0%，垩白度0.1%～0.3%，直链淀粉含量17.7%～20.0%，胶稠度70.0～76.0mm。食味评分79～81分。

抗性：4年抗病接种鉴定叶瘟0～3级，穗颈瘟1～3级。4年耐冷性鉴定处理空壳率1.7%～15.0%。

产量及适宜地区：2008—2009年黑龙江省第二积温区区域试验平均产量8 468.4kg/hm^2，2010—2011年两年生产试验平均产量8 661.7kg/hm^2。2013—2014年黑龙江省累计种植面积为0.1万hm^2，2014年最大种植面积0.1万hm^2。适宜黑龙江省第二积温区种植。

栽培技术要点：在适宜种植区4月10～20日播种，5月15～22日插秧。插秧规格为30cm×10cm左右，每穴栽插3～5苗。施尿素200kg/hm^2，磷酸二铵100kg/hm^2，硫酸钾100kg/hm^2，其中尿素40%、磷酸二铵全部、50%钾肥作基肥；尿素30%作分蘖肥；尿素30%、钾肥50%作穗肥。8月末排干水，9月下旬籽粒黄熟期及时收获。注意氮、磷、钾肥配合施用，及时预防和控制病虫草害的发生。

龙粳38（Longgeng 38）

品种来源：黑龙江省农业科学院水稻研究所、黑龙江省龙粳高科有限责任公司、黑龙江省龙科种业集团有限公司以沈农265为母本，上育418为父本，F_1代辐射后，采用系谱方法选育而成，原代号龙交06-192。2012年通过黑龙江省农作物品种审定委员会审定，审定编号：黑审稻2012014。

形态特征和生物学特性：属粳型常规早熟早稻，软米品种。在适宜种植区出苗至成熟生育日数136d左右，需≥10℃活动积温2 500℃左右。主茎叶13片，株高91cm左右。穗长16.6cm左右，每穗粒数114粒左右，千粒重26.7g左右。

品质特性：3年品质分析结果糙米率81.3%～82.0%，整精米率68.1%～71.2%，垩白粒率3.5%～5.0%，垩白度0.3%～0.8%，直链淀粉含量14.97%～17.01%，胶稠度76.5～82.5mm。食味评分81～84分。

抗性：4年抗病接种鉴定叶瘟0～5级，穗颈瘟0～3级。4年耐冷性鉴定处理空壳率3.1%～11.54%。

产量及适宜地区：2008—2009年黑龙江省第二积温区上限区域试验平均产量8 205.5kg/hm^2，2010—2011年生产试验平均产量8 438.8kg/hm^2。2013—2014年黑龙江省累计种植面积0.1万hm^2，2014年最大种植面积0.1万hm^2。适宜黑龙江省第二积温区上限种植。

栽培技术要点：在适宜种植区4月10～20日播种，5月15～20日插秧。插秧规格为30cm×10cm左右，每穴栽插4～5苗。施尿素200kg/hm^2，磷酸二铵100kg/hm^2，硫酸钾100/hm^2，其中尿素40%、磷酸二铵全部、50%钾肥作基肥；尿素30%作分蘖肥；尿素30%、钾肥50%作穗肥。8月末排干，9月下旬籽粒黄熟期及时收获。注意氮、磷、钾肥配合施用，及时预防和控制病虫草害的发生。

龙粳4号（Longgeng 4）

品种来源：黑龙江省农业科学院水稻研究所以龙粳1号为母本，宾旭为父本杂交，F_1接种花药离体培养育成的粳型常规水稻，原代号合单83-079。1993年通过黑龙江省农作物品种审定委员会审定，审定编号：黑审稻1993001。

形态特征和生物学特性：属粳型常规早熟早稻。插秧栽培生育期133d左右，需≥10℃活动积温2 400℃左右。株型收敛，秆强，叶色淡，剑叶开张角度小，穗形弯，叶下穗，无芒，颖与颖尖秆黄色。株高80 ~ 85cm，穗长15 ~ 17cm，每穗平均80粒左右，千粒重27g。

品质特性：糙米率81.5%，直链淀粉含量17.7%，蛋白质含量8.1%。

抗性：抗倒伏。中抗稻瘟病，较易感恶苗病。

产量及适宜地区：1987—1990年黑龙江省第二积温区区域试验平均产量7 458.1kg/hm^2，1989—1990年生产试验平均产量7 264.1kg/hm^2。1990—2009年黑龙江省累计种植面积4.4万hm^2，1991年最大种植面积1.3万hm^2。适宜黑龙江省第二积温区下限和第三积温区上限种植。

栽培技术要点：适宜黑龙江省第二积温区稀植栽培，一般中等肥力条件下，施纯氮110kg/hm^{2}左右为宜。

龙粳42（Longgeng 42）

品种来源：黑龙江省农业科学院水稻研究所、黑龙江省龙科种业集团有限公司龙粳分公司以空育131母本，龙盾20-240为父本，采用系谱方法选育而成，原代号龙交071963。2014年通过黑龙江省农作物品种审定委员会审定，审定编号：黑审稻2014009。

形态特征和生物学特性：属粳型常规早熟早稻。株型收敛，叶色淡绿，分蘖力强，幼苗长势强，穗位整齐，成熟转色快，谷粒椭圆形，秆黄色，活秆成熟。在适宜种植区出苗至成熟生育日数134d左右，需≥10℃活动积温2 450℃左右。主茎叶12片，株高93cm左右。穗长15.1cm左右，每穗粒数100粒左右，千粒重25.3g左右。

品质特性：2年品质分析结果：糙米率81.4%～82.4%，整精米率68.5%～69.8%，垩白粒率4.0%～10.0%，垩白度0.8%～0.9%，直链淀粉含量17.6%～17.9%，胶稠度73.5～80.0mm。食味评分81～84分，达到国家优质米二级标准。

抗性：3年抗病接种鉴定叶瘟3级，穗颈瘟1～5级。3年耐冷性鉴定处理空壳率1.9%～10.1%。

产量及适宜地区：2011—2012年黑龙江省第二积温区区域试验平均产量8 729.6kg/hm^2，2013年生产试验平均产量8 759.0kg/hm^2。2014年种植面积0.1万hm^2。适宜黑龙江省第二积温区种植。

栽培技术要点：播种期4月15～25日，插秧期5月15～25日。秧龄30d，插秧规格为30cm×13.3cm，每穴栽插4～5苗。中等肥力地块施纯氮110kg/hm^2，氮：磷：钾=2.4：1：1.6。氮肥比例：基肥：分蘖肥：穗肥：粒肥=4：3：2：1。基肥施纯氮44kg/hm^2，纯磷46kg/hm^2，纯钾40kg/hm^2；分蘖肥施纯氮33kg/hm^2；穗肥施纯氮22kg/hm^2，纯钾35kg/hm^2；粒肥施纯氮11kg/hm^2。花达水插秧，分蘖期浅水灌溉，分蘖末期晒田，复水后间歇灌溉，8月下旬黄熟后排干，成熟后及时收获。及时防控病虫害的发生。

龙粳5号（Longgeng 5）

品种来源：黑龙江省农业科学院水稻研究所以合良682（垦糯2号）/BL7为母本，龙粳1号为父本杂交育成，原代号龙杂89173-4。1997年通过黑龙江省农作物品种审定委员会审定，审定编号：黑审稻1997001。

形态特征和生物学特性：属粳型常规早熟早稻。生育日数135d左右，需≥10℃活动积温2 550℃左右。苗期长势强，分蘖力中等，茎秆粗壮，叶色浓绿。颖尖秆黄色，无芒。株高93cm左右，穗长17cm左右，每穗粒数120粒左右，千粒重27g左右。

品质特性：糙米率82.9%，精米率74.6%，整精米率71.6%，垩白度9.7%，碱消值6.7级，胶稠度59.2mm，直链淀粉含量16.4%，蛋白质含量8.1%。食味较好，米质中上等。

抗性：抗稻瘟病性强。抗倒伏，适应性强。

产量及适宜地区：1993—1994年黑龙江省第二积温区区域试验平均产量7 864.8kg/hm^2，1995—1996年生产试验平均产量7 410.5kg/hm^2。1997—2007年黑龙江省累计种植面积为0.5万hm^2，1997年最大种植面积0.3万hm^2。适宜黑龙江省第二积温区种植。

栽培技术要点：属于中晚熟品种，适于旱育稀植栽培，早育早插。一般插秧规格为30cm×10cm，每穴栽插2～3苗。一般中等肥力地块施尿素250～300kg/hm^2。

龙粳6号（Longgeng 6）

品种来源：黑龙江省农业科学院水稻研究所以东农3134/罗萨启蒂为母本，龙粳1号为父本，杂交选育而成的粳稻，原代号龙选90101。1997年通过黑龙江省农作物品种审定委员会审定，审定编号：黑审稻1997002。

形态特征和生物学特性：属粳型常规早熟早稻。插秧栽培生育日数127 ~ 133d，需≥10℃活动积温2 500 ~ 2 550℃。株型收敛，叶色较淡，无芒，颖与颖尖秆黄色，分蘖力较强。株高90cm左右，穗长17cm，每穗90粒左右，千粒重26g左右。

品质特性：糙米率83.8%，精米率75.4%，整精米率72.1%，垩白度8.5%，蛋白质含量7.9%，米质优良。

抗性：中抗稻瘟病。

产量及适宜地区：1993—1994年黑龙江省第二积温区区域试验平均产量7 683.5kg/hm^2，1995—1996年生产试验平均产量7 224.8kg/hm^2。1994—1997年黑龙江省累计种植面积1.2万hm^2，1995年最大种植面积1万hm^2。适宜黑龙江省第二积温区种植。

栽培技术要点：适于旱育稀植栽培。一般4月10 ~ 15日播种，5月15 ~ 25日插秧，每穴栽插3 ~ 4苗。一般中等肥力地块施尿素200kg/hm^2，磷酸二铵100kg/hm^2，硫酸钾100kg/hm^2。播种前须用恶苗灵浸种，以防恶苗病。

龙粳7号（Longgeng 7）

品种来源：龙粳7号是黑龙江省农业科学院水稻研究所以藤系137为母本，龙花84-106（合江21/红星2号//藤系138）为父本杂交，接种其F_1代花药离体培养育成的粳型常规水稻，原代号龙花90-254。1998年通过黑龙江省农作物品种审定委员会审定，审定编号：黑审稻1998002。

形态特征和生物学特性：属粳型常规早熟早稻。插秧栽培生育日数130～132d，需≥10℃活动积温2 400～2 450℃。株型收敛，敛叶上举，主茎叶12片，叶色较淡。幼苗生长势强，分蘖中等。颖及颖尖秆均为黄色，无芒。株高90cm左右，穗长16cm左右，每穗粒数95粒左右，千粒重26.5g。

品质特性：糙米率84.3%，精米率75.9%，整精米率64.0%，垩白度14.8%，碱消值6.8级，胶稠度47.6mm。米质优良。

抗性：秆强抗倒伏。中抗稻瘟病。

产量及适宜地区：1995—1996年黑龙江省第二积温区区域试验平均产量7 852.2kg/hm^2，1997年生产试验平均产量8 142.7kg/hm^2。1998—2008年黑龙江省累计种植面积2.2万hm^2，1999年最大种植面积1.6万hm^2。适宜黑龙江省第二积温区种植。

栽培技术要点：适于旱育稀植栽培。一般4月10～15日播种，5月15～20日插秧，每穴栽插3～4苗。一般中等肥力地块施尿素200kg/hm^2，磷酸二铵100kg/hm^2，硫酸钾100kg/hm^2。

龙粳9号（Longgeng 9）

品种来源：黑龙江省农业科学院水稻研究所于1991年从引进粘稻天然杂交变异株中系选育成，原代号龙粳长粒香。1999年通过黑龙江省农作物品种审定委员会审定，审定编号：黑审稻1999003。

形态特征和生物学特性：属粳型常规早熟早稻。生育日数135～140d，需≥10℃活动积温2 500～2 600℃。剑叶开张度小，抽穗后压圈较快，呈叶里藏花型。分蘖力中等，活秆成熟。无芒，谷粒细长。株高85～90cm，主茎叶12～13片。穗长18～21cm，每穗粒数100～120粒，千粒重24～26g。

品质特性：糙米率82.5%，精米率74.3%，整精米率67.6%，垩白大小15.0%，垩白粒率27.8%，碱消值6.8级，胶稠度55.2mm，直链淀粉含量17.3%，蛋白质含量7.7%。食味优良，有饭香味，黏性好，凉后不回生。

抗性：中抗稻瘟病。秆强抗倒伏，抗霜冻，适应性较强。

产量及适宜地区：1995—1996年黑龙江省第二积温区上限区域试验平均产量7 195.9kg/hm^2，1998年生产试验平均产量8 850.9kg/hm^2。1996—2007年黑龙江省累计种植面积1.4万hm^2，2007年最大种植面积0.5万hm^2。适宜黑龙江省第二积温区上限种植。

栽培技术要点：旱育稀植栽培，秧龄30～35d为宜。一般4月10～15日播种，5月15～20日插秧，行距30cm，穴距10～15cm，每穴栽插3～4苗。本田施尿素200～250kg/hm^2，磷酸二铵100kg/hm^2，硫酸钾100kg/hm^2。

龙联1号（Longlian 1）

品种来源：黑龙江省农业科学院水稻研究所、黑龙江省龙粳高科有限责任公司和黑龙江省莲江口农场有限公司科研站以龙粳2号为母本，空育131为父本杂交经系谱方法选育而成，原代号莲选05-1。2010年通过黑龙江省农作物品种审定委员会审定，审定编号：黑审稻2010008。

形态特征和生物学特性：属粳型常规早熟早稻。在适宜种植区出苗至成熟生育日数134d左右，需≥10℃活动积温2 450℃左右。株高91.6cm左右，主茎叶12片，穗长16.5cm左右，每穗粒数100粒左右，千粒重25.4g左右。

品质特性：糙米率81.0%～82.8%，整精米率70.0%～70.3%，垩白粒率4.0%～6.5%，垩白度0.3%～0.5%，直链淀粉含量16.7%～18.0%，胶稠度67～83.5mm。食味评分80～81分。

抗性：接种鉴定叶瘟1～3级，穗颈瘟1～3级。耐冷性鉴定处理空壳率8.1%～10.6%。

产量及适宜地区：2007—2008年黑龙江省第二积温区区域试验平均产量8 318.9kg/hm^2，2009年生产试验平均产量8 520.4kg/hm^2。2011—2014年黑龙江省累计种植面积1.5万hm^2，2011年最大种植面积0.7万hm^2。适宜黑龙江省第二积温区下限种植。

栽培技术要点：4月15～25日播种，5月15～25日插秧。插秧规格为30cm×13.3cm左右，每穴栽插3～4苗。中等肥力地块施尿素200kg/hm^2，磷酸二铵100kg/hm^2，硫酸钾100kg/hm^2。尿素分基肥、分蘖肥、穗肥、粒肥施入，磷酸二铵全部作基肥，钾肥分基肥、穗肥施入。花达水插秧，分蘖期浅水灌溉，分蘖末期晒田，后期湿润灌溉。成熟后及时收获。

龙糯1号（Longnuo 1）

品种来源：黑龙江省农业科学院水稻研究所从辽宁盐碱地利用研究所引进的B639中系选育成的糯稻，原代号B639-3-1。1990年通过黑龙江省农作物品种审定委员会审定，审定编号：黑审稻1990002。

形态特征和生物学特性：属粳型常规早熟早糯稻。生育日数136 ~ 140d，需≥10℃活动积温2 600℃。芽苗期光反应弱，分蘖力强，活秆成熟。谷粒椭圆形，颖壳黄褐色，稃毛少。株高90cm左右，主茎叶13片，穗长16 ~ 17cm，每穗平均85 ~ 90粒，结实率90%左右，千粒重24.3g。

品质特性：米质良好，食味好。蛋白质含量7.7%，直链淀粉含量为0。

抗性：田间种植自然发病轻，耐肥性中等，秆强不倒伏。芽苗期耐冷性强。

产量及适宜地区：1987—1988年黑龙江省第二积温区区域试验平均产量6 367.2kg/hm^2，1989年生产试验平均产量6 466.1kg/hm^2。1990年黑龙江省种植面积0.1万hm^2。适宜黑龙江省第一积温区和第二积温区上限种植。

栽培技术要点：旱育大苗早插秧，每穴栽插3 ~ 4苗。中等肥力地块，一般施尿素200 ~ 250kg/hm^2，其中基肥60%，追肥40%，浅水灌溉，促进早期分蘖。后期加深水层，控制无效分蘖。抽穗后期间歇灌溉，并注意肥大水深引起的贪青倒伏和病虫害的发生。

龙糯2号（Longnuo 2）

品种来源：黑龙江省农业科学院水稻研究所1986年以合良682（垦糯2号）/BL7为母本，龙粳1号为父本杂交选育而成，原代号品鉴-1。2003年通过黑龙江省农作物品种审定委员会审定，审定编号：黑审稻2003007。

形态特征和生物学特性：属粳型常规早熟旱糯稻。生育日数130 ~ 133d，从出苗到成熟需≥10℃活动积温2 350 ~ 2 400℃。株型收敛，剑叶上举，分蘖力中等。出苗快，苗期壮。茎秆粗壮，主蘖穗整齐，出穗较一致。着粒均匀，谷粒椭圆形，秆黄色。株高85 ~ 90cm，主茎叶12片，平均穗粒数95粒，千粒重27.5g。

品质特性：糙米率81.8%，精米率73.6%，整精米率68.1%，直链淀粉含量0，糯性好，蛋白质含量7.9%。

抗性：2000—2002年人工接种鉴定苗瘟5级，叶瘟5 ~ 7级，穗颈瘟5级；自然感病苗瘟5 ~ 7级，叶瘟3 ~ 5级，穗颈瘟3 ~ 5级。

产量及适宜地区：2000—2001年黑龙江省第二积温区区域试验平均产量7 057.3kg/hm^2，2002年生产试验平均产量7 156kg/hm^2。2002—2009年黑龙江省累计种植面积0.3万hm^2，2009年最大种植面积0.1万hm^2。适宜黑龙江省第二积温区下限种植。

栽培技术要点：旱育稀植插秧栽培。中等肥力地块施尿素100kg/hm^2，磷酸二铵100kg/hm^2，硫酸铵100kg/hm^2，氯化钾100kg/hm^2。

龙糯3号（Longnuo 3）

品种来源：黑龙江省农业科学院水稻研究所以龙糯99-392（合江21/中作87//滨旭///龙粳8号）为母本，龙粳17为父本，经杂交选育而成的糯稻品种，原代号龙糯04-1292。2009年通过黑龙江省农作物品种审定委员会审定，审定编号：黑审稻2009015。

形态特征和生物学特性：属粳型常规早熟早糯稻。在适宜种植区出苗至成熟生育日数132d左右，需≥10℃活动积温2 480℃左右。株高91cm左右，主茎叶12片，穗长17cm左右，每穗粒数90粒左右，千粒重26g左右。

品质特性：糙米率80.5%～82.6%，整精米率67.4%～69.1%，垩白粒率100.0%，垩白度100.0%，直链淀粉含量0～0.6%，胶稠度100.0mm。

抗性：接种鉴定叶瘟1～5级，穗颈瘟3～5级。耐冷性鉴定处理空壳率7.84%～9.33%。

产量及适宜地区：2007—2008年黑龙江省第二积温区区域试验平均产量7 555.2kg/hm^2，2008年生产试验平均产量7 954.1kg/hm^2。2010—2014年黑龙江省累计种植面积0.4万hm^2，2010年最大种植面积0.1万hm^2。适宜黑龙江省第二积温区种植。

栽培技术要点：4月15～20日播种，5月15～20日插秧。插秧规格为30cm×13cm左右，每穴栽插3～4苗。中等肥力地块施尿素250kg/hm^2，磷酸二铵100kg/hm^2，硫酸钾100kg/hm^2。尿素分基肥、分蘖肥、穗肥施入，磷酸二铵及硫酸钾全部作基肥。花达水插秧，分蘖期浅水灌溉，灌浆期浅水灌溉至8月末停灌。9月末至10月上旬收获。

龙庆稻1号（Longqingdao 1）

品种来源：黑龙江省农业科学院耕作栽培研究所、黑龙江省庆安县北方绿洲稻作研究所以系选1号/牡丹江19为杂交组合，采用系谱法选育而成，原品系代号哈04-29。2010年通过黑龙江省农作物品种审定委员会审定，审定编号：黑审稻2010007。

形态特征和生物学特性：属粳型常规中熟早稻，基本营养生长期短。生育日数138d左右，需≥10℃活动积温2 550℃左右。主茎叶12片，株高100.7cm左右，穗长18.2cm左右，每穗粒数117粒左右，千粒重25.1g左右。

品质特性：糙米率79.1%～81%，整精米率63.3%～68.3%，垩白粒率0～1%，垩白度0～0.1%，直链淀粉含量17.8%～18.7%，胶稠度65.5～77.5mm。食味评分87～88分。

抗性：高抗叶瘟，中抗穗颈瘟。孕穗期耐冷性强。

产量及适宜地区：2007—2008年黑龙江省第二积温区区域试验平均产量8 445.0kg/hm^2，2009年生产试验平均产量8 607.0kg/hm^2。2011—2014年黑龙江省累计种植面积18.9万hm^2，2012年最大种植面积7.8万hm^2。适宜黑龙江省第二积温区上限种植。

栽培技术要点：4月10～20日播种，5月15～25日插秧。插秧规格为30cm×13cm或26cm×13cm。施纯氮120kg/hm^2，纯磷75kg/hm^2，纯钾50kg/hm^2；氮肥的一半、磷肥的全部、钾肥一半作底肥施入，其余作追肥施用。施足底肥，提早追肥，浅湿干交替灌溉。9月20～30日收获。

苗稻1号（Miaodao 1）

品种来源：黑龙江省苗氏种业有限责任公司以香稻9129/糯84为杂交组合，采用系谱法选育而成，原品系代号苗系918-16。2013年通过黑龙江省农作物品种审定委员会审定，审定编号：黑审稻2013018。

形态特征和生物学特性：属粳型常规早熟早香糯稻，基本营养生长期短。在适宜种植区出苗至成熟生育日数138d，需≥10℃活动积温2 550℃。主茎叶12片，株高90cm左右。穗长17.5cm，每穗粒数105粒左右，千粒重28.5g。

品质特性：糙米率82.5%～83.0%，整精米率67.8%～71.6%，垩白粒率100.0%，垩白度100.0%，直链淀粉含量0.6%～1.3%，胶稠度100.0mm。食味评分82～84分。

抗性：高抗叶瘟、穗颈瘟。孕穗期耐冷性强。

产量及适宜地区：2010—2011年黑龙江省第二积温区区域试验平均产量8 275.3kg/hm^2，2012年生产试验平均产量9 147.9kg/hm^2。适宜黑龙江省第二积温区上限种植。

栽培技术要点：4月10～20日播种，5月15～25日插秧。插秧规格为30cm×13cm，每穴栽插2～3苗。选择地势平坦的肥沃地块种植，一般施用纯氮120kg/hm^2，氮∶磷∶钾=3∶2∶2；底肥施入氮肥的一半、磷肥的全部、钾肥的一半，其余氮钾肥作追肥。除作业用水外，采用浅水灌溉，及时施药除草。成熟后及时收获。

苗稻2号（Miaodao 2）

品种来源：黑龙江省苗氏种业有限责任公司以绥粳4号/特82为杂交组合，采用系谱法选育而成，原品系代号苗系918-20。2014年通过黑龙江省农作物品种审定委员会审定，审定编号：黑审稻2014018。

形态特征和生物学特性：属粳型常规早熟早香稻，基本营养生长期短。在适宜种植区出苗至成熟生育日数136 d左右，需≥10℃活动积温2 500℃。主茎叶12片，谷粒长粒型，株高90cm左右，穗长20cm左右，每穗粒数120粒左右，千粒重24g左右。

品质特性：糙米率79.4%～80.7%，整精米率67.5%～68.5%，垩白粒率2.0%～11%，垩白度0.2%～0.5%，直链淀粉含量17.4%～17.6%，胶稠度73.5～81.0mm，达到国家二级优质米标准。

抗性：中抗叶瘟、穗颈瘟。孕穗期耐冷性强。

产量及适宜地区：2011—2012年黑龙江省第二积温区区域试验平均产量8 524.6kg/hm^2，2013年生产试验平均产量8 231.8kg/hm^2。适宜黑龙江省第二积温区上限种植。

栽培技术要点：4月10日播种，5月10日插秧，秧龄30d左右。插秧规格为30cm×13.3cm，每穴栽插3～5苗。一般施纯氮110kg/hm^2，氮：磷：钾=2：1：2。氮肥比例：基肥：分蘖肥：穗肥：粒肥=10：7：2：1。基肥施纯氮55kg/hm^2，纯磷55kg/hm^2，纯钾77kg/hm^2；分蘖肥施纯氮38.5kg/hm^2；穗肥施纯氮11kg/hm^2，纯钾33kg/hm^2；粒肥施纯氮5.5kg/hm^2。除作业用水外，采用浅水灌溉。预防稻瘟病、二化螟。成熟后及时收获。

牡丹江12（Mudanjiang 12）

品种来源：牡丹江12是黑龙江省农业科学院牡丹江分院以松辽4号为母本，农垦20（富锦）为父本杂交育成。原代号6108-22-1-1。1971年通过黑龙江省农作物品种审定委员会审定。

形态特征和生物学特性：属粳型常规早熟早稻。插秧栽培生育期135 ~ 140d，直播栽培需≥10℃活动积温2 200 ~ 2 600℃。幼苗鲜绿色，叶片宽，较直立，分蘖力较强，株型收敛。株高102cm，穗长16cm，穗粒数115粒，结实率92.3%，千粒重27.3g。

品质特性：糙米粒长4.95mm，糙米长宽比1.8，糙米率87.3%，精米率71.8%，整精米率63.4%，直链淀粉含量17.2%，蛋白质含量4.7%。

抗性：抗寒性中等，耐肥，抗稻瘟病性较强。

产量及适宜地区：插秧栽培，一般产量5 250 ~ 6 750kg/hm^2，可高达7 500kg/hm^{2}以上。适宜黑龙江省牡丹江地区的东宁、宁安及牡丹江郊区等可种植。

栽培技术要点：4月上中旬播种，采用大棚旱育秧，播种量催芽种子350 g/m^2。5月中下旬移栽，株行距30.0cm×（10 ~ 12）cm，每穴栽插3 ~ 4苗。氮、磷、钾配方施肥，施纯氮150.0 ~ 187.5kg/hm^2,分4 ~ 5次均施，五氧化二磷60 ~ 75kg/hm^2（作底肥），氧化钾90.0 ~ 112.5kg/hm^2（作底肥和拔节期追肥）。应采取分蘖期浅、孕穗期深、籽粒灌浆期浅的方法进行灌溉。7月上中旬注意防治二化螟，抽穗前及时防治稻瘟病等病虫害。

牡丹江17（Mudanjiang 17）

品种来源：牡丹江17是黑龙江省农业科学院牡丹江分院以合江20为母本，清杂16为父本杂交育成的粳型常规水稻，原代号牡交81-1086。1986年通过黑龙江省农作物品种审定委员会审定，审定编号：1986002。

形态特征和生物学特性：属粳型常规中熟早稻。全生育期138d，需≥10℃活动积温2 630℃。株型收敛，整齐一致，灌浆后熟快，着粒较密。株高99cm，穗长15cm，穗粒数111.4粒，结实率95.3%，千粒重28.7g。

品质特性：糙米粒长4.5mm，糙米长宽比1.5，糙米率82.9%，精米率70.4%，整精米率67.8%，直链淀粉含量17.4%，蛋白质含量5.8%。

抗性：抗寒性中等，耐肥，抗稻瘟病性较强。

产量及适宜地区：平均产量6 600kg/hm^2。1988—1998年黑龙江省累计种植面积13.6万hm^2，1998年最大种植面积3.0万hm^2。适宜黑龙江省第二积温区上限种植。

栽培技术要点：4月上中旬播种，采用大棚旱育秧，播种量催芽种子350 g/m^2。5月中下旬移栽，株行距30.0cm×（10 ～ 12）cm，每穴栽插3 ～ 4苗。氮、磷、钾配方施肥，施纯氮150.0 ～ 187.5kg/hm^2,分4 ～ 5次均施，五氧化二磷60 ～ 75kg/hm^2（作底肥），氧化钾90.0 ～ 112.5kg/hm^2（作底肥和拔节期追肥）。应采取分蘖期浅、孕穗期深、籽粒灌浆期浅的方法进行灌溉。7月上中旬注意防治二化螟，抽穗前及时防治稻瘟病等病虫害。

牡丹江18（Mudanjiang 18）

品种来源：牡丹江18是黑龙江省农业科学院牡丹江分院以石狩为母本，BL7为父本杂交育成，原代号牡交81-1279。1987年通过黑龙江省农作物品种审定委员会审定，审定编号：1987003。

形态特征和生物学特性：属粳型常规中熟早稻。全生育期139d，需≥10℃活动积温2 600～2 800℃。苗壮，株型收敛，剑叶上举，植株颜色浓绿，活秆成熟，分蘖力适中。株高90cm，穗长19cm，穗粒数93.2粒，结实率88.6%，千粒重27.6g。

品质特性：糙米粒长5.1mm，糙米长宽比1.7，糙米率83.0%，精米率74.4%，整精米率64.2%，直链淀粉含量17.3%，蛋白质含量5.6%。

抗性：秆强抗倒伏，抗稻瘟病性较强，耐肥。

产量及适宜地区：平均产量8 500kg/hm^2。1988—1993年黑龙江省累计种植面积为0.5万hm^2，1989年最大种植面积0.3万hm^2。适宜黑龙江省第二积温区上限种植。

栽培技术要点：4月上中旬播种，采用大棚旱育秧，播种量催芽种子350g/m^2。5月中下旬移栽，株行距30.0cm×（10～12）cm，每穴栽插3～4苗。氮、磷、钾配方施肥，施纯氮150.0～187.5kg/hm^2,分4～5次均施，五氧化二磷60～75kg/hm^2（作底肥），氧化钾90.0～112.5kg/hm^2（作底肥和拔节期追肥）。应采取分蘖期浅、孕穗期深、籽粒灌浆期浅的方法进行灌溉。7月上中旬注意防治二化螟，抽穗前及时防治稻瘟病等病虫害。

牡丹江19（Mudanjiang 19）

品种来源：黑龙江省农业科学院牡丹江分院以石狩为母本，岩锦为父本杂交育成，原代号牡交80-541。1989年通过黑龙江省农作物品种审定委员会审定，审定编号：1989002。

形态特征和生物学特性：属粳型常规中熟早稻，该品种草形株型，分蘖率高，全生育期137d。株高97cm，穗长14.5cm，穗粒数101.8粒，结实率90.1%，千粒重24.5g。感温感光性弱。

品质特性：糙米粒长4.9mm，糙米长宽比1.6，糙米率83.0%，精米率74.7%，整精米率67.2%，直链淀粉含量19.3%，蛋白质含量8.3%。

抗性：抗稻瘟病，苗期抗冷性强。

产量及适宜地区：1985—1986年黑龙江省第二积温区上限区域试验平均产量7 171.5kg/hm^2，1987—1988年生产试验平均产量6 453kg/hm^2。1990—2004年黑龙江省累计种植面积19.3万hm^2，1997年最大种植面积6.3万hm^2。适宜黑龙江省第二积温区上限种植。

栽培技术要点：4月上中旬播种，采用大棚旱育秧，播种量催芽种子350g/m^2。5月中下旬移栽，株行距30.0cm×（10～12）cm，每穴栽插3～4苗。氮、磷、钾配方施肥，施纯氮150.0～187.5kg/hm^2,分4～5次均施，五氧化二磷60～75kg/hm^2（作底肥），氧化钾90.0～112.5kg/hm^2（作底肥和拔节期追肥）。应采取分蘖期浅、孕穗期深、籽粒灌浆期浅的方法进行灌溉。7月上中旬注意防治二化螟，抽穗前及时防治稻瘟病等病虫害。

牡丹江2号（Mudanjiang 2）

品种来源：牡丹江2号由黑龙江省农业科学院牡丹江分院以北海1号变异单株系选育而成，于1966年通过黑龙江省农作物品种审定委员会审定。

形态特征和生物学特性：属粳型常规早熟早稻。直播栽培生育期95 ~ 100d，需≥10℃活动积温1 900 ~ 2 100℃。叶色深绿色，叶片宽，较弯曲，分蘖力中等。谷粒椭圆形，稀有短芒，米白色，颖壳秆黄色，颖尖红褐色。株高106cm，穗长18cm，穗粒数194.2粒，结实率66.4%，千粒重32.7g。

品质特性：糙米粒长4.73mm，糙米长宽比1.6，糙米率84.0%，精米率73.0%，整精米率58.0%，直链淀粉含量16.5%，蛋白质含量5.9%。

抗性：苗期生长势强，耐冷水，易抓苗。耐肥。高抗苗瘟和叶瘟，中抗穗颈瘟。孕穗期耐冷性强，抗旱性中等，耐盐性中等。

产量及适宜地区：直播栽培一般产量3 750 ~ 5 250kg/hm^2。适宜黑龙江省牡丹江、绥化地区及佳木斯、齐齐哈尔地区南部种植。

栽培技术要点：牡丹江地区5月中旬播种，6月初出苗，7月末抽穗，9月上旬成熟。要获得直播稻稳产、高产，必须根据直播稻的生育特点，扬长避短，重点抓好保全苗、早发、足穗、防倒、除草等技术环节。提高大田整地质量，在施肥技术上，要掌握“前促、中控、后补”的原则，即前期要多施肥，促进稻苗早发，多分蘖，长大蘖；中期要少施肥，控制群体生长，防止无效分蘖发生，提高成穗率；后期要补施肥，由于直播稻根系分布浅，宜根据苗情和天气情况补施穗肥和根外追肥。基肥：45%国产复合肥225 ~ 300kg/hm^2；追肥：分蘖肥（插秧后10d左右）用尿素150 ~ 225kg/hm^2，穗肥用尿素75 ~ 112.5kg/hm^2。应采取分蘖期浅、孕穗期深、籽粒灌浆期浅的方法进行灌溉。7月上中旬注意防治二化螟，抽穗前及时防治稻瘟病等病虫害。

牡丹江21（Mudanjiang 21）

品种来源：黑龙江省农业科学院牡丹江分院以石狩/福锦//中作87为母本，牡80-341［合江20（合交752）/岩锦］为父本，复交育种选育出的早粳常规稻，原代号牡87-1894。1994年通过黑龙江省农作物品种审定委员会审定，审定编号：黑审稻1994004。

形态特征和生物学特性：属粳型常规中熟早稻。全生育期138d，需≥10℃活动积温2 587.65℃。茎秆较强，分蘖力中等，穗大粒多，活秆成熟。株高79cm，穗长14cm，结实率94.5%，千粒重26.1g。

品质特性：糙米粒长4.6mm，糙米长宽比1.5，糙米率82.0%，精米率73.8%，整精米率69.6%，直链淀粉含量17.1%，蛋白质含量6.7%。

抗性：抗叶瘟和穗颈瘟。耐肥，抗倒伏能力强。

产量及适宜地区：1991—1992年黑龙江省第二积温区上限区域试验平均产量7 951.5kg/hm^2，1993年生产试验平均产量8 620.65kg/hm^2。1990—1993年黑龙江省累计种植面积0.5万hm^2，1993年最大种植面积0.3万hm^2。适宜黑龙江省第二积温区上限种植。

栽培技术要点：4月上中旬播种，采用大棚旱育秧，播种量催芽种子350g/m^2。5月中下旬移栽，株行距30.0cm×（10～12）cm，每穴栽插3～4苗。氮、磷、钾配方施肥，施纯氮150.0～187.5kg/hm^2,分4～5次均施，五氧化二磷60～75kg/hm^2（作底肥），氧化钾90.0～112.5kg/hm^2（作底肥和拔节期追肥）。应采取分蘖期浅、孕穗期深、籽粒灌浆期浅的方法进行灌溉。7月上中旬注意防治二化螟，抽穗前及时防治稻瘟病等病虫害。

牡丹江22（Mudanjiang 22）

品种来源：黑龙江省农业科学院牡丹江分院以石狩/福锦//中作87为母本，牡80-341［合江20（合交752）/岩锦］为父本，复交育种选育出的早粳常规稻，原代号牡96-1。1994年通过黑龙江省农作物品种审定委员会审定，审定编号：黑审稻1994005。

形态特征和生物学特性：属粳型常规中熟早稻。全生育期135d。分蘖力较强，光温反应较迟钝。株高88cm，穗长18cm，每穗粒数96粒，结实率95.6%，千粒重28.6g。

品质特性：糙米粒长5.5mm，糙米长宽比1.6，糙米率83.0%，精米率74.7%，整精米率71.7%，垩白粒率7.5%，直链淀粉含量17.9%，蛋白质含量7.5%，胶稠度65.0mm。

抗性：抗叶瘟及穗颈瘟。耐肥抗倒性强，比较耐寒。

产量及适宜地区：1991—1992年黑龙江省第二积温区上限区域试验平均产量7 299kg/hm^2，1993年生产试验平均产量7 378.3kg/hm^2。1994—2003年黑龙江省累计种植面积1.3万hm^2，1993年最大种植面积0.3万hm^2。适宜黑龙江省第二积温区上限种植。

栽培技术要点：4月上中旬播种，采用大棚旱育秧，播种量催芽种子350 g/m^2。5月中下旬移栽，株行距30.0cm×（10 ~ 12）cm，每穴栽插3 ~ 4苗。氮、磷、钾配方施肥，施纯氮150.0 ~ 187.5kg/hm^2,分4 ~ 5次均施，五氧化二磷60 ~ 75kg/hm^2（作底肥），氧化钾90.0 ~ 112.5kg/hm^2（作底肥和拔节期追肥）。应采取分蘖期浅、孕穗期深、籽粒灌浆期浅的方法进行灌溉。7月上中旬注意防治二化螟，抽穗前及时防治稻瘟病等病虫害。

牡丹江23（Mudanjiang 23）

品种来源：黑龙江省农业科学院牡丹江分院用牡87-1894经^{60}Co-γ辐射M_4代选育而成。1998年通过黑龙江省农作物品种审定委员会审定，审定编号：黑审稻1998004。

形态特征和生物学特性：属粳型常规中熟早稻。全生育期136d，需≥10℃活动积温2 600℃。叶色淡绿，剑叶上竖，分蘖力强，偏散穗型。株高93cm，穗长18cm，每穗粒数112.8粒，结实率95.5%，千粒重28.3g。

品质特性：糙米粒长4.9mm，糙米长宽比1.6，糙米率82.9%，精米率74.6%，整精米率66.7%，直链淀粉含量16.8%，蛋白质含量7.2%。

抗性：耐冷性强，抗稻瘟病，喜肥中等，抗倒伏。

产量及适宜地区：1995—1996年黑龙江省第二积温区上限区域试验平均产量7 574.6kg/hm^2，1997年生产试验平均产量7 965.6kg/hm^2。1999年黑龙江省种植面积为0.2万hm^2。适宜黑龙江省第二积温区上限种植。

栽培技术要点：4月上中旬播种，采用大棚旱育秧，播种量催芽种子350g/m^2。5月中下旬移栽，株行距30.0cm×（10～12）cm，每穴栽插3～4苗。氮、磷、钾配方施肥，施纯氮150.0～187.5kg/hm^2,分4～5次均施，五氧化二磷60～75kg/hm^2（作底肥），氧化钾90.0～112.5kg/hm^2（作底肥和拔节期追肥）。应采取分蘖期浅、孕穗期深、籽粒灌浆期浅的方法进行灌溉。7月上中旬注意防治二化螟，抽穗前及时防治稻瘟病等病虫害。

牡丹江24（Mudanjiang 24）

品种来源：黑龙江省农业科学院牡丹江分院以合单80-036/pi-5为母本，牡81-1279为父本，复交选育出的早粳常规稻，原代号牡92-743。2000年通过黑龙江省农作物品种审定委员会审定，审定编号：黑审稻2000006。

形态特征和生物学特性：属粳型常规中熟早稻。全生育期135d，需≥10℃活动积温2 540℃。分蘖力强。株高78cm，穗长20cm，每穗粒数111.0粒，结实率97.8%，千粒重29.6g。

品质特性：糙米粒长5.1mm，糙米长宽比1.612，糙米率83.6%，精米率75.2%，整精米率71.4%，直链淀粉含量16.9%，蛋白质含量7.5%。

抗性：苗期耐冷性强。抗稻瘟病，喜肥中等，抗倒伏。

产量及适宜地区：1997—1998年黑龙江省第二积温区上限区域试验平均产量8 381.5kg/hm^2，1999年生产试验平均产量7 500.1kg/hm^2。适宜黑龙江省第二积温区上限种植。

栽培技术要点：4月上中旬播种，采用大棚旱育秧，播种量催芽种子350g/m^2。5月中下旬移栽，株行距30.0cm×（10～12）cm，每穴栽插3～4苗。氮、磷、钾配方施肥，施纯氮150.0～187.5kg/hm^2,分4～5次均施，五氧化二磷60～75kg/hm^2（作底肥），氧化钾90.0～112.5kg/hm^2（作底肥和拔节期追肥）。应采取分蘖期浅、孕穗期深、籽粒灌浆期浅的方法进行灌溉。7月上中旬注意防治二化螟，抽穗前及时防治稻瘟病等病虫害。

牡丹江25（Mudanjiang 25）

品种来源：黑龙江省农业科学院牡丹江分院以藤系138为母本，越光为父本杂交育成的早粳常规品种，原代号牡93-483。2001年通过黑龙江省农作物品种审定委员会审定，审定编号：黑审稻2001003。

形态特征和生物学特性：属粳型常规中熟早稻。全生育期135d，需≥10℃活动积温2 560℃。分蘖力强，株型紧凑，剑叶上举，紧穗着粒密度适中。株高88cm，穗长20.5cm，每穗粒数107粒，结实率96.2%，千粒重28.9g。

品质特性：糙米粒长5.5mm，糙米率82.1%，精米率73.9%，整精米率71.3%，糙米长宽比1.6，垩白大小9.7%，垩白粒率7.3%，垩白度0.7%，胶稠度67.7mm，碱消值7.0级，直链淀粉含量17.0%，蛋白质含量8.1%。

抗性：耐冷性强，抗稻瘟病，抗倒伏。

产量及适宜地区：1998—1999年黑龙江省第二积温区上限区域试验平均产量7 964.2kg/hm^2，2000年黑龙江省第二积温区上限生产试验平均产量7 514.2kg/hm^2。2013—2014年黑龙江省累计种植面积0.4万hm^2，2014年最大种植面积0.3万hm^2。适宜黑龙江省第二积温区种植。

栽培技术要点：4月上中旬播种，采用大棚旱育秧，播种量催芽种子350g/m^2。5月中下旬移栽，株行距30.0cm×（10～12）cm，每穴栽插3～4苗。氮、磷、钾配方施肥，施纯氮150.0～187.5kg/hm^2，分4～5次均施，五氧化二磷60～75kg/hm^2（作底肥），氧化钾90.0～112.5kg/hm^2（作底肥和拔节期追肥）。应采取分蘖期浅、孕穗期深、籽粒灌浆期浅的方法进行灌溉。7月上中旬注意防治二化螟，抽穗前及时防治稻瘟病等病虫害。

牡丹江28（Mudanjiang 28）

品种来源：黑龙江省农业科学院牡丹江分院以上育397为母本，空育131为父本，经系谱选育而成，原代号牡97-1230。2006年通过黑龙江省农作物品种审定委员会审定，审定编号：黑审稻2006006。

形态特征和生物学特性：属粳型常规中熟早稻。生育日数137d，需≥10℃活动积温2 500℃。分蘖力较强，成穗率高，米质清亮透明，食味好，是优质、高产的品种。株高93.7cm，穗长17.1cm左右，每穗粒数91.9粒，千粒重24.9g。

品质特性：糙米率82.4%～84.1%，精米率74.1%～75.7%，整精米率60.9%～74.7%，糙米长宽比1.7，垩白大小4.0%～7.1%，垩白粒率7.0%～7.1%，垩白度0.1%～0.3%，碱消值7.0级，胶稠度60.0～82.5mm，直链淀粉含量18.4%～19.7%，蛋白质含量6.7%～8.4%。食味评分83～87分。

抗性：耐冷性强，抗倒伏能力较强。接种鉴定苗瘟9级，叶瘟1～3级，穗颈瘟3～5级；自然感病叶瘟3～7级，穗颈瘟3～5级。

产量及适宜地区：2003—2004年黑龙江省第二积温区区域试验平均产量7 809.6kg/hm^2，2005年生产试验平均产量7 640.7kg/hm^2。2007—2014年黑龙江省第二积温区累计种植面积为26.3万hm^2，2011年最大种植面积7.0万hm^2。适宜黑龙江省第二积温区种植。

栽培技术要点：4月上中旬播种，采用大棚旱育秧，播种量催芽种子350g/m^2。5月中下旬移栽，株行距30.0cm×(12～14)cm，每穴栽插3～4苗。氮、磷、钾配方施肥，施纯氮150.0～187.5kg/hm^2，分4～5次均施，五氧化二磷60～75kg/hm^2（作底肥），氧化钾90.0～112.5kg/hm^2（作底肥和拔节期追肥）。应采取分蘖期浅、孕穗期深、籽粒灌浆期浅的方法进行灌溉。7月上中旬注意防治二化螟，抽穗前及时防治稻瘟病等病虫害。

牡丹江3号（Mudanjiang 3）

品种来源：牡丹江3号是黑龙江省农业科学院牡丹江分院从北海1号变异单株中系选育成。1967年通过黑龙江省农作物品种审定委员会审定。

形态特征和生物学特性：属粳型常规早熟早稻。直播栽培生育期95 ~ 100d，需≥10℃活动积温1 900 ~ 2 100℃。苗期生长势强。叶绿色，叶片较宽、弯曲，分蘖力中等。谷粒椭圆形，无芒，米白色，米质优。颖壳秆黄色，颖尖紫略褐色。株高75cm，穗长14 ~ 15cm，穗粒数75粒，结实率91.7%，千粒重26g。

品质特性：糙米粒长4.8mm，糙米长宽比1.6，糙米率85%，精米率67.0%，整精米率56.0%，直链淀粉含量16.7%，蛋白质含量7.1%。

抗性：抗寒，较耐肥，抗稻瘟病中等。

产量及适宜地区：直播栽培一般产量3 750 ~ 5 250kg/hm^2。适宜黑龙江省牡丹江地区除山间冷凉地区外，均可种植。

栽培技术要点：牡丹江地区5月中旬播种，6月初出苗，7月末抽穗，9月上旬成熟。要获得直播稻稳产、高产，必须根据直播稻的生育特点，扬长避短，重点抓好保全苗、早发、足穗、防倒、除草等技术环节。提高大田整地质量，在施肥技术上，要掌握"前促、中控、后补"的原则，即前期要多施肥，促进稻苗早发，多分蘖，长大蘖；中期要少施肥，控制群体生长，防止无效分蘖发生，提高成穗率；后期要补施肥，由于直播稻根系分布浅，宜根据苗情和天气情况补施穗肥和根外追肥。基肥：45%国产复合肥225 ~ 300kg/hm^2；追肥：分蘖肥（插秧后10d左右）用尿素150 ~ 225kg/hm^2，穗肥用尿素75 ~ 112.5kg/hm^2。应采取分蘖期浅、孕穗期深、籽粒灌浆期浅的方法进行灌溉。7月上中旬注意防治二化螟，抽穗前及时防治稻瘟病等病虫害。

牡丹江32（Mudanjiang 32）

品种来源：黑龙江省农业科学院牡丹江分院以优质水稻品种藤系138为母本，以九稻20为父本杂交，后代经系谱法选择而育成的粳型常规稻，原代号牡02-1319。2013年通过黑龙江省农作物品种审定委员会审定，审定编号：黑审稻2013005。

形态特征和生物学特性：属粳型常规中熟早稻，在适宜种植区出苗至成熟生育日数139d左右，需≥10℃活动积温2 575℃左右。该品种主茎叶13片，株高97.9cm左右，穗长17.5cm左右，每穗粒数109.2粒左右，千粒重25.2g左右。

品质特性：糙米率80.2%～83.1%，整精米率59.1%～72.4%，垩白粒率2.0%～6.0%，垩白度0.5%～1.8%，直链淀粉含量17.5%～18.6%，胶稠度71.0～80.0mm。食味评分85～86分。

抗性：4年抗病接种鉴定叶瘟0～3级，穗颈瘟0～3级。4年耐冷性鉴定处理空壳率0.8%～14.4%。

产量及适宜地区：2009—2010年黑龙江省第二积温区区域试验平均产量8 645.3kg/hm^2，2011—2012年生产试验平均产量9 146.3kg/hm^2。2014年黑龙江省种植面积为1.3万hm^2。适宜黑龙江省第二积温区上限种植。

栽培技术要点：在适宜种植区4月10～20日播种，5月10～20日插秧。插秧规格为30cm×（12～14）cm，每穴栽插3～4苗。施肥量：尿素200～240kg/hm^2，磷酸二铵100kg/hm^2，硫酸钾100kg/hm^2，其中磷肥全部、钾肥60%、尿素40%作基肥，尿素40%作分蘖肥，尿素10%作调节肥，尿素10%和钾肥40%作穗肥。插秧后，结合田间管理，促进分蘖。田间管理做到前期浅水灌溉，分蘖末期晒田，控制无效分蘖，后期湿润灌溉，8月末排干水。成熟后及时收获。

牡丹江8号（Mudanjiang 8）

品种来源：牡丹江8号是黑龙江省农业科学院牡丹江分院以大雪（农垦8号）为母本，牡丹江1号为父本杂交育成，原代号牡交10号。1970年通过黑龙江省农作物品种审定委员会审定。

形态特征和生物学特性：属粳型常规早熟早稻。直播栽培生育期105 ~ 110d，需≥10℃活动积温2 000 ~ 2 200℃。苗期生长势强。叶浅绿色，叶片较宽，分蘖力中等。株高73cm，穗长17cm，穗粒数97.8粒，结实率82.2%，千粒重26.8g。

品质特性：糙米粒长5.0mm，糙米长宽比1.6，糙米率84.5%，精米率72.6%，整精米率61.8%，直链淀粉含量16.9%，蛋白质含量6.3%。

抗性：抗寒与耐肥性中等，秆较粗。抗稻瘟病中等。

产量及适宜地区：直播栽培，一般产量3 750 ~ 5 250kg/hm^2。适宜黑龙江省牡丹江地区除虎林县及山间冷凉地区种植。

栽培技术要点：牡丹江地区5月中旬播种，6月初出苗，7月末抽穗，9月上旬成熟。要获得直播稻稳产、高产，必须根据直播稻的生育特点，扬长避短，重点抓好保全苗、早发、足穗、防倒、除草等技术环节。提高大田整地质量，在施肥技术上，要掌握“前促、中控、后补”的原则，即前期要多施肥，促进稻苗早发，多分蘖，长大蘖；中期要少施肥，控制群体生长，防止无效分蘖发生，提高成穗率；后期要补施肥，由于直播稻根系分布浅，宜根据苗情和天气情况补施穗肥和根外追肥。基肥：45%国产复合肥225 ~ 300kg/hm^2；追肥：分蘖肥（插秧后10d左右）用尿素150 ~ 225kg/hm^2，穗肥用尿素75 ~ 112.5kg/hm^2。应采取分蘖期浅、孕穗期深、籽粒灌浆期浅的方法进行灌溉。7月上中旬注意防治二化螟，抽穗前及时防治稻瘟病等病虫害。

牡丹江9号（Mudanjiang 9）

品种来源：牡丹江9号是黑龙江省农业科学院牡丹江分院以大雪（农垦8号）为母本，牡丹江1号为父本杂交育成，原代号牡交11。1971年通过黑龙江省农作物品种审定委员会审定。

形态特征和生物学特性：属粳型常规早熟早稻。直播栽培生育期100 ~ 105d，需≥10℃活动积温2 000 ~ 2 200℃。苗期生长势强。叶浅绿色，叶片较宽，分蘖力较强。籽粒椭圆形，中芒，米白色。颖壳和颖尖秆黄色。株高89cm，穗长17cm，穗粒数82.6粒，结实率97.1%，千粒重29.0g。

品质特性：糙米粒长5.41mm，糙米长宽比1.9，糙米率88.0%，精米率75.7%，整精米率68.4%，直链淀粉含量17.1%，蛋白质含量5.3%。

抗性：较抗寒，耐肥，抗稻瘟病中等。

产量及适宜地区：直播栽培，一般产量3 750 ~ 5 250kg/hm^2。适宜在黑龙江省牡丹江地区除虎林市及山间冷凉地区种植。

栽培技术要点：牡丹江地区5月中旬播种，6月初出苗，7月末抽穗，9月上旬成熟。要获得直播稻稳产、高产，必须根据直播稻的生育特点，扬长避短，重点抓好保全苗、早发、足穗、防倒、除草等技术环节。提高大田整地质量，在施肥技术上，要掌握“前促、中控、后补”的原则，即前期要多施肥，促进稻苗早发，多分蘖，长大蘖；中期要少施肥，控制群体生长，防止无效分蘖发生，提高成穗率；后期要补施肥，由于直播稻根系分布浅，宜根据苗情和天气情况补施穗肥和根外追肥。基肥：45%国产复合肥225 ~ 300kg/hm^2；追肥：分蘖肥（插秧后10d左右）用尿素150 ~ 225kg/hm^2，穗肥用尿素75 ~ 112.5kg/hm^2。应采取分蘖期浅、孕穗期深、籽粒灌浆期浅的方法进行灌溉。7月上中旬注意防治二化螟，抽穗前及时防治稻瘟病等病虫害。

牡花1号（Muhua 1）

品种来源：黑龙江省农业科学院牡丹江分院接种牡丹江4号/牡交28（手稻/园田）F_1花粉离体培养育成。1975年通过黑龙江省农作物品种审定委员会审定。

形态特征和生物学特性：属粳型常规早熟早稻。生育日数为131d，需≥10℃活动积温2 000 ～ 2 200℃。叶片较窄、上举，株型收敛，分蘖力较强。株高75 ～ 80cm，穗长14 ～ 15cm，穗粒数92粒。谷粒椭圆形，无芒，米白色，千粒重27g。

品质特性：糙米粒长5.1mm，糙米长宽比1.8，糙米率88.0%，精米率75.7%，整精米率68.4%，直链淀粉含量17.6%，蛋白质含量5.1%。

抗性：抗冷性、耐肥性中等，抗稻瘟病性较差。

产量及适宜地区：插秧栽培一般产量5 250 ～ 6 000kg/hm^2。适宜黑龙江省牡丹江中、南部平原稻区种植。

栽培技术要点：4月上中旬播种，采用大棚旱育秧，播种量催芽种子350 g/m^2。5月中下旬移栽，株行距30.0cm×（10 ～ 12）cm，每穴栽插3 ～ 4苗。氮、磷、钾配方施肥，施纯氮150.0 ～ 187.5kg/hm^2,分4 ～ 5次均施，五氧化二磷60 ～ 75kg/hm^2（作底肥），氧化钾90.0 ～ 112.5kg/hm^2（作底肥和拔节期追肥）。应采取分蘖期浅、孕穗期深、籽粒灌浆期浅的方法进行灌溉。7月上中旬注意防治二化螟，抽穗前及时防治稻瘟病等病虫害。

牡响1号（Muxiang 1）

品种来源：黑龙江省农业科学院牡丹江分院、黑龙江响水米业股份有限公司以优质水稻品种牡99-1409为母本，以富士光为父本杂交，后代经系谱法选择而育成的粳型常规稻，原代号牡06-1318。2013年通过黑龙江省农作物品种审定委员会审定，审定编号：黑审稻2013008。

形态特征和生物学特性：属粳型常规中熟早稻。在适宜种植区出苗至成熟生育日数136d左右，需≥10℃活动积温2 500℃左右。主茎叶13片，株高90.4cm左右，穗长17.7cm左右，每穗粒数89粒左右，千粒重24.6g左右。

品质特性：糙米率81.0%～81.7%，整精米率61.9%～70.5%，垩白粒率2.5%～8.0%，垩白度0.8%～3.4%，直链淀粉含量16.8%～18.0%，胶稠度73.0～75.0mm。食味评分84～85分。

抗性：3年抗病接种鉴定叶瘟3级，穗颈瘟1～3级。3年耐冷性鉴定处理空壳率0.99%～3.54%。

产量及适宜地区：2010—2011年黑龙江省第二积温区区域试验平均产量8 630.8kg/hm^2，2012年生产试验平均产量9 209.7kg/hm^2。2014年黑龙江省种植面积0.9万hm^2。适宜黑龙江省第二积温区上限种植。

栽培技术要点：在适宜种植区4月10～20日播种，5月10～20日插秧。插秧规格为30cm×（12～14）cm，每穴栽插3～4株。一般施用尿素200～240kg/hm^2，磷酸二铵100kg/hm^2，硫酸钾100kg/hm^2，其中磷肥全部、钾肥60%、尿素40%作基肥，尿素40%作分蘖肥，尿素10%作调节肥，尿素10%和钾肥40%作穗肥。插秧后，结合田间管理，促进分蘖。田间管理做到前期浅水灌溉，分蘖末期晒田，控制无效分蘖，后期湿润灌溉，8月末排干水。成熟后及时收获。

牡粘1号（Muzhan 1）

品种来源：黑龙江省农业科学院牡丹江分院以功糯为母本，牡丹江1号为父本杂交选育而成。1970年通过黑龙江省农作物品种审定委员会审定。

形态特征和生物学特性：属粳型常规早熟早糯稻。在牡丹江地区直播栽培，生育期105 ~ 110d，需≥10℃活动积温2 000 ~ 2 200℃。苗期生长势强，叶绿色，叶片较宽，较直立，分蘖力中等，株型整齐。谷粒椭圆形，红褐色、中芒，米乳白色。株高85 ~ 90cm，穗长16 ~ 17cm，每穗80 ~ 100粒。千粒重25g左右。

品质特性：糙米粒长4.6mm，糙米长宽比1.6，糙米率83.0%，精米率75.0%，整精米率67.8%，直链淀粉1.7%，粗蛋白质含量8.9%。

抗性：较抗冷、耐肥。抗稻瘟病性中等。

产量及适宜地区：平均产量3 750 ~ 5 250kg/hm^2。适宜黑龙江省除虎林、穆棱、林口等县（市）的牡丹江地区种植。

栽培技术要点：在牡丹江地区5月中旬播种，6月初出苗，8月初抽穗，9月中旬成熟。要获得直播稻稳产、高产，必须根据直播稻的生育特点，扬长避短，重点抓好全苗、早发、足穗、防倒、除草等技术环节。提高大田整地质量，在施肥技术上，要掌握“前促、中控、后补”的原则，即前期要多施肥，促进稻苗早发，多分蘖，长大蘖；中期要少施肥，控制群体生长，防止无效分蘖发生，提高成穗率；后期要补施肥，由于直播稻根系分布浅，宜根据苗情和天气情况补施穗肥和根外追肥。基肥：45%国产复合肥225 ~ 300kg/hm^2；追肥：分蘖肥（插秧后10d左右）用尿素150 ~ 225kg/hm^2，穗肥用尿素75 ~ 112.5kg/hm^2。应采取分蘖期浅、孕穗期深、籽粒灌浆期浅的方法进行灌溉。7月上中旬注意防治二化螟，抽穗前及时防治稻瘟病等病虫害。

牡粘4号（Muzhan 4）

品种来源：黑龙江省农业科学院牡丹江分院以牡粘3号为母本，延粘1号为父本，杂交后代经系谱法选育而成，原品系代号：98-738。2005年通过黑龙江省农作物品种审定委员会审定，审定编号：黑审稻2005007。

形态特征和生物学特性：属粳型常规中熟早糯稻。生育期135d。幼苗长势强，叶色浓绿，穗位整齐一致，活秆成熟。着粒较密，分布均匀，结实率好。谷粒圆形，颖壳淡黄色。生育期135 d，株高91.6cm，穗长16.1cm，平均每穗粒数88粒，千粒重24.6g。

品质特性：糙米率81.5％，精米率73.3％，整精米率65.6％～72.1％，糙米粒长5.0～4.8mm，糙米粒宽2.8～3.1mm，糙米长宽比1.5～1.8，垩白大小100.0％，垩白粒率100.0％，垩白度100.0％，直链淀粉含量0～2.0％，胶稠度100.0mm，碱消值7级，蛋白质含量8.9％～10.0％。

抗性：耐冷，较抗稻瘟病。

产量及适宜地区：2002—2004年黑龙江省第二积温区区域试验平均产量6 522.2kg/hm^2，2004年生产试验平均产量7 410.9kg/hm^2。2006—2011年黑龙江省累计种植面积0.1万hm^2，2006年最大种植面积0.1万hm^2。适宜黑龙江省第二积温区种植。

栽培技术要点：4月上中旬播种，采用大棚旱育秧，播种量催芽种子350g/m^2。5月中下旬移栽，株行距30.0cm×（10～12）cm，每穴栽插3～4苗。氮、磷、钾配方施肥，施纯氮150.0～187.5kg/hm^2，分4～5次均施，五氧化二磷60～75kg/hm^2（作底肥），氧化钾90.0～112.5kg/hm^2（作底肥和拔节期追肥）。应采取分蘖期浅、孕穗期深、籽粒灌浆期浅的方法进行灌溉。7月上中旬注意防治二化螟，抽穗前及时防治稻瘟病等病虫害。

嫩江3号（Nenjiang 3）

品种来源：黑龙江省农业科学院齐齐哈尔分院以坊主为母本，石狩白毛为父本育成的早粳品种，原代号嫩交562-1。1971年通过黑龙江省农作物品种审定委员会审定。

形态特征和生物学特性：属粳型常规早熟早稻。直播栽培生育期100～105d，需≥10℃活动积温2 100℃左右。矮秆，多蘖，早熟。株高75.0～80.0cm，每穗60.0～80.0粒，千粒重27.0～29.0g。

抗性：中抗稻瘟病，耐冷。

产量及适宜地区：直播栽培一般每公顷产量4 500kg。适宜黑龙江省齐齐哈尔市北部的依安、富裕、讷河、甘南、克山、克东以及北安等地种植。在齐齐哈尔市南部各地区可作早熟搭配品种。1980年在嫩江地区推广0.8万hm^2。

栽培技术要点：中等肥力地块以保苗47万苗/hm^2为宜。

普选30（Puxuan 30）

品种来源：黑龙江省朴三德种业研究开发有限公司以早锦为母本，普选9号为父本杂交育成的粳稻。1999年通过黑龙江省农作物品种审定委员会审定，审定编号：黑审稻1999009。

形态特征和生物学特性：属粳型常规早熟早稻。生育日数为136d，需≥10℃活动积温2 500℃左右。无芒，叶色淡绿，分蘖力较强，活秆成熟。株高85cm左右，穗长16cm左右，每穗粒数62.8粒左右，千粒重28.7g左右。

品质特性：糙米粒长5.1mm，糙米长宽比1.8，糙米率83.6%，精米率75.2%，整精米率67.4，直链淀粉含量17.5%，蛋白质含量7.1%。

抗性：抗冷性、耐肥性中等。抗稻瘟病性中等。苗期耐寒。秆强不倒伏。

产量及适宜地区：平均产量7 532.3kg/hm^2，适宜黑龙江省第二积温区种植。

栽培技术要点：4月上中旬播种，采用大棚旱育秧，播种量催芽种子350g/m^2。5月中下旬移栽，株行距30.0cm×（10～12）cm，每穴栽插3～4苗。氮、磷、钾配方施肥，施纯氮150.0～187.5kg/hm^2,分4～5次均施，五氧化二磷60～75kg/hm^2（作底肥），氧化钾90.0～112.5kg/hm^2（作底肥和拔节期追肥）。应采取分蘖期浅、孕穗期深、籽粒灌浆期浅的方法进行灌溉。7月上中旬注意防治二化螟，抽穗前及时防治稻瘟病等病虫害。

普粘8号（Puzhan 8）

品种来源：黑龙江省朴三德种业研究开发有限公司以普粘1号为母本，普选25为父本杂交育成的糯稻，原代号普粘11。2007年通过黑龙江省农作物品种审定委员会审定，审定编号：黑审稻2007010。

形态特征和生物学特性：属粳型常规早熟早糯稻。生育日数为131d，需≥10℃活动积温2 446℃左右。叶绿，分蘖力较强。株高90cm左右，穗长17cm左右，每穗粒数115粒左右，千粒重25g左右。

品质特性：糙米率78.1%～82.3%，整精米率65.6%～71.9%，垩白粒率100.0%，垩白度100.0%，直链淀粉含量0～0.6%，胶稠度100.0mm。

抗性：抗冷性、耐肥性中等，抗稻瘟病性较差。

产量及适宜地区：2004—2005年黑龙江省第二积温区区域试验平均产量7 473.9kg/hm^2，2006年生产试验平均产量7 655.5kg/hm^2。2001—2014年黑龙江省累计种植面积为0.3万hm^2，2010年最大种植面积0.1万hm^2。适宜黑龙江省第二积温区种植。

栽培技术要点：4月上中旬播种，采用大棚旱育秧，播种量催芽种子350 g/m^2。5月中下旬移栽，株行距30.0cm×（10～12）cm，每穴栽插3～4苗。氮、磷、钾配方施肥，施纯氮150.0～187.5kg/hm^2，分4～5次均施，五氧化二磷60～75kg/hm^2（作底肥），氧化钾90.0～112.5kg/hm^2（作底肥和拔节期追肥）。应采取分蘖期浅、孕穗期深、籽粒灌浆期浅的方法进行灌溉。7月上中旬注意防治二化螟，抽穗前及时防治稻瘟病等病虫害。

莎莎妮（Shashani）

品种来源：黑龙江省方正县种子公司、黑龙江省农业科学院绥化分院从日本引入的品种。2006年通过黑龙江省农作物品种审定委员会审定，审定编号：黑审稻2006011。

形态特征和生物学特性：属粳型常规早熟早稻，基本营养生长期短。在适宜种植区出苗至成熟生育日数133 d，需≥10℃活动积温2 450 ～ 2 500℃。株高95 ～ 100cm，穗长17cm左右。

品质特性：糙米率81.0%～81.4%，精米率72.9%～73.3%，整精米率69.7%～71.1%，糙米长宽比1.9，垩白大小7.1%，垩白粒率1.5%，垩白度0.1%，碱消值7.0级，胶稠度77.5 ～ 82.5mm，直链淀粉含量16.1%～18.5%，蛋白质含量为7.1%。食味评分82 ～ 91分。

抗性：高抗苗瘟，中抗叶瘟、穗颈瘟。孕穗期耐冷性强。

产量及适宜地区：2002—2003年黑龙江省第二积温区区域试验平均产量7 674.0kg/hm^2，2004—2005年生产试验平均产量7 738.5kg/hm^2。2002—2014年黑龙江省累计种植面积13.8万hm^2，2003年最大种植面积2.2万hm^2。适宜黑龙江省第二积温区种植。

栽培技术要点：适宜旱育稀植，4月中旬播种，5月中下旬移栽。株行距30cm×13cm或30cm×18cm，每穴栽插2 ～ 4苗。本田基肥施磷酸二铵150kg/hm^2，尿素80kg/hm^2，硫酸钾50kg/hm^2；返青、分蘖期追尿素120 ～ 150kg/hm^2；拔节前追钾肥50kg/hm^2。水层管理应采用浅、湿、干交替管理，并及时晾田或烤田。消灭杂草，适时收获，减少田间损失。后期少施氮肥，增施磷钾肥，防止倒伏，以利创高产。

松粳10号（Songgeng 10）

品种来源：黑龙江省农业科学院五常水稻研究所以辽粳5号/合江20为杂交组合，采用系谱法选育而成，原品系代号松98-133。2005年通过黑龙江省农作物品种审定委员会审定，审定编号：黑审稻2005005。

形态特征和生物学特性：属粳型常规早熟早稻，基本营养生长期短。叶色深绿，活秆成熟，分蘖力中上，谷粒偏长，稀有芒。在适宜种植区出苗至成熟生育日数137d，需≥10℃活动积温2 450～2 500℃，与对照东农416同熟期，株高95cm左右，穗长18cm左右，每穗粒数95粒左右，千粒重26 g左右 。

品质特性：糙米率81.3%～82.9%，精米率73.2%～74.6%，整精米率69.7%～74.3%，糙米粒长5.2mm，糙米长宽比1.8，垩白粒率1.0%～5.5%，垩白大小5.2%～21.4%，垩白度0.2%～0.6%，直链淀粉含量18.5%～20.2%，胶稠度71.3～82.8mm，碱消值7级，蛋白质含量6.8%～8.1%。食味评分81～86分。

抗性：中抗苗瘟、叶瘟、穗颈瘟。孕穗期耐冷性强。

产量及适宜地区：2002年黑龙江省第二积温区区域试验平均产量7 260.5kg/hm^2，2003年黑龙江省第二积温区继续试验平均产量6 021.0kg/hm^2，2004年继续试验平均产量8 023.5kg/hm^2，2004年生产试验平均产量7 741.5kg/hm^2。2005—2014年累计种植面积24.6万hm^2，2007年最大种植面积6.6万hm^2。适宜黑龙江省第二积温区种植。

栽培技术要点：适于旱育稀植。4月上中旬播种，5月中下旬移栽，株行距30.0cm×16.7cm，每穴栽插2～4苗。选择地势平坦的中等肥力地块种植，一般施用纯氮120kg/hm^2，氮：磷：钾=3：2：2。耙地前施入氮肥的50%、钾肥的50%、磷肥的全部作基肥，插秧后7d左右施入氮肥的30%作分蘖肥，于6月20日左右施入氮肥的20%作调节肥，于7月10日左右施入钾肥的50%作穗肥。

松粳13（Songgeng 13）

品种来源：黑龙江省农业科学院五常水稻研究所以松98-31/辽152为杂交组合，采用系谱法选育而成，原品系代号松02-813。2010年通过黑龙江省农作物品种审定委员会审定，审定编号：黑审稻2010009。

形态特征和生物学特性：属粳型常规早熟早稻，基本营养生长期短。在适宜种植区出苗至成熟生育日数134d，需≥10℃活动积温2 450℃。主茎叶12片，株高93.1cm，穗长16cm左右，每穗粒数112粒左右，千粒重23.3g。

品质特性：糙米率79.2%～80.4%，整精米率62.4%～66.7%，糙米粒长5.2mm，糙米长宽比2.1，垩白粒率0，垩白度0，直链淀粉含量16.1%～17.3%，胶稠度72.0～81.0mm。食味评分79～81分。

抗性：中抗叶瘟、穗颈瘟。孕穗期耐冷性强。

产量及适宜地区：2007年黑龙江省第二积温区区域试验平均产量8 046.0kg/hm^2，2008年继续试验平均产量8 449.5kg/hm^2，两年区域试验平均产量8 247.0kg/hm^2，2009年黑龙江省第二积温区生产试验平均产量8 398.5kg/hm^2。2009—2014年黑龙江省累计种植面积1.8万hm^2，2014年最大种植面积1.7万hm^2。适宜黑龙江省第二积温区下限种植。

栽培技术要点：4月5～15日播种，5月5～15日移栽。插秧规格为30cm×16.7cm，每穴栽插3～4苗。中上等肥力地块施纯氮135～150kg/hm^2，氮：磷：钾=3：2：2。氮肥施用方法为底肥50%、返青肥10%、分蘖肥20%及穗粒肥各10%；磷肥全部作底肥一次性施入；钾肥50%作底肥，50%在孕穗期施入。翻深要达到20cm，地要整平，插秧深浅株距一致，棵数均匀，插秧后，适时施肥，促进分蘖。施药期保证充足的水层，孕穗期深水灌溉，其他时期干湿交替进行。收获前撤水不宜过早，成熟后及时收获。

松粳4号（Songgeng 4）

品种来源：黑龙江省农业科学院五常水稻研究所以松7331/牡丹江17//双152为杂交组合，采用系谱法选育而成，原品系代号松94-71。2000年通过黑龙江省农作物品种审定委员会审定，审定编号：黑审稻2000007。

形态特征和生物学特性：属粳型常规早熟早稻。在适宜种植区出苗至成熟生育日数135d，需≥10℃活动积温2 500 ～ 2 600℃。基本营养生长期短。株型收敛，分蘖力中上等，叶片直立，活秆成熟。株高95 ～ 100cm，穗长16cm左右，每穗粒数110粒左右，千粒重26g左右。

品质特性：糙米率81.74%，精米率73.6%，整精米率70.9%，糙米长宽比1.5，垩白大小9.9%，垩白粒率5.75%，垩白度0.6%，胶稠度84.8mm，碱消值4.3级，直链淀粉含量15.5%，蛋白质含量8.4%。

抗性：易感苗瘟，中抗叶瘟，高抗穗颈瘟。耐高肥，抗盐碱，耐低温能力强。秆强抗倒伏。

产量及适宜地区：1997—1998年黑龙江省第二积温区区域试验平均产量8 677.5kg/hm^2，1999年生产试验平均产量7 338.0kg/hm^2。2000年种植面积0.3万hm^2。适宜黑龙江省第二积温区上限种植。

栽培技术要点：一般4月中旬育苗，5月中旬移栽。插秧规格为30cm×（16 ～ 20）cm，每穴栽插3 ～ 5苗。一般施用纯氮150 ～ 200kg/hm^2，氮：磷：钾=3 ：1 ：1，耙地前施入氮肥的50%、钾肥的50%、磷肥的全部作基肥，插秧后7d左右施入氮肥的20%作分蘖肥，于6月20日左右施入氮肥的20%作调节肥，于7月10日左右施入氮肥的10%和钾肥的50%作穗肥。除作业用水外，采用浅水灌溉，并及时晒田。按照病虫草害的发生规律，及时做好潜叶蝇、二化螟、稻瘟病及杂草的防治工作。9月25 ～ 30日收获。

松粳6号（Songgeng 6）

品种来源：黑龙江省农业科学院五常水稻研究所以辽粳5号/合江20为杂交组合，采用系谱法选育而成，原品系代号松97-98。2002年通过黑龙江省农作物品种审定委员会审定，审定编号：黑审稻2002002。2004年通过吉林省农作物品种审定委员会审定，审定编号：吉审稻2004006。2006年通过内蒙古自治区农作物品种审定委员会认定，认定编号：蒙认稻2006002。

形态特征和生物学特性：属粳型常规中熟早稻，基本营养生长期短。在适宜种植区出苗至成熟生育日数135d，需≥10℃活动积温2 500 ～ 2 600℃。株型收敛，茎叶深绿色，稀有芒，分蘖力强。株高95 ～ 100cm，穗长16.9cm，每穗粒数112粒左右，千粒重26.5g。

品质特性：糙米率82.3%，精米率74.1%，整精米率67.7%，糙米长宽比1.9，垩白大小9.2%，垩白粒率6.5%，垩白度0.5%，胶稠度77.8mm，碱消值7.0级，直链淀粉含量17.5%，蛋白质含量7.5%。食味评分86 ～ 89分。

抗性：中抗苗瘟、叶瘟和穗颈瘟。中抗倒伏。

产量及适宜地区：2000年黑龙江省第二积温区区域试验平均产量7 765.5kg/hm^2，2001年黑龙江省第二积温区继续试验平均产量8 299.5kg/hm^2，2001年生产试验平均产量7 935.0kg/hm^2。2000—2002年吉林省通化市农业科学院试验，平均产量8 469.0kg/hm^2，2003年吉林省生产试验平均产量7 989.0kg/hm^2。2004年内蒙古自治区水稻生产试验平均产量8 074.5kg/hm^2。2002—2014年黑龙江省累计种植面积43.2万hm^2，2005年最大种植面积8.4万hm^2。适宜黑龙江省第一积温区下限、第二积温区上限；吉林省长春、吉林、通化、延边等中熟区；内蒙古自治区兴安盟、赤峰市、通辽市种植。

栽培技术要点：适于旱育稀植，一般4月15日播种，5月15 ～ 25日移栽。插秧规格为33cm×20cm或30cm×20cm，每穴栽插2 ～ 3苗。一般施用纯氮120kg/hm^2，氮：磷：钾=3 ：2 ：2，耙地前施入氮肥的50%、钾肥的50%、磷肥的全部作基肥，插秧后7d左右施入氮肥的30%作分蘖肥，于6月20日左右施入氮肥的20%作调节肥，于7月10日左右施入钾肥的50%作穗肥。

绥稻1号（Suidao 1）

品种来源：绥化市盛昌种子繁育有限责任公司以空育131/绥粳3号为杂交组合，采用系谱法选育而成，原品系代号盛昌06-0123。2012年通过黑龙江省农作物品种审定委员会审定，审定编号：黑审稻2012009。

形态特征和生物学特性：属粳型常规早熟早稻，基本营养生长期短。在适宜种植区出苗至成熟生育日数134d，需≥10℃活动积温2 450℃。主茎叶12片，株高96cm左右。穗长17.5cm，每穗粒数99粒左右，千粒重25.7g。

品质特性：糙米率80.3%～81.6%，整精米率68.3%～69.2%，垩白粒率3.0%～5.0%，垩白度0.4%～1.1%，直链淀粉含量16.2%～16.4%，胶稠度70.0～71.0mm。食味评分80分。

抗性：中抗叶瘟、穗颈瘟。耐冷性强。

产量及适宜地区：2009—2010年黑龙江省第二积温区区域试验平均产量8 422.5kg/hm^2，2011年生产试验平均产量8 736.9kg/hm^2。2013—2014年黑龙江省累计种植面积为4.9万hm^2，2014年最大种植面积3.9万hm^2。适宜黑龙江省第二积温区种植。

栽培技术要点：适于旱育稀植。4月10～20日播种，5月10～20日插秧。插秧规格为30cm×13.3cm，每穴栽插2～3苗。一般施用尿素250kg/hm^2，磷酸二铵100kg/hm^2，硫酸钾50kg/hm^2。水稻返青期施硫酸铵，促进分蘖。注意防除田间杂草。本田水层管理浅湿干交替灌溉。成熟后适时收获。

绥稻2号（Suidao 2）

品种来源：绥化市盛昌种子繁育有限责任公司以五优稻3号/空育131为杂交组合，采用系谱法选育而成，原品系代号盛昌06-013。2013年通过黑龙江省农作物品种审定委员会审定，审定编号：黑审稻2013007。

形态特征和生物学特性：属粳型常规中熟早稻，基本营养生长期短。在适宜种植区出苗至成熟生育日数138 d左右，需≥10℃活动积温2 550℃。主茎叶13片，株高103cm左右。穗长16.7cm，每穗粒数116粒左右，千粒重25.5g。

品质特性：糙米率80.6%～82.8%，整精米率62.4%～72.0%，垩白粒率1.0%，垩白度0.2%，直链淀粉含量17.8%～18.4%，胶稠度71.5～75.0mm。食味评分76～83分。

抗性：中抗叶瘟、穗颈瘟。孕穗期耐冷性强。

产量及适宜地区：2010—2011年黑龙江省第二积温区区域试验平均产量8 648.3kg/hm^2，2012年生产试验平均产量9 253.5kg/hm^2。2013—2014年黑龙江省累计种植面积6.7万hm^2，2014年最大种植面积5.6万hm^2。适宜黑龙江省第二积温区上限种植。

栽培技术要点：4月15～25日播种，5月20～28日插秧。插秧规格为30cm×13.3cm，每穴栽插4～5苗。一般施尿素250kg/hm^2，磷酸二铵100kg/hm^2，硫酸钾100kg/hm^2，并按基肥、分蘖肥、穗肥及穗粒肥分次施入。除作业用水外，采用浅水灌溉，并及时晒田。按照病虫草害的发生规律，及时做好潜叶蝇、二化螟、稻瘟病及杂草的防治工作。成熟后适时收获。

绥稻3号（Suidao 3）

品种来源：绥化市盛昌种子繁育有限责任公司以绥粳4号为母本，垦稻10号为父本，采用系谱法选育而成，原代号盛昌08615（香稻）。2014年通过黑龙江省农作物品种审定委员会审定，审定编号：黑审稻2014020。

形态特征和生物学特性：属粳型常规早熟早香稻。在适宜种植区出苗至成熟生育日数136d左右，需≥10℃活动积温2 500℃左右。主茎叶12片，株高97cm左右，穗长17.6cm左右，每穗粒数102粒左右，千粒重26.5g左右。

品质特性：糙米率82.2%～82.6%，整精米率66.5%～71.5%，垩白粒率2.0%～7.5%，垩白度2.0%～2.8%，直链淀粉含量17.9%～18.4%，胶稠度71.5～81.0mm。达到国家优质米二级标准。

抗性：3年抗病接种鉴定叶瘟0～3级，穗颈瘟0～3级。3年耐冷性鉴定处理空壳率1.9%～8.7%。

产量及适宜地区：2011—2012年黑龙江省第二积温区上限区域试验平均产量8 423.3kg/hm^2，2013年生产试验平均产量8 179.1kg/hm^2。适宜黑龙江省第二积温区上限种植。

栽培技术要点：播种期4月10日，插秧期5月15日，秧龄35d左右。插秧规格为30cm×13.3cm，每穴栽插3～4苗。一般施纯氮95kg/hm^2，氮：磷：钾=2：1：1。氮肥比例：基肥：分蘖肥：穗肥：粒肥=4：3：2：1。基肥施纯氮38kg/hm^2，纯磷50kg/hm^2，纯钾30kg/hm^2；分蘖肥施纯氮28kg/hm^2；穗肥施纯氮19kg/hm^2，纯钾20kg/hm^2；粒肥施纯氮10kg/hm^2。旱育插秧栽培，浅湿交替灌溉。成熟后及时收获。注意预防青枯病、立枯病、纹枯病、稻瘟病、潜叶蝇、负泥虫、二化螟等病虫害。

绥粳1号（Suigeng 1）

品种来源：黑龙江省农业科学院绥化分院从合江21中发现优良变异株，经系统选育而成，原品系代号绥86-201。1992年通过黑龙江省农作物品种审定委员会审定，审定编号：黑审稻1992004 。

形态特征和生物学特性：属粳型常规早熟早稻，基本营养生长期短。在适宜种植区出苗至成熟生育日数130d，需≥10℃活动积温2 450℃。谷粒短粗，颖尖褐色，株型收敛，活秆成熟。株高85cm左右，每穗粒数90～100粒，结实率83%，千粒重27g左右。

抗性：耐盐碱性强，抗寒性强，抗倒伏能力强。

产量及适宜地区：1989—1990年黑龙江省第二积温区区域试验平均产量7 496.9kg/hm^2，1991年生产试验平均产量6 577.1kg/hm^2。1991—2006年黑龙江省累计种植面积18.3万hm^2，1998年最大种植面积2.9万hm^2。适宜黑龙江省第二积温区种植。

栽培技术要点：适合旱育稀植栽培。4月20～25日播种，5月末前插秧结束。插秧规格26.4cm×（10～13）cm，每穴栽插3～4苗。施肥量为尿素200～250kg/hm^2，磷酸二铵100～150kg/hm^2。除作业用水外，采用浅水灌溉，并及时晒田。按照病虫草害的发生规律，及时做好潜叶蝇、二化螟、稻瘟病及杂草的防治工作。成熟后适时收获。

绥粳10号（Suigeng 10）

品种来源：黑龙江省农业科学院绥化分院以上育397/绥粳3号为杂交组合，采用系谱法选育而成，原品系代号绥02-7015。2008年通过黑龙江省农作物品种审定委员会审定，审定编号：黑审稻2008006。

形态特征和生物学特性：属粳型常规早熟早稻，基本营养生长期短。在适宜种植区出苗至成熟生育日数132d，需≥10℃活动积温2 490℃。主茎叶12片，株高92.3cm，穗长17.7cm，每穗粒数94粒左右，千粒重25.8 g。

品质特性：糙米率80.7%～82.4%，整精米率68.1%～71.1%，垩白粒率1.0%，垩白度0.1%，直链淀粉含量16.2%～18.2%，胶稠度70.0～76.3mm。食味评分80～84分。

抗性：高抗叶瘟，中抗穗颈瘟。孕穗期耐冷性强。

产量及适宜地区：2005—2006年黑龙江省第二积温区区域试验平均产量8 131.5kg/hm^2，2007年生产试验平均产量8 341.5kg/hm^2。2008—2014年黑龙江省累计种植面积54.3万hm^2，2012年最大种植面积24.7万hm^2。适宜黑龙江省第二积温区种植。

栽培技术要点：4月15～25日播种，5月20～25日移栽。插秧规格为30cm×16.7cm，每穴栽插2～3苗。选择中上等肥力地块种植，一般施尿素250kg/hm^2，磷酸二铵100kg/hm^2，硫酸钾50kg/hm^2，按底肥、返青肥、分蘖肥、穗肥及粒肥施入。注意防除田间杂草，促进分蘖，本田水层管理采用浅湿干交替。成熟后适时收获。

绥粳11（Suigeng 11）

品种来源：黑龙江省农业科学院绥化分院以龙粳10号/绥粳3号为杂交组合，采用系谱法选育而成，原品系代号绥02-6159。2008年通过黑龙江省农作物品种审定委员会审定，审定编号：黑审稻2008009。

形态特征和生物学特性：属粳型常规早熟早稻，基本营养生长期短。在适宜种植区出苗至成熟生育日数132d，需≥10℃活动积温2 446℃。主茎叶12片，株高92.1cm，穗长17.2cm，每穗粒数94粒左右，千粒重24.2g。

品质特性：糙米率80.9%～82.4%，整精米率65.6%～75.9%，垩白粒率0～2.0%，垩白度0～0.1%，直链淀粉含量17.6%～19.6%，胶稠度74.0～77.5mm。食味评分71～83分。

抗性：高抗叶瘟，中抗穗颈瘟。孕穗期耐冷性强。

产量及适宜地区：2005—2006年黑龙江省第二积温区区域试验平均产量7 363.5kg/hm^2，2007年生产试验平均产量7 936.5kg/hm^2。2009—2014年黑龙江省累计种植面积2.3万hm^2，2014年最大种植面积1.4万hm^2，适宜黑龙江省第二积温区种植。

栽培技术要点：4月10～20日播种，5月15～25日移栽。插秧规格为30cm×16.7cm，每穴栽插2～3苗。选择中上等肥力地块种植，一般施尿素250kg/hm^2，磷酸二铵100kg/hm^2，硫酸钾50kg/hm^2，按底肥、返青肥、分蘖肥、穗肥及粒肥施入。注意防除田间杂草，促进分蘖，本田水层管理采用浅湿干交替。成熟后适时收获。

绥粳13（Suigeng 13）

品种来源：黑龙江省农业科学院绥化分院以垦稻10号/绥粳3号 为杂交组合，采用系谱法选育而成，原品系代号绥03-4386。2010年通过黑龙江省农作物品种审定委员会审定，审定编号：黑审稻2010005。

形态特征和生物学特性：属粳型常规早熟早稻，基本营养生长期短。在适宜种植区出苗至成熟生育日数137d，需≥10℃活动积温2 520℃。主茎叶12片，株高89.8cm，穗长18.1cm，每穗粒数111粒左右，千粒重25.5g。

品质特性：糙米率78.7%～79.8%，整精米率62.0%～66.7%，垩白粒率0～1.0%，垩白度0～0.1%，直链淀粉含量16.7%～17.3%，胶稠度77.0～81.5mm。食味评分79～83分。

抗性：中抗叶瘟、穗颈瘟。孕穗期耐冷性强。

产量及适宜地区：2007—2008年黑龙江省第二积温区区域试验平均产量8 358.0kg/hm^2，2009年生产试验平均产量8 356.5kg/hm^2。2010—2014年黑龙江省累计种植面积1.3万hm^2，2014年最大种植面积1.1万hm^2。适宜黑龙江省第二积温区上限种植。

栽培技术要点：4月10～18日播种，5月21～27日移栽。插秧规格为30cm×13.3cm，每穴栽插3～5苗。选择中上等肥力地块种植，一般施尿素250kg/hm^2，分为基肥、分蘖肥、穗肥及粒肥，比例为3：3：3：1，磷酸二铵100kg/hm^{2}全部作为基肥，硫酸钾50kg/hm^{2}分为基肥、穗肥施入，比例为6：4。成熟后适时收获。

绥粳14（Suigeng 14）

品种来源：黑龙江省农业科学院绥化分院、黑龙江省龙科种业集团有限公司以垦稻10号/绥粳3号为杂交组合，采用系谱法选育而成，原品系代号绥04-5348。2013年通过黑龙江省农作物品种审定委员会审定，审定编号：黑审稻2013006。

形态特征和生物学特性：属粳型常规中熟早稻，基本营养生长期短。在适宜种植区出苗至成熟生育日数138d，需≥10℃活动积温2 550℃。主茎叶13片，株高107.3cm，穗长20.0cm，每穗粒数119粒左右，千粒重26.7g。

品质特性：糙米率79.8%～81.0%，整精米率62.0%～71.9%，垩白粒率2.0%～3.5%，垩白度0.4%～0.5%，直链淀粉含量17.0%～18.3%，胶稠度68.5～71.5mm。食味评分82～87分。

抗性：高抗叶瘟、穗颈瘟。孕穗期耐冷性强。

产量及适宜地区：2010—2011年黑龙江省第二积温区区域试验平均产量8 759.8kg/hm^2，2012年生产试验平均产量9 237.4kg/hm^2。2013—2014年黑龙江省累计种植面积30.5万hm^2，2014年最大种植面积29.1万hm^2。适宜黑龙江省第二积温区上限种植。

栽培技术要点：4月10～18日播种，5月21～27日插秧。插秧规格为30cm×13.3cm，每穴栽插3～5苗。施肥量为施尿素250kg/hm^2，磷酸二铵100kg/hm^2，硫酸钾100kg/hm^2，基肥、分蘖肥、穗肥及穗粒肥的施氮肥比例为3∶3∶3∶1。除作业用水外，采用浅水灌溉，并及时晒田。按照病虫草害的发生规律，及时做好潜叶蝇、二化螟、稻瘟病及杂草的防治工作。成熟后适时收获。

绥粳16（Suigeng 16）

品种来源：黑龙江省农业科学院绥化分院以上育418/龙粳10号为杂交组合，采用系谱法选育而成，原品系代号绥077162。2014年通过黑龙江省农作物品种审定委员会审定，审定编号：黑审稻2014010。

形态特征和生物学特性：属粳型常规早熟早稻，基本营养生长期短。在适宜种植区出苗至成熟生育日数134d，需≥10℃活动积温2 450℃。主茎叶12片，谷粒长粒型，株高94cm左右，穗长16.4cm，每穗粒数95粒左右，千粒重25.8g。

品质特性：糙米率81.6%～81.7%，整精米率65.0%～70.3%，垩白粒率3.5%，垩白度1.0%～1.4%，直链淀粉含量17.3%～17.7%，胶稠度74.0～75.0mm。达到国家二级优质米标准。

抗性：中抗叶瘟，高抗穗颈瘟。孕穗期耐冷性强。

产量及适宜地区：2011—2012年黑龙江省第二积温区区域试验平均产量8 694.8kg/hm^2，2013年生产试验平均产量8 526.9kg/hm^2。适宜黑龙江省第二积温区种植。

栽培技术要点：4月15日左右播种，5月20日左右插秧，秧龄35d左右。插秧规格为30cm×13.3cm，每穴栽插3～4苗。一般施用纯氮95kg/hm^2，氮：磷：钾=2：1：1，氮肥比例：基肥：分蘖肥：穗肥：粒肥=4：3：2：1。基肥施纯氮38kg/hm^2，纯磷50kg/hm^2，纯钾40kg/hm^2；分蘖肥施纯氮28kg/hm^2；穗肥施纯氮19kg/hm^2，纯钾20kg/hm^2；粒肥施纯氮10kg/hm^2。浅湿干交替灌溉。预防青枯病、立枯病、纹枯病、稻瘟病、潜叶蝇、负泥虫、二化螟等病虫害。成熟后及时收获。

绥粳17（Suigeng 17）

品种来源：黑龙江省农业科学院绥化分院、黑龙江省龙科种业集团有限公司以越光/绥02-032为杂交组合，采用系谱法选育而成，原品系代号绥076076。2014年通过黑龙江省农作物品种审定委员会审定，审定编号：黑审稻2014008。

形态特征和生物学特性：属粳型常规早熟早稻，基本营养生长期短。在适宜种植区出苗至成熟生育日数134d，需≥10℃活动积温2 450℃。主茎叶12片，谷粒长粒型，株高93cm左右，穗长17.7cm，每穗粒数97粒左右，千粒重26.6g。

品质特性：糙米率81.4%～81.6%，整精米率64.7%～66.5%，垩白粒率2.5%～5.5%，垩白度0.9%～1.2%，直链淀粉含量17.52%～17.96%，胶稠度71.5～75.0mm。达到国家二级优质米标准。

抗性：中抗叶瘟、穗颈瘟。孕穗期耐冷性强。

产量及适宜地区：2011—2012年黑龙江省第二积温区区域试验平均产量8 766.8kg/hm^2，2013年生产试验平均产量8 434.4kg/hm^2。2014年黑龙江省种植面积1.5万hm^2。适宜黑龙江省第二积温区上限种植。

栽培技术要点：4月10～20日播种，5月15～25日插秧，秧龄35d左右。插秧规格为30cm×13.3cm，每穴栽插3～5苗。一般施纯氮115kg/hm^2，氮：磷：钾=2：1：1。氮肥比例：基肥：分蘖肥：穗肥：粒肥=3：3：3：1。基肥施纯氮35kg/hm^2，纯磷58kg/hm^2，纯钾29kg/hm^2；分蘖肥施纯氮35kg/hm^2；穗肥施纯氮35kg/hm^2，纯钾29kg/hm^2；粒肥施纯氮12kg/hm^2。浅、湿交替灌溉。预防恶苗病、稻瘟病、潜叶蝇、二化螟等病虫害。成熟后及时收获。

绥粳18（Suigeng 18）

品种来源：黑龙江省龙科种业集团有限公司以绥粳4号/绥粳3号为杂交组合，采用系谱法选育而成，原品系代号绥锦07783。2014年通过黑龙江省农作物品种审定委员会审定，审定编号：黑审稻2014021。

形态特征和生物学特性：属粳型常规香稻，基本营养生长期短，早粳早熟。在适宜种植区出苗至成熟生育日数134d，需≥10℃活动积温2 450℃。主茎叶12片，谷粒长粒型，株高104cm左右，穗长18.1cm，每穗粒数109粒左右，千粒重26.0g。

品质特性：糙米率80.9%～82.2%，整精米率67.2%～72.3%，垩白粒率4.0%～10.0%，垩白度0.8%～2.6%，直链淀粉含量17.7%～19.1%，胶稠度70.0～73.0mm。达到国家二级优质米标准。

抗性：中抗叶瘟，高抗穗颈瘟。孕穗期耐冷性强。

产量及适宜地区：2011—2012年黑龙江省第二积温区区域试验平均产量8 458.0kg/hm^2，2013年生产试验平均产量7 987.1kg/hm^2。2014年黑龙江省种植面积10.2万hm^2。适宜黑龙江省第二积温区种植。

栽培技术要点：4月10日左右播种，5月15日左右插秧，秧龄35d左右。插秧规格为30cm×10cm，每穴栽插3～5苗。一般施用纯氮95kg/hm^2，氮：磷：钾=2：1：1。氮肥比例：基肥：分蘖肥：穗肥：粒肥=4：3：2：1。基肥施纯氮38kg/hm^2，纯磷46kg/hm^2，纯钾26kg/hm^2；分蘖肥施纯氮28kg/hm^2；穗肥施纯氮19kg/hm^2，纯钾20kg/hm^2；粒肥施纯氮10kg/hm^2。浅湿干灌溉。预防青枯病、立枯病、稻瘟病、潜叶蝇、二化螟等病虫害。成熟后及时收获。

绥粳4号（Suigeng 4）

品种来源：黑龙江省农业科学院绥化分院和绥化市优特水稻综合开发研究所以莲香1号/R12-34-1// 松前/吉粘2号为杂交组合，采用系谱法选育而成，原品系代号绥香粳9230。1999年通过黑龙江省农作物品种审定委员会审定，审定编号：黑审稻1999007。

形态特征和生物学特性：属粳型常规早熟早香稻，基本营养生长期短。在适宜种植区出苗至成熟生育日数134d，需≥10℃活动积温2 540℃。有短芒，株高95cm左右，穗长17.6cm，每穗粒数98粒左右，空瘪率5.0%，千粒重27.7g。

品质特性：糙米率84.0%，精米率75.3%，整精米率74.0%，胶稠度64.2mm，碱消值6.5级，直链淀粉含量14.9%，蛋白质含量6.5%，无垩白。

抗性：抗稻瘟病性强，耐寒性强，秆强抗倒伏，耐盐碱性强。

产量及适宜地区：1995—1996年黑龙江省第二积温区区域试验平均产量7 254.0kg/hm^2，1997—1998年生产试验平均产量8 163.0kg/hm^2。2001—2014年黑龙江省累计种植面积60.3万hm^2，2013年最大种植面积10.3万hm^2。适宜黑龙江省第二积温区种植。

栽培技术要点：4月中下旬播种，5月中旬移栽。插秧规格为26cm × 10cm或26cm × 13cm，每穴栽插3 ~ 4苗。施用优质农家肥15 000kg/hm^2，磷酸二铵100kg/hm^2，尿素200kg/hm^2。该品种喜肥水，适应性强，丰产性好，从苗期到成熟期植株都会有一种特殊的香味。收获种子时一定要在霜前割完，勤晾晒，及时脱粒。

绥粳5号（Suigeng 5）

品种来源：黑龙江省农业科学院绥化分院以藤系137/ 绥粳1号为杂交组合，采用系谱法选育而成，原品系代号绥94-5071。2000年通过黑龙江省农作物品种审定委员会审定，审定编号：黑审稻2000009。

形态特征和生物学特性：属粳型常规早熟早稻，基本营养生长期短。在适宜种植区出苗至成熟生育日数134d，需≥10℃活动积温2 500℃。分蘖力较强，秆强。株高86.5cm，穗长16.5cm，每穗粒数92.8粒，千粒重26.6g。

品质特性：糙米率83.2%，精米率74.9%，整精米率68.9%，垩白大小9.4%，垩白粒率4.75%，垩白度0.5%，胶稠度67.3mm，碱消值7.0级，直链淀粉含量17.24%，蛋白质含量8.0%。

抗性：易感苗瘟、穗颈瘟，中抗叶瘟。耐寒性强。抗盐碱能力强。

产量及适宜地区：1997—1998年黑龙江省第二积温区区域试验平均产量8 162.1kg/hm^2，1999年生产试验平均产量7 804.5kg/hm^2，1999年参加盐碱地生产试验，平均产量7 828.5kg/hm^2。2013年黑龙江省种植面积为0.2万hm^2。适宜黑龙江省第二积温区种植。

栽培技术要点：该品种适宜盐碱井灌区插秧栽培。4月上旬播种，5月下旬移栽。插秧规格为30cm×（13 ～ 16）cm，每穴栽插3 ～ 4苗。中等肥力地块一般施尿素150 ～ 200kg/hm^2，磷酸二铵100 ～ 150kg/hm^2，硫酸钾50kg/hm^2。

绥粳6号（Suigeng 6）

品种来源：黑龙江省农业科学院绥化分院以藤系137//垦稻5号/龙花83-079为杂交组合，采用系谱法选育而成，原品系代号绥97-046。2003年通过黑龙江省农作物品种审定委员会审定，审定编号：黑审稻2003006。

形态特征和生物学特性：属粳型常规早熟早稻，基本营养生长期短。在适宜种植区出苗至成熟生育日数133 d左右，需≥10℃活动积温2 520℃。分蘖力较强。颖色黄，无芒，颖尖黄色。株高86.5cm，穗长16.7cm，每穗粒数92.2粒，千粒重27.7g。结实率90.6%。

品质特性：糙米率81.3%，精米率73.2%，整精米率64.9%，垩白大小7.0%，垩白粒率6.0%，垩白度0.4%，胶稠度74.3mm，碱消值7.0级，直链淀粉含量18.7%，蛋白质含量7.12%。米质优于合江19，适口性好。

抗性：中抗叶瘟、穗颈瘟。

产量及适宜地区：2000—2001年黑龙江省第二积温区区域试验平均产量7 950.0kg/hm^2，2002年生产试验平均产量7 804.3kg/hm^2；1999年参加盐碱地生产试验，平均产量7 659.0kg/hm^2。适宜黑龙江省第二积温区种植。

栽培技术要点：适宜旱育稀植。4月上中旬播种，5月中下旬插秧。插秧规格为（26 ～ 30）cm×13cm，每穴栽插3 ～ 4苗。中等肥力条件下，本田底肥施磷酸二铵100kg/hm^2，尿素100kg/hm^2，硫酸钾50kg/hm^2；追肥、分蘖肥、穗肥共施尿素150kg/hm^2。除作业用水外，采用浅水灌溉，并及时晒田。按照病虫草害的发生规律，及时做好潜叶蝇、二化螟、稻瘟病及杂草的防治工作。成熟后适时收获。

绥粳7号（Suigeng 7）

品种来源：黑龙江省农业科学院绥化分院以牡丹江19/绥93-6032为杂交组合，采用系谱法选育而成，原品系代号绥98-199。2004年通过黑龙江省农作物品种审定委员会审定，审定编号：黑审稻2004004。

形态特征和生物学特性：属粳型常规早熟早稻，基本营养生长期短。在适宜种植区出苗至成熟生育日数135 d，需≥10℃活动积温2 532℃。谷粒长粒型，无芒，稃尖无色，散穗，活秆成熟，分蘖力较强。株高96cm左右，穗长17.5cm，每穗粒数87粒左右，千粒重26.9g。

品质特性：糙米率75.5%～82.3%，精米率68.0%～74.1%，整精米率59.9%～73.3%，糙米长5.3～5.4mm，糙米宽2.7～3.0mm，糙米长宽比1.8～2.2，垩白大小5.5%～7.1%，垩白粒率1.0%～6.0%，垩白度0.1%～0.4%，直链淀粉含量18.0%～20.5%，胶稠度70.2～82.5mm，碱消值7级，蛋白质含量6.9%～9.3%。

抗性：易感苗瘟、穗颈瘟，中抗叶瘟。抗倒伏能力中等。

产量及适宜地区：2001—2002年黑龙江省第二积温区区域试验平均产量7 450.5kg/hm^2，2003年生产试验平均产量7 383.0kg/hm^2。2005—2011年黑龙江省累计种植面积38.7万hm^2，2008年最大种植面积13.5万hm^2。适宜黑龙江省第二积温区种植。

栽培技术要点：适宜旱育稀植栽培。4月上中旬播种，5月中下旬插秧。插秧规格为（27～30）cm×13cm，每穴栽插3～4苗。增施农家肥，氮磷钾配合施用，中等肥力条件下，施用纯氮150kg/hm^2，纯磷70kg/hm^2，纯钾30kg/hm^2。氮肥的40%、磷肥全部和钾肥的50%作底肥，其余作追肥施用。浅水灌溉，对病虫草害进行综合防治。成熟后及时收获。

绥粳8号（Suigeng 8）

品种来源：黑龙江省农业科学院绥化分院以龙粳10号/绥粳3号为杂交组合，采用系谱法选育而成，原品系代号绥02-6222。2007年通过黑龙江省农作物品种审定委员会审定，审定编号：黑审稻2007007。

形态特征和生物学特性：属粳型常规早熟早稻，基本营养生长期短。在适宜种植区出苗至成熟生育日数136d，需≥10℃活动积温2 504℃。主茎叶12片，株高83cm左右，穗长17cm左右，每穗粒数106粒左右，千粒重27g左右。

品质特性：糙米率81.1%～82.3%，整精米率68.7%～72.4%，垩白粒率0～2%，垩白度0～0.2%，直链淀粉含量18.0%～20.1%，胶稠度74.5～75.0mm。食味评分76～84分。

抗性：高抗叶瘟，中抗穗颈瘟。孕穗期耐冷性较强。

产量及适宜地区：2005—2006年黑龙江省第二积温区区域试验平均产量8 016.0kg/hm^2，2006年生产试验平均产量8 160.0kg/hm^2。2007—2014年黑龙江省累计种植面积7.3万hm^2，2009年最大种植面积2.6万hm^2。适宜黑龙江省第二积温区上限种植。

栽培技术要点：该品种适宜在4月10～18日播种，5月21～26日移栽。插秧规格为30cm×13cm，每穴栽插3～4苗。中等肥力条件下，施用纯氮110kg/hm^2，磷（P_2O_5）70kg/hm^2，钾（K_2O）30kg/hm^2。氮肥的40%，全部磷肥和钾肥的50%作底肥，其余作追肥施用。对病虫草害进行综合防治，确保水稻正常生长，浅水灌溉，成熟后适时收获。

绥粳9号（Suigeng 9）

品种来源：黑龙江省农业科学院绥化分院以龙粳10号/绥粳3号为杂交组合，采用系谱法选育而成，原品系代号绥02-6007。2008年通过黑龙江省农作物品种审定委员会审定，审定编号：黑审稻2008005。

形态特征和生物学特性：属粳型常规早熟早稻，基本营养生长期短。在适宜种植区出苗至成熟生育日数136d，需≥10℃活动积温2 516℃。主茎叶12片，株高93.5cm，穗长16.8cm，每穗粒数104粒左右，千粒重25.6g。

品质特性：糙米率80.0%～82.6%，整精米率60.6%～71.0%，垩白粒率1.0%，垩白度0.1%～0.2%，直链淀粉含量18.5%～20.7%，胶稠度73.5～81.0mm。食味评分79～80分。

抗性：中抗叶瘟、穗颈瘟。孕穗期耐冷性较强。

产量及适宜地区：2005—2006年黑龙江省第二积温区区域试验平均产量8 193.0kg/hm^2，2007年生产试验平均产量8 805.0kg/hm^2。2008—2014年黑龙江省累计种植面积44.7万hm^2，2011年最大种植面积17.3万hm^2。适宜黑龙江省第二积温区上限种植。

栽培技术要点：4月10～20日播种，5月15～25日移栽。插秧规格为30cm×13.3cm，每穴栽插3～5苗。选择中上等肥力地块种植，一般施尿素250kg/hm^2，磷酸二铵100kg/hm^2，硫酸钾50kg/hm^2，按底肥、返青肥、分蘖肥、穗肥及粒肥施入。注意防除田间杂草，促进分蘖，本田水层管理采用浅湿干交替。成熟后适时收获。

绥糯1号（Suinuo 1）

品种来源：黑龙江省农业科学院绥化分院、绥化市优特水稻综合开发研究所以吉粘2//莲香1号/合R12-34-1为杂交组合，采用系谱法选育而成，原品系代号绥香糯9129。1999年通过黑龙江省农作物品种审定委员会审定，审定编号：黑审稻1999008。

形态特征和生物学特性：属粳型常规早粳早糯稻，基本营养生长期短。在适宜种植区出苗至成熟生育日数132d，需≥10℃活动积温2 480.5℃。株型收敛，幼苗生长健壮，苗期耐寒性强，分蘖力中等，秆强，植株生长整齐，谷粒椭圆形，糯而香。株高90cm左右，穗长17.8cm，每穗粒数93粒左右，空瘪率4.6%，千粒重27.3g。

品质特性：糙米率84.0%，精米率75.3%，整精米率72.2%，胶稠度100.0mm，直链淀粉含量0，粗蛋白质含量7.3%。

抗性：苗期耐寒性强。

产量及适宜地区：1995—1996年黑龙江省第二积温区区域试验平均产量7 075.5kg/hm^2，1997—1998年生产试验平均产量8 217.0kg/hm^2。适宜黑龙江省第二积温区种植。

栽培技术要点：4月中下旬播种，5月中旬移栽。插秧规格为26cm×10cm或26cm×13cm，每穴栽插3～4苗。施用优质农家肥15 000kg/hm^2，磷酸二铵100kg/hm^2，尿素200kg/hm^2。该品系喜肥水，适应性强，丰产性好，植株带有一种特殊的香味，收获时一定要在霜前割完，勤晾晒，及时脱粒。

绥引1号（Suiyin 1）

品种来源：黑龙江省绥化地区安全局与绥化地区种子公司共同从韩国引入，原代号绥88-2。1997年通过黑龙江省农作物品种审定委员会审定，审定编号：黑审稻1997004。

形态特征和生物学特性：属粳型常规早熟早稻。生育日数129d，需≥10℃活动积温2 451.6℃。苗期生长旺盛，叶色浓绿，主茎叶11 ~ 12片，株高90cm左右，分蘖数5.5个左右。活秆成熟。

抗性：秆强不倒伏。稻瘟病、恶苗病轻。耐寒。

品质特性：糙米率83.4%，精米率75.5%，整精米率71.0%，垩白大小9.6%，垩白度3.5%，碱消值6.7级，直链淀粉含量16.5%，蛋白质含量8.2%。

产量及适宜地区：1993—1994年黑龙江省第二积温区区域试验平均产量7 224.2kg/hm^2，1995—1996年生产试验平均产量7 611.8kg/hm^2。1995年黑龙江省种植面积为0.1万hm^2。适宜黑龙江省第二积温区下限种植。

栽培技术要点：旱育稀植栽培。播种期4月15 ~ 20日，播干种270g/m^{2}左右。插秧期5月20 ~ 25日，株行距为27cm × 10cm，每穴栽插3苗。施尿素150 ~ 200kg/hm^2，磷酸二铵75kg/hm^2。高肥条件下种植，注意防治稻瘟病。

藤系137（Tengxi 137）

品种来源：日本青森县县立农业试验场藤坂支场于1974年以藤453为母本，秋光为父本杂交，原品种代号藤799，1983年育成。黑龙江省农垦科学院水稻研究所从日本引入，1992年通过黑龙江省农作物品种审定委员会审定，审定编号：黑审稻1992007。

形态特征和生物学特性：属粳型常规早熟早稻。生育日数138d左右，需≥10℃活动积温2 621℃。株型收敛。分蘖力强。株高85cm，主茎叶13片，每穗平均95粒，千粒重25g左右。

品质特性：米适口性好，蛋白质含量8.8%，直链淀粉含量20.2%。

抗性：苗期、孕穗期耐冷性强。中抗稻瘟病。秆强抗倒伏。

产量及适宜地区：1989—1990年黑龙江省第二积温区区域试验平均产量7 353.4kg/hm^2，1991年生产试验平均产量6 452.3kg/hm^2。1989—1999年黑龙江省累计种植面积为6.2万hm^2，1993年最大种植面积1.3万hm^2。适宜黑龙江省第二积温区种植。

栽培技术要点：适于旱育稀植插秧或抛秧栽培。行距30cm，穴距12 ~ 15cm，每穴栽插2 ~ 3苗。土壤肥力中等水平下施尿素150 ~ 180kg/hm^2，磷酸二铵100kg/hm^2，硫酸钾100kg/hm^2，并注意后期追肥。旱育苗早插秧，并同时采取促熟措施，防止后期成熟不良。

藤系138（Tengxi 138）

品种来源：黑龙江省农业科学院五常水稻研究所从吉林省农业科学院水稻研究所引进的日本青森县品种。此品种以秋光/藤系117为杂交组合，采用系谱法选育而成。1990年通过吉林省农作物品种审定委员会审定，审定编号：吉审稻1990003；1991年通过黑龙江省农作物品种审定委员会审定，审定编号：黑审稻1991001；1991年通过国家农作物品种审定委员会审定，审定编号：GS01021—1990。

形态特征和生物学特性：属粳型常规中熟早稻，基本营养生长期短。在适宜种植区出苗至成熟138d，需≥10℃活动积温2 640℃。茎秆粗壮，株型紧凑，分蘖力强。叶片较宽，长而直立，叶色为翠绿，穗在剑叶的中下部。谷粒长宽适中、椭圆形，颖及颖尖黄白色。主茎叶13片，株高88cm左右，每穗粒数115粒左右，千粒重25g左右。

品质特性：糙米率82.0%，直链淀粉含量22.9%，蛋白质含量7.8%，赖氨酸含量0.3%。

抗性：抗稻瘟病性强，在密植栽培下易感染纹枯病。耐肥，耐冷性强，耐盐碱性强。抗倒伏性强。

产量及适宜地区：1987—1989年参加吉林省区域试验平均产量8 064.0kg/hm^2，1988—1989年生产试验平均产量7 200.0kg/hm^2。1987—1990年参加黑龙江省第二积温区区域试验平均产量7 297.5kg/hm^2，1989—1990年生产试验平均产量7 791.0kg/hm^2。1988—2005年黑龙江省累计种植面积23.8万hm^2，1996年最大种植面积3.1万hm^2。适宜吉林省中熟区、黑龙江省第一积温区和第二积温区上限地区以及河北、新疆等省（自治区）≥10℃活动积温2 900 ～ 3 000℃的平原、半山区及高寒山区种植。

栽培技术要点：插秧规格为30cm×13cm，每穴栽插3苗。适宜在较高肥力条件下种植，一般施肥纯氮180kg/hm^2，氮：磷：钾=1 ：0.7 ：0.5。

藤系140（Tengxi 140）

品种来源：黑龙江省农业科学院耕作栽培研究所从吉林省引入的日本品种。此品种以藤系108/藤系113为杂交组合，采用系谱法选育而成。1994年通过黑龙江省农作物品种审定委员会审定，审定编号：黑审稻1994008。

形态特征和生物学特性：属粳型常规中熟早稻，基本营养生长期短。有芒在适宜种植区出苗至成熟生育日数135～140d，需≥10℃活动积温2 600℃。叶色淡绿，分蘖力强，秆强且富弹性。株高90cm左右，穗长16cm左右，每穗粒数100粒左右，千粒重26g左右。

品质特性：糙米率83%，精米率74.4%，垩白大小8.9%，垩白粒率20.0%，胶稠度56.5mm，直链淀粉含量17.1%，蛋白质含量8.4%。

抗性：抗稻瘟病性较强，耐肥，抗倒伏能力强。

产量及适宜地区：1991—1992年参加黑龙江省第二积温区区域试验平均产量8 083.5kg/hm^2，1993年生产试验平均产量7 839.0kg/hm^2。1990—2005年黑龙江省累计种植面积9.8万hm^2，1998年最大种植面积2.4万hm^2。适宜黑龙江省第一积温区、第二积温区上限种植。

栽培技术要点：采用大棚旱育秧，适于4月中旬播种，5月中下旬移栽。插秧规格为30cm × 13cm，每穴栽插3～4苗。也可超稀植栽培。一般施尿素250kg/hm^2，磷酸二铵200kg/hm^2，硫酸钾150kg/hm^2。

藤系144（Tengxi 144）

品种来源：五常市种子公司于1990年从吉林市农业科学研究所引入的日本品种。此品种以藤系128/藤系115为杂交组合，采用系谱法选育而成。1993年通过吉林省农作物品种审定委员会审定，审定编号：吉审稻1993002。1996年通过黑龙江省农作物品种审定委员会审定，审定编号：黑审稻1996003。

形态特征和生物学特性：属粳型常规早熟早稻，基本营养生长期短。在适宜种植区出苗至成熟生育日数135d，需≥10℃活动积温2 500℃。株型紧凑，叶片直立，剑叶角度小，分蘖力较强。颖色淡黄，叶色浅绿。株高85～90cm，主茎叶13片，穗长16.4cm，每穗粒数89.2粒，千粒重26g左右。

品质特性：糙米率82.0%，精米率73.8%，整精米率66.2%，垩白度3.8%，胶稠度53.3mm，蛋白质含量9.5%。

抗性：抗稻瘟病性较强，耐寒性强，耐肥，抗倒伏能力强。

产量及适宜地区：1991—1993年吉林省区域试验平均产量7 320.0kg/hm^2，1992—1993年吉林省生产试验平均产量7 395.0kg/hm^2。1993—1994年黑龙江省区域、生产试验，平均产量7 680.0kg/hm^2。1993—1996年黑龙江省累计种植面积3.6万hm^2，1995年最大种植面积1.4万hm^2。适宜在吉林省吉林、延边、通化山区和半山区，黑龙江省第二积温区种植。

栽培技术要点：采用大棚旱育秧，适于4月中旬播种，5月中下旬移栽，株行距30cm×10cm或30cm×13cm，每穴栽插4～5苗；超稀植栽培30cm×20cm或30cm×26cm，每穴栽插2～3苗。施用纯氮125～140kg/hm^2，在上等肥力地块种植增产潜力更大。采用浅—深—浅的方法进行灌溉。

通系112（Tongxi 112）

品种来源：黑龙江省宁安县种子公司、五常县种子公司从通化市农业科学研究所引入，此品种以云731/松前为杂交组合，采用系谱法选育而成。1993年通过黑龙江省农作物品种审定委员会审定，审定编号：黑审稻1993002。

形态特征和生物学特性：属粳型常规早熟早稻，基本营养生长期短。在适宜种植区出苗至成熟生育日数135d，需≥10℃活动积温2 520℃。叶片直立，幼苗长势强，茎秆强，有弹性。株型紧凑，分蘖力强，主穗整齐，谷粒椭圆形，颖及颖尖黄色，颖壳薄，无芒。株高90cm左右，穗长16cm左右，每穗粒数80粒左右，千粒重27.3g。

品质特性：糙米率84.0%，蛋白质含量7.2%。米饭适口性好，米质优良。

抗性：中抗稻瘟病，抗寒性强，抗倒伏能力强，对恶苗病较敏感。

产量及适宜地区：1989—1992年黑龙江省第二积温区区域试验平均产量7 054.0kg/hm^2，1991—1992年生产试验平均产量6 705.2kg/hm^2。1988—2000年黑龙江省累计种植面积11.4万hm^2，1993年最大种植面积2.4万hm^2。适宜黑龙江省第二积温区、第一积温区下限种植。

栽培技术要点：适于旱育稀植。4月中旬播种，5月末前结束插秧。插秧规格为30cm×13cm，每穴栽插3～4苗；超稀植栽培插秧规格30cm×20cm或30cm×26cm，每穴栽插2～3苗，插秧深度一般2～3cm。适于中等肥力栽培，施肥尿素300kg/hm^2，其中30%用于耙地前全层肥，25%用于补充调节肥（9叶露尖期），25%用于穗肥（剑叶露尖期），20%用于粒肥（抽穗始期）。有效分蘖末期适当排水晒田。播种前按技术操作规程严格进行种子处理，预防恶苗病。成熟后适时收获。

五优稻3号（Wuyoudao 3）

品种来源：五常市龙凤山长粒香水稻研究所、五常市种子公司从五优稻1号优良变异株中选出，经系统选育而成，原品系代号五优C。2005年通过黑龙江省农作物品种审定委员会审定，审定编号：黑审稻2005008。

形态特征和生物学特性：属粳型常规早熟早稻，基本营养生长期短。在适宜种植区出苗至成熟生育日数138d，需≥10℃活动积温2 550℃。株型收敛，剑叶上举，叶片清秀，子粒偏长粒，颖尖无芒。主茎叶12片，株高92～95cm，穗长17cm左右，每穗粒数100粒左右，千粒重25.5g。

品质特性：糙米率81.4%～83.2%，精米率73.3%～74.9%，整精米率71.3%～73.4%，糙米粒长5.4～5.6mm，糙米粒宽2.7～2.9mm，糙米长宽比1.9～2，垩白大小2.5%～6.1%，垩白粒率3.5%～14.0%，垩白度0.1%～0.8%，直链淀粉含量16.1%～19.2%，胶稠度62.5～72.5mm，碱消值7级，蛋白质含量7.1%～8.9%。食味评分80～88分。

抗性：中抗苗瘟、穗颈瘟，高抗叶瘟。

产量及适宜地区：2001—2002年黑龙江省第二积温区区域试验平均产量7 507.5kg/hm^2，2003年生产试验平均产量7 885.5kg/hm^2。2003—2014年黑龙江省累计种植面积15.8万hm^2，2007年最大种植面积2.9万hm^2。适宜黑龙江省第二积温区上限种植。

栽培技术要点：采用旱育稀植的方法。4月上中旬播种，5月中旬移栽，株行距33cm×18.5cm，每穴栽插2～3苗。中等肥力地块施纯氮肥不能超过85kg/hm^2，底肥施三元复合肥，追肥用硫酸铵，7月15日以前追施硫酸钾75～100kg/hm^2。在分蘖盛期及抽穗前、齐穗后喷药预防稻瘟病发生。灌水以浅水层为主，8月25日以前停灌。9月中旬收获。浸种时要较其他品种延长3d时间，以促进苗齐、苗壮。

系选1号（Xixuan 1）

品种来源：黑龙江省桦南县孙斌优质水稻研究所从富士光变异植株中经系选育成的粳稻，原代号系选1号。2003年通过黑龙江省农作物品种审定委员会审定，审定编号：黑审稻2003004。

形态特征和生物学特性：属粳型常规早熟早稻。生育日数136d，需≥10℃活动积温2 565℃。幼苗长势快，苗期叶片披垂，能充分利用光能，生育后期叶片上举，分蘖力中等，活秆成熟，后熟快。茎秆粗壮，株型收敛。无芒，属穗重型。主茎叶13片。株高104cm，穗长18.8cm，穗粒数109粒，结实率92%，千粒重26.1g。

品质特性：糙米率80.7%，精米率72.6%，整精米率68.9%，垩白大小7.0%，垩白粒率3.6%，垩白度0.3%，直链淀粉含量16.8%，胶稠度73.1mm，碱消值6.9级，粗蛋白质含量7.3%。

抗性：人工接种鉴定苗瘟6～9级，叶瘟3～5级，穗颈瘟5级；自然感病苗瘟5～7级，叶瘟3级，穗颈瘟3～5级。较抗倒伏。

产量及适宜地区：1999—2001年黑龙江省第二积温区上限区域试验平均产量7 249.0kg/hm^2，2002年生产试验平均产量7 747.5kg/hm^2。2003—2014年黑龙江省累计种植面积为5.9万hm^2，2014年最大种植面积2.5万hm^2。适宜黑龙江省第一积温区下限、第二积温区上限种植。

栽培技术要点：4月中上旬大、中棚育苗，湿芽种200g/m^2，稀播，控温、控水育壮苗。秧龄35～40d，5月中下旬插秧。插秧规格为40cm×（16.5～20）cm或每穴栽插3～5苗。中等肥力施磷酸二铵120kg/hm^2，尿素200kg/hm^2，硫酸钾100kg/hm^2。注意稻瘟病防治。

新雪（Xinxue）

品种来源：日本北海道道立农业试验场于1942年以龟田早生为母本，石狩白毛为父本杂交，原品种代号北海130号-B，1954年育成推广，1964年引入黑龙江省推广。

形态特征和生物学特性：属粳型常规早熟早稻。直播栽培生育日数从出苗到成熟112 ～ 117d，插秧栽培生育日数125d。幼苗深绿色，分蘖力中等，芒黄色，芒长中等，颖尖、颖壳秆黄色。株高90cm左右，穗长13cm左右，每穗60粒，千粒重27g左右。

品质特性：糙米率83%。

抗性：感叶瘟，节瘟较轻，抗穗颈瘟。耐肥性中等。苗期抗冷性强。

产量及适宜地区：一般产量3 750 ～ 5 250kg/hm^2。适宜黑龙江省佳木斯地区北部稻区种植。

栽培技术要点：宜直播，也可插秧栽培。

兴盛1号（Xingsheng 1）

品种来源：黑龙江兴盛种业有限公司以绥粳3号为母本，垦稻11为父本，采用系谱法选育而成。原代号兴盛07-5。2014年通过黑龙江省农作物品种审定委员会审定，审定编号：黑审稻2014011。

形态特征和生物学特性：属粳型常规早熟早稻。在适宜地区出苗至成熟生育日数134d左右，需≥10℃活动积温2 450℃左右。主茎叶12片，谷粒椭圆形，株高99cm左右，穗长18.9cm左右，每穗粒数113粒左右，千粒重26.5g左右。

品质特性：3年品质分析结果，糙米率81.3%～82.1%，整精米率68.0%～70.1%，垩白粒率4.0%～14.5%，垩白度1.3%～9.6%，直链淀粉含量17.0%～18.2%，胶稠度72.5～74.0mm。达到国家优质米三级标准。

抗性：4年接种鉴定叶瘟1～5级，穗颈瘟1～5级。4年耐冷性鉴定处理空壳率3.2%～11.7%。

产量及适宜地区：2010—2011年黑龙江省第二积温区区域试验平均产量9 023.5kg/hm^2，2012—2013年生产试验平均产量8 415.2kg/hm^2。适宜黑龙江省第二积温区种植。

栽培技术要点：播种期4月10日左右，插秧期5月15日左右，秧龄35d左右。插秧规格为30cm×13.3cm左右，每穴栽插3～5苗。一般施纯氮130kg/hm^2，氮：磷：钾=2：1.5：2。氮肥比例：基肥：分蘖肥：穗肥：粒肥=4：3：2：1。基肥施纯氮52kg/hm^2，纯磷85kg/hm^2，纯钾80kg/hm^2；分蘖肥施纯氮39kg/hm^2；穗肥施纯氮26kg/hm^2，纯钾50kg/hm^2；粒肥施纯氮13kg/hm^2。秋翻，春天水整地，浅水勤灌。成熟后及时收获。预防稻瘟病。

延粘1号（Yanzhan 1）

品种来源：吉林省延边朝鲜族自治农业科学院以松前A为母本，古巴154/临果为父本杂交育成的糯稻，宁安市江南乡农技站引入。1990年通过吉林省农作物品种审定委员会审定，审定编号：1990004。1992年通过黑龙江省农作物品种审定委员会审定，审定编号：黑审稻1992003。

形态特征和生物学特性：属粳型常规早熟早糯稻。生育日数135d左右，需≥10℃活动积温2 500℃。叶片短而窄，直立，茎秆较细而有韧性，株型收敛。分蘖力强，成穗率高。谷粒椭圆形，颖及颖尖黄白色，无芒。主茎叶13片，株高80cm左右，穗长15cm左右，每穗平均80粒，结实率85%以上，千粒重25g。

品质特性：糙米率81.4%，蛋白质含量8.5%，直链淀粉含量0.3%。米粒乳白色，黏性强，食味好。

抗性：抗倒伏，对障碍性冷害的抵抗力强，中抗稻瘟病。

产量及适宜地区：1989—1990年黑龙江省第二积温区区域试验平均产量7 133.1kg/hm^2，1991年生产试验平均产量6 336.0kg/hm^2。1990—1994年黑龙江省累计种植面积0.7万hm^2，1993年最大种植面积0.4万hm^2。适宜第一积温区下限和第二积温区上限种植。

育龙2号（Yulong 2）

品种来源：黑龙江省农业科学院作物育种研究所以绥粳6号为母本，松98-131为父本，采用系谱法选育而成，原代号育龙02-33。2013年通过黑龙江省农作物品种审定委员会审定，审定编号：黑审稻2013009。

形态特征和生物学特性：属粳型常规早熟早稻。在适宜种植区出苗至成熟生育日数134d左右，需≥10℃活动积温2 450.0℃左右。主茎叶12片，株高95cm左右，穗长18cm左右，每穗粒数110粒左右，千粒重25g左右。

品质特性：品质分析结果，糙米率80.8%～81.0%，整精米率65.5%～69.2%，垩白粒率1.0%～2.0%，垩白度0.1%～0.6%，直链淀粉含量17.0%～17.7%，胶稠度71.0～76.5mm。食味评分80～82分。

抗性：接种鉴定叶瘟3～5级，穗颈瘟3级。耐冷性鉴定处理空壳率2.2%～11.1%。

产量及适宜地区：2010—2011年两年黑龙江省第二积温区区域试验平均产量为8 350.3kg/hm^2，2012年生产试验平均产量9 068.5kg/hm^2。2013—2014年黑龙江省累计种植面积为1.4万hm^2，2014年最大种植面积1.0万hm^2。适宜黑龙江省第二积温区种植。

栽培技术要点：在适宜种植区4月15～25日播种，5月15～25日插秧。插秧规格为30cm×10cm左右，每穴栽插3～4苗。一般施尿素200kg/hm^2，磷酸二铵50kg/hm^2，硫酸钾100kg/hm^2。尿素40%、磷酸二铵全部、钾肥50%作底肥；尿素40%作分蘖肥；尿素20%、钾肥50%作穗肥。常规管理，8月末排干水，成熟后及时收获。

中龙粳1号（Zhonglonggeng 1）

品种来源：中国科学院北方粳稻分子育种联合研究中心以双系8706 /空育131//松98-131为杂交组合，采用系谱法选育而成，原品系代号为哈03-216。2013年通过黑龙江省农作物品种审定委员会审定，审定编号：黑审稻2013010。

形态特征和生物学特性：属粳型常规早熟早稻，基本营养生长期短。在适宜种植区出苗至成熟生育日数134d，需≥10℃活动积温2 450℃。主茎叶12片，株高93.7cm，穗长18.5cm，每穗粒数100粒左右，千粒重25.2g。

品质特性：糙米率80.5%～81.7%，整精米率64.1%～69.7%，垩白粒率2.0%～4.5%，垩白度0.1%～1.1%，直链淀粉含量16.9%～17.9%，胶稠度70.0～76.5mm。食味评分83～86分。

抗性：中抗叶瘟、穗颈瘟。孕穗期耐冷性较强。

产量及适宜地区：2010—2011年黑龙江省第二积温区区域试验平均产量8 720.6kg/hm^2，2012年生产试验平均产量9 104.3kg/hm^2。2014年黑龙江省种植面积0.1万hm^2。适宜黑龙江省第二积温区种植。

栽培技术要点：4月10～20日播种，5月10～20日插秧。插秧规格为30cm×13.3cm，每穴栽插3～4苗。施肥量：中等肥力地块施尿素200kg/hm^2，磷酸二铵100kg/hm^2，硫酸钾100kg/hm^2；尿素40%、磷酸二铵全部、钾肥60%作底肥；尿素40%作分蘖肥；尿素20%、钾肥40%作穗肥。水层管理采用浅—深—浅常规灌溉，后期采用间歇灌溉，8月末排干水。注意防治病虫草害及冷害。成熟后及时收获。

中龙粳3号（Zhonglonggeng 3）

品种来源：中国科学院北方粳稻分子育种联合研究中心以绥粳4号/哈03-99为杂交组合，采用系谱法选育而成，原品系代号哈05-316。2013年通过黑龙江省农作物品种审定委员会审定，审定编号：黑审稻2013019。

形态特征和生物学特性：属粳型常规早熟早稻，基本营养生长期短。在适宜种植区出苗至成熟生育日数134d，需≥10℃活动积温2 450℃。主茎叶12片，株高96cm左右，穗长17cm左右，每穗粒数98粒左右，千粒重24.5g。

品质特性：糙米率80.3%～81.2%，整精米率64.2%～69.6%，垩白粒率1.0%～6.0%，垩白度0.2%～1.6%，直链淀粉含量16.2%～16.3%，胶稠度67.5～81.0mm。食味评分82分。

抗性：中抗叶瘟、穗颈瘟。孕穗期耐冷性较强。

产量及适宜地区：2010—2011年黑龙江省第二积温区区域试验平均产量8 152.6kg/hm^2，2012年生产试验平均产量8 811.2kg/hm^2。2013—2014年黑龙江省累计种植面积1.0万hm^2，2014年最大种植面积1.0万hm^2。适宜黑龙江省第二积温区种植。

栽培技术要点：4月10～20日播种，5月15～25日插秧。插秧规格为30cm×13cm，每穴栽插2～3苗。一般施纯氮120kg/hm^2，纯磷70kg/hm^2，纯钾50kg/hm^2；氮肥的一半，磷肥的全部，钾肥一半作底肥施入，其余作追肥施用。除作业用水外，采用浅水灌溉，并及时晒田。按照病虫草害的发生规律，及时做好潜叶蝇、二化螟、稻瘟病及杂草的防治工作。成熟后适时收获。

中龙香粳1号（Zhonglongxianggeng 1）

品种来源：中国科学院北方粳稻分子育种联合研究中心以长香糯（中国农业科学院作物研究所）为母本，五优稻1号为父本杂交，采用系谱法选育而成，原品系代号哈06-216。2012年通过黑龙江省农作物品种审定委员会审定，审定编号：黑审稻2012015。

形态特征和生物学特性：属粳型常规早熟早香稻。在适宜种植区出苗至成熟生育日数136d左右，需≥10℃活动积温2 500℃左右。主茎叶12片，株高100cm左右，穗长19cm左右，每穗粒数100粒左右，千粒重26g左右。

品质特性：糙米率79.6%～79.8%，整精米率64.7%～67.9%，垩白粒率1.0%～4.5%，垩白度0.1%～0.9%，直链淀粉含量16.4%～17.0%，胶稠度72.5～80.0mm。食味评分87～89分。

抗性：接种鉴定叶瘟0～3级，穗颈瘟0～1级。耐冷性鉴定处理空壳率3.5%～18.1%。

产量及适宜地区：2009—2010年黑龙江省第二积温区区域试验平均产量7 934.4kg/hm^2，2011年黑龙江省生产试验平均产量8 456.1kg/hm^2。2012—2014年黑龙江省累计种植面积为11.7万hm^2，2013年最大种植面积8.5万hm^2。适宜黑龙江省第二积温区上限种植。

栽培技术要点：4月10～20日播种，5月15～25日插秧。插秧规格为30cm×12cm，每穴栽插3～4苗。中等肥力地块施尿素200kg/hm^2，磷酸二铵100kg/hm^2，钾肥100kg/hm^2；尿素40%、磷酸二铵的全部、钾肥50%作基肥；尿素40%作分蘖肥；尿素20%、钾肥50%作穗肥。8月25日左右停止灌溉，9月末左右收获。注意病虫草害的及时防治。

第三节　黑龙江省第三积温区水稻品种

北海1号（Beihai 1）

品种来源：黑龙江省农业科学院水稻研究所从农家红毛（北海）系选的早粳品种。1957年通过黑龙江省农作物品种审定委员会审定。

形态特征和生物学特性：属粳型常规早熟早稻。感温性弱，感光性弱。在佳木斯地区直播栽培，生育期113 ~ 118d。分蘖力中等。谷粒椭圆形，红褐色长芒，颖壳秆黄色，颖尖红褐色。株高85.0cm左右，穗长15.0cm，每穗90.0 ~ 100.0粒左右，千粒重27.0 ~ 28.0g。

品质特性：米质中等。

抗性：抗稻瘟病性中等。耐肥性中等。秆较强，抗倒伏。

产量及适宜地区：一般产量4 000kg/hm^2。适宜黑龙江省哈尔滨（尚志、阿城）、东宁、鸡西（密山）、桦川、汤原种植。1957年黑龙江省最大种植面积1.3万hm^2。

栽培技术要点：直播保苗数450万苗/hm^2。要适期早播，促早熟。全生育期施纯氮85kg/hm^2。

大新雪（Daxinxue）

品种来源：黑龙江省尚志市农民从新雪中系选育成的早粳品种。1977年通过黑龙江省农作物品种审定委员会审定。

形态特征和生物学特性：属粳型常规早熟早稻。直播栽培生育期110d左右。分蘖力中等。谷粒椭圆形，米白色。株高85.0cm左右，穗长15.0cm左右，每穗粒数较少，千粒重27.0g左右。

品质特性：米质中等。

抗性：抗稻瘟病性好，耐肥，抗倒伏。

产量及适宜地区：一般产量为6 000.0kg/hm^2。1988—1989年黑龙江省累计种植面积0.2万hm^2，1989年最大种植面积0.1万hm^2。适宜黑龙江省佳木斯、哈尔滨地区种植。

栽培技术要点：全生育期施纯氮85kg/hm^2。

东方红2号（Dongfanghong 2）

品种来源：黑龙江省东宁县三岔口公社东方红大队科研室从松辽4号中单株系选育成。1971年通过黑龙江省农作物品种审定委员会审定。

形态特征和生物学特性：属粳型常规早熟早稻。东宁插秧栽培生育期125 ~ 130d，需≥10℃活动积温2 000 ~ 2 200℃。苗期生长势强，叶片深绿色，较窄。株型收敛，分蘖力较强。谷粒椭圆形，无芒，颖壳、颖尖秆黄色。株高75 ~ 80cm，穗长14 ~ 15cm，穗粒数70 ~ 80粒，千粒重26 ~ 27g。

品质特性：米白色。

抗性：抗稻瘟病性中等。抗寒，耐肥。

产量及适宜地区：插秧栽培一般产量4 500 ~ 6 000kg/hm^2。适宜在黑龙江省牡丹江地区除虎林县及山间冷凉地区外，均可种植。

栽培技术要点：全生育期施纯氮85kg/hm^2。

富国（Fuguo）

品种来源：原产日本北海道，系以中生爱国与坊生6号杂交育成。1949年引入黑龙江省。1949—1953年经原佳木斯农事试验场（黑龙江省农业科学院水稻研究所）鉴定，1954年通过黑龙江省农作物品种审定委员会审定。

形态特征和生物学特性：属粳型常规早熟早稻。在佳木斯地区直播栽培生育日数100 ~ 105d。分蘖力较强，颖壳秆黄色，颖尖红褐色。秆强，落粒较难。谷粒椭圆形，无芒，米白色。株高70.0 ~ 75.0cm，穗长14.0cm左右，每穗60.0 ~ 70.0粒，千粒重26.0g左右。

品质特性：米质中等。

抗性：感叶瘟，没有节瘟，中抗穗颈瘟。耐冷，耐肥性较强。

产量及适宜地区：直播栽培一般产量3 750.0kg/hm^{2}左右。在肥沃土地种植，产量较高。适宜黑龙江省尚志、穆棱、通河、密山、铁力、宁安、桦川、庆安、绥棱等市（县）种植。

栽培技术要点：直播栽培保苗数480万～525万苗/hm^2。

国光（Guoguang）

品种来源：原查哈阳农场试验站从龙江县碾子山农家品种中系选育成。1956年通过黑龙江省农作物品种审定委员会审定。

形态特征和生物学特性：属粳型常规早熟早稻。在佳木斯地区直播栽培，生育期105 ~ 110d。分蘖力较强，谷粒椭圆形，无芒，米白色。颖壳秆黄色，颖尖红褐色。株高80cm左右，穗长15cm左右，每穗70 ~ 80粒，千粒重26g。

品质特性：米质中等。

抗性：抗稻瘟病性差，较耐肥，秆强抗倒伏，苗期耐冷性较强。

产量及适宜地区：直播栽培一般产量4 500kg/hm^{2}左右。适宜黑龙江省哈尔滨、齐齐哈尔、佳木斯等地区种植。

栽培技术要点：直播栽培、插秧栽培均可。全生育期施纯氮75kg/hm^2。

国主（Guozhu）

品种来源：原公主岭农事试验场以中生爱国/坊主2号杂交，于1941年育成的矮秆早熟早粳品种。1947年引入黑龙江省，1954年通过黑龙江省农作物品种审定委员会审定。

形态特征和生物学特性：属粳型常规早熟早稻。感光性弱。直播栽培生育期105 ～ 110d。分蘖力弱。丰产性一般。谷粒椭圆形，中芒，米白色，颖壳和颖尖均为秆黄色。株高85cm左右，穗长15cm左右，每穗60 ～ 70粒，千粒重26g左右。

品质特性：米质中等。

抗性：感叶瘟，节瘟较轻，抗穗颈瘟。较耐肥，耐冷，抗倒伏。

产量及适宜地区：一般产量为4 500kg/hm^2。适宜黑龙江省汤原、密山、桦川、依兰、五常等地种植。1958年种植面积2万hm^2。

栽培技术要点：宜在中上等肥力条件下种植。易发病区及稻瘟病大流行年份应注意药剂防治。

合江1号（Hejiang 1）

品种来源：黑龙江省农业科学院水稻研究所从石狩白毛中系选育成的早粳品种，原代号合56-1。1958年通过黑龙江省农作物品种审定委员会审定。

形态特征和生物学特性：属粳型常规早熟早稻。感光性、感温性中等。直播栽培生育期110 ～ 115d，插秧栽培130 ～ 135d，需≥10℃活动积温2 000 ～ 2 200℃。分蘖力强，着粒密度大，谷粒椭圆形，中芒。株高85.0cm左右，穗长16.0cm左右，每穗80.0 ～ 90.0粒，千粒重26.0g左右。

品质特性：米质中上等。

抗性：抗稻瘟病性中等，耐肥性中等，秆强抗倒伏，苗期耐冷。

产量及适宜地区：直播栽培一般产量4 000kg/hm^2。适宜黑龙江省佳木斯、牡丹江、哈尔滨、齐齐哈尔、绥化等地区种植。

栽培技术要点：直播栽培、插秧栽培均可。全生育期施纯氮85kg/hm^2。

合江10号（Hejiang 10）

品种来源：黑龙江省农业科学院水稻研究所以石狩白毛为母本，紫色稻为父本杂交育成的早粳品种，原代号合交5612-13。1962年通过黑龙江省农作物品种审定委员会审定。

形态特征和生物学特性：属粳型常规早熟早稻。感光性、感温性中等，适应性强。直播栽培生育期110 ~ 115d，插秧栽培130 ~ 135d，直播栽培需≥10℃活动积温2 000 ~ 2 200℃。叶片直立，分蘖力中等。颖壳和颖尖均为秆黄色，谷粒椭圆形，中芒。株高85.0cm左右，穗长15.0cm左右，每穗70.0 ~ 80.0粒，千粒重27.0g左右。

品质特性：米白色。

抗性：抗稻瘟病性较强，耐冷，喜肥，秆强抗倒伏。

产量及适宜地区：直播栽培一般产量4 500kg/hm^2；插秧栽培一般产量5 250kg/hm^2。适宜黑龙江省桦川、依兰、勃利、佳木斯地区种植。

栽培技术要点：全生育期施纯氮90kg/hm^2。

合江12（Hejiang 12）

品种来源：黑龙江省农业科学院水稻研究所以石狩白毛为母本，农林11为父本杂交育成的早粳品种，原代号合交5615-14。1966年通过黑龙江省农作物品种审定委员会审定。

形态特征和生物学特性：属粳型常规早熟早稻。全生育期105d，直播栽培需≥10℃活动积温1 900～2 100℃。矮秆，分蘖力较强。无芒，颖尖黄褐色。株高75～80cm，每穗50～60粒，千粒重26～27g。

品质特性：米质中等。

抗性：抗稻瘟病性较强，抗倒伏，耐冷性强。

产量及适宜地区：一般产量5 250kg/hm^2。在黑龙江省佳木斯、绥化等地推广近20年，每年稳定在0.33万～0.67万hm^2。

栽培技术要点：5月上旬播种，5月下旬出苗，7月底抽穗，9月上旬成熟。

合江14（Hejiang 14）

品种来源：黑龙江省农业科学院水稻研究所以合江1号为母本，农林9号为父本育成的早粳品种，原代号合交602。1970年通过黑龙江省农作物品种审定委员会审定。

形态特征和生物学特性：属粳型常规早熟早稻。感光性弱，感温性中等。直播栽培生育期100 ~ 105d，插秧栽培120 ~ 125d，直播栽培需≥10℃活动积温2 000 ~ 2 200℃。叶片较宽，分蘖力较弱，颖壳与颖尖均为秆黄色，谷粒椭圆形，短芒。株高85.0cm左右，穗长14.0 ~ 15.0cm，每穗70.0 ~ 75.0粒，千粒重27.0g左右。

品质特性：籽粒蛋白质含量8.76%，直链淀粉含量66.4%，脂肪含量2.37%，糙米率83.0%。

抗性：抗冷性强，较抗稻瘟病，耐肥性中等，秆强抗倒伏。

产量及适宜地区：一般产量为5 250kg/hm^2。适宜黑龙江省中部以北各稻区及南部的山间冷凉地区种植。

栽培技术要点：旱直播栽培或水直播栽培时，可采用行距30cm，播幅20cm，保苗405万～495万苗/hm^2。

合江16（Hejiang 16）

品种来源：黑龙江省农业科学院水稻研究所以合江12为母本，虾夷为父本杂交育成的早粳品种，原代号合交701。1971年通过黑龙江省农作物品种审定委员会审定。

形态特征和生物学特性：属粳型常规早熟早稻。感光性弱，感温性中等。直播栽培需≥10℃活动积温1 900 ～ 2 100℃，生育期100 ～ 105d，插秧栽培120 ～ 125d。叶片较宽，株型紧凑，分蘖力中等。颖尖红褐色，颖壳秆黄色，谷粒椭圆形，无芒，米白色。株高85.0cm左右，千粒重27.0 ～ 29.0g。

品质特性：谷粒蛋白质含量8.9%，淀粉含量66.6%，脂肪含量2.32%，糙米率82.5%。

抗性：抗寒，中抗稻瘟病，耐肥性中等，秆强抗倒伏。

产量及适宜地区：直播栽培产量一般为5 250kg/hm^2。适宜黑龙江省中北部各稻区，以及南部半山间冷凉地区种植。

栽培技术要点：直播栽培保苗495万苗/hm^2，插秧栽培秧龄在30d左右或两期育苗插秧更为高产。一般株行距为30cm × 10cm，旱育苗每穴栽插4 ～ 5苗。

合江17（Hejiang 17）

品种来源：黑龙江省农业科学院水稻研究所以北海1号为母本，京引59为父本杂交育成的品种，原代号合交703。1970年通过黑龙江省农作物品种审定委员会审定。

形态特征和生物学特性：属粳型常规早熟早稻。直播栽培需≥10℃活动积温2 000 ～ 2 200℃，生育期110 ～ 115d，插秧栽培130 ～ 135d。分蘖力较弱，株型较紧凑，谷粒椭圆形，无芒。颖尖红褐色，颖壳秆黄色。株高80cm，穗长15 ～ 16cm，每穗60 ～ 70粒，千粒重27.5g左右。

品质特性：米质中等。

抗性：易感叶瘟，节瘟较轻，高抗穗颈瘟。

产量及适宜地区：直播栽培一般产量4 500 ～ 5 250kg/hm^2。适宜黑龙江省佳木斯地区中南部和牡丹江、哈尔滨、绥化、嫩江等地区种植。

栽培技术要点：5月上旬播种，5月下旬出苗，7月底抽穗，9月上旬成熟。直播栽培可采用行距30cm、播幅20cm，保苗405万～ 495万苗/hm^2。生育期注意防治叶瘟。

合江19（Hejiang 19）

品种来源：黑龙江省农业科学院水稻研究所1966年以虾夷为母本，合江12为父本杂交，又于1969年以其F_3为母本，手稻为父本杂交育成的早粳品种，原代号合交742。1978年通过黑龙江省农作物品种审定委员会审定，审定编号：黑审稻1978002。

形态特征和生物学特性：属粳型常规早熟早稻。主茎叶11片，生育日数125 ~ 130d，需≥10℃活动积温2 200 ~ 2 300℃。感光性弱，感温性弱。幼苗生长势强，叶色绿，分蘖力较强，茎秆有韧性，谷粒阔卵形，无芒，颖及颖尖秆黄色。株高85.0 ~ 90.0cm，穗长15.0 ~ 17.0cm，每穗粒数65.0 ~ 70.0粒，千粒重26.0g左右。

品质特性：米粒洁白清亮，糙米率82.7%，精米率75.8%，整精米率68.5%，垩白大小2.6%，碱消值7.0级，胶稠度66.0mm，直链淀粉含量16.6%，蛋白质含量7.9%。

抗性：耐冷性较强，中抗稻瘟病，抗倒伏性较强。

产量及适宜地区：一般产量7 500.0 ~ 8 250.0kg/hm^2，1988—2011年黑龙江省累计种植面积248.6万hm^2，1998年最大种植面积26.0万hm^2。适宜黑龙江省第三、第四积温区种植。

栽培技术要点：直播栽培、插秧栽培均可。适于密植，直播保苗400苗/m^{2}左右，成穗550穗/m^{2}左右，苗期浅灌，注意保苗。

合江22（Hejiang 22）

品种来源：黑龙江省农业科学院水稻研究所以合选58为母本，东农3134（科青3号/色江克）为父本杂交育成的早粳品种，原代号合交7129-2-1。1985年通过黑龙江省农作物品种审定委员会审定，审定编号：黑审稻1985001、蒙种审证字第0107号。

形态特征和生物学特性：属粳型常规早熟早稻。直播栽培生育期115d左右，需≥10℃活动积温2 300℃左右。苗期耐低温，生长快。无芒，颖尖黄白色。主茎叶11片，株高85.0cm，平均每穗粒数55.0粒，千粒重29.0g左右。

品质特性：糙米率80%～81%，腹白较小。

抗性：抗稻瘟病性强，耐冷性强，耐肥，抗倒伏，耐深水。

产量及适宜地区：一般产量6 225kg/hm^2。1988—1999年黑龙江省累计种植面积8.0万hm^2，1988年最大种植面积1.9万hm^2。适宜黑龙江省第二积温区种植。

栽培技术要点：适宜直播栽培。一般施纯氮110kg/hm^2。

合江3号 (Hejiang 3)

品种来源：黑龙江省农业科学院水稻研究所从坊主系选育成的早粳品种，原代号北疆。1958年通过黑龙江省农作物品种审定委员会审定。

形态特征和生物学特性：属粳型常规早熟早稻。感光性弱，感温性中等。直播栽培生育期100 ~ 105d，插秧栽培120 ~ 125d，直播需≥10℃活动积温1 900 ~ 2 100℃。叶片较窄、直立，色较浅，分蘖力中等。颖尖红褐色，颖壳秆黄色。谷粒椭圆形，无芒。株高80.0cm左右，穗长14.0cm左右，每穗50.0 ~ 60.0粒，千粒重26.0g左右。

品质特性：米质中等。

抗性：感叶瘟，没有节瘟，高抗穗颈瘟。较耐肥，苗期耐冷性较强。

产量及适宜地区：一般产量4 500kg/hm^2。适宜除极北部边远县外的黑龙江省各稻区种植。

栽培技术要点：直播栽培、插秧栽培均可。全生育期施纯氮85kg/hm^2。

合江4号（Hejiang 4）

品种来源：黑龙江省农业科学院水稻研究所从公育30系选育成的早粳品种。1959年通过黑龙江省农作物品种审定委员会审定。

形态特征和生物学特性：属粳型常规早熟早稻。直播栽培生育期100 ~ 105d，插秧栽培120 ~ 125d，直播需≥10℃活动积温1 900 ~ 2 100℃。叶片窄、短，株型紧凑收敛，分蘖力中等。颖尖红褐色，颖壳秆黄色。谷粒椭圆形，无芒。株高80.0cm左右，穗长14.0cm左右，每穗60.0粒左右，千粒重25.8g左右。

品质特性：米质中等。

抗性：易感叶瘟，节瘟抗性中等，高抗穗颈瘟。

产量及适宜地区：一般产量4 500kg/hm^2。适应除极北部边远县外的黑龙江省各稻区种植。

栽培技术要点：直播栽培、插秧栽培均可。全生育期施纯氮85kg/hm^2。

合江5号（Hejiang 5）

品种来源：黑龙江省农业科学院水稻研究所从海林国主品种中系选育成的早粳品种。1959年通过黑龙江省农作物品种审定委员会审定。

形态特征和生物学特性：属粳型常规早熟早稻。直播栽培生育期100～105d，插秧栽培120～125d，直播栽培需≥10℃活动积温1 900～2 100℃。叶片较宽、直立，叶色较浅，分蘖力中等。颖尖无色，颖壳秆黄色。谷粒椭圆形，长芒。株高90.0cm左右，穗长14.0cm左右，每穗60.0粒左右，千粒重27.2g左右。

品质特性：米质中等。

抗性：易感叶瘟，节瘟重，感穗颈瘟。

产量及适宜地区：一般产量4 500kg/hm^2。适宜除极北部边远县外的黑龙江省各稻区种植。

栽培技术要点：直播栽培、插秧栽培均可。全生育期施纯氮85kg/hm^2。

合江6号（Hejiang 6）

品种来源：黑龙江省农业科学院水稻研究所从汤原农家品种中系选育成的早粳品种，原名合55-1。1961年通过黑龙江省农作物品种审定委员会审定。

形态特征和生物学特性：属粳型常规早熟早稻。直播栽培生育期105 ~ 110d，插秧栽培生育期125 ~ 130d。直播栽培需≥10℃活动积温2 000 ~ 2 200℃。主茎叶10片，分蘖力较弱，秆强，谷粒圆形，颖尖红褐色，短芒。株高80cm左右，穗长14 ~ 15cm，每穗70 ~ 80粒，千粒重28 ~ 30g。

品质特性：米质中等。

抗性：易感叶瘟，节瘟抗性中等，抗穗颈瘟。耐肥。

产量及适宜地区：直播栽培一般产量5 250kg/hm^{2}左右，插秧栽培产量5 625kg/hm^{2}左右。适宜黑龙江省佳木斯地区南部、牡丹江、哈尔滨、绥化等平原地区种植。

栽培技术要点：可以直播也可以插秧。应适期早播、早插，促进早熟。佳木斯地区插秧栽培4月下旬播种，5月初出苗，6月初移栽，8月上旬抽穗，9月中旬成熟。

合江8号（Hejiang 8）

品种来源：黑龙江省农业科学院水稻研究所以石狩白毛为母本，小粳稻为父本杂交育成。原代号合交5603-1。1961年通过黑龙江省农作物品种审定委员会审定。

形态特征和生物学特性：属粳型常规早熟早稻。直播栽培生育期110 ～ 115d，插秧栽培130 ～ 135d，直播栽培需≥10℃活动积温2 000 ～ 2 200℃。叶片直立，较宽，分蘖力中等。颖壳为秆黄色，颖尖无色。谷粒椭圆形，长芒。株高99.0cm左右。穗长15.0cm左右，每穗70.0 ～ 80.0粒，千粒重26.4g左右。

品质特性：米质中等。

抗性：感叶瘟，无节瘟，抗穗颈瘟。

产量及适宜地区：直播栽培一般产量4 500kg/hm^2，插秧栽培一般产量5 250kg/hm^2。适宜黑龙江省桦川、依兰、勃利、佳木斯地区种植。

栽培技术要点：全生育期施纯氮90kg/hm^2。

合江9号（Hejiang 9）

品种来源：黑龙江省农业科学院水稻研究所从富国中系选育成的早粳品种，原代号合56-2。1961年通过黑龙江省农作物品种审定委员会审定。

形态特征和生物学特性：属粳型常规早熟早稻。直播栽培生育期100 ~ 105d，插秧栽培120 ~ 125d，直播栽培需≥10℃活动积温1 900 ~ 2 100℃。叶片较窄、直立，叶色较浅，分蘖力中等。颖尖紫褐色，颖壳黄色。谷粒椭圆形，无芒。株高85.0cm左右，穗长14.0cm左右，每穗50.0 ~ 60.0粒，千粒重23.4g左右。

品质特性：米质中等。

抗性：易感叶瘟，节瘟较轻，高抗穗颈瘟。

产量及适宜地区：一般产量4 500kg/hm^2。适应除极北部边远县外的黑龙江省各稻区种植。

栽培技术要点：直播栽培、插秧栽培均可。全生育期施纯氮85kg/hm^2。

合庆1号（Heqing 1）

品种来源：合庆1号是黑龙江省农业科学院水稻研究所和庆安县平安公社民族大队以公交16（长白4号）为母本，农林19为父本杂交育成的早粳品种，原代号合试617。1982年通过黑龙江省农作物品种审定委员会审定，黑审稻：1982001。

形态特征和生物学特性：属粳型常规早熟早稻。全生育期100～105d，比合江14、合江16早熟7～8d。幼苗耐低温，易抓苗，生长快。植株健壮，喜肥，分蘖力弱，无芒。株高80.0～95.0cm，穗长18.5cm，千粒重28.0g。

抗性：秆强不倒伏，抗稻瘟病。

产量及适宜地区：1981年黑龙江省生产试验6个点平均产量4 297.5kg/hm^2，比对照合江19增产11.8%。适于黑龙江省绥化地区种植。

栽培技术要点：直播栽培保苗630万苗/hm^2，全生育期一般施纯氮90kg/hm^2。

稼禾1号（Jiahe 1）

品种来源：绥化市稼禾特种水稻研究所以上育418/绥粳4号为杂交组合，采用系谱法选育而成，原品系代号稼禾香004。2010年通过黑龙江省农作物品种审定委员会审定，审定编号：黑审稻2010016。

形态特征和生物学特性：属粳型常规香稻。基本营养生长期短，早粳早熟。在适宜种植区出苗至成熟生育日数127d，需≥10℃活动积温2 400 ℃左右。主茎叶11片，株高94cm左右，穗长19.5cm，每穗粒数105粒左右，千粒重27g左右。

品质特性：糙米率74.6%～81.8%，整精米率62.4%～64.0%，垩白粒率0～9.5%，垩白度0～0.8%，直链淀粉含量16.9%～17.5%，胶稠度67.0～81.5mm。食味评分76～80分。

抗性：易感叶瘟，中抗穗颈瘟。孕穗期耐冷性较强。

产量及适宜地区：2007—2008年黑龙江省第三积温区区域试验平均产量7 464.0kg/hm^2，2009年生产试验平均产量7 282.5kg/hm^2。2012—2014年黑龙江省累计种植面积3.5万hm^2，2012年最大种植面积3.3万hm^2。适宜黑龙江省第三积温区下限种植。

栽培技术要点：4月10～20日播种，5月10～20日移栽。插秧规格为30cm×10cm，每穴栽插3～4苗。中等肥力地块施尿素200kg/hm^2，磷酸二铵100kg/hm^2，硫酸钾100kg/hm^2，尿素分基肥、分蘖肥、穗肥施入。磷酸二铵全部用作基肥，钾肥分基肥、穗肥施入。花达水插秧，分蘖期浅水灌溉，灌浆期浅水灌溉。8月末停灌，9月末收获。

金选1号（Jinxuan 1）

品种来源：黑龙江省八五二农场水稻办在空育131中发现大穗变异株，经过系选育成的早粳品种。2008年通过黑龙江省农垦总局农作物品种审定委员会审定，审定编号：黑垦审稻2008001。

形态特征和生物学特性：生育日数134d左右，比对照品种晚1d，需≥10℃活动积温2 400℃左右。主茎叶11片，株高90.1cm左右，穗长17.2cm左右，每穗粒数95.0粒左右，千粒重25.9g左右。

品质特性：糙米率82.2%～82.9%，整精米率64.7%～73.4%，垩白粒率5.5%～7.5%，垩白度0.2%～0.4%，直链淀粉含量18.6%～19.8%，胶稠度73.5mm。食味评分81～83分。

抗性：接种鉴定叶瘟5级，穗颈瘟1～5级。耐冷性鉴定处理空壳率20.9%～26.8%。

产量及适宜地区：2005—2006年黑龙江垦区第三积温区区域试验平均产量为8 470.2kg/hm^2，2007年生产试验平均产量8 906.9kg/hm^2。2008—2011年黑龙江省累计种植面积2.0万hm^2，2008年最大种植面积0.8万hm^2。适宜黑龙江垦区第三积温区种植。

京引59（Jingyin 59）

品种来源：日本北海道道立农业试验场于1953年以关东53为母本，荣光为父本杂交，原代号北海182号，1962年日本农林水产省命名推广，农林编号农林138，原译名虾夷。1965年引入我国，易名京引59，1968年通过黑龙江省农作物品种审定委员会审定。

形态特征和生物学特性：属粳型常规早熟早稻。直播生育天数113 ～ 118d。株型收敛，秆质强韧，叶片直立，受光良好，抽穗整齐，活秆成熟，属矮秆、多蘖、耐肥、抗倒伏的早熟品种。株高85cm，穗粒数65 ～ 75粒，千粒重28g。

品质特性：米质中上等。

抗性：易感叶瘟，节瘟抗性中等，抗穗颈瘟。

产量及适宜地区：一般产量6 000kg/hm^2。适宜黑龙江省佳木斯、牡丹江稻区种植。

栽培技术要点：保温育苗，4月中旬播种，播种量0.3kg/m^2。5月末插秧，秧龄40d左右。栽插规格为24cm × 10cm，每穴栽插5 ～ 6苗。一般施纯氮83 ～ 89kg/hm^2。以浅—深—浅的方法进行灌溉。

垦稻1号（Kendao 1）

品种来源：黑龙江省农垦科学院水稻研究所以合江10号/北糯为母本，北糯为父本回交育成的早粳品种，原代号合良73-412。1979年通过黑龙江省农作物品种审定委员会审定。

形态特征和生物学特性：粳型常规早熟早稻。直播栽培生育期110d左右。分蘖力中等，谷粒椭圆形。主茎叶9 ~ 10片，株高70.0cm左右，穗长15.0cm左右，每穗50.0 ~ 60.0粒。千粒重28.0g左右。

品质特性：米白色，米质中等。

抗性：抗稻瘟病性好。耐肥。

产量及适宜地区：1977—1978年黑龙江省区域试验平均产量5 936.3kg/hm^2。1981年黑龙江省种植面积0.7万hm^2。适宜黑龙江省第三积温区种植。

栽培技术要点：直播保苗450万苗/hm^{2}左右。

垦稻11（Kendao 11）

品种来源：黑龙江省农垦科学院水稻研究所以垦92-639（秋丰/4/普选10号///矮脚南特/无芒早沙粳//大雪）为母本，上育397为父本育成的早粳品种，原代号垦00-1113。2006年通过黑龙江省农作物品种审定委员会审定，审定编号：黑审稻2006008。

形态特征和生物学特性：属粳型常规早熟早稻。生育日数128d。产量高，熟期早，分蘖多，耐冷性强，抗病性好，米质优，适口性好。主茎叶11片，株高86.7cm左右，穗长18.0cm左右，每穗粒数74.9粒左右，千粒重25.5g。

品质特性：3年米质检测结果，糙米率79.6%～84.8%，整精米率64.1%～74.6%，垩白粒率1.0%～6.0%，直链淀粉含量16.6%～19.6%，胶稠度71.5～83.0mm，碱消值7.0级，蛋白质含量6.8%～8.5%。食味评分83分。

抗性：2004—2005年抗病鉴定人工接种：苗瘟、叶瘟、穗颈瘟分别为5.5级、5.5级、4.0级；自然感病：苗瘟、叶瘟、穗颈瘟分别为4.0级、4.5级、2级。

产量及适宜地区：2003—2004年黑龙江省第三积温区区域试验平均产量8 083.7kg/hm^2，2005年生产试验平均产量7 987.5kg/hm^2。2006—2008年黑龙江省累计种植面积2.9万hm^2，2007年最大种植面积2.4万hm^2。适宜黑龙江省第三积温区种植。

栽培技术要点：4月15～25日播种，5月15～25日插秧。适宜旱育稀植栽培，插秧规格为30cm×13cm，每穴栽插3～4苗。多施磷钾肥，水层管理前期浅水灌溉，后期间歇灌溉。

垦稻13（Kendao 13）

品种来源：黑龙江省农垦科学院水稻研究所以垦鉴稻3号为母本，垦稻10号/垦94-1043为父本育成的早粳品种，原代号垦02-700。2008年通过黑龙江省农作物品种审定委员会审定，审定编号：黑审稻2008011。

形态特征和生物学特性：属粳型常规早熟早稻。生育日数134d左右，比对照品种合江19晚1～2d，需≥10℃活动积温2 419℃左右。主茎叶11片，株高95.0cm左右，穗长18.0cm左右，每穗粒数98.0粒左右，千粒重26.0g左右。

品质特性：糙米率78.6%～83.7%，整精米率62.3%～65.9%，垩白粒率0～2.0%，垩白度0～0.1%，直链淀粉含量15.9%～19.0%，胶稠度67.0～78.5mm。食味评分80～83分。

抗性：接种鉴定叶瘟3～5级，穗颈瘟1～5级。耐冷性鉴定处理空壳率15.1%～26.5%。

产量及适宜地区：2005—2006年黑龙江省第三积温区区域试验平均产量8 582.5kg/hm^2，2007年生产试验平均产量9 029.9kg/hm^2。2007—2010年黑龙江省累计种植面积5.8万hm^2，2008年最大种植面积2.6万hm^2。适宜黑龙江省第三积温区种植。

栽培技术要点：4月15～25日播种，5月15～25日插秧。插秧规格30cm×12cm左右，每穴栽插3～4苗。中等肥力地块，施尿素230kg/hm^2，磷酸二铵100kg/hm^2，硫酸钾150kg/hm^2。磷肥全部作基肥，钾肥按基肥：穗肥为5：5比例施用，尿素按基肥：分蘖肥：调节肥：穗肥为4：3：1：2比例施用。按旱育稀植管理栽培技术要求进行管理。

垦稻16（Kendao 16）

品种来源：黑龙江省农垦科学院水稻研究所以绥粳3号为母本，秋田小町为父本，采用外源DNA导入方法育成的早粳品种，原代号垦粳03-457。2008年通过黑龙江省农垦总局农作物品种审定委员会审定，审定编号：黑垦审稻2008003。

形态特征和生物学特性：粳型常规早熟早稻。生育日数133d左右，比合江19晚1d左右，需≥10℃活动积温2 380℃。出苗早，分蘖力较强，后期株型收敛，剑叶上举，茎秆粗壮，活秆成熟。主茎叶11片，株高88.3cm，穗长16.6cm，穗型偏散，每穗粒数91.1粒，千粒重26.1g。

品质特性：糙米率81.3%～81.8%，整精米率63.4%～67.5%，垩白粒率10.5%～13.5%，垩白度0.8%～1.8%，直链淀粉含量18.7%～19.0%，胶稠度60.0～78.0mm。食味评分77分。

抗性：接种鉴定叶瘟3～6级，穗颈瘟1～5级。耐冷性鉴定处理空壳率17.2%～25.9%。抗倒伏性强。

产量及适宜地区：2005—2006年参加黑龙江省垦区第三积温区区域试验平均产量8 615.3kg/hm^2，2007年生产试验平均产量9 038.8kg/hm^2。2011年黑龙江省种植面积0.7万hm^2。适宜黑龙江垦区第二积温区下限和第三积温区种植。

栽培技术要点：4月15～25日播种，手插旱育中苗播芽种300～360g/m^2，盘育机插中苗110～130g/盘。5月15～25日插秧，一般插秧规格30cm×（12～16）cm，每穴栽插3～4苗。该品种耐肥力中等，适宜中上等肥力条件下栽培，避免高肥条件栽培。中等肥力地块施尿素200～220kg/hm^2，磷酸二铵100kg/hm^2，硫酸钾100～150kg/hm^2，有条件的施硅肥500kg/hm^2。遇到稻瘟病大发生年份，注意防病。正常田间管理，后期灌溉应以湿润灌溉为主。

垦稻17（Kendao 17）

品种来源：黑龙江省农垦科学院水稻研究所以垦稻9号为母本，筐锦为父本，采用外源DNA方法育成的早粳品种，原代号垦粳03-471。2008年通过黑龙江省农垦总局农作物品种审定委员会审定，审定编号：黑垦审稻2008004。

形态特征和生物学特性：粳型常规早熟早稻。生育日数132～134d，比合江19晚1d。需≥10℃活动积温2 380℃。出苗早，前期生长快，苗势强。前期叶色较绿，叶片中长，后期株型收敛，叶片较上举，分蘖力中等，茎秆粗壮，出穗整齐一致。主茎叶11片，株高86.6cm，穗长15.5cm左右，散穗型，每穗粒数85.7粒左右，千粒重26.1g。

品质特性：糙米率82.4%，整精米率65.3%，直链淀粉含量17.1%，胶稠度63.3mm，垩白粒率7.8%，垩白度0.7%。食味评分81分。

抗性：抗稻瘟病鉴定，人工接种叶瘟、穗颈瘟分别为3.5级、3级。耐冷性鉴定结果，处理后空壳率14.1%，自然空壳率7.9%。

产量及适宜地区：2005—2006年参加黑龙江省垦区第三积温区区域试验平均产量8 703.8kg/hm^2，2007年生产试验产量8 618.1kg/hm^2。2008—2011年黑龙江省累计种植面积3.8万hm^2，2010年最大种植面积1.2万hm^2。适宜黑龙江垦区第三积温区种植。

栽培技术要点：4月15～25日播种，手插旱育中苗播芽种300～360g/m^2，盘育机插中苗110～130g/盘。5月15～25日插秧，一般插秧规格为30cm×（12～16）cm，每穴栽插3～4苗。耐肥力中等，施尿素200～220kg/hm^2，磷酸二铵100kg/hm^2，硫酸钾100～150kg/hm^2，施硅肥500kg/hm^2。遇到障碍型冷害应加深水层，预防不育性冷害发生。在稻瘟病大发生年份应注意防病。

垦稻18（Kendao 18）

品种来源：黑龙江省农垦科学院水稻研究所以垦98-529为母本，导入旱稻L302整体DNA育成的早粳品种，原代号垦粳02-393，又名垦鉴稻14。2008年通过黑龙江省农作物品种审定委员会审定，审定编号：黑审稻2008012。

形态特征和生物学特性：粳型常规早熟早稻。生育日数133d左右，比对照品种合江19晚1d，需≥10℃活动积温2 406℃左右。主茎叶11片，株高89.9cm左右，穗长17.6cm左右，每穗粒数88.0粒左右。千粒重26.3g左右。

品质特性：糙米率78.5%～81.6%，整精米率51.9%～66.8%，垩白粒率0.1%～14.0%，垩白度0.1%～1.7%，直链淀粉含量16.7%～17.4%，胶稠度75.0～75.5mm。食味评分77～84分。

抗性：接种鉴定叶瘟3～4级，穗颈瘟1～3级。耐冷性鉴定处理空壳率10.8%～16.7%。

产量及适宜地区：2005—2006年黑龙江省第三积温区区域试验平均产量8 335.9kg/hm^2，2007年生产试验平均产量8 521.8kg/hm^2。2007—2014年黑龙江省累计种植面积4.6万hm^2，2008年最大种植面积2.7万hm^2。适宜黑龙江省第三积温区种植。

栽培技术要点：4月15～25日播种，5月15～25日插秧。插秧规格为30cm×10cm左右，每穴栽插4～5苗。中上等肥力地块施纯氮125～140kg/hm^2，氮：磷：钾=3：2：2。插秧后田间除草，追施速效氮肥，促进分蘖。田间水层管理前期浅水层，后期浅湿交替进行，孕穗期深水灌溉，成熟后及时收获。

垦稻20（Kendao 20）

品种来源：黑龙江省农垦科学院水稻研究所以垦98-495（秋丰/垦83-517//垦稻10号）为母本，垦94-1043（藤系138/绥粳3号）为父本育成的早粳品种，原代号垦04-549。2009年通过黑龙江省农垦总局品种审定委员会审定，审定编号：黑垦审稻2009003。

形态特征和生物学特性：粳型常规早熟早稻。生育日数127d。主茎叶11片，株高96.0cm左右，穗长17.4cm左右，每穗粒数94.2粒左右，千粒重27.8g左右。

品质特性：品质分析结果，糙米率82.8%～83.6%，整精米率61.5%～69.0%，垩白粒率2.0%～14.5%，垩白度0.2%～0.9%，直链淀粉含量17.6%～18.2%，胶稠度68～83mm。食味评分79～82分。综合指标达到国家二级优质米标准。

抗性：接种鉴定叶瘟3级，穗颈瘟1～5级。耐冷性鉴定处理空壳率15.9%～17.6%，自然空壳率4.8%～7.1%。

产量及适宜地区：2006—2007年参加黑龙江垦区第三积温区早熟组区域试验，平均产量为8 888.0kg/hm^2，2008年生产试验平均产量9 159.6kg/hm^2。2010—2013年黑龙江省累计种植面积6.9万hm^2，2011年最大种植面积2.9万hm^2。适宜黑龙江垦区第三积温区种植。

栽培技术要点：4月15～25日播种，5月15～25日插秧。插秧规格30cm×12cm左右，每穴栽插3～4苗。中等肥力地块施尿素230kg/hm^2，磷酸二铵100kg/hm^2，硫酸钾150kg/hm^2。磷肥全部作基肥，钾肥按基肥：穗肥为5：5比例施用，尿素按基肥：分蘖肥：调节肥：穗肥为4：3：1：2比例施用。

垦稻21（Kendao 21）

品种来源：黑龙江省农垦科学院水稻研究所以垦稻9号为母本，以垦96-614（藤系138/上育394）/垦96-730（藤系138/5/农林11/牡丹江1号//福锦///华严/4/秀禾/北雪//合交712///北斗）为父本育成的早粳品种，原代号垦04-951。2009年通过黑龙江省农垦总局农作物品种审定委员会审定，审定编号：黑垦审稻2009004。

形态特征和生物学特性：属粳型常规早熟早稻。生育日数128d左右，与对照品种同熟期，需≥10℃活动积温2 406℃左右。主茎叶11片，株高94.0cm左右，穗长16.4cm左右，每穗粒数97.0粒左右，千粒重26.5g左右。

品质特性：糙米率82.4%～83.2%，整精米率62.2%～69.6%，垩白粒率3.5%～14.5%，垩白度0.4%～1.1%，直链淀粉含量17.2%～18.0%，胶稠度70.0～77.0mm。食味评分79～84分。

抗性：接种鉴定叶瘟3级，穗颈瘟1～3级。耐冷性鉴定处理空壳率18.0%～19.3%，自然空壳率6.1%～9.7%。

产量及适宜地区：2006—2007年参加黑龙江垦区第三积温区早熟组区域试验，平均产量8 368.0kg/hm^2，2008年生产试验平均产量9 191.2kg/hm^2。2010—2011年黑龙江省累计种植面积0.9万hm^2，2011年最大种植面积0.8万hm^2。适宜黑龙江垦区第三积温区种植。

栽培技术要点：4月15～25日播种，5月15～25日插秧。插秧规格为30cm×12cm左右，每穴栽插3～4苗。中等肥力地块施尿素230kg/hm^2，磷酸二铵100kg/hm^2，硫酸钾150kg/hm^2。磷肥全部作基肥；钾肥按基肥：穗肥为5：5比例施用；尿素按基肥：分蘖肥：调节肥：穗肥为4：3：1：2比例施用。

垦稻22（Kendao 22）

品种来源：黑龙江省农垦科学院水稻研究所1998年以垦98-495为母本，以垦94-1043为父本杂交，经系统选育而成，原代号垦系07-1。2011年通过黑龙江省农垦总局农作物品种审定委员会审定，审定编号：黑垦审稻2011002。

形态特征和生物学特性：出苗至成熟生育日数127d左右，与对照品种同熟期，需≥10℃活动积温2 250℃左右。粳稻品种。主茎叶11片，株高86.5cm左右，穗长17.2cm左右，每穗粒数82.9粒左右，千粒重26.1g左右。

品质特性：品质分析结果，糙米率83.2%～83.4%，整精米率63.5%～65.3%，垩白粒率3.0%～8.0%，垩白度0.6%～1.0%，直链淀粉含量17.7%～18.5%，胶稠度66.0～73.5mm。食味评分80～83分。

抗性：接种鉴定叶瘟5级，穗颈瘟5级。耐冷性鉴定处理空壳率14.3%～27.2%。

产量及适宜地区：2006—2007年参加黑龙江垦区区域试验平均产量8 888.0kg/hm^2，2008年生产试验平均产量9 159.6kg/hm^2。适宜黑龙江垦区第三积温区下限种植。

栽培技术要点：在适宜种植区4月15～25日播种，5月15～25日插秧。插秧规格为30cm×12cm，每穴栽插3～4苗。中等肥力地块施尿素230kg/hm^2，磷酸二铵100kg/hm^2，硫酸钾150kg/hm^2，控制氮肥施用量，增施磷、钾肥。水层管理前期采用浅水灌溉，后期采用间歇灌溉。

垦稻26（Kendao 26）

品种来源：北大荒垦丰种业股份有限公司、黑龙江省农垦科学院水稻研究所以垦02-55为母本，垦94-1043/垦D01-1381F_1代为父本杂交选育而成，原代号垦稻08-1086。2014年12月通过农垦总局农作物品种审定委员会审定，审定编号：黑垦审稻2014001。

形态特征和生物学特性：在适宜种植区出苗至成熟生育日数129d左右，需≥10℃活动积温2 300℃左右。主茎叶11片，株高95cm左右，穗长20cm左右，每穗粒数95粒左右，千粒重26.5g左右。

品质特性：品质分析两年结果，糙米率82.2%～84.4%，整精米率71.8%～74.1%，垩白粒率3.5%～9.5%，垩白度1.2%～1.4%，直链淀粉含量17.7%～18.0%，胶稠度75.5～76.5mm。食味评分80～82分。

抗性：3年抗病接种鉴定，叶瘟3级，穗颈瘟3～5级。3年耐冷性鉴定，处理空壳率16.7%～23.2%。

产量及适宜地区：2010—2011年黑龙江垦区第三积温区区域试验平均产量9 116.1kg/hm^2，2012—2013年生产试验平均产量9 404.7kg/hm^2。适宜黑龙江垦区第三积温区下限种植。

栽培技术要点：在适宜种植区4月15～25日播种，5月15～25日插秧。插秧规格为30cm×10cm左右，每穴栽插3～5苗。中等肥力地块施尿素230～260kg/hm^2，磷酸二铵100kg/hm^2，硫酸钾100～150kg/hm^2。磷肥全部基施，钾肥按基肥：穗肥为5：5比例施用，尿素按基肥：分蘖肥：调节肥：穗肥为4：3：1：2比例施用。

垦稻27（Kendao 27）

品种来源：北大荒垦丰种业股份有限公司、黑龙江省农垦科学院水稻研究所以垦94-371/垦94-202为母本，空育131为父本，经系谱法选育而成，原代号垦08-1716。2014年通过黑龙江省农垦总局农作物品种审定委员会审定，审定编号：黑垦审稻2014002。

形态特征和生物学特性：出苗至成熟生育日数127d左右，需≥10℃活动积温2 250℃左右。分蘖力较强，株型收敛，主茎叶11片，株高93.3cm左右，穗长15.3cm左右，每穗粒数78粒左右，稀有芒，千粒重24.6g左右。

品质特性：出米率高，透明度好，外观米质优良，食味好。两年品质分析结果，糙米率82.7%～83.7%，整精米率72.1%～74.8%，垩白粒率4.5%～11.5%，垩白度0.8%～3.1%，直链淀粉含量17.8%～17.9%，胶稠度76.5～77.0mm。食味评分81～84分。

抗性：3年抗病接种鉴定结果，叶瘟3～5级，穗颈瘟3～5级。3年耐冷性鉴定结果，处理空壳率11.5%～19.7%。抗倒性较强，抗稻瘟病性较强，对障碍性冷害耐性较强，对温度反应不敏感。

产量及适宜地区：2010—2011年黑龙江垦区第三积温区区域试验平均产量9 098.7kg/hm^2，2012—2013年生产试验平均产量9 682.7kg/hm^2。适宜黑龙江垦区第三积温区种植。

栽培技术要点：在适宜种植区4月10～20日播种，5月15～20日插秧。插秧规格为30cm×12cm左右，每穴栽插3～5苗。中上等肥力地块施尿素200kg/hm^2，磷酸二铵100kg/hm^2，钾肥100kg/hm^2。

垦稻3号（Kendao 3）

品种来源：黑龙江省农垦科学院水稻研究所以矮脚南特/无芒早沙粳为母本，以大雪为父本杂交育成的早粳品种，原代号合良77-382。1984年通过黑龙江省农作物品种审定委员会审定，审定编号：1984001。

形态特征和生物学特性：属粳型常规早熟早稻。生育日数112d左右，需≥10℃活动积温2 160℃。主茎叶10片，株高70.0cm，每穗60.0粒左右，千粒重30.0～33.0g。

品质特性：糙米率80.0%，蛋白质含量8.85%。品质中等，食味一般。

抗性：抗稻瘟病能力强，苗期抗冷性较好，抗倒伏性强。

产量及适宜地区：1979—1981年黑龙江省第三积温区区域试验18个点平均产量5 730.0kg/hm^2，1982—1983年生产试验12点次平均产量5 585.0kg/hm^2。1988—1990年黑龙江省累计种植面积0.5万hm^2，1988年最大种植面积0.4万hm^2。垦稻3号是一个含有籼稻血缘的早熟、大粒、高产品种，适宜黑龙江垦区东部国有农场直播栽培、机械收获。

栽培技术要点：本品种粒大，播种时应适当加大播量。比较耐肥，增施磷肥能充分发挥增产潜力，一般尿素用量187.5～225kg/hm^{2}为宜。直播栽培应适当密植，保苗525万～600万苗/hm^2，依靠主穗增产。

垦稻5号（Kendao 5）

品种来源：黑龙江省农垦科学院水稻研究所以普选10号为母本，垦稻3号为父本杂交育成的早粳品种，原代号垦82-575。1989年通过黑龙江省农垦总局农作物品种审定委员会审定推广。

形态特征和生物学特性：粳型常规早熟早稻。直播栽培生育日数100d左右，需≥10℃活动积温2 250℃。主茎叶11片，株高70.0cm，每穗50.0～60.0粒，千粒重29.0g。

品质特性：米质接近合江19。

抗性：对不育性冷害耐性弱，苗期耐冷性好，秆强不倒伏。

产量及适宜地区：1986—1987年黑龙江垦区第三积温区区域试验产量5 125.5kg/hm^2，1988年生产试验产量5 203.5kg/hm^2。1987—1992年黑龙江省累计种植面积0.2万hm^2，1992年最大种植面积0.1万hm^2。适宜黑龙江垦区第三积温区直播栽培。

栽培技术要点：一般尿素用量187.5～225kg/hm^{2}为宜。直播栽培应适当密植，保苗525万～600万苗/hm^2，依靠主穗增产。

垦稻6号（Kendao 6）

品种来源：黑龙江省农垦科学院水稻研究所以富士光/垦81-250（普选10号///矮脚南特/无芒早沙粳//大雪）为母本，滨旭/垦81-250（普选10号/垦78-327）为父本杂交育成的早粳品种，原代号垦89-370。1995年通过黑龙江省农垦总局农作物品种委员会审定。

形态特征和生物学特性：属粳型常规早熟早稻。生育日数132d左右，需≥10℃活动积温2 400℃。苗期耐冷性好，出苗早，幼苗生长快，生育前期叶色淡绿披垂，植株丛生速长繁茂，分蘖多，能充分利用光能。生育后期叶片直立，株型收敛，通风透光性好。主茎叶12片，株高90.0cm，穗大粒多，每穗90.0粒左右，千粒重29.0g左右，结实率较高，秆较强。

品质特性：垩白较多，但食味好。

抗性：抗稻瘟病性强。障碍型冷害耐性3级。

产量及适宜地区：1992—1993年参加黑龙江垦区第三积温区区域试验产量6 819.0kg/hm^2，1993年生产试验产量7 173.0kg/hm^2。1997—2010年黑龙江省累计种植面积3.2万hm^2，1997年最大种植面积2.4万hm^2。适宜黑龙江垦区第三积温区插秧栽培。

栽培技术要点：4月 15 ～ 25日播种，5月15 ～ 25日插秧。插秧规格为30cm×12cm左右，每穴栽插3 ～ 4苗。中等肥力地块，施尿素230kg/hm^2，磷酸二铵100kg/hm^2，硫酸钾150kg/hm^2。磷肥全部作基肥，钾肥按基肥：穗肥为5 ： 5比例施用，尿素按基肥：分蘖肥：调节肥：穗肥为4 ： 3 ： 1 ： 2比例施用。

垦粳1号（Kengeng 1）

品种来源：黑龙江八一农垦大学以垦鉴稻5号为母本，垦鉴稻3号为父本杂交育成的早粳品种，原代号农大04004。2007年通过黑龙江省农垦总局农作物品种审定委员会审定，审定编号：黑垦审稻2007001。

形态特征和生物学特性：属粳型常规早熟早稻。生育日数128d左右，需≥10℃活动积温2 350℃。籽粒椭圆形，颖壳黄色，无芒。株高85.0～88.0cm，主茎叶11片，散穗，穗长16.0～18.0cm，每穗平均75.0～80.0粒，千粒重25.5g。

品质特性：糙米率82.9%，整精米率63.8%，垩白粒率3.8%，垩白度0.4%，直链淀粉含量18.1%，胶稠度78.3mm。食味评分76分。

抗性：接种鉴定叶瘟5～6级，穗颈瘟5～7级；自然感病叶瘟5级，穗颈瘟5级。2006年耐冷性鉴定自然空壳率7.8%，处理空壳率17.8%。

产量及适宜地区：2005—2006年黑龙江垦区第三积温区区域试验平均产量8 716.7kg/hm^2，2006年生产试验平均产量8 789.4kg/hm^2。适宜黑龙江垦区第三积温区种植。

栽培技术要点：4月15～25日播种，5月15～25日插秧。插秧规格为30cm×12cm左右，每穴栽插3～4苗。中等肥力地块施尿素230kg/hm^2，磷酸二铵100kg/hm^2，硫酸钾150kg/hm^2。磷肥全部作基肥，钾肥按基肥：穗肥为5：5比例施用，尿素按基肥：分蘖肥：调节肥：穗肥为4：3：1：2比例施用。

垦粳2号（Kengeng 2）

品种来源：黑龙江八一农垦大学以空育131为受体，导入菰总DNA育成的早粳品种，原代号农大99D004。2004年通过黑龙江省农垦总局农作物品种审定委员会审定，命名为垦鉴稻10号。2008年通过黑龙江省农作物品种审定委员会审定，审定编号：黑审稻2008014。

形态特征和生物学特性：粳型常规早熟早稻。生育日数133d左右，比对照品种合江19晚1～2d，需≥10℃活动积温2 350℃左右。主茎叶11片，株高88.0cm左右，穗长16.0～18.0cm，每穗粒数95.0～100.0粒，千粒重25.0g左右。

品质特性：糙米率79.2%～83.2%，整精米率63.4%～69.7%，垩白粒率0～11.5%，垩白度0～0.7%，直链淀粉含量16.7%～19.0%，胶稠度67.5～76.0mm。食味评分78～83分。

抗性：接种鉴定结果，叶瘟3～7级，穗颈瘟3～5级。耐冷性鉴定结果，处理空壳率9.4%～16.4%。

产量及适宜地区：2005—2006年黑龙江省第三积温区区域试验平均产量8 347.4kg/hm^2，2007年生产试验平均产量8 644.8kg/hm^2。2004—2014年黑龙江省累计种植面积19.6万hm^2，2007年最大种植面积7.5万hm^2。适宜黑龙江省第三积温区种植。

栽培技术要点：4月15～25日播种，5月15～25日插秧。插秧规格为30cm×12cm左右，每穴栽插3～5苗。施尿素120～180kg/hm^2，磷酸二铵75～105kg/hm^2，硫酸钾75～105kg/hm^2，基肥全层施，插秧后的追肥以表施为主。田间管理按旱育稀植三化栽培技术进行。穗部95%达到黄化时收获。

垦粳3号（Kengeng 3）

品种来源：垦粳3号是黑龙江八一农垦大学以垦鉴稻3号//（东津稻/合江19）为母本，以富士光为父本育成的早粳品种，原代号农大06087。2010年通过黑龙江省农垦总局农作物品种审定委员会审定，审定编号：黑垦审稻2010001。

形态特征和生物学特性：属粳型常规早熟早稻。出苗至成熟生育日数137d左右，需≥10℃活动积温2 430℃左右。主茎叶11片，株高90.0cm左右，穗长20.0cm左右，每穗粒数80.0粒左右，千粒重28.0g左右。

品质特性：糙米率82.7%～83.0%，整精米率67.9%～73.6%，垩白粒率2.0%～4.0%，垩白度0.2%～0.3%，直链淀粉含量17.2%，胶稠度66.5～73.5mm。

抗性：接种鉴定叶瘟3级，穗颈瘟1～3级。耐冷性鉴定处理空壳率10.1%～26.8%。

产量及适宜地区：2007—2008年黑龙江垦区第三积温区区域试验平均产量为8 976.2kg/hm^2，2009年生产试验平均产量8 383.8kg/hm^2。2011—2014年黑龙江省累计种植面积0.7万hm^2，2014年最大种植面积0.5万hm^2。适宜黑龙江垦区第三积温区下限种植。

栽培技术要点：4月15～25日播种，5月15～25日插秧。插秧规格为30cm×12cm左右，每穴栽插3～4苗。中等肥力地块施尿素230kg/hm^2，磷酸二铵100kg/hm^2，硫酸钾150kg/hm^2。磷肥全部作基肥，钾肥按基肥：穗肥为5：5比例施用，尿素按基肥：分蘖肥：调节肥：穗肥为4：3：1：2比例施用。

垦鉴稻11（Kenjiandao 11）

品种来源：黑龙江省农垦科学院水稻研究所1995年以垦稻10号为母本，垦稻8号为父本育成的早粳品种，原代号垦99-50。2004年通过黑龙江省农垦总局农作物品种审定委员会审定，审定编号：垦鉴稻2004002。

形态特征和生物学特性：粳型常规早熟早稻。生育日数129d左右，需≥10℃活动积温2 320℃左右。出苗早，长势强，苗期叶色淡绿，分蘖力较强，后期株型较收敛。株高90.0cm，主茎叶11.5片，穗长18.0cm左右，每穗粒数85.0粒左右，千粒重25.0g左右。

品质特性：糙米率83.0%，精米率74.7%，整精米率72.1%，糙米粒长5.3mm，糙米长宽比1.9，垩白粒率5.6%，垩白大小5.7%，垩白度0.3%，直链淀粉含量20.2%，胶稠度78.6mm，碱消值7.0级，蛋白质含量7.1%。食味评分77.6分。出米率高，米粒偏长，透明度好，外观米质优良，食味好。

抗性：抗病性中等。

产量及适宜地区：2001—2002年黑龙江垦区第三积温区区域试验平均产量8 336.6kg/hm^2，2003年生产试验平均产量7 536.0kg/hm^2。2008—2009年黑龙江省累计种植面积0.2万hm^2，2009年最大种植面积0.2万hm^2。适宜黑龙江垦区第三积温区种植。

栽培技术要点：4月15～25日播种，5月15～25日插秧。插秧规格为30cm×12cm左右，每穴栽插3～4苗。中等肥力地块施尿素230kg/hm^2，磷酸二铵100kg/hm^2，硫酸钾150kg/hm^2。

垦鉴稻13（Kenjiandao 13）

品种来源：黑龙江省农垦科学院水稻研究所以垦稻7号/垦94-202（垦鉴稻3号）为母本，以空育131为父本复交育成的早粳品种，原代号垦01-562。2006年通过黑龙江省农垦总局农作物品种审定委员会审定，审定编号：垦鉴稻2006002。

形态特征和生物学特性：粳型常规早熟早稻。生育日数131d，需≥10℃活动积温2 350.1℃，与对照合江19基本相当。出苗快，苗期叶色较绿，分蘖力较强，株型收敛。株高84.5cm，主茎叶11片，穗长16.1cm左右，每穗粒数80.6粒左右，千粒重26.5g左右。

品质特性：外观米质优，食味好。糙米率82.7%，精米率74.4%，整精米率69.9%，糙米粒长5.0mm，糙米粒宽3.0mm，糙米长宽比1.7，垩白大小7.1%，垩白粒率1.0%，垩白度0.1%，直链淀粉含量17.29%，胶稠度75.0mm，碱消值7.0级，蛋白质含量7.19%。食味评分81分。综合指标达到国家二级优质米标准。

抗性：人工接种苗瘟、叶瘟、穗颈瘟分别为6级、5级、6级；自然感病苗瘟、叶瘟、穗颈瘟分别为6级、5级、6级。耐冷性鉴定结果，低温处理空壳率19.6%，自然空壳率7.8%。

产量及适宜地区：2003—2004年黑龙江垦区第三积温区区域试验平均产量为8 114.2kg/hm^2，2005年生产试验平均产量8 618.9kg/hm^2。2006—2010年黑龙江省累计种植面积5.8万hm^2，2008年最大种植面积2.6万hm^2。适宜黑龙江垦区第三积温区种植。

栽培技术要点：4月15～25日播种，5月15～25日插秧。插秧规格为30cm×12cm左右，每穴栽插3～4苗。中等肥力地块施尿素200kg/hm^2，磷酸二铵100kg/hm^2，硫酸钾150kg/hm^2。

垦鉴稻3号（Kenjiandao 3）

品种来源：黑龙江省农垦科学院水稻研究所1989年以藤系138为母本，牡交86-2359为父本杂交选育而成的早粳品种，原代号垦94-202。2000年通过黑龙江省农垦总局农作物品种审定委员会审定，审定编号：垦鉴稻2000001。

形态特征和生物学特性：粳型常规早熟早稻。出苗早，生长快，长势强，叶色较淡，分蘖力较强，后期剑叶上举，秆较强，株型收敛。生育日数125 ~ 128d，比合江19号晚2d左右，需≥10℃活动积温2 320 ~ 2 360℃。主茎叶11片，株高86.0cm，穗长20.0cm，每穗粒数100.0粒左右，千粒重27.0g。

品质特性：外观米质优良，糙米率83.2%，精米率74.9%，整精米率71.6%，直链淀粉含量18.2%，蛋白质含量7.4%，胶稠度66.0mm，垩白粒率4.5%，垩白大小13.6%。食味评分72分。

抗性：抗稻瘟病性较强，苗期耐冷性好，对不育性冷害耐性较强，抗倒伏性中等。

产量及适宜地区：1997—1998年黑龙江垦区第三积温区区域试验平均产量8 659.9kg/hm^2，1999年生产试验平均产量8 582.9kg/hm^2。2003—2007年黑龙江省累计种植面积2.3万hm^2，2005年最大种植面积0.7万hm^2。适宜黑龙江垦区第三积温区种植。

栽培技术要点：4月15 ~ 25日播种，5月15 ~ 25日插秧。插秧规格为30cm × 12cm左右，每穴栽插3 ~ 4苗。中等肥力地块施尿素230kg/hm^2，磷酸二铵100kg/hm^2，硫酸钾150kg/hm^2。

垦鉴稻8号（Kenjiandao 8）

品种来源：黑龙江省农垦科学院水稻研究所以垦稻10号为母本，垦稻8号为父本育成的早粳品种，原代号垦99-39。2003年通过黑龙江省农垦总局农作物品种委员会审定，审定编号：垦鉴稻2003002。

形态特征和生物学特性：粳型常规早熟早稻。生育日数129d，需≥10℃活动积温2 300℃左右。出苗早，长势强，苗期叶色较绿，分蘖力较强，后期株型较收敛，剑叶上举，粒形稍细长。主茎叶11片，株高85.0cm左右，穗长16.0cm左右，每穗粒数74.0粒左右，千粒重26.0g左右。

品质特性：糙米率82.6%，精米率74.3%，整精米率70.1%，糙米粒长5.5mm，糙米长宽比1.8，垩白粒率5.3%，垩白大小5.9%，垩白度0.3%，直链淀粉含量17.3%，胶稠度72.2mm，碱消值7.0级，蛋白质含量7.3%。食味评分86分。透明度好，外观米质优良，米质达到国家二级优质米标准。

抗性：抗病性中等。

产量及适宜地区：2001—2002年黑龙江垦区第三积温区区域试验平均产量7 751.6kg/hm^2，2002年生产试验平均产量7 300.3kg/hm^2。2003年黑龙江省种植面积0.1万hm^2。适宜黑龙江垦区第三积温区种植。

栽培技术要点：4月15～25日播种，5月15～25日插秧。适宜旱育稀植栽培，插秧规格为30cm×13cm，每穴栽插3～4苗。多施磷、钾肥，水层管理前期浅水灌溉，后期间歇灌溉。

垦鉴黑糯1号（Kenjianheinuo 1）

品种来源：黑龙江省农垦科学院水稻研究所以垦糯4号为母本，紫糯/垦82-530为父本杂交育成的早粳黑糯品种，原代号垦黑糯93-896。1998年通过黑龙江省农垦总局农作物品种审定委员会审定，审定编号：垦鉴稻1998002。

形态特征和生物学特性：生育日数128d左右。需≥10℃活动积温2 360 ～ 2 380℃。出苗早，耐低温，保苗率高，叶片宽而厚，浓绿，叶舌、叶缘紫色，叶鞘和叶背的少部分为紫色云形斑。分蘖力较差，后期株型收敛，叶片上举。颖尖浅紫色，着生紫色中短芒，糙米紫黑色。株高85.0cm，主茎叶11片，穗长16.5cm，每穗粒数90.0 ～ 100.0粒，千粒重28.0g左右。

品质特性：糙米率83.0%，精米率74.7%，整精米率69.6%，直链淀粉含量0.3%，蛋白质含量9.5%。

抗性：秆强抗倒伏，抗稻瘟病性较强，耐障碍型冷害较弱。

产量及适宜地区：1995—1996年黑龙江垦区第三积温区区域试验平均产量6 737.0kg/hm^2，1997年生产试验平均产量7 029.8kg/hm^2。适宜黑龙江垦区第三积温区上限种植。

垦糯2号（Kennuo 2）

品种来源：黑龙江省农垦科学院水稻研究所以垦83-412（垦稻3号///虾夷/粘13-1//永系7369）为母本，垦94-1043（藤系138/绥粳3号）为父本杂交育成的早粳糯稻品种，原代号垦94-488。2009年通过黑龙江省农垦总局农作物品种审定委员会审定，审定编号：黑垦审稻2009002。

形态特征和生物学特性：属粳型常规早熟早稻。生育日数136d左右，比对照品种龙粳16早1d。需≥10℃活动积温2 410.2℃左右。苗期出苗快，叶色较绿，分蘖力较强，茎秆较粗，颖尖秆黄色。主茎叶11片，株高92.1cm左右，穗长16.8cm左右，每穗粒数97.4粒左右，千粒重26.0g左右。

品质特性：糙米率80.5%～80.7%，整精米率63.5%～68.7%，垩白粒率100.0%，垩白度100.0%，直链淀粉含量0.4%～1.8%，胶稠度100.0mm。

抗性：抗稻瘟病接种鉴定，叶瘟3～4级，穗颈瘟3级。耐冷性鉴定处理空壳率12.8%～18.6%，自然空壳率8.2%～12.4%。抗倒伏性较强。

产量及适宜地区：2006—2007年黑龙江垦区第三积温区早熟组区域试验，平均产量8 562.1kg/hm^2，2008年生产试验平均产量9 045.4kg/hm^2。适宜黑龙江垦区第三积温区种植。

栽培技术要点：4月15～25日播种，5月15～25日插秧。插秧规格为30cm×12cm左右，每穴栽插3～4苗。中等肥力地块施尿素230kg/hm^2，磷酸二铵100kg/hm^2，硫酸钾150kg/hm^2。磷肥全部作基肥，钾肥按基肥：穗肥为5：5比例施用，尿素按基肥：分蘖肥：调节肥：穗肥为4：3：1：2比例施用。控制氮肥用量，适当增施磷钾硅肥。

垦糯2号（Kennuo 2）（省审）

品种来源：黑龙江省农垦科学院水稻研究所以虾夷为母本，粘13-1为父本杂交育成，原代号合良76-682。1981年通过黑龙江省农作物品种审定委员会审定。

形态特征和生物学特性：生育日数115 ～ 120d，需≥10℃活动积温2 300℃，分蘖力中等。主茎叶11片，株高75.0cm左右。穗长15.0cm左右，每穗粒数较少。糯稻，谷粒椭圆形，千粒重26.0g左右。

品质特性：米质黏性好。

抗性：抗稻瘟病性、抗倒伏性好。

产量及适宜地区：黑龙江省区域试验平均产量5 734.5kg/hm^2，与合江19平产。黑龙江省1983年最大种植面积0.4万hm^2。

垦糯4号（Kennuo 4）

品种来源：黑龙江省农垦科学院水稻研究所以石狩为母本，以垦糯2号/永系7369为父本杂交育成的早粳品种，原代号垦83-458。1989年通过黑龙江省农垦总局农作物品种审定委员会审定。

形态特征和生物学特性：生育日数113d，需≥10℃活动积温2 203℃。主茎叶10片，株高65cm，每穗50～60粒，千粒重27.5g。

抗性：苗期耐冷，秆强抗倒伏，抗病性强。

产量及适宜地区：1986—1987年黑龙江垦区第三积温区区域试验平均产量5 728.5kg/hm^2，1989年生产试验平均产量5 113.5kg/hm^2。1989—1992年黑龙江省累计种植面积0.1万hm^2，1989年最大种植面积0.1万hm^2。适宜黑龙江垦区第三积温区直播栽培。

垦香糯1号（Kenxiangnuo 1）

品种来源：黑龙江省农垦科学院水稻研究所以普粘6号为母本，普粘6号/莲香1号为父本杂交育成的早粳香糯品种，原代号垦香糯92-291。1999年通过黑龙江省农作物品种审定委员会审定，审定编号：黑审稻1999004。

形态特征和生物学特性：属粳型常规早熟早香糯稻。生育日数127d，需≥10℃活动积温2 360℃。出苗早，叶片宽长披垂，生长较为繁茂，分蘖力较差，后期株型较收敛，秆较强。株高86.0cm，穗长18.0cm，穗粒数90.0粒左右，千粒重29.0g。

抗性：抗倒伏性较强，抗稻瘟病能力中等，耐不育性冷害中等。

品质特性：糙米率83.4%，精米率75.1%，整精米率55.4%，垩白度100.0%，碱消值5.9级，胶稠度96.9mm，直链淀粉含量0.5%，蛋白质含量8.8%。外观米质优，香味浓郁，黏性好，香味与泰国米相同，属糊香型。

产量及适宜地区：1995—1996年黑龙江省第三积温区区域试验平均产量6 336.5kg/hm^2，1998年生产试验平均产量7 158.7kg/hm^2。适宜黑龙江省第三积温区种植。

栽培技术要点：分蘖力较差，应以钵育摆栽为最佳，插秧规格为30cm×（12～14）cm为宜，常规育苗插秧以30cm×10cm为好。在稻瘟病大发生年份应注意药剂防治，耐不育性冷害中等，在低温年份应注意以水保温。

空育131（Kongyu 131）

品种来源：日本北海道中央农业试验场以空育110（道黄金）为母本，道北36（北明）为父本育成的早粳品种，原代号垦鉴90-31。2000年通过黑龙江省农作物品种审定委员会审定，审定编号：黑审稻2000008。

形态特征和生物学特性：粳型常规早熟早稻。生育日数127d，从出苗到成熟需≥10℃活动积温2 320℃。株高80cm，穗长14cm，平均每穗粒80粒，千粒重26.5g，分蘖力强。

品质特性：糙米率83.8%，精米率75.5%，整精米率74.5%，垩白大小7.9%，垩白粒率6.2%，直链淀粉含量17.0%，胶稠度64.6mm，碱消值7.0级，蛋白质含量7.9%。

抗性：接种鉴定苗瘟9级，叶瘟7级，穗颈瘟9级；自然感病苗瘟9级，叶瘟7级，穗颈瘟7级。

产量及适宜地区：1995—1996年黑龙江省第三积温区区域试验平均产量6 767.0kg/hm^2，1999年生产试验平均产量7 684.5kg/hm^2。1996—2014年黑龙江省累计种植面积955.1万hm^2，2004年最大种植面积86.7万hm^2。适宜黑龙江省第三积温区种植。

栽培技术要点：旱育稀植栽培，插秧规格为30cm×（12 ~ 16）cm。适宜中上等肥力地块栽培，一般施尿素200 ~ 250kg/hm^2，磷酸二铵100kg/hm^2，硫酸钾100 ~ 150kg/hm^2。

莲稻1号（Liandao 1）

品种来源：佳木斯市莲粳种业有限公司、虎林市绿都种子有限责任公司以垦稻10号为母本，龙盾101为父本，采用系谱法选育而成，原代号绿研长粒02-02。2011年通过黑龙江省农作物品种审定委员会审定，审定编号：黑审稻2011005。

形态特征和生物学特性：属粳稻型常规品种。在适宜种植区出苗至成熟生育日数131d左右，需≥10℃活动积温2 375℃左右。主茎叶11片，株高85cm左右，穗长19cm左右，每穗粒数100粒左右，千粒重26.5g左右。

品质特性：糙米率77.1%～81.6%，整精米率62.8%～67.0%，垩白粒率2.0%～9.0%，垩白度0.1%～1.6%，直链淀粉含量17.6%～18.0%，胶稠度67.0～72.5mm。食味品质76～86分。

抗性：稻瘟病接种鉴定叶瘟3～5级，穗颈瘟1～3级。耐冷性鉴定处理空壳率26.1%～13.7%。

产量及适宜地区：2008—2009年黑龙江第三积温区区域试验平均产量8 143.6kg/hm^2，2010年生产试验平均产量8 899.3kg/hm^2。2013年黑龙江省种植面积1.3万hm^2，适宜黑龙江省第三积温区上限种植。

栽培技术要点：4月10～25日播种，5月10～25日插秧。插秧规格为30cm×13.3cm左右，每穴栽插3～5苗。中等肥力地块施磷酸二铵100kg/hm^2，尿素200kg/hm^{2}左右，硫酸钾100kg/hm^2。花达水插秧，分蘖期浅水灌溉，分蘖末期适时晒田，后期湿润灌溉。成熟后及时收获。

龙盾107（Longdun 107）

品种来源：黑龙江省监狱管理局农业科学研究所以牡86-2355/牡86-2342为母本，合江19为父本杂交育成的早粳品种，原代号龙盾00-240。2010年通过黑龙江省农作物品种审定委员会审定，审定编号：黑审稻2010011。

形态特征和生物学特性：属粳型常规早熟早稻。生育日数128d，需≥10℃活动积温2 378℃左右。主蘖穗位不整齐，分蘖力中等，颖尖秆黄色，无芒。主茎叶11片，株高96.4cm，穗长17.4cm，平均穗粒数100.0粒左右，千粒重25.4g左右。

品质特性：糙米率80.1%～81.6%，整精米率64.5%～68.6%，糙米粒长4.9mm，糙米长宽比1.6，垩白粒率1.0%～8.5%，垩白度0.4%，胶稠度69.0～78.5mm，直链淀粉含量16.9%～17.9%。食味评分80分。

抗性：稻瘟病性鉴定叶瘟5～7级，穗颈瘟1～3级。耐冷性鉴定处理空壳率7.5%～14.5%。

产量及适宜地区：2007—2008年黑龙江省第三积温区区域试验平均产量8 404.0kg/hm^2，2009年生产试验平均产量8 104.4kg/hm^2。2010—2014年黑龙江省累计种植面积4.6万hm^2，2014年最大种植面积2.8万hm^2。适宜黑龙江省第三积温区下限种植。

栽培技术要点：4月15～25日播种，5月15～25日插秧。插秧规格为30cm×14cm，每穴栽插3～4苗。一般中等肥力地块，施尿素280kg/hm^2，磷酸二铵100kg/hm^2，硫酸钾100kg/hm^2，氮肥30%、磷肥全部、钾肥75%作底肥，其余作追肥。对病虫草害进行综合防治。浅水灌溉，多次晒田。成熟后及时收获。

龙桦1号（Longhua 1）

品种来源：黑龙江田友种业有限公司以五优稻1号为母本，绥粳3号为父本，采用系谱法选育而成。原代号田友08169。2014年通过黑龙江省农作物品种审定委员会审定，审定编号：黑审稻2014013。

形态特征和生物学特性：粳型常规早熟早稻，在适宜地区出苗至成熟生育日数130d左右，需≥10℃活动积温2 350℃左右。谷粒椭圆形，主茎叶11片，株高100cm左右，穗长17.8cm左右，每穗粒数116粒左右，千粒重26.3g左右。

品质特性：两年品质分析结果，糙米率81.6%～82.0%，整精米率62.1%～65.5%，垩白粒率4.5%～17.0%，垩白度1.2%～1.7%，直链淀粉含量17.8%～17.8%，胶稠度73.0～75.0mm。达到国家三级优质米标准。

抗性：3年接种鉴定结果，叶瘟3～5级，穗颈瘟1～5级。3年耐冷性鉴定结果，处理空壳率11.8%～17.6%。

产量及适宜地区：2011—2012年黑龙江省第三积温区区域试验平均产量9 463.8kg/hm^2，2013年生产试验平均产量8 258.5kg/hm^2。2014年黑龙江省种植面积0.1万hm^2。适宜黑龙江省第三积温区上限种植。

栽培技术要点：播种期4月15～20日，插秧期5月15～25日，秧龄30d左右。插秧规格为30cm×13.3cm左右，每穴栽插3～5苗。一般施纯氮120kg/hm^2，氮：磷：钾=2：1：(1～1.5)。30%尿素和全部磷酸二铵和60%钾肥作为基肥，其余的作追肥分2～3次施入。花达水插秧，分蘖期浅水灌溉，分蘖末期晒田，后期浅湿干交替灌溉。成熟后及时收获。

龙粳1号（Longgeng 1）

品种来源：黑龙江省农业科学院水稻研究所以合江22为母本，合交7319（手稻/宁系1号//笹锦）为父本杂交F_1代花药培养育成的早粳花培品种，原代号合单80-036。1988年通过黑龙江省农作物品种审定委员会审定。审定编号：黑审稻1988003。

形态特征和生物学特性：属粳型常规早熟早稻。株型集中，叶片上举，秆强有弹性。分蘖力较强，单株可分12个蘖左右，矮秆大穗型品种，谷粒椭圆形，无芒。颖尖、颖壳、护颖均为秆黄色，着粒密度中等。插秧栽培135d，插秧栽培需≥10℃活动积温2 350～2 500℃。株高83cm左右，穗长16～18cm，每穗95粒左右，空秕率在15%左右，千粒重26g左右。

品质特性：糙米率81.2%，精米率76.9%，垩白5级，透明度1级，直链淀粉含量18.4%。

抗性：属广谱性抗病品种，人工接种条件下表现抗性较强而稳定，对黑龙江省主要病区的菌株和主要生理小种中的大多数表现抗性。芽期耐冷，芽苗期耐冷性强。秆强抗倒伏。

产量及适宜地区：1985—1986年黑龙江省第三积温区区域试验19点平均产量7 243.2kg/hm^2，1987年生产试验5点平均产量7 113.9kg/hm^2。1988—2007年黑龙江省累计种植面积2.0万hm^2，1989年最大种植面积0.8万hm^2。适宜黑龙江省第二积温区下限和第三积温区上限种植。

栽培技术要点：适合中等肥力地块栽培，施纯氮120kg/hm^2。

龙粳11（Longgeng 11）

品种来源：黑龙江省农业科学院水稻研究所以沙29为母本，合江21为父本杂交育成的早粳品种，原代号龙育96-177。2002年通过黑龙江省农作物品种审定委员会审定，审定编号：黑审稻2002005。

形态特征和生物学特性：属粳型常规早熟早稻。分蘖力强，茎秆粗壮，前期耐低温，出苗快。主茎叶11片。生育日数125～130d，需≥10℃活动积温2 350℃。株高85.0～90.0cm，每穗粒数90.0粒，千粒重27.0g。

品质特性：糙米率83.8%，精米率75.3%，整精米率70.5%，糙米长宽比1.7，垩白大小12.9%，垩白粒率12.1%，垩白度0.9%，碱消值7.0级，胶稠度81.4mm，直链淀粉含量16.0%，蛋白质含量7.4%。

抗性：人工接种鉴定苗瘟5～7级，叶瘟3～7级，穗颈瘟7～9级；自然感病苗瘟4～5级，叶瘟3～5级，穗颈瘟5～7级，抗性明显强于对照合江19。抗倒伏。

产量及适宜地区：1999—2000年黑龙江省第三积温区区域试验平均产量7 951.7kg/hm^2，2001年生产试验平均产量7 788.6kg/hm^2。2002年黑龙江省种植面积0.2万hm^2。适宜黑龙江省第二积温区下限、第三积温区上限种植。

栽培技术要点：适于旱育稀植栽培，一般4月中旬播种，旱育苗播量250～350g/ m^{2}芽种，秧龄30～35d，5月中下旬插秧。中等肥力地块施磷酸二铵、尿素、硫酸钾分别为100kg/hm^2、200kg/hm^2、100kg/hm^2。水稻减数分裂期，加深水层15～20cm护胎，防止障碍型冷害发生。

龙粳12（Longgeng 12）

品种来源：黑龙江省农业科学院水稻研究所以藤系137为母本，龙花84-106（合江21/红星2号）为父本杂交，接种其F_1代花药离体培养育成的早粳花培品种，原代号龙选9707。2003年通过黑龙江省农作物品种审定委员会审定，审定编号：黑审稻2003008。

形态特征和生物学特性：属粳型常规早熟早稻。株型收敛，剑叶开张角度小，剑叶短，叶色略深，幼苗生长势强，比较喜肥。颖壳及颖尖秆黄色，无芒，分蘖力中上等。谷粒较大，着粒密度小，偏长粒。主茎叶11片，生育日数128d，从出苗到成熟需≥10℃活动积温2 350℃左右。株高90.0cm，穗长18.0cm左右，每穗粒数82.0粒，千粒重29.1g。

品质特性：糙米粒长5.6mm，糙米粒宽3.1mm，糙米长宽比1.8，糙米率83.1%，精米率74.1%，整精米率65.9%，垩白大小6.5%，垩白粒率6.3%，垩白度0.4%，直链淀粉含量17.78%，胶稠度76.8mm，碱消值6.9级，蛋白质含量7.7%。

抗性：人工接种鉴定苗瘟5～7级，叶瘟3～5级，穗颈瘟5级；自然感病苗瘟3～5级，叶瘟3～5级，穗颈瘟3～5级。

产量及适宜地区：2001—2002年黑龙江省第三积温区区域试验平均产量7 613.4kg/hm^2，2002年生产试验平均产量8 079.7kg/hm^2。2003—2010年黑龙江省累计种植面积38.3万hm^2，2005年最大种植面积13.8万hm^2。适宜黑龙江省第三积温区上限种植。

栽培技术要点：一般4月15～25日播种，5月15～25日插秧。旱育稀植插秧栽培，播种量手撒播200～250g/ m^2，机插盘育100g/盘，插秧规格为30cm×（10～13）cm，每穴栽插3～4苗。中等肥力地块施磷酸二铵、尿素、硫酸钾分别为100kg/hm^2、250kg/hm^2、100kg/hm^2，尤其适宜较肥沃土壤。水层管理采用浅、深、浅常规灌溉，8月末排干水。9月下旬当籽粒达到黄熟期及时收获。

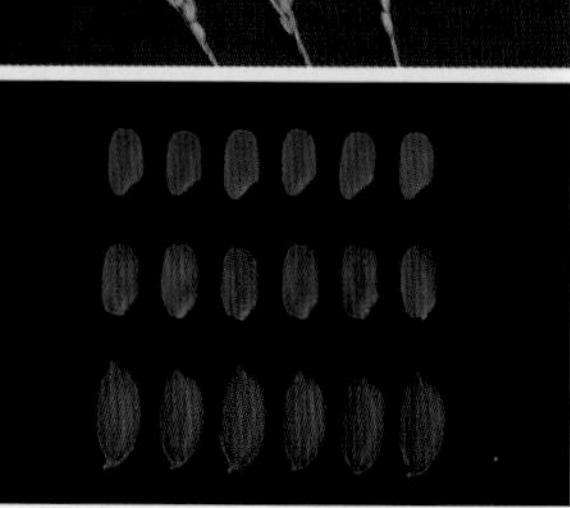

龙粳13（Longgeng 13）

品种来源：黑龙江省农业科学院水稻研究所以龙粳10号（龙花91-340）为母本，空育139（雪丸）为父本杂交F_1代经花药培养育成的早粳花培品种，原代号龙花96-1513。2004年通过黑龙江省农作物品种审定委员会审定，审定编号：黑审稻2004006。

形态特征和生物学特性：属粳型常规早熟早稻。株型收敛，剑叶开张角度小，颖尖褐色，无芒，分蘖力强，幼苗生长势强，比较喜肥。谷粒偏长粒。主茎叶11片，生育日数133d，从出苗到成熟需≥10℃活动积温2 401.8℃左右。株高73.52cm，穗长15.9cm左右，每穗粒数75.4粒，千粒重25.0g，不实率低。

品质特性：糙米粒长5.4mm，糙米粒宽2.9mm，糙米长宽比1.9，糙米率82.8%～83.5%，精米率74.5%～75.1%，整精米率70.8%～74.2%，垩白大小5.4%～7.1%，垩白粒率1.0%～8.0%，垩白度0.1%～0.6%，直链淀粉含量16.6%～20.9%，胶稠度69.8～78.5mm，碱消值6.3～7.0级，蛋白质含量7.9%～9.3%。

抗性：接种鉴定苗瘟3～5级，叶瘟3～4级，穗颈瘟3～5级；自然感病苗瘟3～4级，叶瘟3～4级，穗颈瘟3～5级。

产量及适宜地区：2001—2002年黑龙江省第三积温区区域试验平均产量7 826.4kg/hm^2，2003年生产试验平均产量6 994.2kg/hm^2。2003—2009年黑龙江省累计种植面积19.1万hm^2，2005年最大种植面积10.9万hm^2。适宜黑龙江省第三积温区种植。

栽培技术要点：一般4月15～25日播种，5月15～25日插秧。旱育稀植插秧栽培，播种量手撒播200～250g/m^2，机插盘育100g/盘。插秧规格为30cm×13cm左右，每穴栽插3～4苗。中等肥力地块施磷酸二铵、尿素、硫酸钾分别为100kg/hm^2、300kg/hm^2、100kg/hm^2。尤其适宜较肥沃的土壤种植。水层管理采用浅、深、浅常规灌溉，8月末排干水。9月下旬当籽粒达到黄熟期及时收获。

龙粳14（Longgeng 14）

品种来源：黑龙江省农业科学院水稻研究所以龙粳4号为受体，玉米黑301（龙单13）为供体导入玉米外源DNA育成的早粳外源DNA导入品种，原代号龙D99-904。2005年通过黑龙江省农作物品种审定委员会审定，是黑龙江省第一个超级稻早粳品种，审定编号：黑审稻2005001。

形态特征和生物学特性：属粳型常规早熟早稻。株型收敛，剑叶开张角度小，叶里藏花型，散穗，稀有芒，分蘖力强，幼苗生长势强，活秆成熟。生育日数136d，主茎叶11片，从出苗到成熟需≥10℃活动积温2 366℃。株高86.5cm，穗长18.8cm左右，每穗粒数83.0粒左右，千粒重26.4g，不实率低。

品质特性：糙米率81.7%～83.5%，精米率73.7%～75.1%，整精米率67.0%～73.0%，垩白粒率3.0%～10.0%，垩白度0.4%，糙米粒长5.2mm，糙米粒宽2.9mm，糙米长宽比1.8，直链淀粉含量17.1%～19.8%，胶稠度70.3～78.2mm，碱消值7.0级，蛋白质含量6.5%～8.7%。食味评分81.3分。

抗性：接种鉴定苗瘟3～7级，叶瘟3～6级；自然感病苗瘟1～6级，叶瘟3～5级，穗颈瘟1～5级。耐冷性鉴定处理空壳率14.1%，自然空壳率4.3%。耐冷性强。

产量及适宜地区：2002—2004年黑龙江省第三积温区区域试验平均产量7 602.1kg/hm²，2004年生产试验平均产量7 279.9kg/hm²。2005—2010年黑龙江省累计种植面积74.2万hm²，2007年最大种植面积33.5万hm²。适宜黑龙江省第三积温区种植。

栽培技术要点：旱育稀植栽培，4月15～25日播种，5月15～25日插秧。插秧规格为30cm×13cm左右，每穴栽插3～4苗。中等肥力地块施磷酸二铵、尿素、硫酸钾分别为100kg/hm²、200～250kg/hm²、100kg/hm²。采用浅水灌溉，9月下旬及时收获。为确保高产、稳产，注意病虫草害的及时防治。

龙粳15（Longgeng 15）

品种来源：黑龙江省农业科学院水稻研究所以空育133为母本，辽粳454为父本杂交育成的早粳品种，原代号龙品02-1。2006年通过黑龙江省农作物品种审定委员会审定，审定编号：黑审稻2006001。

形态特征和生物学特性：属粳型常规早熟早稻。株型收敛，剑叶上举，开张角度小。主茎叶11片，生育日数134d，与对照品种合江19同熟期，从出苗到成熟需≥10℃活动积温为2 350℃。株高90.0cm，穗长18.0cm左右，每穗粒数100.0粒左右，千粒重26.5g。

品质特性：糙米率81.3%～83.4%，精米率73.2%～75.1%，整精米率57.4%～70.4%，垩白大小3.6%～7.1%，垩白粒率1.0%～8.0%，垩白度0.1%～0.4%，直链淀粉含量16.9%～18.9%，胶稠度67.5～71.5mm，碱消值7.0级，蛋白质含量7.6%～8.0%。食味评分76～89分。

抗性：接种鉴定苗瘟3～4级，叶瘟3～5级，穗颈瘟3～5级；自然感病苗瘟2～4级，叶瘟3～5级，穗颈瘟1～3级。耐冷性鉴定处理空壳率13.6%～14.4%，自然空壳率5.1%～5.6%。

产量及适宜地区：2003—2005年黑龙江省第三积温区区域试验平均产量7 653.4kg/hm^2，2005年生产试验平均产量8 075.5kg/hm^2。2005—2010年黑龙江省累计种植面积3.9万hm^2，2008年最大种植面积1.9万hm^2。适宜黑龙江省第三积温区种植。

栽培技术要点：中等肥力地块施尿素200kg/hm^2、磷酸二铵100kg/hm^2、硫酸钾100kg/hm^2。水层管理采用浅、深、浅常规灌溉，后期采用间歇灌溉，8月末排干水。9月中、下旬当籽粒达到黄熟期及时收获。

龙粳16（Longgeng 16）

品种来源：黑龙江省农业科学院水稻研究所以龙粳4号为受体，转导玉米黑301（龙单13）的总DNA育成的早粳外源DNA导入品种，原代号龙D99-709。2006年通过黑龙江省农作物品种审定委员会审定，审定编号：黑审稻2006002。

形态特征和生物学特性：属粳型常规早熟早稻。株型收敛，剑叶上举，开张角度小，叶里藏花型，散穗，稀有短芒。主茎叶11片，生育日数135d，较对照品种合江19晚1d，从出苗到成熟需≥10℃活动积温2 350℃。株高88.8cm左右，穗长18.2cm左右，每穗粒数79.3粒左右，千粒重24.2g。

品质特性：糙米粒长4.9mm，糙米粒宽2.7mm，糙米长宽比1.8，糙米率79.6%～81.2%，精米率71.7%～74.7%，整精米率68.3%～69.7%，垩白大小0～4.1%，垩白粒率0～7.0%，垩白度0～0.3%，直链淀粉含量16.3%～18.3%，胶稠度57.8～82.8mm，碱消值7.0级，蛋白质含量7.2%～7.9%。食味评分80～85分。

抗性：接种鉴定苗瘟1～3级，叶瘟3～5级，穗颈瘟3级；自然感病苗瘟1～3级，叶瘟3～4级，穗颈瘟1～3级。耐冷性鉴定处理空壳率14.6%～15.9%，自然空壳率7.0%～7.1%。

产量及适宜地区：2003—2004年黑龙江省第三积温区区域试验平均产量7 276.4kg/hm^2，2005年生产试验平均产量7 941.0kg/hm^2。2006—2010年黑龙江省累计种植面积14.3万hm^2，2007年最大种植面积6.5万hm^2。适宜黑龙江省第三积温区种植。

栽培技术要点：一般4月15～25日播种，5月15～25日插秧。该品种适宜旱育稀植插秧栽培，插秧规格为30cm×13cm左右，每穴栽插3～4苗。中等肥力地块施磷酸二铵、尿素、硫酸钾分别为100kg/hm^2、200～300kg/hm^2、100kg/hm^2。常规管理，8月末排干水。9月下旬当籽粒达到黄熟期及时收获。为确保高产、稳产，注意及时防治病虫草害。

龙粳2号（Longgeng 2）

品种来源：黑龙江省农业科学院水稻研究所以合江22为母本，合单76-090（合江20/普选10号）为父本杂交育成的早粳品种，原代号合交7811-2。1990年通过黑龙江省农作物品种审定委员会审定，审定编号：黑审稻1990001。

形态特征和生物学特性：属粳型常规早熟早稻，分蘖力较强。直播栽培生育期110～115d，插秧栽培生育期127～132d。需≥10℃活动积温2 230～2 300℃。主茎叶10～11片，株高81.0～85.0cm，叶色较绿。稀有短芒，颖壳秆黄色，颖尖无色。每穗粒数70.0粒左右，不实率低，千粒重27.0g左右。

品质特性：米质好，糙米率83.0%，蛋白质含量8.9%，直链淀粉含量18.9%。

抗性：秆强抗倒伏。抗稻瘟病，人工接种鉴定叶瘟2级，穗颈瘟5级。

产量及适宜地区：1986—1987年黑龙江省第三积温区区域试验平均产量5 548.2kg/hm^2，1988—1989年生产试验平均产量7 000.1kg/hm^2。1992—2006年黑龙江省累计种植面积5.9万hm^2，1992年最大种植面积1.7万hm^2。适宜黑龙江省第三积温区种植。

栽培技术要点：宜于中等肥力条件下直播栽培或插秧栽培。一般全生育期施用纯氮80kg/hm^2。

龙粳20（Longgeng 20）

品种来源：黑龙江省农业科学院水稻研究所以龙育98-211（龙粳3号///龙粳1号/中丹1号//合江20/4/富士光）为母本，龙选9782（水陆稻6号/合江23///合江20/龙成12//粳7805-22-1）为父本育成的早粳品种，原代号龙育03-1126。2007年通过黑龙江省农作物品种审定委员会审定，审定编号：黑审稻2007004。

形态特征和生物学特性：属粳型常规早熟早稻。主茎叶11片，出苗至成熟生育日数128d左右，与对照品种合江19同熟期，需≥10℃活动积温2 320℃左右。株高90.0cm左右，穗长17.0cm左右，每穗粒数90.0粒左右，千粒重27.0g左右。

品质特性：糙米率81.4%～82.9%，整精米率67.9%～72.2%，垩白粒率0～1.5%，垩白度0～0.1%，直链淀粉含量15.19%～18.7%，胶稠度73.0～85.5mm。食味评分72～86分。

抗性：接种鉴定叶瘟3～4级，穗颈瘟1～3级；自然感病叶瘟3～4级，穗颈瘟1～3级。耐冷性鉴定处理空壳率17.1%～25.5%，自然空壳率7.7%。

产量及适宜地区：2005—2006年黑龙江省第三积温区区域试验平均产量8 482.4kg/hm^2，2006年生产试验平均产量9 089.1kg/hm^2。2007—2014年黑龙江省累计种植面积58.8万hm^2，2008年最大种植面积19.7万hm^2。适宜黑龙江省第三积温区种植。

栽培技术要点：一般4月10～20日播种，5月10～20日插秧。插秧规格为30cm×13cm左右，每穴栽插3～4苗。中等肥力地块施磷酸二铵、尿素、硫酸钾分别为100kg/hm^2、200～250kg/hm^2、100kg/hm^2。常规管理，前期浅水，中期晒田，后期间歇灌溉，8月末停灌。

龙粳22（Longgeng 22）

品种来源：黑龙江省农业科学院水稻研究所以龙选93001（秋丰//石狩/S354）为母本，空育131为父本育成的早粳品种，原代号龙丰K8。2008年通过黑龙江省农作物品种审定委员会审定，审定编号：黑审稻2008010。

形态特征和生物学特性：属粳型常规早熟早稻。主茎叶11片，生育日数130d左右，比对照品种空育131早1d，需≥10℃活动积温2 300℃左右。叶色较深，后熟快。株高92.0cm左右，穗长16.0cm，每穗粒数103.0粒左右，千粒重25.5g左右。

品质特性：糙米率81.2%～83.3%，整精米率63.5%～70.7%，垩白粒率2.5%～9.0%，垩白度0.1%～0.4%，直链淀粉含量17.6%～20.3%，胶稠度70.0～82.0mm。食味评分76～82分。

抗性：接种鉴定叶瘟1～5级，穗颈瘟1～5级。耐冷性鉴定处理空壳率7.7%～14.0%。

产量及适宜地区：2005—2007年黑龙江省第三积温区区域试验平均产量8 374.6kg/hm^2，2007年生产试验平均产量9 526.8kg/hm^2。2008—2010年黑龙江省累计种植面积0.1万hm^2，2010年最大种植面积0.1万hm^2。适宜黑龙江省第三积温区上限种植。

栽培技术要点：4月10～20日播种，5月15～20日插秧。插秧规格为30cm×10cm左右，每穴栽插3苗。施尿素200kg/hm^2，磷酸二铵50kg/hm^2，钾肥100kg/hm^2。尿素40%、磷酸二铵全部、钾肥50%作底肥；尿素40%作分蘖肥；尿素20%、钾肥50%作穗肥。田间常规管理，8月末排干水。9月下旬籽粒黄熟期及时收获。

龙粳23（Longgeng 23）

品种来源：黑龙江省农业科学院水稻研究所以空育131为母本，龙交92020-7（藤系144/4/926/红光//通系17///6914）为父本杂交，接种其F_1植株花药离体培养育成的早粳品种，原代号龙花00-290。2008年通过黑龙江省农作物品种审定委员会审定，审定编号：黑审稻2008013。

形态特征和生物学特性：属粳型常规早熟早稻。主茎叶11片，生育日数133d左右，与对照品种合江19同熟期，需≥10℃活动积温2 410℃左右。株高75.0cm左右，穗长15.0cm左右，每穗粒数75.0粒左右，千粒重25.0g左右。

品质特性：糙米率83.6%～84.6%，整精米率66.1%～73.0%，垩白粒率4.5%～18.0%，垩白度0.6%～2.2%，直链淀粉含量18.1%～19.4%，胶稠度63.5～69.5mm。食味评分77～83分。

抗性：接种鉴定叶瘟3～5级，穗颈瘟1级。耐冷性鉴定处理空壳率12.4%～21.4%。

产量及适宜地区：2006—2007年黑龙江省第三积温区区域试验平均产量8 412.3kg/hm^2，2007年生产试验平均产量8 829.9kg/hm^2。2008—2010年黑龙江省累计种植面积0.1万hm^2，2010年最大种植面积0.1万hm^2。适宜黑龙江省第三积温区种植。

栽培技术要点：旱育稀植栽培，4月15～25日播种，5月15～25日插秧。插秧规格为30cm×13cm左右，每穴栽插3～4苗。中等肥力地块，施磷酸二铵、尿素、硫酸钾分别为100kg/hm^2、200kg/hm^2、100kg/hm^2。磷肥全部、钾肥60%、氮肥40%作基肥，其余作追肥分2～3次施入，水层管理采用前期浅水分蘖，分蘖末期晒田，深水孕穗，湿润灌溉灌浆。做好病虫草害的防治。蜡熟末期收获。

龙粳25（Longgeng 25）

品种来源：黑龙江省农业科学院水稻研究所以佳禾早占为母本，龙花97058（龙粳7号//藤系138/香稻）为父本杂交，接种其F_1花药离体培养育成的早粳品种，原代号龙花01-806。2009年通过黑龙江省农作物品种审定委员会审定，审定编号：黑审稻2009009。

形态特征和生物学特性：属粳型常规早熟早稻，主茎叶11片，生育日数135d左右，需≥10℃活动积温2 420℃左右。株高89.0cm左右，穗长14.5cm左右，每穗粒数80.0粒左右，千粒重24.6g左右。

品质特性：糙米率83.8%～84.6%，整精米率65.7%～70.8%，垩白粒率0～2.0%，垩白度0～0.2%，直链淀粉含量16.3%～17.7%，胶稠度75.5～81.0mm。食味评分80～87分。

抗性：接种鉴定叶瘟4～5级，穗颈瘟1级。耐冷性鉴定处理空壳率6.4%～8.1%。

产量及适宜地区：2007—2008年黑龙江省第三积温区区域试验平均产量8 981.5kg/hm^2，2008年生产试验平均产量9 269.8kg/hm^2。2009—2014年黑龙江省累计种植面积121.0万hm^2，2011年最大种植面积41.0万hm^2。适宜黑龙江省第三积温区上限种植。

栽培技术要点：4月15～25日播种，5月15～25日插秧。插秧规格为30cm×13.3cm左右，每穴栽插3～4苗。中等肥力地块施尿素200kg/hm^2，磷酸二铵100kg/hm^2，硫酸钾100kg/hm^2，其中40%氮肥、全部磷肥、60%钾肥作基肥，其余肥量作追肥分2～3次施入。插秧后，结合田间除草，追施速效氮肥，促进分蘖。田间水层管理为前期浅水，分蘖末期晒田，控制无效分蘖，后期湿润灌溉，8月末停灌。成熟后及时收获。

龙粳26（Longgeng 26）

品种来源：黑龙江省农业科学院水稻研究所以垦稻7号为母本，空育150（秋穗）为父本育成的早粳品种，原代号龙育03-1804。2009年通过黑龙江省农作物品种审定委员会审定，审定编号：黑审稻2009008。

形态特征和生物学特性：属粳型常规早熟早稻。主茎叶11片，生育日数135d左右，需≥10℃活动积温2 430℃左右。株高94.0cm左右，穗长17.0cm左右，每穗粒数86.0粒左右，千粒重27.0g左右。

品质特性：糙米率81.1%～82.7%，整精米率65.6%～70.3%，垩白粒率0～7.0%，垩白度0～0.5%，直链淀粉含量18.2%～19.3%，胶稠度73.5～75.5mm。食味评分81～87分。

抗性：接种鉴定叶瘟3～4级，穗颈瘟1～3级。耐冷性鉴定处理空壳率5.2%～8.1%。

产量及适宜地区：2006—2007年黑龙江省第三积温区区域试验平均产量8 703.7kg/hm^2，2008年生产试验平均产量9 210.4kg/hm^2。2009—2014年黑龙江省累计种植面积147.5万hm^2，2011年最大种植面积35.5万hm^2。适宜黑龙江省第三积温区上限种植。

栽培技术要点：4月15～20日播种，5月15～20日插秧。插秧规格为30cm×13.3cm左右，每穴栽插3～4苗。中等肥力地块施尿素250kg/hm^2，磷酸二铵100kg/hm^2，硫酸钾100kg/hm^2。尿素分基肥、分蘖肥、穗肥施入，磷酸二铵全部作基肥，钾肥分基肥、穗肥施入。花达水插秧，分蘖期浅水灌溉，分蘖末期晒田，控制无效分蘖，后期湿润灌溉，8月末停灌。成熟后及时收获。

龙粳27（Longgeng 27）

品种来源：黑龙江省农业科学院水稻研究所以上育418（星之梦）为母本，龙粳12为父本育成的早粳品种，原代号龙交04-2182。2009年通过黑龙江省农作物品种审定委员会审定。审定编号：黑审稻2009010。

形态特征和生物学特性：属粳型常规早熟早稻。主茎叶11片，生育日数134d左右，需≥10℃活动积温2 290℃左右。株高89.9cm左右，穗长16.2cm左右，每穗粒数86.5粒左右，千粒重26.5g左右。

品质特性：糙米率81.6%～82.7%，整精米率63.8%～68.9%，垩白粒率0～3.0%，垩白度0～0.6%，直链淀粉含量17.2%～18.2%，胶稠度66.0～80.0mm。食味评分81～84分。

抗性：接种鉴定叶瘟3～4级，穗颈瘟1级。耐冷性鉴定处理空壳率12.7%～12.9%。

产量及适宜地区：2006—2007年黑龙江省第三积温区区域试验平均产量8 234.8kg/hm^2，2008年黑龙江省生产试验平均产量8 451.8kg/hm^2。2009—2014年黑龙江省累计种植面积33.0万hm^2，2011年最大种植面积10.3万hm^2，适宜黑龙江省第三积温区种植。

栽培技术要点：4月10～20日播种，5月10～20日插秧。插秧规格为30cm×13.3cm左右，每穴栽插3～4苗。中等肥力地块基肥施尿素100kg/hm^2，磷酸二铵100kg/hm^2，硫酸钾100kg/hm^2；分蘖肥施尿素75kg/hm^2；穗肥施尿素20kg/hm^2，硫酸钾50kg/hm^2。采取前期浅水灌溉，分蘖末期晒田，后期湿润灌溉，8月末停灌。成熟后及时收获。

龙粳29（Longgeng 29）

品种来源：黑龙江省农业科学院水稻研究所以空育131为母本，龙糯2号为父本杂交育成的早粳品种，原代号龙品02011-2。2010年通过黑龙江省农作物品种审定委员会审定，审定编号：黑审稻2010010。

形态特征和生物学特性：属粳型常规早熟早稻。主茎叶11片，生育日数127d左右，需≥10℃活动积温2 250℃左右，与对照品种龙粳20同熟期。分蘖力强，幼苗长势强，活秆成熟。株高89.4cm，穗长16.6cm左右，每穗粒数99.0粒左右，千粒重26.2g左右，结实率高。

品质特性：糙米率80.4%～81.6%，整精米率62.1%～70.3%，垩白粒率2.0%～4.0%，垩白度0.4%～0.6%，直链淀粉含量17.6%～19.1%，胶稠度67.0～74.0mm，食味品质80～84分。

抗性：抗稻瘟病性鉴定叶瘟3级，穗颈瘟1～5级。耐冷鉴定低温处理空壳率15.2%～21.2%。

产量及适宜地区：2007—2008年黑龙江省第三积温区区域试验平均产量8 662.9kg/hm^2，2009年生产试验平均产量8 168.1kg/hm^2。2010—2014年黑龙江省累计种植面积65.3万hm^2，2011年最大种植面积22.4万hm^2。适宜黑龙江省第三积温区下限种植。

栽培技术要点：4月10～20日播种，5月15～20日插秧。插秧规格为30cm×10cm左右，每穴栽插3苗。施尿素200kg/hm^2，磷酸二铵50kg/hm^2，钾肥100kg/hm^2。尿素40%、磷酸二铵全部、钾肥50%作底肥；尿素30%作分蘖肥；尿素30%、钾肥50%作穗肥。田间常规管理，8月末排干水。9月下旬籽粒黄熟期及时收获。为确保高产、稳产，注意病虫草害的及时防治。

龙粳3号（Longgeng 3）

品种来源：黑龙江省农业科学院水稻研究所以合江21/雄基9号//合江16///滨旭4个亲本杂交F_1代经花药培养育成的早粳花培品种，原代号龙花83-046。1992年通过黑龙江省农作物品种审定委员会审定，审定编号：黑审稻1992002。

形态特征和生物学特性：属粳型常规早熟早稻。分蘖力中等，秆强。叶深绿色，颖尖紫褐色，无芒。插秧栽培主茎叶11 ～ 12片，生育日数127 ～ 130d，需≥10℃活动积温2 250 ～ 2 300℃。株高80.0 ～ 85.0cm，每穗平均90.0粒左右，结实率90%以上，千粒重27.0g左右。

品质特性：糙米率83.0%，精米率77.2%，整精米率73.5%，蛋白质含量8.4%，直链淀粉含量16.5%。米适口性较好。

抗性：较耐肥，中抗稻瘟病，抗倒伏。

产量及适宜地区：1989—1990年黑龙江省第三积温区区域试验平均产量6 641.2kg/hm^2，1991年生产试验平均产量7 223.0kg/hm^2。1990—2003年黑龙江省累计种植面积21.7万hm^2，1992年最大种植面积5.6万hm^2。适宜黑龙江省第二积温区下限和第三积温区旱育稀植或直播栽培。

栽培技术要点：一般施用纯氮90kg/hm^2，采用基穗型经济施肥法，70%作基肥，30%作穗肥。由于耐冷性强，结实率高，空秕率低，也适于井灌稻区栽培。

龙粳31（Longgeng 31）

品种来源：黑龙江省农业科学院水稻研究所以龙花96-1513为母本，垦稻8号为父本杂交，接种其F_1花药离体培养，后经系谱方法选育而成，原代号龙花01-687。2011年通过黑龙江省农作物品种审定委员会审定，审定编号：黑审稻2011004。

形态特征和生物学特性：属粳型常规早熟早稻。叶色深绿，叶片较短窄，叶片稍扭曲，开张角度小。分蘖力较强。穗位整齐，穗较大，着粒密度较大且均匀，不实率低，圆粒，颖及颖尖秆黄色、无毛。后熟快。主茎叶11片，出苗至成熟生育日数130d左右，与对照品种空育131同熟期。需≥10℃活动积温2 350℃左右。株高92cm左右，穗长15.7cm左右，每穗粒数86粒左右，千粒重26.3g左右。

品质特性：糙米率81.1%～81.2%，整精米率71.6%～71.8%，垩白粒率0～2.0%，垩白度0～0.1%，直链淀粉含量16.9%～17.4%，胶稠度70.5～71.0mm。食味评分79～82分。

抗性：接种鉴定叶瘟3～5级，穗颈瘟1～5级。耐冷性鉴定处理空壳率11.4%～14.1%。抗倒伏性强。

产量及适宜地区：2008—2009年黑龙江省第三积温区区域试验平均产量8 165.4kg/hm^2，2010年生产试验平均产量9 139.8kg/hm^2。2011—2014年黑龙江省累计种植面积256.3万hm^2，2013年最大种植面积112.8万hm^2。适宜黑龙江省第三积温区上限种植。

栽培技术要点：4月15～25日播种，5月15～25日插秧。插秧规格为30cm×13.3cm左右，每穴栽插3～4苗。中等肥力地块参考施肥量，尿素200～250kg/hm^2，磷酸二铵100kg/hm^2，硫酸钾100～150kg/hm^2。花达水插秧，分蘖期浅水灌溉，分蘖末期晒田，后期湿润灌溉。注意氮、磷、钾肥配合施用，及时预防和控制病虫草害的发生。成熟后及时收获。本品种亦可直播栽培。

龙粳32（Longgeng 32）

品种来源：黑龙江省农业科学院水稻研究所以龙花96-1560为母本，龙选9707为父本，接种其F_1代幼穗组织培养，后经系谱法选育而成，原代号龙组01-4160。2011年通过黑龙江省农作物品种审定委员会审定，审定编号：黑审稻2011006。

形态特征和生物学特性：粳型常规早熟早稻。出苗至成熟生育日数127d左右，与对照品种同熟期，需≥10℃活动积温2 250℃左右。主茎叶11片，株高91cm左右，穗长15.2cm左右，每穗粒数90粒左右，千粒重25.2g左右。

品质特性：糙米率79.0%～80.5%，整精米率62.4%～69.1%，垩白粒率1.0%，垩白度0.1%，直链淀粉含量17.8%～18.4%，胶稠度69.0～74.5mm。食味评分77～80分。

抗性：接种鉴定叶瘟3级，穗颈瘟1～3级。耐冷性鉴定处理空壳率6.1%～15.4%。

产量及适宜地区：2008—2009年黑龙江省第三积温区区域试验平均产量7 840.4kg/hm^2，2010年生产试验平均产量8 983.9kg/hm^2。2013—2014年黑龙江省累计种植面积0.8万hm^2，2014年最大种植面积0.7万hm^2。适宜黑龙江省第三积温区下限种植。

栽培技术要点：4月15～4月25日播种，5月15～5月25日插秧。插秧规格为30cm×13.3cm左右，每穴栽插3～4苗。中等肥力地块施尿素200～250kg/hm^2，磷酸二铵100kg/hm^2，硫酸钾100～150kg/hm^2，其中40%氮肥、全部磷肥、60%钾肥作基肥，其余肥量作追肥分2～3次施入。花达水插秧，分蘖期浅水灌溉，分蘖末期晒田，后期湿润灌溉。成熟后及时收获。注意氮、磷、钾肥配合施用，及时预防和控制病虫草害的发生。

龙粳35（Longgeng 35）

品种来源：黑龙江省农业科学院水稻研究所、黑龙江省龙粳高科有限责任公司、黑龙江省龙科种业集团有限公司以空育13/上育418为母本，空育131/龙花96-1253为父本，采用系谱法选育而成，原代号龙生01-107。2012年通过黑龙江省农作物品种审定委员会审定，审定编号：黑审稻2012010。

形态特征和生物学特性：粳型常规早熟早稻。在适宜种植区出苗至成熟生育日数130d左右，需≥10℃活动积温2 350℃左右。主茎叶11片，株高90.5cm左右，穗长15.7cm左右，每穗粒数92粒左右，千粒重25.0g左右。

品质特性：两年品质分析结果，糙米率80.6%～81.2%，整精米率60.7%～66.5%，垩白粒率4.0%～5.0%，垩白度0.5%～1.1%，直链淀粉含量16.84%～17.86%，胶稠度70.0～79.5mm。食味评分79～82分。

抗性：3年抗病接种鉴定叶瘟3～5级，穗颈瘟1～5级。3年耐冷性鉴定处理空壳率7.1%～15.4%。

产量及适宜地区：2009—2010年黑龙江省第三积温区区域试验平均产量8 193.0kg/hm^2，2011年生产试验平均产量9 471.9kg/hm^2。2013—2014年黑龙江省累计种植面积2.6万hm^2，2014年最大种植面积2.0万hm^2。适宜黑龙江省第三积温区上限种植。

栽培技术要点：在适宜种植区4月15日～25日播种，5月15日～25日插秧。插秧规格为30cm×13.3cm左右，每穴栽插3～5苗。中等肥力地块施尿素200～250kg/hm^2，磷酸二铵100kg/hm^2，硫酸钾100～150kg/hm^2。其中，尿素30%、磷酸二铵全部、钾肥60%作基肥；其余的作追肥分1～2次施入。花达水插秧，浅水分蘖，分蘖末期晒田，后期湿润灌溉。成熟后及时收获。注意氮、磷、钾肥配合施用，及时预防和控制病虫草害的发生。

龙粳36（Longgeng 36）

品种来源：黑龙江省农业科学院水稻研究所、黑龙江省龙粳高科有限责任公司、黑龙江省龙科种业集团有限公司以龙花96-1484为母本，北海280为父本杂交，采用系谱法选育而成，原代号龙生01-028-2。2012年通过黑龙江省农作物品种审定委员会审定，审定编号：黑审稻2012011。

形态特征和生物学特性：属粳型常规早熟早稻。在适宜种植区出苗至成熟生育日数127d左右，需≥10℃活动积温2 250.0℃左右。主茎叶11片，株高91cm左右，穗长16cm左右，每穗粒数86粒左右，千粒重26.3g左右。

品质特性：两年品质分析结果，糙米率81.6%～82.8%，整精米率64.3%～69.3%，垩白粒率2.0%～3.0%，垩白度0.2%，直链淀粉含量17.7%～18.2%，胶稠度70.0～70.5mm。食味评分80～82分。

抗性：3年抗稻瘟病性接种鉴定叶瘟3～5级，穗颈瘟1～5级。3年耐冷性鉴定处理空壳率10.6%～20.5%。

产量及适宜地区：2009—2010年黑龙江省第三积温区区域试验平均产量8 175.3kg/hm^2，2011年生产试验平均产量9 237.9kg/hm^2。2013—2014年黑龙江省累计种植面积18.2万hm^2，2013年最大种植面积10.8万hm^2。适宜黑龙江省第三积温区种植。

栽培技术要点：4月15～25日播种，5月15～25日插秧。插秧规格为30cm×13.3cm左右，每穴栽插3～5苗。中等肥力地块参考施肥量，尿素200～250kg/hm^2，磷酸二铵100kg/hm^2，硫酸钾100～150kg/hm^2。其中，尿素30%、磷酸二铵全部、钾肥60%作基肥；其余的作追肥分2～3次施入。花达水插秧，浅水分蘖，分蘖末期晒田，后期湿润灌溉。成熟后及时收获。注意氮、磷、钾肥配合施用，及时预防和控制病虫草害的发生。

龙粳39（Longgeng 39）

品种来源：黑龙江省农业科学院佳木斯水稻研究所、黑龙江省龙粳高科有限责任公司、黑龙江省龙科种业集团有限公司以龙花96-1484为母本，龙粳8号为父本杂交，采用系谱法选育而成，原代号龙生01-030。2013年通过黑龙江省农作物品种审定委员会审定，审定编号：黑审稻2013011。

形态特征和生物学特性：粳型常规早熟早稻，出苗至成熟生育日数130d左右，需≥10℃活动积温2 350℃左右。主茎叶11片，株高93.3cm左右，穗长15.1cm左右，每穗粒数96.8粒左右，千粒重26.9g左右。

品质特性：两年品质分析结果，糙米率82.0%～82.1%，整精米率65.5%～68.0%，垩白粒率6.0%～14.5%，垩白度0.5%～2.3%，直链淀粉含量15.9%～16.9%，胶稠度73.0～76.0mm。食味评分82～84分。

抗性：抗稻瘟病接种鉴定叶瘟3级，穗颈瘟3级。3年耐冷性鉴定处理空壳率8.3%～14.7%。

产量及适宜地区：2010—2011年黑龙江省第三积温区区域试验平均产量9 429.0kg/hm^2，2012年生产试验平均产量9 316.3kg/hm^2。2013—2014年黑龙江省累计种植面积20.7万hm^2，2014年最大种植面积16.9万hm^2。适宜黑龙江省第三积温区上限种植。

栽培技术要点：在适宜种植区4月15～25日播种，5月15～25日插秧。插秧规格为30cm×13.3cm，每穴栽插4～5苗。施磷酸二铵100kg/hm^2，尿素200～220kg/hm^2，硫酸钾100～150kg/hm^2。其中，尿素30%、磷酸二铵全部、60%钾肥作基肥；其余的作追肥分2～3次施入。

龙粳40（Longgeng 40）

品种来源：黑龙江省农业科学院佳木斯水稻研究所、黑龙江省龙粳高科有限责任公司、黑龙江省龙科种业集团有限公司以龙育03-1288为母本，龙粳20为父本有性杂交选育而成，原代号龙育0491。2013年通过黑龙江省农作物品种审定委员会审定，审定编号：黑审稻2013012。

形态特征和生物学特性：属粳型常规早熟早稻。在适宜种植区出苗至成熟生育日数127d左右，需≥10℃活动积温2 250℃左右。主茎叶11片，着粒均匀，谷粒椭圆形，秆黄色，稀有短芒。株高90.9cm左右，穗长16.1cm左右，每穗粒数77粒左右，千粒重26.3g左右。

品质特性：两年品质分析结果，糙米率80.8%～82.5%，整精米率65.7%～72.0%，垩白粒率1.0%～7.5%，垩白度0.1%～2.1%，直链淀粉含量15.3%～15.9%，胶稠度70.0～80.0mm。食味评分79～83分。

抗性：3年抗稻瘟病接种鉴定叶瘟3级，穗颈瘟1～5级。3年耐冷性鉴定处理空壳率10.7%～15.5%。

产量及适宜地区：2010—2011年黑龙江省第三积温区区域试验平均产量9 134.8kg/hm^2，2012年生产试验平均产量8 929.2kg/hm^2。2013—2014年黑龙江省累计种植面积6.9万hm^2，2014年最大种植面积3.5万hm^2。适宜黑龙江省第三积温区种植。

栽培技术要点：该品种分蘖力极强，应减少用种量，稀播稀植，减少每穴基本苗数，有利于控制分蘖，培育大穗。适于肥力较好的地块种植。在适宜区通常4月15～20日播种，提倡中棚或大棚育苗，旱育壮秧，降低播种量，芽种125～150g/盘，控制苗床温度，预防早穗发生。秧龄30d左右，5月15～20日插秧，插秧规格为30cm×13cm，每穴栽插2～4苗。中等肥力地块施尿素200kg/hm^2，磷酸二铵100kg/hm^2，硫酸钾100kg/hm^2。尿素分基肥、分蘖肥、穗肥施入，磷酸二铵全部用作基肥，钾肥分基肥、穗肥施入。常规管理，花达水插秧，分蘖期浅水灌溉，灌浆期浅水灌溉至8月末停灌。成熟后及时收获。

龙粳41（Longgeng 41）

品种来源：黑龙江省农业科学院佳木斯水稻研究所、黑龙江省龙粳高科有限责任公司、黑龙江省龙科种业集团有限公司以东农V10/龙选9707 的F_2为母本，龙花96-1530为父本，采用系谱法选育而成，原代号龙生02068。2013年通过黑龙江省农作物品种审定委员会审定，审定编号：黑审稻2013020。

形态特征和生物学特性：软米品种。在适宜种植区，出苗至成熟生育日数130d左右，需≥10℃活动积温2 350℃左右。主茎叶11片，叶色较深，分蘖力较强，幼苗长势强。株高94.3cm左右，穗长15.9cm左右，每穗粒数99.0粒左右，千粒重26.0g左右。

品质特性：两年品质分析结果：糙米率81.3%～82.0%，整精米率63.7%～71.2%，垩白粒率6.5%～8.5%，垩白度1.9%～3.0%，直链淀粉含量15.2%～15.4%，胶稠度82.0～87.0mm。食味评分82～83分。

抗性：3年抗病接种鉴定叶瘟3～5级，穗颈瘟1～5级。3年耐冷性鉴定处理空壳率11.0%～15.9%。秆强抗倒伏。

产量及适宜地区：2010—2011年黑龙江省第三积温区区域试验平均产量8 868.1kg/hm^2，2012年生产试验平均产量8 676.2kg/hm^2。2013—2014年黑龙江省累计种植面积2.2万hm^2，2014年最大种植面积2.1万hm^2。适宜黑龙江省第三积温区上限种植。

栽培技术要点：在适宜种植区域4月15～25日播种，5月15～25日插秧。该品种分蘖力中等，适当密植。插秧规格为30cm×13.3cm左右，每穴栽插4～5苗。中等肥力地块施尿素200～220kg/hm^2，磷酸二铵100kg/hm^2，硫酸钾100～150kg/hm^2。30%的尿素、全部磷酸二铵和60%的钾肥作基肥，其余作追肥，分1～2次施入。花达水插秧，浅水分蘖，分蘖末期晒田，后期间歇灌溉，至8月末停灌。成熟后及时收获。

龙粳43（Longgeng 43）

品种来源：黑龙江省农业科学院佳木斯水稻研究所、黑龙江省龙科种业集团有限公司龙粳分公司以龙交02-192为母本，龙花00-233为父本杂交，采用系谱法选育而成，原代号龙交072411。2014年通过黑龙江省农作物品种审定委员会审定，审定编号：黑审稻2014012。

形态特征和生物学特性：属粳型常规早熟早稻。在适宜种植区出苗至成熟生育日数130d左右，与对照品种龙粳31同熟期，需≥10℃活动积温2 350℃左右。株型收敛，分蘖力强，偏直立穗型，后熟快，谷粒椭圆形，颖及颖尖秆黄色。主茎叶11片，株高89cm左右，穗长14.4cm左右，每穗粒数104粒左右，千粒重25.6g左右。

品质特性：糙米率81.4%～82.1%，整精米率66.2%～68.8%，垩白粒率6.0%～10.0%，垩白度0.9%～2.3%，直链淀粉含量14.2%～17.3%，胶稠度84.5～86.5mm。食味评分81～84分，达到国家二级优质米标准。

抗性：叶瘟3～5级，穗颈瘟1～5级。3年耐冷性鉴定结果，处理空壳率15.9%～22.4%。

产量及适宜地区：2011—2012年黑龙江省第三积温区区域试验平均产量9 706.1kg/hm^2，2013年生产试验平均产量8 165.2kg/hm^2。2014年种植面积1.4万hm^2。适宜黑龙江省第三积温区上限种植。

栽培技术要点：播种期4月15～25日，插秧期5月15～25日，插秧规格为30cm×13.3cm，每穴栽插4～5苗。一般施纯氮110kg/hm^2，氮：磷：钾=2.4：1：1.6。氮肥比例：基肥：分蘖肥：穗肥：粒肥=4：4：1：1。基肥施纯氮44kg/hm^2，纯磷46kg/hm^2，纯钾40kg/hm^2；分蘖肥施纯氮44kg/hm^2；穗肥施纯氮11kg/hm^2，纯钾35kg/hm^2；粒肥施纯氮11kg/hm^2。花达水插秧，分蘖期浅水灌溉，分蘖末期晒田，复水后间歇灌溉，8月下旬黄熟后排干水。成熟后及时收获。及时防控病虫害的发生。严格种子浸种消毒，注意预防恶苗病、稻瘟病，潜叶蝇、负泥虫等病虫害的发生与危害。

龙粳44（Longgeng 44）

品种来源：黑龙江省龙科种业集团有限公司龙粳分公司育成。2004年以龙糯98-425为母本，以龙粳16为父本杂交，后经系谱方法选育而成，原代号龙生04042。2014年通过黑龙江省农作物品种审定委员会审定，审定编号：黑审稻2014023。

形态特征和生物学特性：该品种为糯稻品种，谷粒椭圆形。该品种分蘖力较强，活秆成熟。在适宜种植区出苗至成熟生育日数130d左右，所需≥10℃活动积温2 350℃左右。主茎叶11片，株高96.0cm左右，穗长17.4cm左右，每穗粒数96粒左右，千粒重25.8g左右。

品质特性：两年品质分析结果，糙米率80.3%～81.1%，整精米率64.3%～68.1%，垩白粒率100.0%，垩白度100.0%，直链淀粉含量0.9%～1.6%，胶稠度100.0mm。

抗性：3年接种鉴定结果，叶瘟3～5级，穗颈瘟3～5级。3年耐冷性鉴定结果，处理空壳率12.1%～18.7%。

产量及适宜地区：2011年黑龙江省第三积温区晚熟香稻组区域试验,6点次平均产量9 070.0kg/hm^2。2012年区域试验，5点次平均产量8 280.4kg/hm^2，两年区域试验平均产量8 711.1kg/hm^2。2013年生产试验，6点次平均产量7 931.2kg/hm^2。2014年黑龙江省种植面积0.1万hm^2。适宜黑龙江省第三积温区上限种植。

栽培技术要点：该品种适宜旱育稀植插秧栽培，播种期4月15～25日，插秧期5月15～25日，秧龄30d，插秧规格为30cm×13.3cm，每穴栽插4～5苗。一般施纯氮110kg/hm^2，氮：磷：钾=2.4：1：1.6。氮肥比例：基肥：分蘖肥：穗肥：粒肥=4：3：2：1。基肥施纯氮44kg/hm^2，纯磷50kg/hm^2，纯钾40kg/hm^2；分蘖肥施纯氮33kg/hm^2；穗肥施纯氮22kg/hm^2，纯钾35kg/hm^2；粒肥施纯氮11kg/hm^2。花达水插秧，分蘖期浅水灌溉，分蘖末期晒田，后期间歇灌溉，8月下旬停灌。严格进行种子消毒，浸好种，预防恶苗病的发生。注意稻瘟病、潜叶蝇、负泥虫的发生与防治。成熟后及时收获。

龙粳8号（Longgeng 8）

品种来源：黑龙江省农业科学院水稻研究所以龙交82-133（松前/雄基9号）为母本，N193-2（城堡2号/辽粳5号）为父本杂交，接种其F_1代花药培养育成的早粳花培品种，原代号龙选948。1998年通过黑龙江省农作物品种审定委员会审定，审定编号：黑审稻1998003。

形态特征和生物学特性：属粳型常规早熟早稻，感光性弱，感温性中等。叶色深绿，叶片略窄，株型收敛，剑叶上举，分蘖力极强，茎秆坚韧，富有弹性。颖壳及颖尖秆黄色，稀有短芒。生育期125～128d，主茎叶11片，株高85.0cm左右，穗长15.0～16.0cm，每穗65.0粒左右，谷粒椭圆形，千粒重23.5g。

品质特性：糙米率83.4%，精米率75.0%，整精米率70.4%，垩白大小3.0%，垩白粒率2.7%，碱消值6.9级，胶稠度56.6mm，直链淀粉含量16.1%，蛋白质含量8.4%。食味佳。

抗性：耐冷性强，喜肥，抗倒伏，抗稻瘟病性较强。

产量及适宜地区：1995—1997年黑龙江省第三积温区上限区域试验平均产量7 218.1kg/hm^2，1997年生产试验平均产量8 001.0kg/hm^2。1996—2010年黑龙江省累计种植面积33.4万hm^2，2001年最大种植面积7.7万hm^2。适宜黑龙江省第二积温区下限、第三积温区、第四积温区上限种植，以及吉林、内蒙古的部分地区种植。

栽培技术要点：适于旱育稀植和超稀植栽培。一般4月15～25日播种，5月15～20日插秧，行距30cm，穴距10～15cm，每穴栽插3～4苗。一般施尿素200～250kg/hm^2，磷酸二铵100kg/hm^2，硫酸钾100kg/hm^2。

龙粳香1号（Longgengxiang 1）

品种来源：黑龙江省农业科学院水稻研究所以哈99-352为母本，龙粳13为父本杂交的F_1代经花药培养育成的早粳花培品种，原代号龙花04-050。2010年通过黑龙江省农作物品种审定委员会审定，审定编号：黑审稻2010015。

形态特征和生物学特性：属粳型常规早熟早稻。主茎叶11片，出苗至成熟生育日数130d左右，需≥10℃活动积温2 350℃左右，熟期与合江19相同。苗期出苗快而齐，分蘖力强，株型收敛，活秆成熟，谷粒长粒型。株高90.0cm左右，穗长16.8cm左右，每穗粒数82.0粒左右，千粒重27.6g左右。

品质特性：糙米率76.1%～81.2%，整精米率62.8%～66.8%，垩白粒率3.0%～8.0%，垩白度0.4%～0.6%，直链淀粉含量17.8%～18.0%，胶稠度73.0～75.5mm。食味评分80～86分，品质各项指标达国家二级优质米标准，米饭清香，口感佳。

抗性：抗病性鉴定叶瘟3级，穗颈瘟1级，达到高抗水平。耐冷性鉴定处理空壳率17.5%～17.8%，为耐冷性较强品种。秆强抗倒伏。苗期耐冷性强。

产量及适宜地区：2007—2008年黑龙江省第三积温区区域试验平均产量8 429.1kg/hm^2，2009年生产试验平均产量7 691.5kg/hm^2。2010—2014年黑龙江省累计种植面积0.8万hm^2，2011年最大种植面积0.4万hm^2。适宜黑龙江省第三积温区种植。

栽培技术要点：4月15～25日播种，5月15～25日插秧。插植规格为30cm×13.3cm左右，每穴栽插3～5苗。在中等肥力地块栽植，基施尿素200kg/hm^2，磷酸二铵100kg/hm^2，硫酸钾100kg/hm^2。尿素分基肥、分蘖肥、穗肥、粒肥施入，磷酸二铵全部作基肥施入，钾肥分基肥、穗肥施入。花达水插秧，分蘖期浅水，分蘖末期晒田，后期湿润灌溉，8月末停灌。成熟后及时收获。

龙庆稻3号（Longqingdao 3）

品种来源：黑龙江省庆安县北方绿洲稻作研究所以绥粳4号/绥粳3号为杂交组合，采用系谱法选育而成，原品系代号庆08-163。2013年通过黑龙江省农作物品种审定委员会审定，审定编号：黑审稻2013021。

形态特征和生物学特性：属粳型常规早熟早香稻，基本营养生长期短。在适宜种植区出苗至成熟生育日数127d左右，需≥10℃活动积温2 250℃。主茎叶11片，株高87cm左右，穗长16.1cm，每穗粒数90粒左右，千粒重27.2g。

品质特性：糙米率80.8%～81.3%，整精米率63.9%～70.2%，垩白粒率6%～14.5%，垩白度0.85%～3.2%，直链淀粉含量17.5%～17.7%，胶稠度65.0～70.0mm。食味评分77～79分。

抗性：中抗叶瘟、穗颈瘟。孕穗期耐冷性较强。

产量及适宜地区：2010—2011年黑龙江省第三积温区区域试验平均产量8 864.0kg/hm^2，2012年生产试验平均产量8 711kg/hm^2。2014年黑龙江省种植面积4.1万hm^2。适宜在黑龙江省第三积温区种植。

栽培技术要点：4月11～20日播种，5月15～25日插秧，插秧规格为30cm×13.2cm，每穴栽插4～6苗。中上等肥力地块分底肥、返青肥、分蘖肥3个时期施肥，施尿素300kg/hm^2，磷酸二铵200kg/hm^2，硫酸钾150kg/hm^2。

龙庆稻4号（Longqingdao 4）

品种来源：黑龙江省庆安县北方绿洲稻作研究所以东农424/空育131为杂交组合，采用系谱法选育而成，原品系代号庆08-201。2014年通过黑龙江省农作物品种审定委员会审定，审定编号：黑审稻2014014。

形态特征和生物学特性：属粳型常规早熟早稻，基本营养生长期短。在适宜种植区出苗至成熟生育日数127d左右，需≥10℃活动积温2 250℃。主茎叶11片，谷粒椭圆形，株高92cm左右，穗长17.5cm，每穗粒数92粒左右，千粒重26.2g。

品质特性：糙米率81.7%～82.4%，整精米率69.1%～71.7%，垩白粒率4.0%～12.0%，垩白度1.0%～2.4%，直链淀粉含量18.2%～19.0%，胶稠度70.0～72.5mm。达到国家二级优质米标准。

抗性：中抗叶瘟、穗颈瘟。孕穗期耐冷性较强。

产量及适宜地区：2011—2012年黑龙江省第三积温区区域试验平均产量9 063.3kg/hm^2，2013年生产试验平均产量8 335.0kg/hm^2。适宜黑龙江省第三积温区种植。

栽培技术要点：4月15日播种，5月15日插秧，秧龄30d左右。插秧规格为30cm×13.3cm，每穴栽插3～5苗。一般施纯氮120kg/hm^2，氮：磷：钾=2：1：1.2。氮肥比例为基肥：分蘖肥：穗肥：粒肥=4：3：2：1。基肥施纯氮48kg/hm^2，纯磷60kg/hm^2，纯钾35kg/hm^2；分蘖肥施纯氮36kg/hm^2；穗肥施纯氮24kg/hm^2，纯钾35kg/hm^2；粒肥施纯氮12kg/hm^2。秋翻，节水控灌。预防病虫害。成熟后及时收获。

密山1号（Mishan 1）

品种来源：原黑龙江省密山县良种场于1965年从牡丹江地区农业科学研究所引入农垦2号/牡丹江1号杂种第4代材料选育而成，原品系代号6102-24。1971年确定推广。

形态特征和生物学特性：属粳型常规早熟早稻。苗期生长势强，在密山直播栽培生育期90～95d，需≥10℃活动积温1 800～2 000℃。分蘖力中等，谷粒椭圆形，无芒，颖壳、颖尖秆黄色。米白色。株高75.0～85.0cm，穗长15.0～16.0cm，每穗60.0～75.0粒，千粒重25.0～26.0g。

抗性：抗稻瘟病性中等。抗冷，耐肥性较差。

产量及适宜地区：直播栽培一般产量3 750.0～5 250.0kg/hm^2。适宜黑龙江省密山、虎林等地种植。

栽培技术要点：直播栽培保苗495万～540万苗/hm^{2}为宜。全生育期施纯氮65kg/hm^2。

密山2号（Mishan 2）

品种来源：黑龙江省密山县（现改称密山市）良种场与和平公社东鲜大队科研室以农林11（农垦2号）为母本，牡丹江1号为父本杂交选育而成，原代号6102-175-2。1971年确定推广。

形态特征和生物学特性：属粳型常规早熟早稻。在密山市插秧栽培，生育期130 ~ 135d，需≥10℃活动积温2 200 ~ 2 400℃。苗期生长势强，分蘖力较强。谷粒椭圆形，红褐色无芒，颖壳秆黄色，米白色。株高85 ~ 95cm，穗长16 ~ 17cm，每穗70 ~ 80粒，千粒重25 ~ 26g。

品质特性：米质中等。

抗性：抗稻瘟病中等，较耐冷，耐肥。

产量及适宜地区：插秧栽培一般产量3 750 ~ 5 250kg/hm^2。适宜黑龙江省密山、鸡东等地插秧种植。

栽培技术要点：全生育期施纯氮65kg/hm^2。

密粘5号（Mizhan 5）

品种来源：原黑龙江省密山县良种场于1965年从北糯品种中系选育成，1971年确定推广。

形态特征和生物学特性：属粳型常规早熟早糯稻。在密山市直播栽培生育期95～100d，需≥10℃活动积温1 900～2 100℃。苗期生长势强，叶片宽，分蘖力中等，谷粒椭圆形，无芒，颖壳秆黄色，米乳白色。株高75.0～85.0cm，穗长15.0～16.0cm，每穗70.0～80.0粒，千粒重24.0～25.0g。

品质特性：糯性较好。

抗性：抗稻瘟病性较弱，较耐冷，耐肥性中等。

产量及适宜地区：直播栽培一般产量3 750.0～5 250.0kg/hm^2。适宜黑龙江省密山、鸡东等地种植。

栽培技术要点：采用直播栽培或插秧栽培均可。直播栽培保苗450万～495万苗/hm^2。不宜施肥过多，以防倒伏和感病。

牡丹江1号（Mudanjiang 1）

品种来源：黑龙江省农业科学院牡丹江分院以石狩白毛系选育成。1963年通过黑龙江省农作物品种审定委员会审定。

形态特征和生物学特性：属粳型常规早熟早稻。叶绿色，叶片较宽、弯曲、分蘖力中等，有秆黄色长芒，米质优，谷粒椭圆形。全生育期128d，株高122cm，穗长21cm，穗粒数101.8粒，结实率73.6%，千粒重21.6g。

品质特性：糙米粒长5.0mm，糙米长宽比1.7，糙米率84.0%，精米率76.0%，整精米率60.0%，直链淀粉含量17.7%，蛋白质含量5.9%。

抗性：苗期生长势强，抗寒，较耐肥。高抗苗瘟和叶瘟，中抗穗颈瘟。孕穗期耐冷性强，抗旱性中等，耐盐性中等。

产量及适宜地区：直播栽培一般产量3 900 ~ 4 100kg/hm^2。黑龙江省第三积温区品种。该品种1963—1969年在黑龙江省牡丹江、合江地区的沿江平原均有种植。种植面积2.7万~ 3.3万hm^2。1977年在黑龙江省鸡东、密山等地仍种植0.6万hm^2，同时在内蒙古、河北等地也有种植。

栽培技术要点：牡丹江地区5月中旬播种，6月初出苗，7月末抽穗，9月上旬成熟。要获得直播稻稳产、高产，必须根据直播稻的生育特点，扬长避短，重点抓好保全苗、早发、足穗、防倒、除草等技术环节。提高大田整地质量，在施肥技术上，要掌握“前促、中控、后补”的原则，即前期要多施肥，促进稻苗早发，多分蘖，长大蘖；中期要少施肥，控制群体生长，防止无效分蘖发生，提高成穗率；后期要补施肥，由于直播稻根系分布浅，宜根据苗情和天气情况补施穗肥和根外追肥。基肥：45%国产复合肥225 ~ 300kg/hm^2；追肥：分蘖肥（插秧10d左右）用尿素150 ~ 225kg/hm^2，穗肥用尿素75 ~ 112.5kg/hm^2。应采取分蘖期浅、孕穗期深、籽粒灌浆期浅的方法进行灌溉。7月上中旬注意防治二化螟，抽穗前及时防治稻瘟病等病虫害。

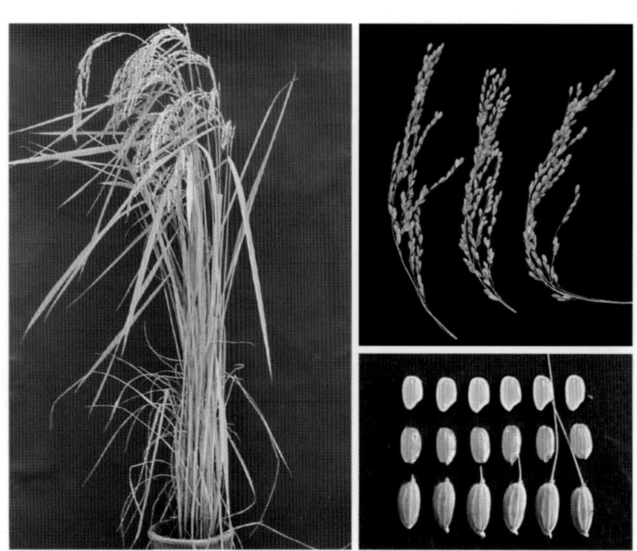

牡粘3号（Muzhan 3）

品种来源：黑龙江省农业科学院牡丹江分院以东农320（东农3号/东农3134）为母本，牡交20（牡丹江1号/双丰）为父本杂交育成的早粳品种，原代号牡交78-306。1985年通过黑龙江省农作物品种审定委员会审定。审定编号：黑审稻1985002。

形态特征和生物学特性：属粳型常规早熟早糯稻。生育期134d，株高85.0cm左右，每穗85.0粒左右，千粒重25.0g左右。

品质特性：糙米粒长5.1mm，糙米长宽比1.5，糙米率83.5%，精米率74.3%，整精米率66.3%，直链淀粉含量1.6%，蛋白质含量8.1%。

抗性：抗冷性中等，耐肥性较强，较抗稻瘟病。

产量及适宜地区：平均产量5 500 ~ 6 000kg/hm^2。适宜黑龙江省第三积温区种植。

栽培技术要点：4月上中旬播种，采用大棚旱育秧，播种量催芽种子350g/m^2；5月中下旬移栽，株行距30.0cm×（10 ~ 12）cm，每穴栽插3 ~ 4苗。氮、磷、钾配方施肥，施纯氮150.0 ~ 187.5kg/hm^2，分4 ~ 5次均施，五氧化二磷60 ~ 75kg/hm^2（作底肥），氧化钾90.0 ~ 112.5kg/hm^2（作底肥和拔节期追肥）。应采取分蘖期浅、孕穗期深、籽粒灌浆期浅的方法进行灌溉。7月上中旬注意防治二化螟，抽穗前及时防治稻瘟病等病虫害。

嫩江1号（Nenjiang 1）

品种来源：黑龙江省农业科学院齐齐哈尔分院从石狩白毛中系选育成的早粳品种，原代号齐选145。1966年通过黑龙江省农作物品种审定委员会审定。

形态特征和生物学特性：粳型常规早熟早稻。在齐齐哈尔地区直播栽培，生育期110～115d，需≥10℃活动积温2 000～2 200℃。叶深绿色，叶片较宽，分蘖力中等，保苗率高。谷粒椭圆形，有秆黄色长芒，稍带弯曲。颖壳和颖尖均为秆黄色，着粒较密。米白色。株高75.0～90.0cm，穗长13.0～15.0cm，每穗60.0～70.0粒，千粒重27.0～29.0g。

品质特性：米质较好。

抗性：抗稻瘟病性中等。苗期抗冷，耐低温冷水。

产量及适宜地区：直播栽培一般产量3 750kg/hm^2。适宜黑龙江省齐齐哈尔市的泰来、龙江、甘南、富裕、依安、拜泉等县种植。

栽培技术要点：中等肥力地块保苗47万苗/hm^2为宜。

嫩江2号（Nenjiang 2）

品种来源：黑龙江省农业科学院齐齐哈尔分院以石狩白毛为母本，农林11为父本杂交育成的早粳品种。1970年通过黑龙江省农作物品种审定委员会审定。

形态特征和生物学特性：属粳型常规早熟早稻。在齐齐哈尔地区直播栽培，生育期105 ~ 110d，需≥10℃活动积温2 000 ~ 2 300℃。叶色深绿，茎叶繁茂，分蘖力中等。幼苗扎根快。颖壳与颖尖均为秆黄色，谷粒椭圆形，无芒，米白色。株高85.0 ~ 95.0cm，穗长15.0 ~ 17.0cm，每穗40.0 ~ 60.0粒，千粒重28.0 ~ 30.0g。

品质特性：米质好。

抗性：抗稻瘟病性中等。苗期抗寒。秆强不倒伏。

产量及适宜地区：一般产量4 875kg/hm^2。适宜黑龙江省齐齐哈尔市的泰来、龙江、甘南、富裕、依安、拜泉等县（市）种植。

栽培技术要点：中等肥力地块保苗47万苗/hm^{2}为宜。

嫩江4号（Nenjiang 4）

品种来源：黑龙江省农业科学院齐齐哈尔分院以石狩白毛为母本，农林11为父本育成的早粳品种，原代号嫩交594-2。1971年通过黑龙江省农作物品种审定委员会审定。

形态特征和生物学特性：属粳型常规早熟早稻。在齐齐哈尔地区直播栽培生育期110 ~ 115d，需≥10℃活动积温2 000 ~ 2 200℃。叶深绿色，分蘖力中等。颖尖紫褐色，颖壳秆黄色。苗期生长势强，耐肥。谷粒椭圆形，无芒，米白色。株高70.0 ~ 85.0cm，穗长13.0 ~ 15.0cm，每穗60.0 ~ 80.0粒，千粒重26.0 ~ 28.0g。

抗性：抗稻瘟病性中等。

产量及适宜地区：适宜黑龙江省齐齐哈尔地区中南部各县栽培。

栽培技术要点：中等肥力地块保苗47万苗/hm^2为宜。

嫩江5号（Nenjiang 5）

品种来源：黑龙江省农业科学院齐齐哈尔分院以合江10号为母本，牡丹江1号为父本杂交育成的早粳品种，原代号嫩交6403。1976年通过黑龙江省农作物品种审定委员会审定。

形态特征和生物学特性：属粳型常规早熟早稻。在齐齐哈尔地区直播栽培，生育期110 ~ 115d，需≥10℃活动积温2 000 ~ 2 200℃。分蘖力较强，株型收敛。叶深绿色，叶片较宽、上举，剑叶角度较小。幼苗生长势强。谷粒阔卵形，有红褐色长芒，颖壳秆黄色，颖尖红褐色。株高75.0 ~ 80.0cm，穗长13.0 ~ 15.0cm，每穗70.0粒左右，千粒重28.0g左右。

品质特性：米白色。

抗性：较抗稻瘟病，秆强不倒伏，耐冷，耐肥性中等。

适宜地区：适宜黑龙江省泰来、龙江、林甸、甘南、富裕、拜泉等县种植。

栽培技术要点：中等肥力地块保苗47万苗/hm^2为宜。

农垦14（Nongken 14）

品种来源：日本北海道道立上川农业试验场于1943年以红锦（青系19）为母本，农林20（北海86）为父本杂交育成的早粳品种，品种原代号上育147。1953年命名早生锦，1958年从农垦部引入黑龙江省，1960年确定推广。

形态特征和生物学特性：属粳型常规早熟早稻。在佳木斯地区直播栽培生育期100～105d。叶片直立，叶色较深，株型集中，分蘖力较强，茎秆韧性较强，谷粒椭圆形，无芒或稀短芒，颖尖紫褐色，颖壳秆黄色。米白色。株高75.0cm左右，每穗35.0～45.0粒，千粒重25.0g左右。

抗性：抗稻瘟病性中等，较耐肥。

产量及适宜地区：直播栽培一般产量3 750.0kg/hm^2。在中上等肥力的条件下插秧栽培，产量较高。适宜黑龙江省佳木斯、齐齐哈尔、绥化等地区种植。

栽培技术要点：直播和插秧兼用品种。

农林33（Nonglin 33）

品种来源：日本品种，以上育100（秋田1号/坊主）与398杂交育成。1958年引入黑龙江省，1965年确定推广。

形态特征和生物学特性：属粳型常规早熟早稻。适宜在佳木斯地区直播栽培。生育期95～100d。该品种分蘖力较强。谷粒椭圆形，中芒，颖壳、颖尖均为秆黄色。米白色。株高80.0cm左右，穗长12.0cm左右，每穗45.0～55.0粒。千粒重26.0g左右。

品质特性：米质中等。

抗性：抗稻瘟病性中等，秆强抗倒伏，较耐肥。

产量及适宜地区：一般产量3 750kg/hm^{2}左右。适宜黑龙江省黑河、佳木斯、齐齐哈尔、绥化地区种植。

栽培技术要点：直播和插秧兼用品种，插秧且忌秧龄太长，可适当晚播，适时移栽。

朴洪根粘稻（Piaohonggenzhandao）

品种来源：牡丹江市郊区农民朴洪根从松本糯系选育成的早粳糯稻品种。1958年通过黑龙江省农作物品种审定委员会审定。

形态特征和生物学特性：属粳型常规早熟早糯稻。佳木斯地区直播栽培，生育期112 ~ 117d。分蘖力弱。谷粒椭圆形，紫褐色短芒，颖壳秆黄色，颖尖紫褐色。株高90.0cm左右，穗长18.0cm左右，每穗90.0 ~ 100.0粒，千粒重22.0g左右。

品质特性：米质好。

抗性：易感叶瘟，节瘟重，感穗颈瘟。耐肥性差，秆弱易倒伏。

产量及适宜地区：直播栽培一般产量3 375kg/hm^2。适宜黑龙江省佳木斯地区南部、牡丹江、哈尔滨等地种植。

栽培技术要点：直播栽培保苗525万苗/hm^2。全生育期施纯氮77kg/hm^2。

普选1号（Puxuan 1）

品种来源：黑龙江省朴三德种业研究开发有限公司从长白5号中系选育成的早粳品种。1971年通过黑龙江省农作物品种审定委员会审定。

形态特征和生物学特性：属粳型常规早熟早稻，直播栽培生育期105d，株高90.0cm左右，每穗75.0粒左右，千粒重25.0g。

普选10号 (Puxuan 10)

品种来源：黑龙江省朴三德种业研究开发有限公司由京引58系选的粳稻。1977年通过黑龙江省农作物品种审定委员会审定。

形态特征和生物学特性：属粳型常规早熟早稻。生育日数为128d，需≥10℃活动积温2 400℃左右。该品种发芽率高，幼苗长势较强，叶色淡绿，叶片较窄直立，植株较整齐，秆强喜肥。抽穗后成熟快，穗直立，谷粒圆形，粒大，穗小。叶绿，分蘖力较强。株高73.71m左右，穗长13.75m左右，每穗粒数96.2粒左右，千粒重28.4g左右。

品质特性：糙米粒长5.16mm，糙米长宽比1.76，糙米率81.2%，精米率70.3% ,整精米率64.2%，直链淀粉含量17.3%，蛋白质含量6.5%。

抗性：抗冷性、耐寒性好，耐肥性强，抗稻瘟病性中等。

产量及适宜地区：平均产量6 050.3kg/hm^2。适宜黑龙江省第三积温区种植。

栽培技术要点：4月上中旬播种，采用大棚旱育秧，播种量催芽种子350g/m^2；5月中下旬移栽，株行距30.0cm×（10 ～ 12）cm，每穴栽插3 ～ 4苗。氮、磷、钾配方施肥，施纯氮150.0 ～ 187.5kg/hm^2，分4 ～ 5次均施，五氧化二磷60 ～ 75kg/hm^2（作底肥），氧化钾90.0 ～ 112.5kg/hm^2（作底肥和拔节期追肥）。应采取分蘖期浅、孕穗期深、籽粒灌浆期浅的方法进行灌溉。7月上中旬注意防治二化螟，抽穗前及时防治稻瘟病等病虫害。

普粘6号（Puzhan 6）

品种来源：黑龙江省朴三德种业研究开发有限公司（原穆棱县普兴村、黑龙江省穆棱县水稻育种研究所）以吉粳53为母本，京引56为父本杂交育成的早粳糯稻品种。1988年通过黑龙江省农作物品种审定委员会审定。审定编号：黑审稻1988005。

形态特征和生物学特性：属粳型常规早熟早糯稻。分蘖力较强。生育日数127d，需≥10℃活动积温2 340℃。株高98cm，穗长21cm，每穗粒数131粒，千粒重27g。

品质特性：糙米率81.0%，精米率70.1%，整精米率67.0%，蛋白质含量11.0%，直链淀粉含量0.5%。

抗性：抗倒伏，抗病性较强。

产量及适宜地区：产量潜力9 000 ～ 10 000kg/hm^2。1988—1998年黑龙江省累计种植面积0.7万hm^2，1992年最大种植面积0.4万hm^2。适宜在黑龙江省第三积温区和第二积温区下限种植。

栽培技术要点：4月上中旬播种，采用大棚旱育秧，播种量催芽种子350g/m^2。5月中下旬移栽，株行距30.0cm×（10 ～ 12）cm，每穴栽插3 ～ 4苗。氮、磷、钾配方施肥，施纯氮150.0 ～ 187.5kg/hm^2，分4 ～ 5次均施，五氧化二磷60 ～ 75kg/hm^2（作底肥），氧化钾90.0 ～ 112.5kg/hm^2（作底肥和拔节期追肥）。应采取分蘖期浅、孕穗期深、籽粒灌浆期浅的方法进行灌溉。7月上中旬注意防治二化螟，抽穗前及时防治稻瘟病等病虫害。

普粘7号（Puzhan 7）

品种来源：黑龙江省朴三德种业研究开发有限公司（原穆棱县普兴村、黑龙江省穆棱县水稻育种研究所）以吉粳53为母本，普粘1号为父本杂交育成的早粳糯稻品种，原代号普交7602-1-2-5-5。1992年通过黑龙江省农作物品种审定委员会审定，审定编号：黑审稻1992005。

形态特征和生物学特性：属粳型常规早熟早糯稻。生育日数为127d，需≥10℃活动积温2 162.7 ~ 2 276.6℃。分蘖力中上等。株高80.0 ~ 85.0cm，株型收敛。穗长14.0 ~ 16.0cm，每穗平均85.0粒，谷粒椭圆形，无芒，千粒重24.0g左右。

品质特性：糙米率82.0%，精米率72.1%，整精米率67.0%，糙米长宽比1.6，蛋白质含量10.0%，直链淀粉含量0.5%。

抗性：抗倒伏，抗病性较强，喜肥水。

产量及适宜地区：1989—1990年黑龙江省第三积温区区域试验平均产量6 289.9kg/hm^2，1991年生产试验平均产量6 131.3kg/hm^2。1992—2011年黑龙江省累计种植面积5.7万hm^2，2004年最大种植面积0.8万hm^2。适宜黑龙江省第三积温区和第二积温区下限种植。

栽培技术要点：4月上中旬播种，采用大棚旱育秧，播种量催芽种子350g/m^2。5月中下旬移栽，株行距30.0cm×（10 ~ 12）cm，每穴栽插3 ~ 4苗。氮、磷、钾配方施肥，施纯氮150.0 ~ 187.5kg/hm^2,分4 ~ 5次均施，五氧化二磷60 ~ 75kg/hm^2（作底肥），氧化钾90.0 ~ 112.5kg/hm^2（作底肥和拔节期追肥）。应采取分蘖期浅、孕穗期深、籽粒灌浆期浅的方法进行灌溉。7月上中旬注意防治二化螟，抽穗前及时防治稻瘟病等病虫害。

荣光（Rongguang）

品种来源：日本北海道立农业试验场上川支场于1933年以鹤龟为母本，早生富国为父本杂交育成，原品种代号上育B18号。1942年推广，1960年引入黑龙江省推广。

形态特征和生物学特性：属粳型常规早熟早稻。叶片弯曲，分蘖力中等。耐肥性差，秆较弱，着粒密度大，谷粒椭圆形，中芒，颖壳和颖尖秆黄色。直播生育期113 ～ 118d，插秧栽培133 ～ 138d。株高95cm左右，穗长17cm左右，每穗95 ～ 105粒。千粒重27g。

品质特性：米质一般。

抗性：中抗叶稻瘟病性，感穗颈瘟。

产量及适宜地区：插秧栽培一般产量3 750 ～ 5 250kg/hm^2。适宜黑龙江省佳木斯以南平原地区种植。

栽培技术要点：直播栽培、插秧栽培兼用品种。

三江3号（Sanjiang 3）

品种来源：黑龙江省农垦总局建三江农业科学研究所于1999年以垦92-509为母本，以上育米香为父本进行常规有性杂交，经过多年系统选育而成，原代号建05-9。2011年1月通过黑龙江省农垦总局农作物品种审定委员会审定，审定编号：黑垦审稻2011001。

形态特征和生物学特性：属粳型常规早熟早稻。出苗至成熟生育日数132d左右，比对照品种空育131晚2d，需≥10℃活动积温2 400℃左右。主茎叶11片，幼苗生长势强。株型收敛，剑叶开张角度小，分蘖力较强，活秆成熟，颖尖秆黄色，株高92.5cm左右，穗长16.5cm左右，每穗粒数83.5粒左右，千粒重26.5g左右，结实率高。

品质特性：2009—2010年品质分析结果，糙米率81.4%～84.0%，整精米率70.2%～71.8%，垩白粒率1.0%～4.0%，垩白度0.1%～0.3%，直链淀粉含量17.3%～18.8%，胶稠度72.5～79.0mm。食味评分80～83分。达到国家二级优质米以上标准。

抗性：抗稻瘟病接种鉴定叶瘟5级，穗颈瘟5级。耐冷性鉴定空壳率12.5%～18.4%。抗倒伏性较强。

产量及适宜地区：2008—2010年黑龙江省垦区第三积温区上限区域试验平均产量8 484.6kg/hm^2，2010年生产试验平均产量8 890.1kg/hm^2。适宜黑龙江垦区第三积温区上限种植。

栽培技术要点：4月10～25日播种，5月15～25日插秧。插秧规格为30cm×10cm左右，每穴栽插3～5苗。适宜中等肥力地块，氮、磷、钾配合施用，施肥方法为施尿素200～250kg/hm^2，磷酸二铵100～120kg/hm^2，硫酸钾100～150kg/hm^2。采用浅—深—浅常规灌溉，后期采用间歇灌溉。及时防治病虫草害。9月末成熟及时收获。

三江5号（Sanjiang 5）

品种来源：北大荒垦丰种业股份有限公司以建A182为母本，三江1号为父本杂交，经系谱法选育而成，原代号建07-1203。2013年通过黑龙江省农垦总局农作物品种审定委员会审定，审定编号：黑垦审稻2013005。

形态特征和生物学特性：属粳型常规早熟早稻。在适宜种植区出苗至成熟生育日数为130d左右，需≥10℃活动积温2 350℃左右。主茎叶11片，株高92.3cm左右，穗长15.6cm左右，每穗粒数83粒左右，千粒重27.0g左右。

品质特性：品质分析结果，糙米率82.3%～83.0%，整精米率68.5%～72.5%，垩白粒率6.5%～21.5%，垩白度1.1%～2.6%，直链淀粉含量15.6%～18.5%，胶稠度71.0～71.5mm。食味评分80～85分。

抗性：接种鉴定叶瘟3～5级，穗颈瘟3～5级。耐冷性鉴定处理空壳率14.2%～26.4%。

产量及适宜地区：2010—2011年黑龙江垦区第三积温区上限区域试验平均产量9 141.0kg/hm^2，2012年生产试验平均产量10 046.9kg/hm^2。适宜黑龙江垦区第三积温区上限种植。

栽培技术要点：该品种在适宜种植区4月15～25日播种，5月15～25日插秧。插秧规格为30cm×13.3cm左右，每穴栽插3～5苗。中等肥力地块施尿素200～250kg/hm^2，磷酸二铵100kg/hm^2，硫酸钾100～150kg/hm^2。花达水插秧，分蘖期浅水灌溉，分蘖末期晒田，后期湿润灌溉。成熟后及时收获。注意氮、磷、钾肥配合施用，及时预防和控制病虫草害的发生。

上育397（Shangyu 397）

品种来源：日本北海道立上川农业试验场于1981年以岛光（渡育214）为母本，北明（道北36）为父本杂交，原代号上系8381，原品种名称きらら397，1988年育成审定。从日本引入黑龙江省后由黑龙江省农业科学院牡丹江分院提出认定申请，2005年通过黑龙江省农作物品种审定委员会审定，审定编号：黑审稻2005009。

形态特征和生物学特性：属粳型常规早熟早稻。生育日数133d，从出苗到成熟需≥10℃活动积温2 350 ～ 2 400℃。幼苗长势强，叶色浓绿，活秆成熟，着粒较密，分布均匀，结实率好，谷粒长圆形，颖壳淡黄色。株高85.0cm，穗长16.0cm，平均每穗粒数80.0粒，千粒重26.0g。

品质特性：糙米率82.8%～ 84.1%，精米率74.5%～ 75.7%，整精米率68.6%～ 74.7%，糙米粒长5.1 ～ 5.4mm，糙米粒宽3.0 ～ 3.1mm，糙米长宽比1.7 ～ 1.8，垩白大小4.1%～ 8.9%，垩白粒率7.0%～ 10.5%，垩白度0.3%～ 0.8%，直链淀粉含量16.6%～ 19.0%，胶稠度72.5 ～ 82.5mm，碱消值7.0级，蛋白质含量6.9%～ 7.4%。食味评分86 ～ 87分。

抗性：接种鉴定苗瘟7级，叶瘟5级，穗颈瘟3 ～ 5级；自然感病苗瘟3级，叶瘟5级，穗颈瘟3级。耐冷性鉴定处理空壳率19.6%，自然空壳率6.2%。

产量及适宜地区：2001—2003年黑龙江省农业科学院牡丹江分院产量鉴定试验平均产量7 631.0kg/hm^2，2004年黑龙江省产量对比试验平均产量8 022.5kg/hm^2。1994—2014年黑龙江省累计种植面积18.0万hm^2，2003年最大种植面积1.9万hm^2，适宜黑龙江省牡丹江地区第三积温区种植。

栽培技术要点：4月15 ～ 20日播种，5月20 ～ 30日插秧。适宜旱育稀植插秧栽培，插秧规格为30cm×（12 ～ 18）cm，每穴栽插3 ～ 4苗。施肥水平：中等以上肥力地块，水耙地前施底肥：磷酸二铵100kg/hm^2，钾肥50kg/hm^2；返青后，施尿素150 ～ 200kg/hm^2，分返青肥和分蘖肥施入。培育大苗壮秧，适时移栽。增施农家肥以培肥地力。水层管理应采用干湿交替，并经常晾晒田。适时收获，减少田间损失。注意后期尽量少施氮肥，及时预防和防治病虫草害。

上育418（Shangyu 418）

品种来源：日本北海道道立上川农业试验场于1988年以秋田小町/道北48为母本，上育397为父本杂交育成的早粳品种，原代号上系91340。1996年通过日本农林水产省命名星之梦，农林编号水稻农林340。1995年黑龙江省农业科学院水稻研究所从日本引入，2002年通过黑龙江省农作物品种审定委员会审定，审定编号：黑审稻2002009。

形态特征和生物学特性：属粳型常规早熟早稻。生育日数125 ～ 130d，需≥10℃活动积温2 250 ～ 2 300℃。株高85.0cm，穗长16.6cm，每穗粒数75.0粒，千粒重26.2g。

品质特性：糙米率82.67%，精米率74.4%，整精米率71.27%，糙米长宽比1.7，垩白大小3.7%，垩白粒率3.2%，垩白度0.1%，碱消值6.9级，胶稠度80.4mm，直链淀粉含量14.3%，蛋白质含量8.7%。

抗性：人工接种鉴定苗瘟9级，叶瘟9级，穗颈瘟9级；自然感病苗瘟8级，叶瘟5 ～ 9级，穗颈瘟9级。

产量及适宜地区：2001年黑龙江省大面积生产示范平均产量7 685.4kg/hm^2。2002—2005年黑龙江省累计种植面积0.4万hm^2，2003年最大种植面积0.2万hm^2。适宜黑龙江省第三积温区种植。

栽培技术要点：4月15 ～ 25日播种，5月15 ～ 25日插秧。插秧规格为30cm×13.3cm左右，每穴栽插3 ～ 4苗。中等喜肥，一般地块施尿素150 ～ 200kg/hm^2，磷酸二铵100kg/hm^2，硫酸钾100kg/hm^2，其中40%氮肥、全部磷肥、60%钾肥作基肥，其余肥量作追肥分2 ～ 3次施入。生育前期浅灌、勤灌，增温促蘖。抽穗后饱和灌溉，防止叶片早衰，促进灌浆成熟。做好稻瘟病防治，一般发生年份喷药2次，严重发生年份喷药4次。

石狩白毛（Shishoubaimao）

品种来源：日本北海道道立上川农业试验场于1933年以关山8号为母本，早生富国为父本杂交育成，原品种代号上育B7号。1941年育成推广，1956年引入我国，原佳木斯农事场（现黑龙江省农业科学院水稻研究所）从现尚志市搜集整理并经鉴定，于1956年确定推广。

形态特征和生物学特性：属粳型常规早熟早稻。该品种株高90cm，穗长16cm，每穗75 ~ 85粒，千粒重27g左右。谷粒椭圆形，中芒。直播栽培生育日数110 ~ 115d，插秧栽培生育日数130 ~ 135d。

品质特性：米质中等。

抗性：感叶瘟，节瘟较轻，抗穗颈瘟。

产量及适宜地区：一般产量4 500 ~ 5 250kg/hm^2。适宜在黑龙江省内各稻区普遍种植。

栽培技术要点：宜直播，也可插秧栽培。

绥粳15（Suigeng 15）

品种来源：黑龙江省龙科种业集团有限公司以绥粳4号/垦稻12为杂交组合，采用系谱法选育而成，原品系代号绥085080。2014年通过黑龙江省农作物品种审定委员会审定，审定编号：黑审稻2014024。

形态特征和生物学特性：属粳型常规早熟早香稻，基本营养生长期短。在适宜种植区出苗至成熟生育日数130d，需≥10℃活动积温2 350℃。主茎叶11片，谷粒长粒型，株高99cm左右，穗长18.5cm，每穗粒数94粒左右，千粒重26.3g。

品质特性：糙米率81.6%～81.7%，整精米率67.7%～68.1%，垩白粒率9.5%～14.0%，垩白度2.2%～4.5%，直链淀粉含量17.4%～17.6%，胶稠度73.5～76.5mm。达到国家二级优质米标准。

抗性：中抗叶瘟、穗颈瘟。孕穗期耐冷性较强。

产量及适宜地区：2011—2012年参加黑龙江省第三积温区区域试验，平均产量8 750.1kg/hm^2，2013年生产试验，平均产量7 911.9kg/hm^2。2014年种植面积7.6万hm^2。适宜黑龙江省第三积温区上限种植。

栽培技术要点：4月15日左右播种，5月20日左右插秧，秧龄35d左右，插秧规格为30cm×13.3cm，每穴栽插3～4苗。一般施用纯氮95kg/hm^2，氮：磷：钾=2：1：1。氮肥比例：基肥：分蘖肥：穗肥：粒肥=4：3：2：1。基肥施纯氮38kg/hm^2，纯磷50kg/hm^2，纯钾40kg/hm^2；分蘖肥施纯氮28kg/hm^2；穗肥施纯氮19kg/hm^2，纯钾20kg/hm^2；粒肥施纯氮10kg/hm^2。浅湿干交替灌溉。预防青枯病、立枯病、纹枯病、稻瘟病、潜叶蝇、负泥虫、二化螟等病虫害。成熟后及时收获。

绥粳2号（Suigeng 2）

品种来源：黑龙江省农业科学院绥化分院以松前为母本，吉粳60为父本杂交育成的早粳品种，原代号绥89-1031-2。1997年通过黑龙江省农作物品种审定委员会审定，审定编号：黑审稻1997005。

形态特征和生物学特性：属粳型常规早熟早稻。生育日数127d左右。苗期耐低温，幼苗生长健壮，分蘖力强，秆强不倒。株高80cm左右，穗长15cm，千粒重26～27g，不实率13%。无芒，颖壳和颖尖、秆均黄色。

品质特性：糙米率83.2%，精米率74.9%，整精米率71.6%，垩白度1.6%，胶稠度66.3mm，直链淀粉含量17.95%，蛋白质含量8%。米质优良。

产量及适宜地区：1993—1994年黑龙江省第三积温区区域试验平均产量6 972.3kg/hm^2，1995—1996年生产试验平均产量7 295.6kg/hm^2。1996—2004年黑龙江省累计种植面积1.6万hm^2，2001年最大种植面积0.7万hm^2。适宜黑龙江省第二积温区下限及第三积温区种植。

栽培技术要点：旱育稀植栽培，育苗移栽一般4月25日前播种，5月底前插完秧为宜。插秧栽培一般密度为26cm×10cm或26cm×13cm，每穴栽插3～4苗。施磷酸二铵100～150kg/hm^2，尿素200～250kg/hm^2，高肥栽培应注意防治稻瘟病。

绥粳3号（Suigeng 3）

品种来源：黑龙江省农业科学院绥化分院以藤系138/垦87-239为杂交组合，采用系谱法选育而成，原品系代号绥92-188。1999年通过黑龙江省农作物品种审定委员会审定，审定编号：黑审稻1999006。

形态特征和生物学特性：属粳型常规早熟早稻，基本营养生长期短。在适宜种植区出苗至成熟生育日数129d，需≥10℃活动积温2 350℃。稻谷偶有黄色稀短芒，活秆成熟。株高79cm左右，偏矮秆，穗长15.7cm，每穗粒数97粒左右，千粒重27.0g。

品质特性：糙米率82.1%，精米率73.9%，整精米率71.7%，胶稠度42.8mm，垩白度2.1%，碱消值6.7级，直链淀粉含量17.5%，蛋白质含量8.9%。

抗性：抗稻瘟病强，抗倒伏能力强。

产量及适宜地区：1995年、1996年、1998年黑龙江省第三积温区区域试验平均产量7 561.5kg/hm^2，1997—1998年生产试验平均产量8 194.5kg/hm^2。1997—2014年黑龙江省累计种植面积77.7万hm^2，2014年最大种植面积29.3万hm^2。适宜黑龙江省第三积温区种植。

栽培技术要点：4月中下旬播种，5月中旬移栽，插秧规格为26cm×13cm（30cm×10cm）。中等肥力地块施用尿素250kg/hm^2，磷酸二铵100kg/hm^2，硫酸钾50kg/hm^2。

太阳3号（Taiyang 3）

品种来源：黑龙江省尚志县河东乡科学试验站从大新雪中系选育成。1967年通过黑龙江省农作物品种审定委员会审定，审定编号：1967003。

形态特征和生物学特性：属粳型常规早熟早稻。直播栽培生育日数从出苗到成熟110～115d，插秧栽培125d，需≥10℃活动积温2 300℃。幼苗抗寒性强，感光性中等。分蘖力中等。茎秆较强，后熟快，秕粒少，颖尖褐色，有短芒。谷粒椭圆形，米白色。株高80.0cm左右，穗长16.0cm左右，每穗粒数60～65.0粒，千粒重26.0g左右。

品质特性：米质中等。

抗性：抗稻瘟病性和耐冷性较好。耐肥性强。

产量及适宜地区：一般产量为5 250.0kg/hm^2。1988—1989年黑龙江省累计种植面积0.5万hm^2，1989年最大种植面积0.3万hm^2。适宜黑龙江省尚志、延寿、木兰、通河等地平原或半山区种植。

栽培技术要点：宜选择肥力高的地块种植。直播田保苗数450万～525万苗/hm^2，插秧田保苗数300万～375万苗/hm^2。合理施肥，浅水灌溉，促进早熟。

梧农71（Wunong 71）

品种来源：黑龙江省梧桐河农场试验站从石狩白毛中系选育成的早粳品种。1960年黑龙江省农作物品种审定委员会审定。

形态特征和生物学特性：属粳型常规早熟早稻。分蘖力较弱。直播栽培生育期115d左右。每穗粒数较少。谷粒椭圆形，米白色。株高85.0cm左右，穗长15.0cm左右，千粒重28.0g左右。

品质特性：米质中等。

抗性：叶瘟感病，没有节瘟，高抗穗颈瘟。耐肥。

产量及适宜地区：一般产量为5 250.0kg/hm^2。1963年黑龙江省种植面积0.4万hm^2。适宜黑龙江省佳木斯汤原、桦川、桦南等地农场种植。

栽培技术要点：直播保栽培苗数450万苗/hm^2。要适期早播，促早熟。全生育期施纯氮85kg/hm^2。

新越光（Xinyueguang）

品种来源：黑龙江省农垦总局新华农场从日本引进的越光经系选育成的早粳品种，原代号新引稻1号。2002年通过黑龙江省农垦总局农作物品种审定委员会审定，审定编号：垦鉴稻2002003。

形态特征和生物学特性：属粳型常规早熟早稻。生育日数128 ~ 130d，主茎叶12片，需≥10℃活动积温2 400℃左右。株高75.0cm左右，偏矮秆，植株收敛，根系发达，生育中后期叶片上举，穗长14.0cm，码稀，穗下垂，每穗75.0粒左右，结实率高，千粒重26.0g。

品质特性：糙米率83.2%，精米率74.9%，整精米率73.5%，糙米长宽比1.7，垩白粒率3.8%，垩白大小5.4%，碱消值7.0级，胶稠度68.6mm，直链淀粉16.6%，蛋白质含量7.4%。食味评分81.2分。

抗性：苗期耐冷、抗冷。活秆成熟，抗倒伏。抗稻瘟病性较差。

产量及适宜地区：1999—2001年参加黑龙江垦区第三积温区区域试验，平均产量7 749.9kg/hm^2，2001年生产试验平均产量7 870.2kg/hm^2。2003—2005年黑龙江省累计种植面积0.4万hm^2，2003年最大种植面积0.23万hm^2。适宜黑龙江垦区第三积温区上限种植。

星火1号（Xinghuo 1）

品种来源：黑龙江省桦川县星火公社星火大队科研组从石狩白毛中系选育成的早粳品种。1961年通过黑龙江省农作物品种审定委员会审定。

形态特征和生物学特性：粳型常规早熟早稻。在佳木斯地区直播栽培，生育期110～115d。分蘖力中等，谷粒椭圆形，颖壳和颖尖均为秆黄色。米白色。株高85.0cm左右，穗长14.0cm左右，每穗80.0～90.0粒，千粒重26.0g左右。

品质特性：米质中等。

抗性：抗稻瘟病性中等，较耐肥，秆强不倒伏。

适宜地区：直播和插秧兼用品种。适宜黑龙江省桦川县种植。

兴国（Xingguo）

品种来源：原熊岳农事试验场以秋田1号为母本，坊主1号为父本杂交育成，1954年推广。

形态特征和生物学特性：属粳型常规早熟早稻。感光性弱，分蘖力中等，谷粒椭圆形，红褐色中芒，颖壳秆黄色，颖尖红褐色。落粒较难，米白色。在佳木斯地区直播栽培，生育期110～115d。株高80cm左右，穗长15cm左右，每穗80～90粒。千粒重26g。

品质特性：米质中等。

抗性：中抗叶瘟，没有节瘟，抗穗颈瘟。耐肥性中等，秆强抗倒伏。

产量及适宜地区：一般产量为4 500kg/hm^2。适宜黑龙江省勃利、鸡西（密山）、穆棱、尚志、宁安、海林、五常、阿城等地种植。

栽培技术要点：直播栽培保苗数480万～525万苗/hm^2。宜在中上等肥力条件下种植。

禹申龙白毛（Yushenlongbaimao）

品种来源：黑龙江省依兰县农民禹申龙从石狩白毛中系选育成的早粳品种。1959年通过黑龙江省农作物品种审定委员会审定。

形态特征和生物学特性：属粳型常规早熟早稻。在佳木斯地区直播栽培，生育期105 ~ 110d。谷粒椭圆形，中芒，颖壳与颖尖均为秆黄色。分蘖力较弱。株高80.0cm左右，穗长15.0cm左右，每穗75.0 ~ 85.0粒，千粒重26.0g左右。

品质特性：米质中等。

抗性：感叶瘟，没有节瘟，抗穗颈瘟。耐肥，秆强抗倒伏。

产量及适宜地区：一般产量5 250kg/hm^2。适宜黑龙江省佳木斯地区种植。

栽培技术要点：直播栽培和插秧栽培兼用品种。

早熟青森（Zaoshuqingsen）

品种来源：黑龙江省五常县农业科学研究所从青森5号中系选育成的早粳品种。1955年通过黑龙江省农作物品种审定委员会审定。

形态特征和生物学特性：属粳型常规早熟早稻。在佳木斯地区直播栽培，生育期100 ~ 105d。分蘖力较强。谷粒椭圆形，无芒，米白色，颖尖红褐色，颖壳秆黄色。株高80.0cm左右，穗长14.0cm左右，每穗60.0 ~ 70.0粒，千粒重27.0g左右。

品质特性：米质中上等。

抗性：极易感叶瘟，节瘟重，感穗颈瘟。较耐肥，秆强抗倒伏。

产量及适宜地区：一般产量为6 000kg/hm^2。适宜黑龙江省桦川、勃利、汤原、五常等地种植。

栽培技术要点：直播栽培和插秧栽培兼用品种。

第四节　黑龙江省第四积温区水稻品种

黑粳1号（Heigeng 1）

品种来源：黑龙江省农业科学院黑河分院1963年从牡丹江分院杂交后代农林11/牡丹江2号中系统选拔育成，原代号黑牡64-17。1961年通过黑龙江省农作物品种审定委员会审定。

形态特征和生物学特性：属粳型常规早熟旱稻。直播栽培生育日数95d，需≥10℃活动积温1 900℃。叶片狭窄，叶色浓绿。苗期抗低温，出苗迅速整齐。秆强。分蘖力中等。颖尖红褐色，短芒。株高55cm，穗长11cm，每穗粒数50粒，千粒重27g，不实率7.8%。

抗性：耐冷，抗稻瘟病，较喜肥。

产量及适宜地区：一般产量5 000kg/hm^2。适宜黑龙江省黑河地区无霜期短和山间冷凉地区种植。

栽培技术要点：适于肥沃地块直播栽培。

黑粳2号（Heigeng 2）

品种来源：黑龙江省农业科学院黑河分院以农林33为母本，以合江12为父本杂交选育而成，原代号黑交732。1975年黑龙江省农作物品种审定委员会认定。

形态特征和生物学特性：属粳型常规早熟早稻。稻尖黄褐，短芒，籽粒椭圆形。空秕率极低。生育日数95～100d，比对照农林11早5～7d，需≥10℃活动积温1 700～1 900℃。主茎叶8～9片，株高70.0～80.0cm，穗长12.0cm左右，每穗粒数60.0粒左右，千粒重25.0g左右。

抗性：中抗稻瘟病。

产量及适宜地区：1973—1974年黑龙江省第四积温区区域试验平均产量为5 883kg/hm^2，2007年生产试验平均产量6 049.5kg/hm^2。1989—1999年黑龙江省累计种植面积0.3万hm^2，1999年最大种植面积0.2万hm^2。适宜黑龙江省黑河地区沿江平原各县（市）的肥沃土地种植。

栽培技术要点：应适期早播，催芽直播，适当密植，中等肥力条件下，保苗数495万苗/hm^2。苗期浅水灌溉，适当晒田，提高地温，苗齐后再加深水层。

黑粳3号（Heigeng 3）

品种来源：黑龙江省农业科学院黑河分院以黑交67-9-9（合江1号/早生锦）为母本，以大雪（农垦8号）为父本杂交选育而成，原代号黑交762。1983年通过黑龙江省农作物品种审定委员会审定。

形态特征和生物学特性：属粳型常规早熟早稻。该品种生育日数95～100d，需≥10℃活动积温1 900～2 100℃。株高70.0～80.0cm，颖壳黄色，无芒，每穗粒数50.0粒左右，千粒重27.0g左右。

抗性：中抗稻瘟病。

产量及适宜地区：1976—1977年黑龙江省第四积温区区域试验平均产量为4 805.3kg/hm^2，1981—1982年生产试验平均产量3 332.3kg/hm^2。1988—1989年黑龙江省累计种植面积0.1 万hm^2，1988年最大种植面积0.1 万hm^2。适宜黑龙江省黑河地区和佳木斯地区第四积温区直播种植。

栽培技术要点：适于中等肥力地块种植，应适期早播。施尿素112.5～120kg/hm^2，追肥75kg/hm^2，保苗数525万～600万苗/hm^2。

黑粳4号（Heigeng 4）

品种来源：黑龙江省农业科学院黑河分院以黑粳2号为母本，以黑交7121-1（牡丹江4号/合交7003）为父本杂交选育而成，原代号黑交813。1984年通过黑龙江省农作物品种审定委员会审定，审定编号：黑审稻1984002。

形态特征和生物学特性：属粳型常规早熟早稻。生育日数95～100d，所需≥10℃活动积温1 900～2 100℃。颖尖黄色无芒。空秕率低。株高70.0～80.0cm，穗长14.2cm，每穗粒数60.0粒左右，千粒重28.0g。

品质特性：糙米率82.0%，精米率75.8%，整精米率70.0%，垩白粒率91.0%，糙米粒长5.2mm，糙米粒宽3.5mm，糙米长宽比1.5，直链淀粉含量18.1%，胶稠度50.0mm，蛋白质含量9.8%。

抗性：中抗稻瘟病。

产量及适宜地区：1981—1982年黑龙江省第四积温区区域试验平均产量4 824kg/hm^2，1982—1983年生产试验平均产量3 454kg/hm^2。1988—1996年黑龙江省累计种植面积1.4万hm^2，1988年最大种植面积0.3万hm^2。适宜黑龙江省第四积温区的黑河地区，佳木斯同江市、抚远市，鹤岗萝北等县，伊春地区的铁力，牡丹江林口、穆棱等县（市）的中等肥力的稻区种植。

栽培技术要点：苗期耐寒，可适期早播。耐肥性差，适宜在中下肥力地块种植。应避免过多施用氮肥，以免倒伏。分蘖力较弱，籽粒大，适当加大播种量，一般保苗数525万～600万苗/hm^2。

黑粳5号（Heigeng 5）

品种来源：黑龙江省农业科学院黑河分院以黑交852为母本，以合江20为父本杂交选育而成，原代号黑交871。1990年通过黑龙江省农作物品种审定委员会审定，审定编号：黑审稻1990003。

形态特征和生物学特性：属粳型常规早熟早稻。生育日数110 ~ 120d，需≥10℃活动积温1 900 ~ 2 100℃，主茎叶8 ~ 9片，谷粒长椭圆形，无芒。空秕率5.0% ~ 10.0%。株高75.0 ~ 85.0cm，穗长15.0 ~ 16.0cm，每穗粒数50.0 ~ 60.0粒，千粒重28.0 ~ 30.0g。

品质特性：糙米率81.3%，精米率74.7%，整精米率70.6%，糙米粒长5.3mm，糙米粒宽3.0mm，糙米长宽比1.7，垩白粒率82.6%，直链淀粉含量16.2%，胶稠度48.0mm，蛋白质含量10.8%。

抗性：中抗稻瘟病。

产量及适宜地区：1987—1988年黑龙江省第四积温区区域试验平均产量6 311.10kg/hm^2，1989年生产试验平均产量5 943.6kg/hm^2。1990—2005年黑龙江省累计种植面积2.8万hm^2，1993年最大种植面积0.8万hm^2。适宜黑龙江省第四积温区种植。

栽培技术要点：直播栽培5月15 ~ 20日播种，保苗数525万 ~ 600万苗/hm^2。插秧栽培4月25 ~ 30日播种，5月20 ~ 30日移栽。插秧规格为25cm × 10cm，每穴栽插3 ~ 5苗。适于中上等肥力土地种植，旱育稀植。一般施基肥磷酸二铵100kg/hm^2，尿素100kg/hm^2，钾肥50kg/hm^2，追肥尿素50kg/hm^2。注意预防病虫害。

黑粳6号（Heigeng 6）

品种来源：黑龙江省农业科学院黑河分院以黑交812为母本，以合江10号为父本杂交选育而成，原代号黑交891。1992年通过黑龙江省农作物品种审定委员会审定，审定编号：黑审稻1992006。

形态特征和生物学特性：属粳型常规早熟早稻。谷粒椭圆形，有短芒。生育日数120d，需≥10℃活动积温2 200℃。主茎叶9～10片，株高90.0～95.0cm，穗长15.0～20.0cm，每穗粒数100.0粒左右，千粒重25.0g，空秕率7.0%～15.0%。

品质特性：糙米率82.0%，精米率76.6%，整精米率73.6%，糙米粒长4.7mm，糙米粒宽2.9mm，糙米长宽比1.6，垩白粒率38.0%，直链淀粉含量17.1%，胶稠度55.0mm，蛋白质含量8.7%。

抗性：中抗稻瘟病。

产量及适宜地区：1989—1990年黑龙江省第四积温区区域试验平均产量6 332.3kg/hm^2，1991年生产试验平均产量7 365.9kg/hm^2。1998—2003年黑龙江省累计种植面积0.2 万hm^2，2002年最大种植面积0.1 万hm^2。适宜黑龙江省第四积温区上、中限种植。

栽培技术要点：4月20～30日播种育苗，5月20～30日移栽。插秧规格为25cm×10cm，每穴栽插3～5苗。适于中等肥力土地种植，氮肥不宜过多，增施磷、钾肥。旱育稀植。一般基肥施磷酸二铵100kg/hm^2，尿素50kg/hm^2，尿素50kg/hm^2；分蘖肥施尿素75kg/hm^2，钾肥50kg/hm^2。苗期浅水灌溉，抽穗后期间歇灌溉。防止肥大、水深导致贪青晚熟，甚至倒伏减产。

黑粳7号（Heigeng 7）

品种来源：黑龙江省农业科学院黑河分院以黑交7819（黑粳2号/V42-8）为母本，以龙粳1号为父本杂交选育而成，原代号黑交912。1995年通过黑龙江省农作物品种审定委员会审定，审定编号：黑审稻1995001。

形态特征和生物学特性：属粳型常规早熟早稻。生育日数126d，所需≥10℃活动积温2 240℃。叶片狭长，叶淡绿，株型收敛。发育快，长势旺，抽穗齐，灌浆快，不早衰。谷粒椭圆形，有中芒。主茎叶10片，株高100.0cm左右，穗长18.0cm左右，每穗粒数100.0粒左右，千粒重25.0g左右。

品质特性：糙米率83.0%，精米率74.8%，整精米率72.0%，糙米粒长4.6mm，糙米粒宽2.9mm，糙米长宽比1.6，垩白粒率7.3%，直链淀粉含量17.7%，胶稠度41.3mm，蛋白质含量7.8%。

抗性：耐冷性强，中抗稻瘟病。

产量及适宜地区：1991—1992年黑龙江省第四积温区区域试验平均产量为6 376.8kg/hm^2，1993—1994年生产试验平均产量6 917.4kg/hm^2。1998—2011年黑龙江省累计种植面积2.9万hm^2，2009年最大种植面积0.4万hm^2。适宜黑龙江省第四积温区种植。

栽培技术要点：4月20～30日播种育苗，5月20～30日移栽。插秧规格为23cm×10cm，每穴栽插3～5苗。适于中等肥力土地种植，少施氮肥，增施磷、钾肥。旱育稀植。一般基肥施磷酸二铵150kg/hm^2，尿素75kg/hm^2，钾肥75kg/hm^2；分蘖肥施尿素75kg/hm^2，穗肥施尿素37.5kg/hm^2。苗期浅水灌溉，分蘖末期晒田2～3d，涝洼地早期排水，严防肥大、水深引起倒伏。

黑粳8号（Heigeng 8）

品种来源：黑龙江省农业科学院黑河分院以延粳13为母本，以合江19为父本杂交选育而成，原代号黑交9901。2007年通过黑龙江省农作物品种审定委员会审定，审定编号：黑审稻2007009。

形态特征和生物学特性：属粳型常规早熟早稻。生育日数127d，需≥10℃活动积温2 240 ℃。主茎叶10片，株高88.0cm，穗长18.0cm，每穗粒数87.0粒左右，千粒重29.0g。籽粒椭圆形，无芒。

品质特性：糙米率82.6%～83.6%，整精米率61.9%～71.8%，糙米粒长4.9mm，糙米粒宽3.3mm，糙米长宽比1.5，垩白粒率4.0%～24.0%，直链淀粉含量17.2%～19.2%，胶稠度67.5～85.5mm。食味评分77.5分。

抗性：耐冷性鉴定处理空壳率13.5%～16.0%。中抗稻瘟病。

产量及适宜地区：2002—2003年黑龙江省第四积温区区域试验平均产量为7 254.9kg/hm^2，2004—2005年生产试验平均产量为8 370.7kg/hm^2。2011—2014年黑龙江省累计种植面积0.8万hm^2，2014年最大种植面积0.7万hm^2。适宜黑龙江省第四积温区种植。

栽培技术要点：适宜在4月20～30播种，5月25日～6月5日插秧。插秧规格为26.4cm×10cm左右，每穴栽插3～5苗。基肥、分蘖肥、穗肥施肥比例为2∶1∶1，化肥总量230kg/hm^2。浅、深、浅灌溉，后期湿润灌溉，处暑排干水。9月下旬收获。

黑糯1号（Heinuo 1）

品种来源：黑龙江省农业科学院黑河分院以黑交852（黑粳2号/黑交71-72-1）为母本，以西风早为父本杂交选育而成，原代号黑交911。1994年通过黑龙江省农作物品种审定委员会审定，审定编号：黑审稻1994007。

形态特征和生物学特性：属粳型常规早熟早稻。生育日数122 ~ 123d，株高80.0cm，每穗粒数60.0 粒左右，千粒重24.0g。

品质特性：糙米率82.0%，精米率73.8%，整精米率71.1%，糙米粒长4.5mm，糙米粒宽2.9mm，糙米长宽比1.5，垩白粒率100.0%，直链淀粉含量3.5%，胶稠度93.5mm，蛋白质含量9.7%。

抗性：中抗稻瘟病。

产量及适宜地区：黑龙江省第四积温区区域试验平均产量6 235.8kg/hm^2。1998年黑龙江省种植面积0.1 万hm^2。适宜黑龙江省第四积温区种植。

栽培技术要点：选择中上等肥力地块种植。4月20 ~ 30日播种，5月20 ~ 30日插秧。插秧规格为27cm × 10cm，每穴栽插2 ~ 3苗。施农家肥15 000 ~ 20 000kg/hm^2，磷酸二铵150kg/hm^2，尿素150kg/hm^2，钾肥75kg/hm^{2}作底肥；分蘖肥施尿素75kg/hm^2；穗肥施钾肥75kg/hm^2，酌量施尿素。苗期浅水灌溉，分蘖末期晒田2 ~ 3d，孕穗期加水10 ~ 13cm，深水护胎，抽穗期6cm活水，结实期干干湿湿灌溉，黄熟中期排水。

鸡西稻1号（Jixidao 1）

品种来源：鸡西市兴凯湖种子有限公司在外引水稻品系牡89-1261中选择变异株，经系统选育而成的粳型常规稻，原代号：鸡西99-3。2008年通过黑龙江省农作物品种审定委员会审定，审定编号：黑审稻2008015。

形态特征和生物学特性：属粳型常规早熟旱稻。在适宜种植区出苗至成熟生育日数135d左右，比对照品种龙稻2号晚1d，需≥10℃活动积温2 300℃左右。株高85cm左右，穗长15cm左右，每穗粒数90粒左右，千粒重26g左右。

品质特性：糙米率83.2%～84.2%，整精米率74.9%～77.3%，垩白粒率1%～10.0%，垩白度0.1%～0.8%，直链淀粉含量16.7%～18.4%，胶稠度69.5～70.3mm。食味评分78～81分。

抗性：接种鉴定叶瘟3～7级，穗颈瘟1～7级。耐冷性鉴定处理空壳率7.6%～17.6%。

产量及适宜地区：2002—2003年黑龙江省第四积温区区域试验平均产量6 918.8kg/hm^2，2004年生产试验平均产量8 105kg/hm^2。2012—2014年黑龙江省累计种植面积3.2万hm^2，2014年最大种植面积1.5万hm^2。适宜黑龙江省第四积温区种植。

栽培技术要点：可旱育稀植栽培或直播栽培。旱育稀植栽培一般4月中旬播种，5月中下旬插秧，秧田下种量为250g/m^2，本田插秧规格30cm×13cm为宜，每穴栽插2～4苗；直播栽培一般5月5～10日播种，播期不宜晚于5月15日。耐肥力较强，适于中上等肥力地块栽培。施肥方面应避免因氮肥施用过多、过晚而影响米质和抗病力。

垦稻19（Kendao 19）

品种来源：黑龙江省农垦科学院水稻科学研究所以垦96-614（藤系138/上育394）/垦96-730（藤系138/牡86-2359）为母本，垦96-249/垦96-754为父本复交，经系谱法选育而成，原代号垦04-1093。2009年通过黑龙江省农作物品种审定委员会审定，审定编号：黑审稻2009012。

形态特征和生物学特性：属粳型常规早熟早稻。生育日数133d左右，与对照品种龙稻2号同熟期，需≥10℃活动积温2 330℃左右。苗期出苗快，叶色较绿，分蘖力较强，茎秆较粗，颖尖秆黄色。该品种主茎10片叶，株高91.3cm左右，穗长18.8cm左右，每穗粒数93.2粒左右，千粒重26.9g左右。

品质特性：外观米质优，适口性好。糙米率80.6%～82.8%，整精米率66.1%～71.4%，垩白粒率0～7.5%，直链淀粉含量17.5%～18.7%，胶稠度76.3～78.5mm。食味评分78～84分。

抗性：接种鉴定叶瘟3级，穗颈瘟1～3级。耐冷性鉴定处理空壳率6.4%～15.8%。

产量及适宜地区：2006—2007年黑龙江省第四积温区区域试验平均产量8 757.8kg/hm^2，2008年生产试验平均产量9 721.8kg/hm^2。2011—2014年黑龙江省累计种植面积1.5万hm^2，2013年最大种植面积0.7万hm^2。适宜黑龙江省第四积温区种植。

栽培技术要点：4月15～25日播种，5月15～25日插秧。插秧规格30cm×12cm左右，每穴栽插3～4苗。中等肥力地块，施尿素230kg/hm^2，磷酸二铵100kg/hm^2，硫酸钾150kg/hm^2。磷肥全部作基肥，钾肥按基肥：穗肥为5：5比例施用，尿素按基肥：分蘖肥：调节肥：穗肥为4：3：1：2比例施用。

垦稻9号（Kendao 9）

品种来源：黑龙江省农垦科学院水稻科学研究所以黑粳5号为母本，牡丹江21（牡87-1894）为父本杂交选育而成，原代号垦94-227。2001年通过黑龙江省农作物品种审定委员会审定，审定编号：黑审稻2001005。

形态特征和生物学特性：属粳型常规早熟早稻。该品种生育日数126d，需≥10℃活动积温2 393℃，熟期与黑粳7号相仿。出苗早，分蘖力中等偏下，株型收敛，剑叶上举。株高86.5cm，主茎叶10片，穗长16.1cm，每穗粒数95.0粒，千粒重28.1g。

品质特性：外观米质优良，适口性好。糙米率82.9%，精米率74.6%，整精米率71.7%，直链淀粉含量18.3%，蛋白质含量7.9%，胶稠度59.3mm，垩白粒率8.0%，垩白大小10.8%。食味评分83分，达到国家二级优质米标准。

抗性：1999—2000年人工接种，苗瘟5～6级，叶瘟5级，穗颈瘟9级；自然感病苗瘟3～6级，叶瘟3～5级，穗颈瘟7级。秆强抗倒伏。苗期耐冷。

产量及适宜地区：1998—1999年黑龙江省第四积温区区域试验平均产量7 415.3kg/hm^2，2000年生产试验平均产量6 869.0kg/hm^2。2001—2011年黑龙江省累计种植面积18.6万hm^2，2001年最大种植面积6.5万hm^2。适宜黑龙江省第四积温区种植。

栽培技术要点：旱育稀植栽培，插秧规格30cm×（10～12）cm，每穴栽插3～4苗。最好钵育摆栽以促蘖保穗数。耐肥力较强，适宜中等肥力条件栽培。在叶鞘腐败病、褐斑病大发生年份应注意防病。用多菌灵1.5kg/hm^2、米醋1.5kg/hm^2、磷酸二氢钾1.0kg/hm^2，加水150kg/hm^2，防褐变粒。

莲惠1号（Lianhui 1）

品种来源：黑龙江省莲江口农场种子有限公司科研站以雪光为母本，龙盾103为父本杂交育成，原代号莲育05-4。2010年通过黑龙江省农作物品种审定委员会审定，审定编号：黑审稻2010012。

形态特征和生物学特性：属粳型常规早熟早稻。该品种生育日数123d，需≥10℃活动积温2 150 ℃。分蘖力强。颖尖秆黄色，无芒，散穗，株高82.0cm，穗长16.6cm左右，每穗粒数72.0粒左右，千粒重26.0g。

品质特性：糙米率80.7%～82.2%，整精米率66.1%～71.8%，垩白粒率1.0%～6.0%，垩白度0.1%～0.6%，直链淀粉含量17.3%～17.6%，胶稠度68.5～78.5mm，食味品质73～81分。

抗性：接种鉴定叶瘟3级，穗颈瘟1级；耐冷性鉴定处理空壳率12.2%～12.9%。抗倒伏性中等，抗病性强，耐冷能力强。

产量及适宜地区：2007—2008年参加黑龙江省第四积温区区域试验，平均产量9 494.4kg/hm^2，2009年生产试验平均产量为7 539.9kg/hm^2。2011—2014年黑龙江省累计种植面积1.3万hm^2，2014年最大种植面积0.5万hm^2。适宜黑龙江省第四积温区种植。

栽培技术要点：4月15～25日播种，5月15～25日插秧。插秧规格为30cm×14cm，每穴栽插3～4苗。一般中等肥力地块，施尿素280kg/hm^2，磷酸二铵100kg/hm^2，硫酸钾100kg/hm^2，氮肥30%、磷肥全部、钾肥75%作底肥，其余作追肥。对病虫草害进行综合防治。浅水灌溉，多次晒田，成熟后及时收获。

龙稻2号（Longdao 2）

品种来源：黑龙江省农业科学院耕作栽培研究所以中母农8号/上育397为杂交组合，采用系谱法选育而成，原品系代号哈98-86。2002年通过黑龙江省农作物品种审定委员会审定，审定编号：黑审稻2002007。

形态特征和生物学特性：属粳型常规早熟早稻，基本营养生长期短。在适宜种植区出苗至成熟生育日数122d，需≥10℃活动积温2 250℃。分蘖力强，活秆成熟。主茎叶10片，株高80cm左右，穗长14.6cm，每穗粒数60粒左右，千粒重28g左右。

品质特性：糙米率82.3%，精米率74.1%，整精米率71.8%，垩白大小4.9%，垩白粒率2.6%，垩白度0.2%，胶稠度73mm，碱消值6.8级，直链淀粉含量15.71%，粗蛋白质含量8.4%。米质达到国家二级优质米标准。

抗性：易感苗瘟、叶瘟、穗颈瘟。孕穗期耐冷性强。

产量及适宜地区：2000—2001年黑龙江省第四积温区区域试验，平均产量7 174.5kg/hm^2，2001年生产试验平均产量7 351.5kg/hm^2。2002—2013年黑龙江省累计种植面积0.6万hm^2，2008年最大种植面积0.1万hm^2。适宜黑龙江省第四积温区种植。

栽培技术要点：采用中大棚育秧，4月中下旬播种，5月25日移栽。插秧规格为26cm×13cm，每穴栽插2～3苗。施腐熟的有机肥5～10t/hm^2，施纯氮100kg/hm^2、五氧化二磷50kg/hm^2、氯化钾50kg/hm^2。速效氮肥总量的40%和钾肥总量的50%和全部磷肥作为底肥；分蘖期追施氮肥总量的30%；穗肥与粒肥施氮肥总量的20%～30%。

龙盾103（Longdun 103）

品种来源：黑龙江省监狱管理局农业科学研究所以牡86-2342（926/红光//通交17///6914）为母本，牡86-2355（农林11/牡丹江1号//福锦///合江20//石狩）为父本杂交育成，原代号龙盾94-652。2002年通过黑龙江省农作物品种审定委员会审定，审定编号：黑审稻2002006。

形态特征和生物学特性：属粳型常规早熟早稻。该品种生育日数121d左右，需≥10℃活动积温2 100～2 200℃。分蘖力强，幼苗生长势强，活秆成熟。株高75.0～80.0cm，穗长17.0cm左右，每穗粒数60.0～80.0粒，千粒重27.3g。

品质特性：糙米率82.4%，精米率74.2%，整精米率70.6%，垩白大小3.6%，垩白粒率0.5%，垩白度0.4%，糙米长宽比1.8，直链淀粉含量17.2%，粗蛋白质含量8.7%，胶稠度81.8mm，碱消值7.0级。

抗性：2000—2001年人工接种鉴定，苗瘟3～5级，叶瘟3～6级，穗颈瘟5级；自然感病苗瘟3～5级，叶瘟3～5级，穗颈瘟3～5级。耐冷性强。

产量及适宜地区：1999—2000年参加黑龙江省第四积温区区域试验平均产量7 030.8kg/hm^2，2001年生产试验平均产量7 381.2kg/hm^2。2002—2014年黑龙江省累计种植面积2.0万hm^2，2004年最大种植面积0.5万hm^2。适宜黑龙江省第四积温区种植。

栽培技术要点：插秧栽培育苗期4月15～25日，插秧期5月15～25日。插秧规格30cm×（13～15）cm，每穴栽插3苗。本田年施肥总量，尿素250kg/hm^2，磷酸二铵100kg/hm^2，硫酸钾100kg/hm^2。直播栽培播种期5月15～25日，水直播栽培播种量250kg/hm^2，包衣直播播种量100～120kg/hm^2。水稻齐穗前以浅水层为主，适当配合晾田，齐穗后间歇灌溉。

龙盾106（Longdun 106）

品种来源：黑龙江省监狱管理局农业科学研究所以龙盾103为母本，五优稻1号（五龙93-8）为父本杂交，采用系谱法选育而成，原代号龙盾02-242。2008年通过黑龙江省农作物品种审定委员会审定，审定编号：黑审稻2008016。

形态特征和生物学特性：属粳型常规早熟早稻。该品种生育日数134d左右，需≥10℃活动积温2 318℃。分蘖力强。谷粒长粒型，颖尖秆黄色，无芒，散穗。株高81.0cm左右，穗长17.7cm左右，每穗粒数78.0粒左右，千粒重28.1g左右。

品质特性：糙米率80.8%～83.3%，整精米率61.9%～67.5%，垩白粒率0～1.5%，垩白度0～0.1%，直链淀粉含量16.9%～18.8%，胶稠度72.5～84.0mm。食味评分72～77分。

抗性：接种鉴定叶瘟3～6级，穗颈瘟1～7级。耐冷性鉴定处理空壳率12.3%～21.7%。抗倒性中等。

产量及适宜地区：2005—2006年参加黑龙江省第四积温区区域试验，平均产量8 339.6kg/hm^2，2007年生产试验平均产量为9 084.1kg/hm^2。2008—2014年黑龙江省累计种植面积1.7万hm^2，2009年最大种植面积0.2万hm^2。适宜黑龙江省第三积温区直播和第四积温区种植。

栽培技术要点：4月15日～25日播种，5月15～25日插秧。插秧规格为30cm×10cm，每穴栽插3～4苗。一般中等肥力地块，施尿素260kg/hm^2，磷酸二铵100kg/hm^2，硫酸钾70kg/hm^2，氮肥的30%、磷肥全部、钾肥的50%作底肥，其余作追肥。对病虫草害进行综合防治。

龙粳24（Longgeng 24）

品种来源：黑龙江省农业科学院水稻科学研究所以龙花94-715为母本，空育150为父本有性杂交选育而成，原代号龙交03-1333。2008年通过黑龙江省农作物品种审定委员会审定，审定编号：黑审稻2008017。

形态特征和生物学特性：属粳型常规早熟早稻。生育日数135d左右，比对照品种龙稻2号晚1～2d。需≥10℃活动积温2 250～2 300℃。株型收敛，剑叶开张角度小，穗位整齐，分蘖力强，幼苗生长势强，活秆成熟。谷粒椭圆形，颖尖秆黄色，无芒。主茎10片叶，株高90.0cm左右，穗长18.0cm左右，每穗粒数90.0粒左右，千粒重26.0g左右。

品质特性：糙米率80.0%～82.2%，整精米率61.6%～64.8%，垩白粒率1.5%～2.0%，垩白度0.1%，直链淀粉含量16.0%～18.4%，胶稠度71.5～83.0mm，碱消值7.0级，蛋白质含量6.8%。食味评分76～80分。

抗性：接种鉴定叶瘟3～5级，穗颈瘟1～3级。耐冷性鉴定处理空壳率11.1%～13.2%。抗倒伏性强。

产量及适宜地区：2005—2006年黑龙江省第四积温区区域试验平均产量8 801.2kg/hm^2，2007年生产试验平均产量9 178.3kg/hm^2。2008—2014年黑龙江省累计种植面积13.1万hm^2，2009年最大种植面积4.5万hm^2。适宜黑龙江省第四积温区种植。

栽培技术要点：4月10～20日播种，5月10～20日插秧。插秧规格为30cm×13cm左右，每穴栽插3～4苗。一般中等肥力地块，基肥施尿素100kg/hm^2，磷酸二铵100kg/hm^2、硫酸钾100kg/hm^2；分蘖肥施尿素75kg/hm^2；穗肥施尿素20kg/hm^2，硫酸钾50kg/hm^2。采取前期浅水灌溉，分蘖末期晒田，后期湿润灌溉，8月末停灌。成熟后及时收获。

龙粳28（Longgeng 28）

品种来源：黑龙江省农业科学院水稻科学研究所以龙育98-195为母本，吉2068为父本有性杂交选育而成，原代号龙育04-1465。2009年通过黑龙江省农作物品种审定委员会审定，审定编号：黑审稻2009011。

形态特征和生物学特性：属粳型常规早熟早稻。出苗至成熟生育日数135d左右，与对照品种龙稻2号同熟期。需≥10℃活动积温2 370 ℃左右。主茎叶10片，株高88.0cm左右，穗长18.0cm左右，每穗粒数88.0粒左右，千粒重28.0g左右。

品质特性：糙米率82.6%～83.9%，整精米率67.6%～70.5%，垩白粒率0～14.5%，垩白度0～1.6%，直链淀粉含量16.3%～17.4%，胶稠度65.5～77.5mm。食味评分76～78分。

抗性：接种鉴定叶瘟3级，穗颈瘟3级。耐冷性鉴定处理空壳率5.2%～9.6%。

产量及适宜地区：2006—2007年黑龙江省第四积温区区域试验平均产量为9 015.7kg/hm^2，2008年生产试验平均产量为9 707.2kg/hm^2。2009—2014年黑龙江省累计种植面积4.6万hm^2，2012年最大种植面积3.3万hm^2。适宜黑龙江省第四积温区种植。

栽培技术要点：4月15～20日播种，5月15～20日插秧。插秧规格为30cm×10cm左右，每穴栽插3～4苗。中等肥力地块施尿素250kg/hm^2，磷酸二铵100kg/hm^2，硫酸钾100kg/hm^2。尿素分基肥、分蘖肥、穗肥施入，磷酸二铵全部作基肥，钾肥分基肥、穗肥施入。花达水插秧，分蘖期浅水灌溉，灌浆期浅水灌溉至8月末停灌。9月末至10月上旬成熟后及时收获。可用于直播栽培。

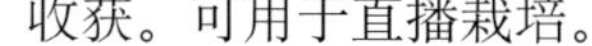

龙粳37（Longgeng 37）

品种来源：黑龙江省农业科学院水稻研究所、黑龙江省龙粳高科有限责任公司、黑龙江省龙科种业集团有限公司以垦稻12为母本，龙选9782为父本，采用系谱法选育而成，原代号龙育03-1789。2012年通过黑龙江省农作物品种审定委员会审定，审定编号：黑审稻2012013。

形态特征和生物学特性：属粳型常规早熟早稻。在适宜种植区出苗至成熟生育日数123d左右，需≥10℃活动积温2 150℃左右。主茎叶10片，株高94cm左右，穗长17.6cm左右，每穗粒数80粒左右。千粒重28g左右。

品质特性：两年品质分析结果，糙米率81.0%～81.1%，整精米率69.2%～70.9%，垩白粒率8.0%～22.0%，垩白度1.1%～2.9%，直链淀粉含量16.1%～17.6%，胶稠度70.0～77.5mm。食味评分82～84分。

抗性：3年抗病接种鉴定叶瘟3～5级，穗颈瘟1～5级。3年耐冷性鉴定处理空壳率10.9%～18.8%。

产量及适宜地区：2009—2010年黑龙江省第四积温区区域试验平均产量8 961.5kg/hm^2，2011年生产试验平均产量9 949.6kg/hm^2。2013—2014年黑龙江省累计种植面积3.1万hm^2，2014年最大种植面积1.6万hm^2。适宜黑龙江省第四积温区种植。

栽培技术要点：在适宜种植区4月15～20日播种，5月15～25日插秧。插秧规格为30cm×10cm左右，每穴栽插3～5苗。中等肥力地块施尿素250kg/hm^2，磷酸二铵100kg/hm^2，硫酸钾100kg/hm^2。尿素分基肥、分蘖肥、穗肥施入，磷酸二铵全部作基肥，钾肥分基肥、穗肥施入。常规管理，花达水插秧，分蘖期浅水灌溉，灌浆期浅水灌溉至8月末停灌。

龙庆稻2号（Longqingdao 2）

品种来源：黑龙江省庆安县北方绿洲稻作研究所以空育131为母本，五优稻1号为父本，采用系谱法选育而成，原代号庆07-08。2011年通过黑龙江省农作物品种审定委员会审定，审定编号：黑审稻2011007。

形态特征和生物学特性：属粳型常规早熟早稻。在适宜地区出苗至成熟生育日数123d左右，需≥10℃活动积温2 150℃左右。主茎叶10片，株高95.7cm，穗长15.5cm，每穗粒数108粒左右，千粒重26.7g。

品质特性：糙米率81.0%～81.7%，整精米率69.6%～71.1%，垩白粒率0～2.0%，垩白度0～0.2%，直链淀粉含量17.5%～18.7%，胶稠度66.5～70.0mm。食味评分76～79分。

抗性：接种鉴定叶瘟5～6级，穗颈瘟3～7级。耐冷性鉴定处理空壳率11.0%～20.9%。

产量及适宜地区：2008—2009年黑龙江省第四积温区区域试验平均产量9 376.5kg/hm^2，2010年生产试验平均产量9 269.3kg/hm^2。2014年种植面积0.3万hm^2。适宜黑龙江省第四积温区种植。

栽培技术要点：4月14～20日播种，5月15～25日插秧。插秧规格为30cm×13.3cm左右，每穴栽插3～5苗。中等肥力地块施尿素200～250kg/hm^2，磷酸二铵100kg/hm^2，硫酸钾100～150kg/hm^2，40%氮肥、全部磷肥、60%钾肥作基肥，其余肥量作追肥分2～3次施入，花达水插秧。

明科1号（Mingke 1）

品种来源：黑龙江省桦川县明科种业有限公司以明科92-16-1为母本，明科96-3-16为父本，采用系谱法选育而成，原代号明科02-6-7。2014年通过黑龙江省农作物品种审定委员会审定，审定编号：黑审稻2014015。

形态特征和生物学特性：属粳型常规早熟早稻。在适宜种植地区出苗至成熟生育日数123d左右，需≥10℃活动积温2 150℃左右。主茎叶10片，株高85cm左右，穗长15cm左右，每穗粒数110粒左右，谷粒椭圆形，千粒重28g左右。

品质特性：3年品质分析结果，糙米率82.3%～83.1%，整精米率67.8%～71.2%，垩白粒率3.5%～19%，垩白度0.6%～4.5%，直链淀粉含量16.9%～18.2%，胶稠度70.5～73.5mm。达到国家二级优质米标准。

抗性：抗病接种鉴定叶瘟5级，穗颈瘟5级。耐冷性鉴定处理空壳率12.7%～14.0%。

产量及适宜地区：2011—2013年黑龙江省第四积温区生产试验平均产量9 913.8kg/hm^2。适宜黑龙江省第四积温区种植。

栽培技术要点：播种期4月15～20日，插秧期5月15～20日，秧龄30d左右。插秧规格为30cm×14cm左右，每穴栽插8苗。一般肥力地块，施纯氮64kg/hm^2，氮：磷：钾=1：1：0.8。氮肥比例：基肥：分蘖肥：穗肥：粒肥=28：72：0：0，基肥施纯氮18kg/hm^2，纯磷46kg/hm^2；分蘖肥施纯氮46kg/hm^2，纯钾70kg/hm^2。比一般常规品种施氮量减少50%左右。适时早播种，及时炼苗。本田水粗平后施基肥，水耙地要细、平，严防形成漏水田；尽量早插秧，返青后施分蘖肥，地里有气泡时及时施用硫酸钾。插秧后湿润紧泥固根，返青后灌严水层以便施肥施药。插秧2周左右水层加深至10～12cm，待叶片覆盖水面70%以上时，6月末晒田1次，7月中旬根据气温考虑加深水层，抽穗始期再次考虑晒田，齐穗后浅水，乳熟期后间歇灌溉。成熟后及时收获。

注意事项：该品种为低肥品种，要严格按照栽培技术要点进行操作；浸种及催芽温度不能高于30℃，杜绝35℃以上的高温催芽，以防恶苗病。

牡丹江4号（Mudanjiang 4）

品种来源：牡丹江4号是黑龙江省农业科学院牡丹江分院以农垦2号为母本，牡丹江1号为父本杂交育成，原代号牡交2号。1971年确定推广。

形态特征和生物学特性：属粳型常规早熟早稻。该品种直播栽培，生育期90～95d，需≥10℃活动积温1 800～2 000℃。谷粒椭圆形，略有微短芒，米白色，颖壳与颖尖均为秆黄色。株高70～75cm，穗长14～15cm，穗粒数68粒，结实率91.9%，千粒重25～26g。

品质特性：糙米粒长4.8mm，糙米长宽比1.52，糙米率82.0%，精米率73.0%，整精米率61%，直链淀粉含量16.3%，蛋白质含量6.0%。

抗性：苗期生长势强。抗冷，耐肥性较强。抗稻瘟病性弱。米质中等。

产量及适宜地区：直播栽培一般产量3 000.0～4 500.0kg/hm^2。适宜黑龙江省齐齐哈尔地区北部、黑河地区南部及牡丹江地区的山间冷凉地带种植。

栽培技术要点：直播栽培保苗495万～540万苗/hm^2。在牡丹江地区5月中旬播种，6月初出苗，7月下旬抽穗，8月底成熟。要获得直播稻稳产、高产，必须根据直播稻的生育特点，扬长避短，重点抓好保全苗、早发、足穗、防倒、除草等技术环节。提高大田整地质量，在施肥技术上，要掌握"前促、中控、后补"的原则，即前期要多施肥，促进稻苗早发，多分蘖，长大蘖；中期要少施肥，控制群体生长，防止无效分蘖发生，提高成穗率；后期要补施肥，由于直播稻根系分布浅，宜根据苗情和天气情况补施穗肥和根外追肥。基肥施45%国产复合肥225～300kg/hm^2；追肥施分蘖肥（插秧后10d左右）用尿素150～225kg/hm^2，穗肥用尿素75～112.5kg/hm^2。应采取分蘖期浅、孕穗期深、籽粒灌浆期浅的方法进行灌溉。7月上中旬注意防治二化螟，抽穗前及时防治稻瘟病等病虫害。

牡丹江5号（Mudanjiang 5）

品种来源：黑龙江省农业科学院牡丹江分院以农垦2号（北海77）为母本，牡丹江1号为父本杂交育成，原代号牡交6号。1970年确定推广。

形态特征和生物学特性：属粳型常规早熟早稻。直播栽培生育期90 ~ 95d，需≥10℃活动积温1 800 ~ 2 000℃。叶片较宽，分蘖力中等。谷粒椭圆形，无芒，米白色，颖壳、颖尖秆黄色。株高75 ~ 80cm，穗长16.5cm，穗粒数60 ~ 70粒，结实率92.3%，千粒重25.1g。

品质特性：糙米粒长4.9mm，糙米长宽比1.6，糙米率88.0%，精米率78.0%，整精米率64.0%，直链淀粉含量17.2%，蛋白质含量4.9%。

抗性：较抗冷，耐肥性中等，中抗稻瘟病。

产量及适宜地区：直播栽培一般产量4 500.0 ~ 5 250.0kg/hm^2。适宜黑龙江省牡丹江半山间冷凉地区及小河水灌溉地区种植。

栽培技术要点：在牡丹江地区5月中旬播种，6月初出苗，7月末抽穗，9月初成熟。要获得直播稻稳产、高产，必须根据直播稻的生育特点，扬长避短，重点抓好保全苗、早发、足穗、防倒、除草等技术环节。提高大田整地质量，在施肥技术上，要掌握“前促、中控、后补”的原则，即前期要多施肥，促进稻苗早发，多分蘖，长大蘖；中期要少施肥，控制群体生长，防止无效分蘖发生，提高成穗率；后期要补施肥，由于直播稻根系分布浅，宜根据苗情和天气情况补施穗肥和根外追肥。基肥施45%国产复合肥225 ~ 300kg/hm^2；追肥施分蘖肥（插秧后10d左右）用尿素150 ~ 225kg/hm^2，穗肥用尿素75 ~ 112.5kg/hm^2。应采取分蘖期浅、孕穗期深、籽粒灌浆期浅的方法进行灌溉。7月上中旬注意防治二化螟，抽穗前及时防治稻瘟病等病虫害。

牡丹江6号（Mudanjiang 6）

品种来源：牡丹江6号是黑龙江省农业科学院牡丹江分院以农垦2号为母本，牡丹江1号为父本杂交育成，原代号牡交13。1971年确定推广。

形态特征和生物学特性：属粳型常规早熟早稻。直播栽培生育期90 ~ 95d，需≥10℃活动积温1 800 ~ 2 000℃。苗期生长势强。叶深绿色，叶片较宽，分蘖力中等，株型收敛。谷粒椭圆形，无芒，米白色，颖壳秆黄色，颖尖红褐色。株高95cm，穗长16.8cm，穗粒数80粒，结实率91.3%，千粒重25.2g。

品质特性：糙米粒长5.1mm，糙米长宽比1.8，糙米率85.0%，精米率78.0%，整精米率63.0%，直链淀粉含量18.1%，蛋白质含量6.2%。

抗性：抗寒，较耐肥，抗稻瘟病性中等。

产量及适宜地区：直播栽培一般产量3 750.0 ~ 5 250.0kg/hm^2。直播栽培保苗495万 ~ 540万苗/hm^{2}为宜。适宜黑龙江省牡丹江地区半山间冷凉地区及用小河水灌溉地区种植。

栽培技术要点：牡丹江地区5月中旬播种，6月初出苗，7月末抽穗，9月上旬成熟。要获得直播稻稳产、高产，必须根据直播稻的生育特点，扬长避短，重点抓好全苗、早发、足穗、防倒、除草等技术环节。提高大田整地质量，在施肥技术上，要掌握“前促、中控、后补”的原则，即前期要多施肥，促进稻苗早发，多分蘖，长大蘖；中期要少施肥，控制群体生长，防止无效分蘖发生，提高成穗率；后期要补施肥，由于直播稻根系分布浅，宜根据苗情和天气情况补施穗肥和根外追肥。基肥施45%国产复合肥225 ~ 300kg/hm^2；追肥施分蘖肥（插秧后10d左右）用尿素150 ~ 225kg/hm^2，穗肥用尿素75 ~ 112.5kg/hm^2。应采取分蘖期浅、孕穗期深、籽粒灌浆期浅的方法进行灌溉。7月上中旬注意防治二化螟，抽穗前及时防治稻瘟病等病虫害。

牡丹江7号（Mudanjiang 7）

品种来源：黑龙江省农业科学院牡丹江分院于1961年以农垦2号为母本，牡丹江1号为父本杂交育成，原代号牡交7号。1971年确定推广。

形态特征和生物学特性：属粳型常规早熟早稻。该品种直播栽培生育期100 ~ 105d，需≥10℃活动积温1 900 ~ 2 100℃。叶片较宽，分蘖力中等。谷粒椭圆形，无芒，米白色。颖壳、颖尖秆黄色。株高87cm，穗长15.5cm，穗粒数96粒，结实率96.8%，千粒重27.6g。

品质特性：糙米粒长4.8mm，糙米长宽比1.6，糙米率85.7%，精米率76.3%，整精米率70.2%，直链淀粉含量16.9%，糙米蛋白质含量5.1%。

抗性：较耐冷，耐肥性中等，中抗稻瘟病。

产量及适宜地区：直播栽培一般产量3 750.0 ~ 5 250.0kg/hm^2。在黑龙江省牡丹江除山间冷凉地区外，均可种植。

栽培技术要点：在牡丹江地区5月中旬播种，6月初出苗，8月初抽穗，9月中旬成熟。采用直播或插秧栽培均可。直播保苗450万~ 495万苗/hm^2，插秧保苗345万~ 390万苗/hm^2。要获得直播稻稳产、高产，必须根据直播稻的生育特点，扬长避短，重点抓好保全苗、早发、足穗、防倒、除草等技术环节。提高大田整地质量，在施肥技术上，要掌握“前促、中控、后补”的原则，即前期要多施肥，促进稻苗早发，多分蘖，长大蘖；中期要少施肥，控制群体生长，防止无效分蘖发生，提高成穗率；后期要补施肥，由于直播稻根系分布浅，宜根据苗情和天气情况补施穗肥和根外追肥。基肥施45%国产复合肥225 ~ 300kg/hm^2；追肥施分蘖肥（插秧后10d左右）用尿素150 ~ 225kg/hm^2，穗肥用尿素75 ~ 112.5kg/hm^2。应采取分蘖期浅、孕穗期深、籽粒灌浆期浅的方法进行灌溉。7月上中旬注意防治二化螟，抽穗前及时防治稻瘟病等病虫害。

牡粘2号（Muzhan 2）

品种来源：黑龙江省农业科学院牡丹江分院以朴洪根粘稻为母本，牡系5902-1为父本杂交育成，1971年推广。

形态特征和生物学特性：属粳型常规早熟旱糯稻。生育日数为130d。叶片较宽，分蘖力较弱。颖壳秆黄色、颖尖红褐色。谷粒椭圆形，稀有短芒，米白色。株高85cm左右，穗粒数100 ~ 120粒，千粒重26g。

品质特性：糙米粒长4.8mm，糙米长宽比1.55，糙米率80%，精米率71.3%，整精米率61.2%，直链淀粉含量1.63%，蛋白质含量8.32%。

抗性：抗冷性中等，耐肥性较强，较抗稻瘟病。

产量及适宜地区：插秧栽培一般产量4 500 ~ 6 000kg/hm^2。适宜黑龙江省南部各县种植。

栽培技术要点：4月上中旬播种，采用大棚旱育秧，播种量催芽种子350g/m^2，5月中下旬移栽。株行距30.0cm×（10 ~ 12）cm，每穴栽插3 ~ 4苗。氮、磷、钾配方施肥，施纯氮150.0 ~ 187.5kg/hm^2,分4 ~ 5次均施，五氧化二磷60 ~ 75kg/hm^2（作底肥），氧化钾90.0 ~ 112.5kg/hm^2（作底肥和拔节期追肥）。应采取分蘖期浅、孕穗期深、籽粒灌浆期浅的方法进行灌溉。7月上中旬注意防治二化螟，抽穗前及时防治稻瘟病等病虫害。

农粳1号（Nonggeng 1）

品种来源：黑龙江农业经济职业学院1994年在上育397中系选而育成的粳型常规稻，原代号牡农9407。2003年通过黑龙江省农作物品种审定委员会审定，审定编号：黑审稻2003010。

形态特征和生物学特性：属粳型常规早熟早稻。生育日数122d，需≥10℃活动积温2 300℃。幼苗期叶绿，叶形直立，根系发育好，苗壮。株高82.2cm，叶片数10个，穗长15.8cm，每穗粒数59粒，千粒重27.1g。

品质特性：糙米率82.4%，精米率74.1%，整精米率72.4%，糙米长宽比1.7，垩白大小2.4%，垩白粒率8.3%，垩白度0.5%，直链淀粉含量16.6%，胶稠度75.2mm，碱消值7.0级，蛋白质含量7.1%。

抗性：人工接种苗瘟7级，叶瘟7～9级，穗颈瘟7～9级；自然感病苗瘟5～7级，叶瘟7级，穗颈瘟7级。

产量及适宜地区：1999—2000年黑龙江省第四积温区区域试验平均产量6 645.6kg/hm^2，2000年生产试验平均产量6 645.6kg/hm^2。2006—2010年黑龙江省累计种植面积0.2万hm^2，2010年最大种植面积0.1万hm^2。适宜黑龙江省第三积温区下限、第四积温区上限种植。

栽培技术要点：4月20～25日播种，5月20～30日插秧。插秧规格为30cm×（14～16.5）cm，每穴栽插3～4苗；550万～600万苗/hm^2。底肥：水耙前施用尿素100kg/hm^2，磷酸二铵100kg/hm^2，硫酸钾50kg/hm^2；追肥：返青后施尿素100～150kg/hm^2。

三江1号（Sanjiang 1）

品种来源：黑龙江省农垦总局建三江分局农业科学研究所、黑龙江八一农垦大学农学院、黑龙江省农垦总局北安分局科研所于1991年以藤系144为母本，延粳14为父本有性杂交，原代号北垦优97-9。2003年通过黑龙江省农作物品种审定委员会审定，审定编号：黑审稻2003009。

形态特征和生物学特性：属粳型常规早熟早稻。插秧生育日数123d，需≥10℃活动积温2 285℃。谷粒椭圆形，颖尖黄色，株型收敛，剑叶上举，分蘖力强，丰产性好。株高75.0cm，主茎叶10片，穗长15.0cm左右，每穗粒数63.0粒左右，千粒重27.0g。

品质特性：糙米率83.5%，精米率75.1%，整精米率67.5%，糙米粒长5.1mm，糙米粒宽3.0mm，糙米长宽比1.7，垩白大小5.5%，垩白粒率3.5%，垩白度0.2% ,直链淀粉含量17.8%，胶稠度67mm，碱消值7.0级，蛋白质含量7.8%。食味评分81分。

抗性：2001—2002年抗稻瘟病性鉴定，人工接种苗瘟6 ~ 9级，叶瘟5级，穗颈瘟7级；自然感病苗瘟6 ~ 7级，叶瘟3 ~ 5级，穗颈瘟3 ~ 5级，比对照品种黑粳7号抗稻瘟病。

产量及适宜地区：2000—2001年黑龙江省第四积温区区域试验平均产量7 241.0kg/hm^2，2002年生产试验平均产量6 946.7kg/hm^2。2005—2014年黑龙江省累计种植面积29.0 万hm^2，2008年最大种植面积6.1 万hm^2。适宜黑龙江省第四积温区种植。

栽培技术要点：4月15 ~ 25日播种，中棚或大棚育苗，秧龄30 ~ 35d，5月中旬插秧。适于旱育稀植栽培，插秧规格为（25 ~ 27）cm×（10 ~ 12）cm，每穴栽插2 ~ 3苗。中等肥力地块施尿素150kg/hm^2，磷酸二铵120kg/hm^2，硫酸钾100kg/hm^2。田间施肥、灌水管理按旱育稀植栽培即可。通常9月上旬收获。保证移栽单位面积的穴数，每穴苗数不宜过多，控制在2 ~ 3株。

三江2号（Sanjiang 2）

品种来源：黑龙江省农垦科研育种中心、黑龙江省农垦总局建三江农业科学研究所以垦稻10号为母本，黑交932（黑粳4号/合江19）为父本杂交选育而成，原代号建02-6。2008年通过黑龙江省农作物品种审定委员会审定，审定编号：黑审稻2008018。

形态特征和生物学特性：属粳型常规早熟早稻。该品种生育日数133d，主茎叶10片，株型收敛，剑叶开张角度小，散穗，偶有芒，分蘖力强，幼苗生长势强，活秆成熟。株高88.7cm，穗长18.0cm左右，每穗粒数87.4粒左右，千粒重24.5g，不实率低。

品质特性：糙米率79.6%～83.3%，整精米率60.6%～69.0%，垩白粒率0～2.0%，垩白度0～0.2%，直链淀粉含量16.6%～18.8%，胶稠度69.0～73.5mm。食味评分74～83分。

抗性：接种鉴定叶瘟3级，穗颈瘟1～3级。耐冷性鉴定处理空壳率8.8%～18.3%。

产量及适宜地区：2005—2006年黑龙江省第四积温区区域试验平均产量8 527.3kg/hm^2，2007年生产试验平均产量为9 191.5kg/hm^2。2014年种植面积0.1 万hm^2。适宜黑龙江省第四积温区种植。

栽培技术要点：4月15～25日播种，5月15～25日插秧。插秧规格为30cm×10cm左右，每穴栽插3～4苗。中等肥力地块施尿素200～250kg/hm^2，磷酸二铵100～120kg/hm^2，硫酸钾100～150kg/hm^2。分蘖期浅水灌溉，而后进入间歇灌溉，进入出穗期保水2～5cm,齐穗后间歇灌溉，出穗30d以上停灌到黄熟排干。及时进行病虫草害的防治。9月末成熟及时收获。

三江4号（Sanjiang 4）

品种来源：黑龙江垦丰种业有限公司以垦92-509为母本，上育米香为父本，采用系谱法选育而成，原代号建05-16。2012年通过黑龙江省农垦总局农作物品种委员会审定，审定编号：黑垦审稻2012001。

形态特征和生物学特性：属粳型常规早熟早稻。出苗至成熟生育日数123d左右，与对照品种三江2号同熟期，需≥10℃活动积温2 150℃左右。主茎叶10片，株高92.2cm左右，穗长16.7cm左右，每穗粒数84粒左右，千粒重27.4g左右。

品质特性：糙米率81.3%～82.3%，整精米率72.3%～73.4%，垩白粒率0～5.0%，垩白度0～1.8%，直链淀粉含量16.9%～17.5%，胶稠度70.0～72.5mm。食味评分80～81分。

抗性：接种鉴定叶瘟3～6级，穗颈瘟5～5级。耐冷性鉴定处理空壳率7.3%～17.9%。

产量及适宜地区：2009—2010年黑龙江垦区第四积温区区域试验平均产量8 984.8kg/hm^2，2011年生产试验平均产量9 811.8kg/hm^2。适宜黑龙江垦区第四积温区种植。

栽培技术要点：4月10～25日播种，5月15～25日插秧。插秧规格为30cm×10cm左右，每穴栽插3～5苗。中等肥力地块施尿素200～250kg/hm^2，磷酸二铵100～120kg/hm^2，硫酸钾100～150kg/hm^2。花达水插秧，分蘖期浅水灌溉，而后进入间歇灌溉，进入出穗期保水层2～5cm，齐穗后间歇灌溉，出穗后30d以上停灌到黄熟期排干。及时进行病虫草害的防治。9月末成熟及时收获。

绥稻4号（Suidao 4）

品种来源：绥化市盛昌种子繁育有限责任公司以绥粳4号为母本，龙粳12为父本，采用系谱方法选育而成，原代号盛昌08631（香稻）。2014年通过黑龙江省农作物品种审定委员会审定，审定编号：黑审稻2014025。

形态特征和生物学特性：属粳型常规早熟早香稻。在适宜种植区出苗至成熟生育日数123d左右，需≥10℃活动积温2 150℃左右。该品种主茎叶10片，株高99cm左右，穗长18.5cm左右，每穗粒数94粒左右，千粒重26.3g左右。

品质特性：糙米率80.9%～82.1%，整精米率68.0%～69.9%，垩白粒率9.0%～26.0%，垩白度2.3%～4.3%，直链淀粉含量17.7%～18.1%，胶稠度70.0～73.0mm。达到国家三级优质米标准。

抗性：3年抗病接种鉴定叶瘟3～5级，穗颈瘟3～5级。3年耐冷性鉴定处理空壳率19.6%～26.9%。

产量及适宜地区：2011—2012年黑龙江省第四积温区区域试验平均产量9 273.2kg/hm^2，2013年生产试验平均产量9 144.5kg/hm^2。2014年黑龙江省第四积温区种植面积0.1 万hm^2。适宜黑龙江省第四积温区种植。

栽培技术要点：播种期4月10日，插秧期5月15日，秧龄35d左右。插秧规格为30cm×13.3cm，每穴栽插3～4苗。一般施纯氮95kg/hm^2，氮：磷：钾=2：1：1。氮肥比例：基肥：分蘖肥：穗肥：粒肥=4：3：2：1。基肥施纯氮38kg/hm^2，纯磷50kg/hm^2，纯钾40kg/hm^2；分蘖肥施纯氮28kg/hm^2；穗肥施纯氮28kg/hm^2，纯钾20kg/hm^2；粒肥施纯氮10kg/hm^2。旱育插秧栽培，浅湿干交替灌溉。成熟后及时收获。预防青枯病、立枯病、纹枯病、稻瘟病、潜叶蝇、负泥虫、二化螟等病虫害。

绥粳12（Suigeng 12）

品种来源：黑龙江省农业科学院绥化分院以龙粳10号/绥粳3号为杂交组合，采用系谱法选育而成，原品系号为绥04-6349。2009年通过黑龙江省农作物品种审定委员会审定，审定编号：黑审稻2009013。

形态特征和生物学特性：属粳型常规中熟早稻，基本营养生长期短。生育日数133d左右，需≥10℃活动积温2 360℃左右。主茎叶10 ～ 11片，株高87.5cm左右，穗长17.5cm左右，每穗粒数84.7粒左右，千粒重26.0g左右。

品质特性：糙米率79.6%～ 81.7%，整精米率66.8%～ 70.6%，垩白粒率0 ～ 9.5%，垩白度0 ～ 1.1%，直链淀粉含量17.3%～ 18.8%，胶稠度66.0 ～ 73.0mm。食味评分75 ～ 77分。

抗性：中抗叶瘟，高抗穗颈瘟。孕穗期耐冷性强。

产量及适宜地区：2006—2007年参加黑龙江省第四积温区区域试验平均产量8 905.5kg/hm^2，2008年生产试验平均产量9 655.5kg/hm^2。2010—2014年黑龙江省累计种植面积7.3万/hm^2，2014年最大种植面积6.8 万hm^2。适宜黑龙江省第四积温区种植。

栽培技术要点：4月10 ～ 20日播种，5月20 ～ 25日插秧。插秧规格为30cm×13.3cm左右，每穴栽插3 ～ 5苗。中上等肥力地块，施尿素250kg/hm^2，磷酸二铵100kg/hm^2，硫酸钾50kg/hm^2。水稻返青期施硫酸铵，注意防除田间杂草，促进分蘖，本田水层管理浅湿干交替。成熟后适时收获。

育龙1号（Yulong 1）

品种来源：黑龙江省农业科学院作物育种研究所、中国农业科学院作物科学研究所以空育131为母本，龙稻2号为父本，采用系谱法选育而成，原代号育龙06-130。2012年通过黑龙江省农作物品种审定委员会审定，审定编号：黑审稻2012012。

形态特征和生物学特性：属粳型常规早熟早稻。在适宜种植区出苗至成熟生育日数123d左右，需≥10℃活动积温2 150.0℃左右。主茎叶10片，株高85cm左右，穗长16cm左右，每穗粒数75粒左右，千粒重26.5g左右。

品质特性：糙米率81.0%～81.8%，整精米率68.4%～71.4%，垩白粒率2.0%～4.0%，垩白度0.2%～0.7%，直链淀粉含量17.5%～19.5%，胶稠度70.0～72.5mm，食味评分81～82分。

抗性：接种鉴定叶瘟3～5级，穗颈瘟1～3级。耐冷性鉴定处理空壳率11.7%～16.7%。

产量及适宜地区：2009—2010年参加黑龙江省第四积温区两年区域试验平均产量为9 175.5kg/hm^2，2011年生产试验平均产量10 176.0kg/hm。2013—2014年黑龙江省累计种植面积3.1万hm^2，2013年最大种植面积1.7万hm^2。适宜黑龙江省第四积温区种植。

栽培技术要点：在适宜种植区4月15～25日播种，5月15～25日插秧。插秧规格为30cm×10cm左右，每穴栽插3～4苗。本田施尿素200kg/hm^2，磷酸二铵50kg/hm^2，硫酸钾100kg/hm^2。尿素40%、磷酸二铵全部、钾肥50%作底肥；尿素40%作分蘖肥；尿素20%、钾肥50%作穗肥。常规管理，8月末排干水。籽粒黄熟期及时收获。

第四章
著名育种专家

姜锡一

黑龙江省海林县人（1930—1996），副研究员。1953年毕业于延边农学院，1956年6月开始在黑龙江省农业科学院水稻研究所从事水稻科研工作，是合江号系列水稻品种的奠基人，为黑龙江省水稻品种选育和推广做出了突出贡献。

主持省部级项目“水稻新品种选育”“高寒稻区早粳杂种优势利用研究”等10余项。先后开展了水稻系统育种、杂交育种、辐射育种、杂种优势利用等育种工作，以及水稻直播栽培技术研究、水稻花粉植株后代遗传规律研究和三江平原低温冷害发生规律、冷害类型及防御技术等研究。主持或参加育成水稻新品种27个，是合江1号到合江19及合江22的第一育成人。育成的水稻品种合江19具有早熟优质、丰产耐病、适应性广等优良特性，对稻瘟病表现出极稳定持久的耐病性和田间抗性，1988年被评为黑龙江省优质米品种，1989年被评为黑龙江省农作物十佳品种之一，1994年在日本被评为优质米品种，在生产上连续应用30多年，黑龙江省累计种植面积（1978—2011）达248.6万hm^2，是当时黑龙江省主栽时间最长、黑龙江省累计种植面积最大、创社会经济效益最多的品种。

获奖科研成果13项，其中水稻品种合江19获国家科技发明三等奖、黑龙江省重大科技效益奖暨省长特别奖，合江23获省科技进步二等奖，这2个品种成为20世纪80年代至90年代黑龙江省的主栽品种。

撰写的《黑龙江省水稻品种改良及其系谱》一书虽未正式出版，但对黑龙江水稻育种工作起到了重要的参考作用，参与《水稻栽培技术》等科普读物的编写。

朱学鹏

黑龙江省林甸县人（1931— ），副研究员。1952年毕业于黑龙江省佳木斯农业学校，1954年开始在黑龙江省农业科学院水稻研究所从事水稻常规育种、辐射育种和陆稻育种工作，享受国务院政府特殊津贴。

主持或共同主持科研课题10余项，包括省部级“水稻新品种选育”“水稻杂种优势利用研究”，黑龙江省农业科学院“陆稻新品种选育”“杂交水稻高产栽培技术研究”“杂交稻制种与繁殖技术研究”“杂交稻区域试验和生产示范”等项目。育成水陆稻1号、水陆稻2号、水陆稻3号、水陆稻4号、水陆稻5号和水陆稻6号等6个陆稻新品种；育成水稻新品种8个，包括合江20、合江21、合江22、合江23、龙粳2号等，为水稻品种合江23第一育成人。

取得获奖成果17项。育成的合江19、合江20、合江23等获得国家和省部级奖励。合江23是20世纪80 ~ 90年代黑龙江省的代表性品种，具有早熟、高产、抗病、耐冷、后熟快、分蘖力强、主蘖穗差异小、适应性广等特点，主栽时间长，种植面积大，最大种植面积12.1万hm^2（1991）占黑龙江省水稻总面积的20.8%，黑龙江省累计种植面积（1988—2011）72.2万hm^2，1989年被评为黑龙江省农作物十佳品种之一，同年获黑龙江省科技进步二等奖。育成的水陆稻5号早熟、抗病、抗寒、抗旱，适口性好，1986—1987年黑龙江省累计种植面积0.1万hm^2，获黑龙江省农业科学院优秀科技成果奖。

参加编写《寒地稻作》专著1部，编辑出版《陆稻栽培技术》《怎样种好水稻》等科普读物。

高呈祥

黑龙江省佳木斯市桦川县人（1931— ），中共党员，研究员。1954年8月毕业于东北农学院，在黑龙江省查哈阳稻作试验站、黑龙江省农业科学院牡丹江分院长期从事水稻育种、栽培技术研究工作。曾任原黑龙江省农业科学院牡丹江农业科学研究所所长，牡丹江第十届人民代表大会代表，黑龙江省农牧渔业厅专家组顾问。

主持完成了“荒地水稻机械耕作栽培技术调查研究”“水稻氮磷肥施用时期试验”“水稻空壳秕粒研究”“黑龙江省稻瘟病菌生理小种研究及抗源筛选”等8项课题，其中“黑龙江省稻瘟病菌生理小种研究及抗源筛选”获黑龙江省人民政府科技成果三等奖。育成了牡丹江1号、牡丹江18、牡粘3号等15个水稻新品种。发表论文《荒地水稻耕作栽培技术经验总结》《牡丹江专区水稻丰产技术调查总结》《水稻空壳秕粒研究》《水稻新品种牡丹江1号选育报告》《水稻氮肥施用时期试验总结》《黑龙江省稻瘟病菌生理小种研究》等9篇，参与编撰专著《东北水稻栽培》《水稻抛秧技术》。

许世寰

辽宁省海城人（1935—2015），中共党员，研究员，1960年毕业于东北农学院，在黑龙江省农业科学院水稻研究所从事水稻育种工作，曾任所长。1992年到黑龙江省农业科学院耕作栽培研究所工作，曾任所长。曾任黑龙江省农学会作物学会副理事长，享受国务院政府特殊津贴。

主要从事水稻花培育种技术研究和水稻新品种选育工作，主持国家和省部级科研课题15项，包括国家攻关“水稻高产优质多抗新品种的选育”、农业部“寒地水稻品种耐寒性鉴定和新品种选育”，黑龙江省攻关项目“水稻单倍体育种研究”和“水稻新品种选育”等。取得获奖科研成果12项，其中“小孢子培养技术在寒地水稻育种中应用研究”获黑龙江省科技进步二等奖。主持或参与育成水稻新品种11个，是合江21、龙粳1号、龙粳2号、龙粳3号、龙粳4号品种的第一育成人，其中龙粳3号获黑龙江省星火二等奖。龙粳3号品种是当时我国种植面积最大的花培水稻品种，1992年种植面积5.6万hm^2，育成的龙粳4号成为水稻株型育种的代表性品种。

在国内外刊物上发表论文20余篇，包括《中国北方におけるィネ药培养育种の现状》《粳稻花药培养马铃薯简化培养基的研究》《日本北海道的水稻育种》等。参与撰写《寒地稻作》等专著5部。

崔晟焕

黑龙江省绥化市人（1935— ），教授。1961年毕业于东北农学院农学系，长期从事寒地水稻育种及栽培的教学和科研工作。曾任东北农学院农学系主任，黑龙江省水稻专家顾问组组长、水稻育种首席专家，并获得韩国农业振兴厅授予的名誉研究员称号。

在寒地稻瘟病抗源创制上为寒地水稻抗病新品种培育做出了突出贡献，特别是利用含籼稻血缘材料培育出了东农3134、东农363等系列寒地早熟粳稻稻瘟病抗源，提出并应用了多年多点病区自然感病鉴定选择的抗稻瘟病育种方法，培育出东农415和东农416抗稻瘟病品种并在生产上大面积应用。东农415黑龙江省累计种植面积（1988—2001）52.4万hm^2，1992年最大种植面积10.7万hm^2；东农416黑龙江省累计种植面积（1990—2004）106.6万hm^2，年最大种植面积（1997）21.4万hm^2，这些抗源和育种方法被黑龙江省的水稻育种工作者广泛采用。20世纪90年代以后，提出了选育“矮秆、大穗、一次枝梗多、着粒偏稀、剑叶大而直立的株型和穗型特征”的育种策略。在此策略的指导下选育出的东农422、东农423、东农430等系列品种为黑龙江省优质超高产水稻的发展做出了突出贡献。东农416的育成和推广获1996年黑龙江省科技进步一等奖，1997年获省科技重大效益奖暨省长特别奖。

孙岩松

辽宁省东港人（1942— ），中共党员，研究员。1968年毕业于东北农学院，曾任黑龙江省农业科学院水稻研究所所长、党委书记，黑龙江省第四届水稻专家顾问组副组长、黑龙江省第五届农作物品种审定委员会水稻专业委员会副主任。享受国务院政府特殊津贴。

主要从事寒地水稻种质资源研究和水稻新品种选育，1975—1984年负责寒地稻种资源研究工作，在征集、记载、保存及农艺性状鉴定、抗病、耐冷、光温反应等特性鉴定和合理利用研究方面取得重要成果。主持国家和省部级等课题20余项，包括国家攻关“寒地早熟粳稻生物技术育种”“稻种资源繁种鉴定和优异种质利用评价”项目，省部级“水稻品种资源的征集、保存、鉴定和利用研究”“水稻新品种选育工程”等项目。主持或参与育成“合江号”“龙粳号”系列水稻新品种15个，是水稻品种龙粳6号、龙粳7号、龙粳8号和龙粳10号等品种的第一育成人。

获奖成果20多项，其中省部级以上奖励12项。水稻品种合江19获国家科技发明三等奖，龙粳8号获省科技进步三等奖，“寒地稻种资源研究”获省科技进步四等奖。

发表学术论文20多篇，主持编写《黑龙江省水稻品种资源目录》《黑龙江省农作物品种志·水稻部分》，参加撰写《中国稻种资源》《黑龙江水稻》等科技专著6部。

李建华

黑龙江省汤原县人（1953— ），中共党员，研究员。1980年7月毕业于黑龙江八一农垦大学农学系，在黑龙江省农垦科学院水稻研究所长期从事水稻育种工作。先后被评为黑龙江省农垦总局优秀专家，黑龙江省农垦总局特等劳动模范、黑龙江省劳动模范，黑龙江省农垦总局“科技发展突出贡献奖”，享受黑龙江省政府和国务院政府特殊津贴。

主持参与国家、省部级项目30余项，是垦稻系列的主要育成者，育成垦稻7号、垦稻8号、垦稻10号、垦稻12、垦鉴稻6号等垦稻系列水稻新品种30余个，其中垦鉴稻6号、垦稻8号、垦稻12和空育131成为黑龙江省第二、三积温区水稻主栽品种。1998—2014年这些品种在黑龙江省累计种植面积超过1 300万hm^2，其中垦鉴稻6号黑龙江省累计种植面积（2003—2014）95.1万hm^2，2006年最大种植面积15.2万hm^2；垦稻8号黑龙江省累计种植面积（1997—2007）80.9万hm^2，1999年最大种植面积21.9万hm^2；引进认定的日本品种空育131黑龙江省累计种植面积（1996—2014）955.1万hm^2，2004年最大种植面积86.7万hm^2；垦稻12黑龙江省累计种植面积（2006—2014）193.5万hm^2，2013年最大种植面积30.1万hm^2，该品种获黑龙江省科技进步一等奖。

先后获黑龙江省科技进步一等奖1项、二等奖1项、三等奖3项；黑龙江省农牧渔业厅技术进步一等奖1项；黑龙江省农垦总局科技进步一等奖3项、二等奖4项、三等奖2项。

张凤鸣

黑龙江省哈尔滨市阿城区人（1957— ），二级研究员，中共党员，1982年毕业于东北农业大学，现任黑龙江省农业科学院耕作栽培研究所总农艺师、水稻育种研究室主任，黑龙江省水稻学科后备带头人，黑龙江省农作物品种审定委员会水稻专业委员会委员，国家品种审定委员会稻类专业委员会委员，国家水稻产业技术体系哈尔滨综合试验站站长。首届中国河姆渡稻作突出贡献奖获得者，北方稻作协会常务理事，享受黑龙江省政府特殊津贴和国务院政府特殊津贴。

龙稻系列品种的主要育成者，1989年组建水稻育种研究室以来，育成龙稻系列品种19个，龙稻2号、龙稻3号、龙稻4号、龙稻5号、龙稻13、龙稻16分别在黑龙江省良种化工程中以优质中标，龙稻18是黑龙江省首个达到国标1级的优质米品种。龙稻5号被国家认定为超级稻品种，该品种2007年创造了黑龙江省第二积温区13片叶水稻品种12 036kg/hm^{2}的高产纪录，2009年种植面积超过了6.7万hm^2。在北方粳稻优质米评比中，龙稻3号获食味第一名，龙稻5号获二等奖，龙稻13获一等奖。

获得国家科技进步二等奖2项（参加人），黑龙江省科技进步奖10余项，其中“水稻品种龙稻5号”2010年获黑龙江省科技进步一等奖，“龙稻3号”获黑龙江省科技进步二等奖。参加编写《寒地粳稻育种》《中国寒地粳稻》《粳稻品种图鉴》《北方水稻生产技术问答》等著作4部，在国内外重要学术刊物和学术会议上发表论文30余篇。

第五章
品种检索表

ZHONGGUO SHUIDAO PINZHONGZHI · HEILONGJIANG JUAN

品种名	英文（拼音）名	类型	审定（育成）年份	审定编号	品种权号	页码
北稻1号	Beidao 1	常规早粳稻	2000	黑审稻2000002		112
北稻2号	Beidao 2	常规早粳稻	2002	黑审稻2002004		113
北稻3号	Beidao 3	常规早粳稻	2006	黑审稻2006010	CNA20060395.7	114
北稻4号	Beidao 4	常规早粳稻	2009	黑审稻2009006	CNA20060396.5	115
北稻5号	Beidao 5	常规早粳稻	2010	黑审稻2010006	CNA20070444.3	116
北稻6号	Beidao 6	常规早粳香稻	2014	黑审稻2014022		117
北斗	Beidou	常规早粳稻	1966			118
北海1号	Beihai 1	常规早粳稻	1957			258
北糯1号	Beinuo 1	常规早粳糯稻	2000	黑审稻2000003		119
长白9号	Changbai 9	常规早粳稻	1994	黑审稻1999002 吉审稻1994002 GS01009—1994		120
大新雪	Daxinxue	常规早粳稻	1977			259
单丰1号	Danfeng 1	常规早粳稻	1976			49
东方红2号	Dongfanghong 2	常规早粳稻	1971			260
东富101	Dongfu 101	常规早粳糯稻	2013	黑审稻2013016		121
东富102	Dongfu 102	常规早粳稻	2014	黑审稻2014001		50
东富103	Dongfu 103	常规早粳稻	2014	黑审稻2014007		122
东农12	Dongnong 12	常规早粳稻	1978	黑审稻1978001		51
东农4号	Dongnong 4	常规早粳稻	1977			52
东农415	Dongnong 415	常规早粳稻	1989	黑审稻1989001		123
东农416	Dongnong 416	常规早粳稻	1992	黑审稻1992001		124
东农419	Dongnong 419	常规早粳稻	1996	黑审稻1996001		125
东农420	Dongnong 420	常规早粳稻	1998	黑审稻1998001		126
东农421	Dongnong 421	常规早粳稻	2000	黑审稻2000001		127
东农422	Dongnong 422	常规早粳稻	2002	黑审稻2002003		128
东农423	Dongnong 423	常规早粳稻	2003	黑审稻2003002		53
东农424	Dongnong 424	常规早粳稻	2005	黑审稻2005002		129
东农425	Dongnong 425	常规早粳稻	2007	黑审稻2007005	CNA20080162.7	54
东农426	Dongnong 426	常规早粳稻	2008	黑审稻2008001	CNA20080146.5	55
东农427	Dongnong 427	常规早粳稻	2008	黑审稻2008002	CNA20080147.3	56
东农428	Dongnong 428	常规早粳稻	2009	黑审稻2009007		130
东农429	Dongnong 429	常规早粳稻	2009	黑审稻2009001		57
东农430	Dongnong 430	常规早粳稻	2009	黑审稻2009002		58
东农431	Dongnong 431	常规早粳稻	2012	黑审稻2012001		59
东农糯418	Dongnongnuo 418	常规早粳糯稻	1994	黑审稻1994002		131
富国	Fuguo	常规早粳稻	1954			261
富士光	Fushiguang	常规早粳稻	2001	黑审稻2001004		132
国光	Guoguang	常规早粳稻	1956			262
国主	Guozhu	常规早粳稻	1954			263
哈粳稻1号	Hagengdao 1	常规早粳稻	2014	黑审稻2014006		60

（续）

品种名	英文（拼音）名	类型	审定（育成）年份	审定编号	品种权号	页码
哈粳稻2号	Hagengdao 2	常规早粳香稻	2014	黑审稻2014017	CNA20141378.2	61
合粳1号	Hegeng 1	常规早粳稻	2008	黑审稻2008007	CNA20100081.6	133
合江1号	Hejiang 1	常规早粳稻	1958			264
合江10号	Hejiang 10	常规早粳稻	1962			265
合江11	Hejiang 11	常规早粳稻	1966			134
合江12	Hejiang 12	常规早粳稻	1966			266
合江13	Hejiang 13	常规早粳稻	1970			135
合江14	Hejiang 14	常规早粳稻	1970			267
合江15	Hejiang 15	常规早粳稻	1970			136
合江16	Hejiang 16	常规早粳稻	1971			268
合江17	Hejiang 17	常规早粳稻	1970			269
合江18	Hejiang 18	常规早粳稻	1971			137
合江19	Hejiang 19	常规早粳稻	1978	黑审稻1978002		270
合江20	Hejiang 20	常规早粳稻	1978			138
合江21	Hejiang 21	常规早粳稻	1983	黑审稻1983001		139
合江22	Hejiang 22	常规早粳稻	1985	黑审稻1985001 蒙种审证字第0107号		271
合江23	Hejiang 23	常规早粳稻	1986	黑审稻1986001		140
合江3号	Hejiang 3	常规早粳稻	1958			272
合江4号	Hejiang 4	常规早粳稻	1959			273
合江5号	Hejiang 5	常规早粳稻	1959			274
合江6号	Hejiang 6	常规早粳稻	1961			275
合江8号	Hejiang 8	常规早粳稻	1961			276
合江9号	Hejiang 9	常规早粳稻	1961			277
合庆1号	Heqing 1	常规早粳稻	1982	黑审稻1982001		278
合旺1号	Hewang 1	常规早粳稻	1975			141
黑粳1号	Heigeng 1	常规早粳稻	1961			373
黑粳2号	Heigeng 2	常规早粳稻	1975			374
黑粳3号	Heigeng 3	常规早粳稻	1983	黑审稻1983001		375
黑粳4号	Heigeng 4	常规早粳稻	1984	黑审稻1984002		376
黑粳5号	Heigeng 5	常规早粳稻	1990	黑审稻1990003		377
黑粳6号	Heigeng 6	常规早粳稻	1992	黑审稻1992006		378
黑粳7号	Heigeng 7	常规早粳稻	1995	黑审稻1995001		379
黑粳8号	Heigeng 8	常规早粳稻	2007	黑审稻2007009		380
黑糯1号	Heinuo 1	常规早粳糯稻	1994	黑审稻1994007		381
鸡西稻1号	Jixidao 1	常规早粳稻	2008	黑审稻2008015	CNA20110378.7	382
稼禾1号	Jiahe 1	常规早粳稻香	2010	黑审稻2010016	CNA20090494.0	279
金禾1号	Jinhe 1	常规早粳稻香	2013	黑审稻2013017	CNA20130190.1	142
金禾2号	Jinhe 2	常规早粳稻香	2014	黑审稻2014019	CNA20130822.7	143
金选1号	Jinxuan 1	常规早粳稻	2008	黑垦审稻2008001		280
京引58	Jingyin 58	常规早粳稻	1968			144

（续）

品种名	英文（拼音）名	类型	审定（育成）年份	审定编号	品种权号	页码
京引59	Jingyin 59	常规早粳稻	1968			281
九稻7号	Jiudao 7	常规早粳稻	1985	黑审稻1987002 吉审稻1985001		145
垦稻1号	Kendao 1	常规早粳稻	1979			282
垦稻10号	Kendao 10	常规早粳稻	2002	黑审稻2002008		146
垦稻11	Kendao 11	常规早粳稻	2006	黑审稻2006008		283
垦稻12	Kendao 12	常规早粳稻	2006	黑审稻2006009	CNA20030138.1	147
垦稻13	Kendao 13	常规早粳稻	2008	黑审稻2008011	CNA20070572.5	284
垦稻14	Kendao 14	常规早粳稻	2007	黑垦审稻2007003		148
垦稻15	Kendao 15	常规早粳稻	2008	黑垦审稻2008002	CNA20090827.8	149
垦稻16	Kendao 16	常规早粳稻	2008	黑垦审稻2008003		285
垦稻17	Kendao 17	常规早粳稻	2008	黑垦审稻2008004	CNA20070574.1	286
垦稻18	Kendao 18	常规早粳稻	2008	黑审稻2008012	CNA20070573.3	287
垦稻19	Kendao 19	常规早粳稻	2009	黑审稻2009012		383
垦稻20	Kendao 20	常规早粳稻	2009	黑垦审稻2009003	CNA20090828.7	288
垦稻21	Kendao 21	常规早粳稻	2009	黑垦审稻2009004	CNA20090829.6	289
垦稻22	Kendao 22	常规早粳稻	2011	黑垦审稻2011002	CNA20110064.6	290
垦稻23	Kendao 23	常规早粳稻	2013	黑垦审稻2013001	CNA20131123.1	150
垦稻24	Kendao 24	常规早粳稻	2013	黑垦审稻2013002	CNA20131124.0	151
垦稻25	Kendao 25	常规早粳稻	2013	黑垦审稻2013003	CNA20120184.0	152
垦稻26	Kendao 26	常规早粳稻	2014	黑垦审稻2014001	CNA20140483.6	291
垦稻27	Kendao 27	常规早粳稻	2014	黑垦审稻2014002	CNA20140484.5	292
垦稻3号	Kendao 3	常规早粳稻	1984	黑审稻1984001		293
垦稻5号	Kendao 5	常规早粳稻	1989			294
垦稻6号	Kendao 6	常规早粳稻	1995			295
垦稻7号	Kendao 7	常规早粳稻	1998	黑审稻1998005		153
垦稻8号	Kendao 8	常规早粳稻	1999	黑审稻1999005		154
垦稻9号	Kendao 9	常规早粳稻	2001	黑审稻2001005		384
垦粳1号	Kengeng 1	常规早粳稻	2007	黑垦审稻2007001	CNA20070719.1	296
垦粳2号	Kengeng 2	常规早粳稻	2008	黑审稻2008014	CNA20100082.5	297
垦粳3号	Kengeng 3	常规早粳稻	2010	黑垦审稻2010001	CNA20100380.4	298
垦粳4号	Kengeng 4	常规早粳稻	2010	黑垦审稻2010002	CNA20100381.3	155
垦粳5号	Kengeng 5	常规早粳稻	2013	黑垦审稻2013004		156
垦鉴稻11	Kenjiandao 11	常规早粳稻	2004	垦鉴稻2004002		299
垦鉴稻12	Kenjiandao 12	常规早粳稻	2006	垦鉴稻2006001		157
垦鉴稻13	Kenjiandao 13	常规早粳稻	2006	垦鉴稻2006002		300
垦鉴稻2号	Kenjiandao 2	常规早粳稻	1999	垦鉴稻1999001		158
垦鉴稻3号	Kenjiandao 3	常规早粳稻	2000	垦鉴稻2000001		301
垦鉴稻5号	Kenjiandao 5	常规早粳稻	2002	垦鉴稻2002001		159
垦鉴稻6号	Kenjiandao 6	常规早粳稻	2002	垦鉴稻2002002		160
垦鉴稻8号	Kenjiandao 8	常规早粳稻	2003	垦鉴稻2003002		302

（续）

品种名	英文（拼音）名	类型	审定（育成）年份	审定编号	品种权号	页码
垦鉴稻9号	Kenjiandao 9	常规早粳稻	2003	垦鉴稻2003003		161
垦鉴黑糯1号	Kenjianheinuo 1	常规早粳糯稻	1998	垦鉴稻1998002		303
垦鉴香粳1号	Kenjianxianggeng 1	常规早粳稻香	1998	垦鉴稻1998001		162
垦糯1号	Kennuo 1	常规早粳糯稻	2009	黑垦审稻2009001		163
垦糯2号	Kennuo 2	常规早粳糯稻	2009	黑垦审稻2009002		304
垦糯2号（省审）	Kennuo 2（shengshen）	常规早粳糯稻	1981			305
垦糯4号	Kennuo 4	常规早粳糯稻	1989			306
垦香糯1号	Kenxiangnuo 1	常规早粳稻香糯	1999	黑审稻1999004		307
空育131	Kongyu 131	常规早粳稻	2000	黑审稻2000008		308
利元5号	Liyuan 5	常规早粳稻	2012	黑审稻2012003	CNA20120925.4	62
莲稻1号	Liandao 1	常规早粳稻	2011	黑审稻2011005	CNA20100083.4	309
莲惠1号	Lianhui 1	常规早粳稻	2010	黑审稻2010012		385
龙稻1号	Longdao 1	常规早粳稻	2000	黑审稻2000005		164
龙稻10	Longdao 10	常规早粳稻	2010	黑审稻2010002	CNA20090129.3	63
龙稻11	Longdao 11	常规早粳稻	2010	黑审稻2010003	CNA20090076.6	64
龙稻12	Longdao 12	常规早粳稻软米	2011	黑审稻2011009	CNA20100331.4	165
龙稻13	Longdao 13	常规早粳稻	2012	黑审稻2012005	CNA20110090.4	65
龙稻14	Longdao 14	常规早粳稻	2012	黑审稻2012006	CNA20110692.6	66
龙稻15	Longdao 15	常规早粳糯稻	2013	黑审稻2013015	CNA20120181.3	67
龙稻16	Longdao 16	常规早粳稻香	2013	黑审稻2013013	CNA20120232.2	68
龙稻17	Longdao 17	常规早粳稻	2014	黑审稻2014004	CNA20130633.6	69
龙稻18	Longdao 18	常规早粳稻	2014	黑审稻2014005	CNA20130632.7	70
龙稻19	Longdao 19	常规早粳稻	2014	黑审稻2014003	CNA20130630.9	71
龙稻2号	Longdao 2	常规早粳稻	2002	黑审稻2002007	CNA20090491.3	386
龙稻3号	Longdao 3	常规早粳稻	2004	黑审稻2004003		166
龙稻4号	Longdao 4	常规早粳稻	2005	黑审稻2005003		167
龙稻5号	Longdao 5	常规早粳稻	2006	黑审稻2006003	CNA20100691.8	168
龙稻6号	Longdao 6	常规早粳稻	2006	黑审稻2006004		169
龙稻7号	Longdao 7	常规早粳稻	2006	黑审稻2006005		170
龙稻8号	Longdao 8	常规早粳糯稻	2008	黑审稻2008019		171
龙稻9号	Longdao 9	常规早粳糯稻	2009	黑审稻2009014		72
龙盾101	Longdun 101	常规早粳稻	1996	黑审稻1996002		172
龙盾102	Longdun 102	常规早粳稻	2001	黑审稻2001002		173
龙盾103	Longdun 103	常规早粳稻	2002	黑审稻2002006		387
龙盾104	Longdun 104	常规早粳稻	2004	黑审稻2004005		174
龙盾105	Longdun 105	常规早粳稻	2007	黑审稻2007008	CNA20070530.X	175
龙盾106	Longdun 106	常规早粳稻	2008	黑审稻2008016	CNA20080496.0	388
龙盾107	Longdun 107	常规早粳稻	2010	黑审稻2010011		310
龙桦1号	Longhua 1	常规早粳稻	2014	黑审稻2014013		311
龙粳1号	Longgeng 1	常规早粳稻	1988	黑审稻1988003		312
龙粳10号	Longgeng 10	常规早粳稻	2000	黑审稻2000004		176

（续）

品种名	英文（拼音）名	类型	审定（育成）年份	审定编号	品种权号	页码
龙粳11	Longgeng 11	常规早粳稻	2002	黑审稻2002005		313
龙粳12	Longgeng 12	常规早粳稻	2003	黑审稻2003008		314
龙粳13	Longgeng 13	常规早粳稻	2004	黑审稻2004006	CNA20020262.6	315
龙粳14	Longgeng 14	常规早粳稻	2005	黑审稻2005001		316
龙粳15	Longgeng 15	常规早粳稻	2006	黑审稻2006001		317
龙粳16	Longgeng 16	常规早粳稻	2006	黑审稻2006002		318
龙粳17	Longgeng 17	常规早粳稻	2007	黑审稻2007001		177
龙粳18	Longgeng 18	常规早粳稻	2007	黑审稻2007002	CNA20060798.7	178
龙粳19	Longgeng 19	常规早粳稻	2007	黑审稻2007003		179
龙粳2号	Longgeng 2	常规早粳稻	1990	黑审稻1990001		319
龙粳20	Longgeng 20	常规早粳稻	2007	黑审稻2007004	CNA20060799.5	320
龙粳21	Longgeng 21	常规早粳稻	2008	黑审稻2008008	CNA20070240.8	180
龙粳22	Longgeng 22	常规早粳稻	2008	黑审稻2008010		321
龙粳23	Longgeng 23	常规早粳稻	2008	黑审稻2008013	CNA20070241.6	322
龙粳24	Longgeng 24	常规早粳稻	2008	黑审稻2008017	CNA20070239.4	389
龙粳25	Longgeng 25	常规早粳稻	2009	黑审稻2009009	CNA20080022.1	323
龙粳26	Longgeng 26	常规早粳稻	2009	黑审稻2009008	CNA20080019.1	324
龙粳27	Longgeng 27	常规早粳稻	2009	黑审稻2009010	CNA20080020.5	325
龙粳28	Longgeng 28	常规早粳稻	2009	黑审稻2009011		390
龙粳29	Longgeng 29	常规早粳稻	2010	黑审稻2010010	CNA20100315.4	326
龙粳3号	Longgeng 3	常规早粳稻	1992	黑审稻1992002		327
龙粳30	Longgeng 30	常规早粳稻	2011	黑审稻2011003	CNA20080780.3	181
龙粳31	Longgeng 31	常规早粳稻	2011	黑审稻2011004	CNA20100737.4	328
龙粳32	Longgeng 32	常规早粳稻	2011	黑审稻2011006	CNA20100735.6	329
龙粳33	Longgeng 33	常规早粳稻	2012	黑审稻2012007	CNA20110693.5	182
龙粳34	Longgeng 34	常规早粳稻	2012	黑审稻2012008	CNA20090114.0	183
龙粳35	Longgeng 35	常规早粳稻	2012	黑审稻2012010	CNA20110648.1	330
龙粳36	Longgeng 36	常规早粳稻	2012	黑审稻2012011	CNA20110651.5	331
龙粳37	Longgeng 37	常规早粳稻	2012	黑审稻2012013	CNA20130496.2	391
龙粳38	Longgeng 38	常规早粳稻软米	2012	黑审稻2012014	CNA20110015.6	184
龙粳39	Longgeng 39	常规早粳稻	2013	黑审稻2013011	CNA20110650.6	332
龙粳4号	Longgeng 4	常规早粳稻	1993	黑审稻1993001		185
龙粳40	Longgeng 40	常规早粳稻	2013	黑审稻2013012	CNA20130497.1	333
龙粳41	Longgeng 41	常规早粳稻软米	2013	黑审稻2013020	CNA20121099.2	334
龙粳42	Longgeng 42	常规早粳稻	2014	黑审稻2014009	CNA20121092.9	186

（续）

品种名	英文（拼音）名	类型	审定（育成）年份	审定编号	品种权号	页码
龙粳43	Longgeng 43	常规早粳稻	2014	黑审稻2014012	CNA20121093.8	335
龙粳44	Longgeng 44	常规早粳糯稻	2014	黑审稻2014023		336
龙粳5号	Longgeng 5	常规早粳稻	1997	黑审稻1997001		187
龙粳6号	Longgeng 6	常规早粳稻	1997	黑审稻1997002		188
龙粳7号	Longgeng 7	常规早粳稻	1998	黑审稻1998002		189
龙粳8号	Longgeng 8	常规早粳稻	1998	黑审稻1998003		337
龙粳9号	Longgeng 9	常规早粳稻	1999	黑审稻1999003		190
龙粳香1号	Longgengxiang 1	常规早粳稻香	2010	黑审稻2010015	CNA20100043.3	338
龙联1号	Longlian 1	常规早粳稻	2010	黑审稻2010008	CNA20080782.X	191
龙糯1号	Longnuo 1	常规早粳糯稻	1990	黑审稻1990002		192
龙糯2号	Longnuo 2	常规早粳糯稻	2003	黑审稻2003007		193
龙糯3号	Longnuo 3	常规早粳糯稻	2009	黑审稻2009015		194
龙庆稻1号	Longqingdao 1	常规早粳稻	2010	黑审稻2010007	CNA20090075.7	195
龙庆稻2号	Longqingdao 2	常规早粳稻	2011	黑审稻2011007		392
龙庆稻3号	Longqingdao 3	常规早粳稻香	2013	黑审稻2013021	CNA20130544.4	339
龙庆稻4号	Longqingdao 4	常规早粳稻	2014	黑审稻2014014		340
龙香稻1号	Longxiangdao 1	常规早粳稻香	2003	黑审稻2003001		73
龙香稻2号	Longxiangdao 2	常规早粳稻香	2010	黑审稻2010014		74
龙洋1号	Longyang 1	常规早粳稻	2010	黑审稻2010001	CNA20090750.9	75
绿珠1号	Lüzhu 1	常规早粳稻	2012	黑审稻2012004	CNA20100316.3	76
绿珠2号	Lüzhu 2	常规早粳稻	2013	黑审稻2013002	CNA20120855.8	77
绿珠3号	Lüzhu 3	常规早粳稻香	2014	黑审稻2014016	CNA20130803.0	78
密山1号	Mishan 1	常规早粳稻	1971			341
密山2号	Mishan 2	常规早粳稻	1971			342
密粘5号	Mizhan 5	常规早粳稻	1971			343
苗稻1号	Miaodao 1	常规早粳稻香糯	2013	黑审稻2013018		196
苗稻2号	Miaodao 2	常规早粳稻香	2014	黑审稻2014018		197
苗香粳1号	Miaoxianggeng 1	常规早粳稻香	2010	黑审稻2010013	CNA20100047.9	79
明科1号	Mingke 1	常规早粳稻	2014	黑审稻2014015		393
牡丹江1号	Mudanjiang 1	常规早粳稻	1963			344
牡丹江12	Mudanjiang 12	常规早粳稻	1971			198
牡丹江17	Mudanjiang 17	常规早粳稻	1986	黑审稻1986002		199

（续）

品种名	英文（拼音）名	类型	审定（育成）年份	审定编号	品种权号	页码
牡丹江18	Mudanjiang 18	常规早粳稻	1987	黑审稻1987003		200
牡丹江19	Mudanjiang 19	常规早粳稻	1989	黑审稻1989002		201
牡丹江2号	Mudanjiang 2	常规早粳稻	1966			202
牡丹江20	Mudanjiang 20	常规早粳稻	1994	黑审稻1994003		80
牡丹江21	Mudanjiang 21	常规早粳稻	1994	黑审稻1994004		203
牡丹江22	Mudanjiang 22	常规早粳稻	1994	黑审稻1994005		204
牡丹江23	Mudanjiang 23	常规早粳稻	1998	黑审稻1998004		205
牡丹江24	Mudanjiang 24	常规早粳稻	2000	黑审稻2000006		206
牡丹江25	Mudanjiang 25	常规早粳稻	2001	黑审稻2001003		207
牡丹江26	Mudanjiang 26	常规早粳稻	2004	黑审稻2004002		81
牡丹江27	Mudanjiang 27	常规早粳稻	2005	黑审稻2005006		82
牡丹江28	Mudanjiang 28	常规早粳稻	2006	黑审稻2006006		208
牡丹江29	Mudanjiang 29	常规早粳稻	2006	黑审稻2006007		83
牡丹江3号	Mudanjiang 3	常规早粳稻	1967			209
牡丹江30	Mudanjiang 30	常规早粳稻	2009	黑审稻2009003		84
牡丹江31	Mudanjiang 31	常规早粳稻	2010	黑审稻2010004		85
牡丹江32	Mudanjiang 32	常规早粳稻	2013	黑审稻2013005		210
牡丹江4号	Mudanjiang 4	常规早粳稻	1971			394
牡丹江5号	Mudanjiang 5	常规早粳稻	1970			395
牡丹江6号	Mudanjiang 6	常规早粳稻	1971			396
牡丹江7号	Mudanjiang 7	常规早粳稻	1971			397
牡丹江8号	Mudanjiang 8	常规早粳稻	1970			211
牡丹江9号	Mudanjiang 9	常规早粳稻	1971			212
牡花1号	Muhua 1	常规早粳稻	1975			213
牡响1号	Muxiang 1	常规早粳稻	2013	黑审稻2013008	CNA20130709.5	214
牡粘1号	Muzhan 1	常规早粳稻	1970			215
牡粘2号	Muzhan 2	常规早粳稻	1971			398
牡粘3号	Muzhan 3	常规早粳糯稻	1985	黑审稻1985002		345
牡粘4号	Muzhan 4	常规早粳糯稻	2005	黑审稻2005007		216
嫩江1号	Nenjiang 1	常规早粳稻	1966			346
嫩江2号	Nenjiang 2	常规早粳稻	1970			347
嫩江3号	Nenjiang 3	常规早粳稻	1971			217
嫩江4号	Nenjiang 4	常规早粳稻	1971			348
嫩江5号	Nenjiang 5	常规早粳稻	1976			349
农粳1号	Nonggeng 1	常规早粳稻	2003	黑审稻2003010		399
农垦14	Nongken 14	常规早粳稻	1960			350
农林33	Nonglin 33	常规早粳稻	1965			351

（续）

品种名	英文（拼音）名	类型	审定（育成）年份	审定编号	品种权号	页码
朴洪根粘稻	Piaohonggenzhandao	常规早粳糯稻	1958			352
普选1号	Puxuan 1	常规早粳稻	1971			353
普选10号	Puxuan 10	常规早粳稻	1977			354
普选30	Puxuan 30	常规早粳稻	1999	黑审稻1999009		218
普粘6号	Puzhan 6	常规早粳糯稻	1988	黑审稻1988005		355
普粘7号	Puzhan 7	常规早粳糯稻	1992	黑审稻1992005		356
普粘8号	Puzhan 8	常规早粳糯稻	2007	黑审稻2007010		219
荣光	Rongguang	常规早粳稻	1960			357
三江1号	Sanjiang 1	常规早粳稻	2003	黑审稻2003009		400
三江2号	Sanjiang 2	常规早粳稻	2008	黑审稻2008018	CNA20080106.6	401
三江3号	Sanjiang 3	常规早粳稻	2011	黑垦审稻2011001		358
三江4号	Sanjiang 4	常规早粳稻	2012	黑垦审稻2012001		402
三江5号	Sanjiang 5	常规早粳稻	2013	黑垦审稻2013005	CNA20131204.3	359
莎莎妮	Shashani	常规早粳稻	2006	黑审稻2006011		220
上育397	Shangyu 397	常规早粳稻	2005	黑审稻2005009		360
上育418	Shangyu 418	常规早粳稻	2002	黑审稻2002009		361
石狩白毛	Shishoubaimao	常规早粳稻	1956			362
松粳1号	Songgeng 1	常规早粳稻	1985	黑审稻1985003		86
松粳10号	Songgeng 10	常规早粳稻	2005	黑审稻2005005		221
松粳11	Songgeng 11	常规早粳稻	2007	黑审稻2007006		87
松粳12	Songgeng 12	常规早粳稻	2008	黑审稻2008003	CNA20060189.X	88
松粳13	Songgeng 13	常规早粳稻	2010	黑审稻2010009	CNA20100108.5	222
松粳14	Songgeng 14	常规早粳稻	2011	黑审稻2011002	CNA20100104.9	89
松粳15	Songgeng 15	常规早粳稻	2011	黑审稻2011001	CNA20080783.8	90
松粳16	Songgeng 16	常规早粳稻	2012	黑审稻2012002	CNA20100105.8	91
松粳17	Songgeng 17	常规早粳稻	2013	黑审稻2013001	CNA20110260.8	92
松粳18	Songgeng 18	常规早粳稻	2013	黑审稻2013004	CNA20110261.7	93
松粳19	Songgeng 19	常规早粳稻香	2013	黑审稻2013014	CNA20120460.5	94
松粳2号	Songgeng 2	常规早粳稻	1988	黑审稻1988004		95
松粳20	Songgeng 20	常规早粳稻	2014	黑审稻2014002	CNA20121270.3	96
松粳3号	Songgeng 3	常规早粳稻	1994	黑审稻1994006		97
松粳4号	Songgeng 4	常规早粳稻	2000	黑审稻2000007		223
松粳5号	Songgeng 5	常规早粳稻	2002	黑审稻2002001		98

（续）

品种名	英文（拼音）名	类型	审定（育成）年份	审定编号	品种权号	页码
松粳6号	Songgeng 6	常规早粳稻	2002	黑审稻2002002 吉审稻2004006 蒙认稻2006002号		224
松粳7号	Songgeng 7	常规早粳稻	2003	黑审稻2003003		99
松粳8号	Songgeng 8	常规早粳稻	2004	黑审稻2004001		100
松粳9号	Songgeng 9	常规早粳稻	2005	黑审稻2005004	CNA20050222.0	101
松粳香1号	Songgengxiang 1	常规早粳稻香	2009	黑审稻2009004	CNA20100110.1	102
松粳香2号	Songgengxiang 2	常规早粳稻香	2011	黑审稻2011008	CNA20100103.0	103
松粘1号	Songzhan 1	常规早粳糯稻	1997	黑审稻1997003		104
绥稻1号	Suidao 1	常规早粳稻	2012	黑审稻2012009	CNA20120737.2	225
绥稻2号	Suidao 2	常规早粳稻	2013	黑审稻2013007	CNA20140377.5	226
绥稻3号	Suidao 3	常规早粳稻香	2014	黑审稻2014020		227
绥稻4号	Suidao 4	常规早粳稻香	2014	黑审稻2014025	CNA20140378.4	403
绥粳1号	Suigeng 1	常规早粳稻	1992	黑审稻1992004		228
绥粳10	Suigeng 10	常规早粳稻	2008	黑审稻2008006	CNA20060782.0	229
绥粳11	Suigeng 11	常规早粳稻	2008	黑审稻2008009	CNA20080495.2	230
绥粳12	Suigeng 12	常规早粳稻	2009	黑审稻2009013	CNA20100219.1	404
绥粳13	Suigeng 13	常规早粳稻	2010	黑审稻2010005	CNA20100220.8	231
绥粳14	Suigeng 14	常规早粳稻	2013	黑审稻2013006	CNA20131186.5	232
绥粳15	Suigeng 15	常规早粳稻香	2014	黑审稻2014024	CNA20131185.6	363
绥粳16	Suigeng 16	常规早粳稻	2014	黑审稻2014010	CNA20131187.4	233
绥粳17	Suigeng 17	常规早粳稻	2014	黑审稻2014008	CNA20131297.1	234
绥粳18	Suigeng 18	常规早粳稻香	2014	黑审稻2014021	CNA20131182.9	235
绥粳2号	Suigeng 2	常规早粳稻	1997	黑审稻1997005		364
绥粳3号	Suigeng 3	常规早粳稻	1999	黑审稻1999006		365
绥粳4号	Suigeng 4	常规早粳稻香	1999	黑审稻1999007		236
绥粳5号	Suigeng 5	常规早粳稻	2000	黑审稻2000009		237
绥粳6号	Suigeng 6	常规早粳稻	2003	黑审稻2003006		238
绥粳7号	Suigeng 7	常规早粳稻	2004	黑审稻2004004		239
绥粳8号	Suigeng 8	常规早粳稻	2007	黑审稻2007007	CNA20060783.9	240
绥粳9号	Suigeng 9	常规早粳稻	2008	黑审稻2008005	CNA20060784.7	241
绥糯1号	Suinuo 1	常规早粳糯稻	1999	黑审稻1999008		242
绥引1号	Suiyin 1	常规早粳稻	1997	黑审稻1997004		243

（续）

品种名	英文（拼音）名	类型	审定（育成）年份	审定编号	品种权号	页码
太阳3号	Taiyang 3	常规早粳稻	1967	黑审稻1967003		366
藤系137	Tengxi 137	常规早粳稻	1992	黑审稻1992007		244
藤系138	Tengxi 138	常规早粳稻	1990	黑审稻1991001 吉审稻1990003 GS01021—1990		245
藤系140	Tengxi 140	常规早粳稻	1994	黑审稻1994008		246
藤系144	Tengxi 144	常规早粳稻	1993	黑审稻1996003 吉审稻1993002		247
通系112	Tongxi 112	常规早粳稻	1993	黑审稻1993002		248
梧农71	Wunong 71	常规早粳稻	1960			367
五稻3号	Wudao 3	常规早粳稻	1994	黑审稻1994001		105
五工稻1号	Wugongdao 1	常规早粳稻	2003	黑审稻2003005		106
五优稻1号	Wuyoudao 1	常规早粳稻	1999	黑审稻1999001 吉审稻2001006		107
五优稻2号	Wuyoudao 2	常规早粳稻	2001	黑审稻2001001		108
五优稻3号	Wuyoudao 3	常规早粳稻	2005	黑审稻2005008		249
五优稻4号	Wuyoudao 4	常规早粳稻香	2009	黑审稻2009005	CNA20080376.X	109
系选1号	Xixuan 1	常规早粳稻	2003	黑审稻2003004		250
新雪	Xinxue	常规早粳稻	1964			251
新越光	Xinyueguang	常规早粳稻	2002	垦鉴稻2002003		368
星火1号	Xinghuo 1	常规早粳稻	1961			369
兴国	Xingguo	常规早粳稻	1954			370
兴盛1号	Xingsheng 1	常规早粳稻	2014	黑审稻2014011		252
延粘1号	Yanzhan 1	常规早粳糯稻	1990	黑审稻1992003 吉审稻1990004		253
禹申龙白毛	Yushenlongbaimao	常规早粳稻	1959			371
育龙1号	Yulong 1	常规早粳稻	2012	黑审稻2012012	CNA20101154.6	405
育龙2号	Yulong 2	常规早粳稻	2013	黑审稻2013009	CNA20121269.6	254
早熟青森	Zaoshuqingsen	常规早粳稻	1955			372
中龙稻1号	Zhonglongdao 1	常规早粳稻	2008	黑审稻2008004	CNA20100045.1	110
中龙粳1号	Zhonglonggeng 1	常规早粳稻	2013	黑审稻2013010	CNA20120481.0	255
中龙粳2号	Zhonglonggeng 2	常规早粳稻	2013	黑审稻2013003	CNA20120565.9	111
中龙粳3号	Zhonglonggeng 3	常规早粳稻香	2013	黑审稻2013019	CNA20120566.8	256
中龙香粳1号	Zhonglongxianggeng 1	常规早粳稻香	2012	黑审稻2012015	CNA20101032.4	257

参考文献

陈温福，徐正进，张龙步，等，2002. 水稻超高产育种研究进展与前景[J]. 中国工程科学，4(1): 31-35.

程式华，曹立勇，庄杰云，等，2009. 关于超级稻品种培育的资源和基因利用问题[J]. 中国水稻科学，23(3): 223-228.

程式华，2010. 中国超级稻育种[M]. 北京：科学出版社.

方福平，2009. 中国水稻生产发展问题研究[M]. 北京：中国农业出版社.

韩龙植，曹桂兰，2005. 中国稻种资源收集、保存和更新现状[J]. 植物遗传资源学报，6(3): 359-364.

马良勇，李西民，2007. 常规水稻育种[M]// 程式华，李建，等. 现代中国水稻. 北京：金盾出版社.

闵 捷，朱智伟，章林平，等，2014. 中国超级杂交稻组合的稻米品质分析[J]. 中国水稻科学，28(2): 212-216.

潘国君，2014. 寒地粳稻育种[M]. 北京：中国农业出版社.

庞汉华，2000. 中国野生稻资源考察、鉴定和保存概况[J]. 植物遗传资源科学，1(4): 52-56.

汤圣祥，王秀东，刘旭，2012. 中国常规水稻品种的更替趋势和核心骨干亲本研究[J]. 中国农业科学，5(8): 1455-1464.

万建民，2010. 中国水稻遗传育种与品种系谱[M]. 北京：中国农业出版社.

魏兴华，汤圣祥，余汉勇，等，2010. 中国水稻国外引种概况及效益分析[J]. 中国水稻科学，24(1): 5-11.

魏兴华，汤圣祥，2011. 中国常规稻品种图志[M]. 杭州：浙江科学技术出版社.

杨庆文，陈大洲，2004. 中国野生稻研究与利用[M]. 北京：气象出版社.

杨庆文，黄娟，2013. 中国普通野生稻遗传多样性研究进展[J]. 作物学报，39(4): 580-588.

由天赋，2014. 黑龙江省农作物审定品种适用大全[M]. 哈尔滨：黑龙江人民出版社.

袁隆平，2008. 超级杂交水稻育种进展[J]. 中国稻米(1): 1-3.

张矢，1998. 黑龙江水稻[M]. 哈尔滨：黑龙江科学技术出版社.

中国水稻品种及其系谱数据库，2016. http: //www. ricedata. cn/variety.

Yuan L P, 2014. Development of hybrid rice to ensure food security[J]. Rice Science, 21(1): 1-2 .

图书在版编目（CIP）数据

中国水稻品种志．黑龙江卷／万建民总主编；潘国君主编．—北京：中国农业出版社，2018.12
ISBN 978-7-109-24961-5

Ⅰ．①中…　Ⅱ．①万…　②潘…　Ⅲ．①水稻-品种-黑龙江省　Ⅳ．①S511.037

中国版本图书馆CIP数据核字（2018）第267366号

中国水稻品种志·黑龙江卷
ZHONGGUO SHUIDAO PINZHONGZHI · HEILONGJIANG JUAN

中国农业出版社
地址：北京市朝阳区麦子店街18号楼
邮编：100125

策划编辑：舒　薇　贺志清
责任编辑：黄　宇　王琦瑢
装帧设计：贾利霞
版式设计：胡至幸　韩小丽
责任校对：周丽芳　刘飏雨　赵　硕
责任印制：王　宏　刘继超

印刷：北京通州皇家印刷厂
版次：2018年12月第1版
印次：2018年12月北京第 1 次印刷
发行：新华书店北京发行所

开本：787mm × 1092mm　1/16
印张：27.75
字数：660千字

定价：320.00元